云计算与虚拟化技术丛书

Prometheus
云原生监控

运维与开发实战

| 朱政科◎著 |

机械工业出版社
China Machine Press

图书在版编目（CIP）数据

Prometheus 云原生监控：运维与开发实战 / 朱政科著 . —北京：机械工业出版社，2020.10
（2024.1 重印）
（云计算与虚拟化技术丛书）

ISBN 978-7-111-66783-4

I. P… II. 朱… III. 计算机监控系统 IV. TP277.2

中国版本图书馆 CIP 数据核字（2020）第 198614 号

Prometheus 云原生监控：运维与开发实战

出版发行：机械工业出版社（北京市西城区百万庄大街 22 号 邮政编码：100037）	
责任编辑：孙海亮	责任校对：殷 虹
印　　刷：北京建宏印刷有限公司	版　　次：2024 年 1 月第 1 版第 6 次印刷
开　　本：186mm×240mm　1/16	印　　张：24
书　　号：ISBN 978-7-111-66783-4	定　　价：89.00 元

客服电话：（010）88361066　68326294

版权所有 • 侵权必究
封底无防伪标均为盗版

赞誉

Prometheus 凭借优秀的表现和简单极致的用户体验，在时序数据库领域脱颖而出，并在监控方面表现优异，成为基础设施建设中不可或缺的部分。在 CNCF 中，其是除 Kubernetes 之外最早毕业的项目，这见证了它在云原生领域的影响力和声望。

本书系统阐述了 Prometheus 开发与运维的知识和技巧，并且辅助以大量实战案例，能够帮助读者更加立体地掌握 Prometheus 这项技术。

很开心看到朱政科将自己的所学所悟集结成书，也很惊讶他如此高效地出版了自己第二本著作。希望他的书籍能够持续给读者提供帮助。

张 亮

京东数科数字技术中心架构专家，Apache ShardingSphere、ElasticJob 创始人

Prometheus 作为源自 Google INFRA 的通用开源监控工具，在业界被广泛使用。学习、理解和熟练使用 Promehteus，可以帮你快速构建轻量级监控体系。推荐大家通过本书系统学习 Prometheus 的特性、使用方法和作者的实战经验。

吴 晟

Tetrate.io 创始工程师，Apache 软件基金会会员，
Apache SkyWalking 创始人兼项目 VP，
Apache ShardingSphere、APISIX 和 Incubator PMC 成员

一辆好车除了要有好的发动机和变速箱之外，还需要仪表盘和各种显示设备，以显示油量、速度等各种车辆状态数据。同理，互联网在线服务如果没有良好的监控告警系统，就如同一个人闭着眼睛开车，那是非常可怕的。

对于监控系统而言，简单、可配置、可靠、高性能是必要条件，海量数据的采集、存储与可分析是关键。Prometheus 是一套基于时序数据库的、目前最为流行的、较完善的监控解

决方案,其可通过监控、告警及性能优化等,帮助企业及时发现问题、定位问题,是不可多得的 SRE(网络可靠性工程)利器。

政科在阿里、华为等一线互联网公司长期从事中间件的研发工作,多次经历"双 11"大促,在实践中积累了丰富的经验。这本书从架构、中间件研发、SRE 等多个角度详细介绍了 Prometheus,以及 PromQL 等知识,包括相关原理和实战要点,具有较强实战指导意义,是不可多得的佳作。

徐 巍
恺英网络技术中心总经理

监控是温度计,也是指标仪。在监控、告警、应急处置三部曲中,监控是基础。本书全面介绍了 Prometheus 的应用方法和产品内核,内容翔实,是该领域的佳作。

于君泽
《深入分布式缓存》《程序员的三门课》联合作者

相较以往的系统监控,监控作为可观察性实践(监控、日志、追踪)中的关键一环,在云原生时代产生了诸多变化:一是微服务和容器化,导致监控对象和指标呈指数级增加;二是监控对象的生命周期更加短暂,导致监控数据量和复杂度成倍增加。所以需要一款统一监控指标和数据查询语言的工具,Prometheus 应运而生。Pemetheus 可以很方便地与众多开源项目集成,帮助我们了解系统和服务的运行状态,另外还可收集分析大数据,帮助我们进行系统优化和做出决策。它不仅可以应用在 IT 领域,还可以应用于任何需要收集指标数据的场景中。本书实用、凝练,是一本云原生时代监控领域难得的好书。

宋净超
云原生社区创始人

Prometheus 作为第二个从 CNCF 毕业的项目,目前已经在全球各大企业中广泛使用,可以说是云原生架构首选的开源监控工具。作者作为该领域实战派专家,在本书中全方位阐述了 Prometheus 的系统架构和工作原理。更难能可贵的是,书中还包含大量实际项目落地指引、最佳实践,以及常见问题的解决方案,是学习 Prometheus 不可多得的好书。

张 乐
京东 DevOps 与研发效能技术总监

监控系统是 DevOps 工程师或 SRE 工程师必须掌握的系统,因为他们 80% 以上的线上运维事务都与监控密切相关。完美的监控系统,可以大力促进运维向智能化发展,结合业务报警实现故障快速自愈、无人化运维，并可及时定位问题根源，以及依据历史监控数据对指标做出预测。Prometheus 几乎是为云原生而生的监控系统，它具有易于管理、可扩展、易集成、易获取服务内部状态、拥有高效灵活的查询语句、支持统计分析数据、生态强大等特点，因此迅速被各大云厂商使用。本书由入门到精通全方位介绍了如何玩转 Prometheus，适合关注监控的广大互联网技术从业者阅读。

王　伟
Oracle ACE For MySQL，京东零售数据库运维专家

　　Prometheus 是一款造福广大 DevOps、SRE 工程师们的分布式监控系统神器。借助愈演愈烈的容器化部署和云原生的浪潮，Prometheus 成为 CNCF 的基石项目。本书作者有深厚的基础中间件研发背景和丰富的实践经验，对 Prometheus 进行过深入研究和深度应用，他把自己的理解和实战经验总结出来，著成本书。本书文字简洁而不失其味，对技术原理的剖析鞭辟入里，实用性极强，相信能给读者带来不一样的启发。

张　聪
税友软件集团研发中心副总，基础中间件、持续交付工具和大数据平台研发负责人

　　我本人接触和使用 Prometheus 已经很久了，很高兴看到国内有 Prometheus 相关的书籍出版。本书不局限于 Prometheus 本身，还对比了市面上其他常见的监控系统，可以帮助读者更好地理解 Prometheus。本书还介绍了很多常见的方法论。配合这些方法论，以及书中的实战内容，读者可以更好地建设自己的监控体系。

张晋涛
网易有道资深运维开发人员，云原生技术布道师

前　言 Preface

为什么要写这本书

熟悉我的读者应该都知道，在这本书之前我写过一本书《HikariCP 数据库连接池实战》。那本书解答了"HikariCP 该如何监控"的问题，提出了 HikariCP 的主要监控指标，但是没有对 Prometheus 这项技术做专项分析。本书则弥补了那本书的遗憾，全面且系统地介绍了 Prometheus 这款监控产品，并将介绍对象由数据库连接池转移到监控产品本身。从 HikariCP（光）到 Prometheus（火），也展示了我对于技术的理解层层深入、渐入佳境的过程。

Prometheus 是由 SoundCloud 开源的监控系统，是 Google BorgMon 监控系统的开源版本。Prometheus 开源项目是继 Kubernetes 后第二个正式加入 CNCF（Cloud Native Computing Foundation，云原生计算基金会）的项目，也是继 Kubernetes 之后第二个正式"毕业"的 CNCF 项目，是容器和云原生领域事实上的监控标准解决方案。

如今，Prometheus 已经被全球众多企业广泛使用，它已经成为企业构建现代云原生架构的首选开源监控工具。近几年来，国内技术社区关于监控的讨论有很多，尤其是关于监控选型的讨论比较频繁，目前 IT 类公司有一个统一的趋势——使用 Prometheus 作为通用的监控系统解决方案。百度、京东、阿里、宜信、51 信用卡等互联网公司都有专门的 Prometheus 研发及运维团队。

Prometheus 既是一个监控系统，又是一个存储系统，可以说它提供了一个完备的监控生态。我和 Prometheus 有着不解之缘：早在 2014 年，我在阿里就职期间就接触过与 TSDB 时序数据库相关的技术；我后来研发的底层数据库中间件采用了 HikariCP 数据库连接池，数据库连接池的监控就依托于公司的 Prometheus 监控系统；2019 年，我主导的项目 Kubernetes+Prometheus 一举拿下了公司年度最佳产研类项目，有 10 余人参与到这个项目中，通过项目室闭关的形式，用了半年多的时间将全公司的应用全部迁移到了 Kubernetes 集群上并接入了 Prometheus 监控。由于长期接触 Prometheus，我也经常和一些使用者进行相关问题的讨论，这些经历帮我积累了宝贵的实战经验。

虽然 Prometheus 相关的书市面上有很多，但是大多都存在一些问题。首先，其中大多数书籍面向的群体仅是运维工程师，却忽略了开发者；其次，部分书籍专注于源码解析或者对 Kubernetes 技术进行介绍，却忽略了 Prometheus 本身的内容，比如 PromQL 是实战中非常重要的知识，但却少有书籍会通过理论联系实际的方式具体介绍；最后，一些书籍大量堆砌代码和概念，导致重点内容介绍不足和实战案例缺乏，这对实际工作不会有太多帮助。

本书在内容上深入浅出，注重实战性、实用性，兼顾开发者的诉求，可以让读者迅速对 Prometheus 形成闭环认知。书中还提炼了最佳实践以提升读者认知高度和实践能力。

读者对象

本书适合运维工程师和所有 Java 程序员阅读，尤其适合以下读者：
- Java 初中级开发者；
- 系统架构师；
- 中间件开发者；
- 运维工程师；
- 工作中使用 Prometheus 的公司与团队；
- 开设 Prometheus 相关课程的大专院校师生；
- 其他对 Prometheus 技术感兴趣的人员。

如何阅读本书

本书共分为 11 章，紧密围绕 Prometheus 的相关概念和技术展开介绍。

第 1 章主要介绍了监控系统的相关概念。本章首先介绍了监控的概念、监控的分类、MDD（指标驱动开发）的理念、Google 四大黄金指标、USE 方法、RED 方法等知识；接着介绍了监控中的探针和内省、拉取和推送等常见手法；最后介绍了常见的监控系统 Nagios、Zabbix、Ganglia、Open-Falcon、ZMon，以及进行监控系统选型时应该考虑的维度及误区。

第 2 章介绍了 Prometheus 的相关概念。从历史、特点、架构、局限性、快速开始这 5 个方面介绍了 Prometheus 是什么，它在监控领域有哪些使用场景，以及如何快速安装和启动 Prometheus。

第 3 章介绍了在 Spring Boot 中如何集成 Prometheus。本章通过介绍 Micrometer 的理论，辅以 Spring Boot 2.x 应用的案例，一步步教读者将 Spring Boot 2.x 应用数据传输到

Prometheus 监控系统中，再以可视化监控大盘的形式展现在 Grafana 仪表盘中。本章还介绍了当系统出现故障时，读者如何将 Spring Boot 2.x 应用的故障信息以告警的形式发送到邮箱或者钉钉中。本章内容对于广大开发者来说具有一定的实战指导作用。

第 4 章介绍了与 PromQL 相关的知识。PromQL 是 Prometheus 实战的核心，是 Prometheus 场景的基础，也是 Prometheus 的重中之重。本章用很大的篇幅，从时间序列、PromQL 数据类型、指标类型、选择器、聚合操作、二元操作符、内置函数、最佳实践、性能优化等方面，通过理论联系实际的方式，全方位介绍了与 PromQL 相关的概念及其具体用法。

第 5 章介绍了 PromQL 的高级用法。首先介绍了 39 个 PromQL 内置函数，然后围绕 HTTP API、记录规则、告警规则、metric_relabel_configs、relabel_configs 等多个知识点，以理论联系实际、知识点结合案例的形式，全方位介绍了 PromQL 的高级用法和最佳实践。

第 6 章介绍了 Prometheus 的告警模块——Alertmanager。本章围绕 Alertmanager 告警的架构、工作原理、集群、触发的流程等展开介绍，接着拓展了告警分组、抑制、静默、延迟等众多知识点。读完本章，读者可以轻松理解告警是如何触发的，还可以分析、定位、解决告警轰炸、告警不准确等常见问题。

第 7 章介绍了 Prometheus 中与 Exporter 相关的概念。Exporter 的来源主要有两个，一个是社区，另一个是用户自定义。本章从数据规范、数据采集方式、案例代码编写等方面一步步指导读者自定义 Exporter。为了帮助读者提高编码水平和真正写好 Exporter，本章还给出了写好 Exporter 的建议，并结合 Node Exporter、Redis Exporter、MySQL Exporter、RocketMQ Exporter 等的原理进行分析讲解。通过对本章的学习，读者可以掌握使用和定制 Exporter 的方法。

第 8 章介绍了与 Spring Boot 相关的高级话题，帮助读者了解 Prometheus 集成 Spring Boot 的原理、源码和解决方案。本章针对 Prometheus 监控 RESTful、监控业务、通过注解进行监控、监控 Dubbo 这 4 个真实需求给出了源码级的技术指导方案。对 Prometheus 集成 Spring Boot 过程中可能产生的问题，如空指针、极大值、内存溢出等，本章也做了补充分析与解答。

第 9 章介绍了与 Prometheus 集群相关的实战内容。本章围绕 Prometheus 集群实战的架构问题，讨论了多种集群解决方案（简单 HA、简单 HA+远程存储、简单 HA+远程存储+联邦集群）的理念、方法及优化手段，探究如何构建具有更高扩展性和可靠性的集群。本章是实战章节，在采集指标、推广 Prometheus 在企业中的部署等细节问题上都给出了指导。本章还通过搭建一个基于 M3DB 的简单 HA+远程存储 Prometheus K8S 集群的真实案例，用步骤引导以及配置文件样例的形式，带领读者实际部署 Prometheus 集群。

第 10 章介绍了 Prometheus 的存储原理。Prometheus 不仅是一个监控系统，还是一款优秀的时序数据库。本章主要围绕 Prometheus 3.0 版本的 TSDB 本地存储，对存储文件的格式、存储的原理、chunk、索引、block、WAL 日志、tombstones、Checkpoint 等相关知识点进行介绍，让读者清晰地了解 Prometheus 存储的运行机制。

第 11 章介绍了 Prometheus 的相关技术。本章首先介绍了 Prometheus 的伴侣——Thanos 和 M3DB，并对使用这些技术的过程中可能出现的一些问题给出了指导和建议；然后介绍了继承 Prometheus 理念的 Loki，详细介绍了 Loki、ELK 等相关日志技术的原理和架构方案；最后，介绍了 Operator 模式和 Prometheus Operator 模式，以及在实战中针对压测、查找中间件（如 Redis 问题）等场景应该如何灵活运用 Prometheus。

勘误和支持

由于作者的水平有限，书中难免会出现一些错误或者不准确的地方，恳请读者批评指正。为此，我在 GitHub 网站上专门建了一个 Issue 项目（https://github.com/CharlesMaster/PrometheusBook/issues），你可以将书中的错误，以及你的疑问、改进建议以 GitHub Issue 的形式发布在 Bug 勘误表页面中，我将尽量在线上为你提供最满意的解答。当然，更希望大家通过 Issue 对 Prometheus 展开讨论，互相切磋和共同成长。

致谢

首先要感谢伟大的 Prometheus，它是一款影响我整个人生的软件。

感谢曾经和我一起致力于研究 Prometheus 这项技术的领导、同事、朋友，你们投入的时间、精力和智慧为我提供了莫大的帮助。

感谢机械工业出版社的编辑杨福川老师和孙海亮老师，你们始终支持我的写作，你们的鼓励和帮助引导我顺利完成全部书稿。

最后感谢我的爸爸、妈妈、小姨、姨夫、爷爷、奶奶、外公、外婆，感谢你们将我培养成人，并时时刻刻给予我信心和力量！

谨以此书献给我最亲爱的家人，以及众多热爱 Prometheus 的朋友们！

目录 Contents

赞誉
前言

第1章 监控之美 ········· 1
- 1.1 监控：把握应用的脉搏 ········· 2
- 1.2 监控架构分类 ········· 6
- 1.3 MDD思想：从指标到洞察力 ········· 10
  - 1.3.1 MDD理念综述 ········· 10
  - 1.3.2 指导实践的3大监控方法论 ········· 12
- 1.4 监控系统选型分析及误区探讨 ········· 13
  - 1.4.1 黑盒监控和白盒监控 ········· 14
  - 1.4.2 监控检查的两种模式——拉取和推送 ········· 14
  - 1.4.3 5种常见的监控系统 ········· 15
  - 1.4.4 监控系统的选型分析及误区探讨 ········· 24
- 1.5 本章小结 ········· 32

第2章 Prometheus入门 ········· 33
- 2.1 Prometheus发展简史 ········· 34
- 2.2 Prometheus的主要特点 ········· 35
- 2.3 Prometheus架构剖析 ········· 37
- 2.4 Prometheus的3大局限性 ········· 43
- 2.5 快速安装并启动Prometheus ········· 43
- 2.6 本章小结 ········· 49

第3章 Spring Boot可视化监控实战 ········· 50
- 3.1 用Micrometer仪表化JVM应用 ········· 50
- 3.2 在Spring Boot 2.x中集成Prometheus的方法 ········· 53
  - 3.2.1 引入Maven依赖 ········· 54
  - 3.2.2 application.properties配置 ········· 56
  - 3.2.3 通过MeterBinder接口采集和注册指标 ········· 57
  - 3.2.4 以埋点的方式更新指标数据 ········· 58
  - 3.2.5 效果展示 ········· 59
- 3.3 针对Spring Boot 2.x采集并可视化相关数据 ········· 61
- 3.4 第三方专业可视化工具——Grafana ········· 62
- 3.5 Grafana高级模板 ········· 67
- 3.6 邮件告警的生成与扩展 ········· 77

3.6.1 通过 Alertmanager 生成邮件
告警 ·················· 77
3.6.2 邮件告警扩展：cc 和 bcc ······ 79
3.7 构建钉钉告警系统 ·············· 80
3.7.1 安装 MacOS Docker ········ 80
3.7.2 安装 Docker 镜像 ·········· 81
3.7.3 钉钉接入设置 ············ 83
3.7.4 钉钉告警功能验证 ·········· 84
3.8 本章小结 ······················ 86

第 4 章 PromQL 让数据会说话 ······ 87
4.1 初识 PromQL ·················· 87
4.1.1 PromQL 的 4 种数据类型 ····· 89
4.1.2 时间序列 ················ 90
4.1.3 指标 ···················· 91
4.2 PromQL 中的 4 大选择器 ········ 94
4.2.1 匹配器 ·················· 95
4.2.2 瞬时向量选择器 ············ 98
4.2.3 区间向量选择器 ············ 99
4.2.4 偏移量修改器 ············ 100
4.3 Prometheus 的 4 大指标类型 ······ 101
4.3.1 计数器 ·················· 101
4.3.2 仪表盘 ·················· 103
4.3.3 直方图 ·················· 104
4.3.4 摘要 ···················· 107
4.4 13 种聚合操作 ················ 109
4.5 Prometheus 的 3 种二元操作符 ···· 117
4.5.1 算术运算符 ·············· 118
4.5.2 集合/逻辑运算符 ·········· 119
4.5.3 比较运算符 ·············· 120
4.5.4 优先级 ·················· 122

4.6 向量匹配 ···················· 122
4.6.1 一对一匹配 ·············· 122
4.6.2 一对多和多对一匹配 ······ 123
4.6.3 多对多匹配 ·············· 124
4.7 本章小结 ···················· 124

第 5 章 PromQL 高级实战 ········ 125
5.1 Prometheus 内置函数 ·········· 125
5.1.1 动态标签函数 ············ 126
5.1.2 数学运算函数 ············ 128
5.1.3 类型转换函数 ············ 133
5.1.4 时间和日期函数 ·········· 133
5.1.5 多对多逻辑运算符函数 ···· 137
5.1.6 排序函数 ················ 138
5.1.7 Counter 函数 ············ 139
5.1.8 Gauge 函数 ·············· 141
5.1.9 Histogram 函数 ·········· 144
5.1.10 时间聚合函数 ·········· 145
5.2 HTTP API ···················· 146
5.2.1 API 响应格式 ············ 148
5.2.2 表达式查询 ·············· 149
5.2.3 元数据管理 ·············· 150
5.2.4 其他拓展 ················ 151
5.3 两种可定期执行的规则 ········ 155
5.3.1 记录规则 ················ 155
5.3.2 告警规则 ················ 159
5.4 指标的抓取与存储 ············ 160
5.4.1 用 relabel_configs 抓取
指标 ···················· 160
5.4.2 用 metric_relabel_configs 存储
指标 ···················· 163

5.5 通过调优解决 PromQL 耗尽资源问题 ·········· 166
5.6 本章小结 ·········· 166

第 6 章 Prometheus 告警机制深度解析 ·········· 167

6.1 Alertmanager 架构解析 ·········· 167
6.2 AMTool 的安装与用法 ·········· 169
6.3 配置文件的编写与解读 ·········· 171
6.4 告警规则的定义 ·········· 177
6.5 关于告警的高级应用与问题处理 ·········· 180
    6.5.1 Prometheus 告警失灵 ·········· 180
    6.5.2 出现告警轰炸的问题 ·········· 182
6.6 构建高可用告警集群 ·········· 184
6.7 本章小结 ·········· 186

第 7 章 Prometheus 独孤九剑：通过定制 Exporter 监控一切 ·········· 187

7.1 Exporter 概述 ·········· 187
7.2 Exporter 的数据规范 ·········· 189
7.3 Exporter 数据采集方式 ·········· 191
7.4 一个最简单的 Exporter 示例 ·········· 192
7.5 自己动手编写一个 Exporter ·········· 195
7.6 高质量 Exporter 的编写原则与方法 ·········· 198
    7.6.1 分配合理的端口号 ·········· 198
    7.6.2 设计落地页 ·········· 201
    7.6.3 将软件版本信息提供给 Prometheus 的正确方法 ·········· 201
    7.6.4 必备指标的梳理 ·········· 202

7.6.5 编写高质量 Exporter 的其他注意事项 ·········· 209
7.7 Node Exporter 源码解析 ·········· 210
7.8 Exporter 高级应用：开启 TSL 连接和 Basic Auth 认证 ·········· 214
    7.8.1 准备证书 ·········· 214
    7.8.2 支持 TLS 的配置方法 ·········· 214
    7.8.3 支持 Basic Auth 的配置方法 ·········· 215
7.9 本章小结 ·········· 216

第 8 章 Spring Boot 高级监控实战 ·········· 217

8.1 Controller 监控实战 ·········· 217
8.2 业务代码监控实战 ·········· 218
8.3 通过注解进行监控的设置与实战 ·········· 221
8.4 Dubbo 监控实战 ·········· 223
8.5 SPI 机制原理解析 ·········· 225
8.6 SPI 高级实战：基于 Dubbo 的分布式日志链路 TraceID 追踪 ·········· 228
8.7 集成 Spring Boot 时的常见问题及其解决方案 ·········· 231
8.8 关于 Micrometer 的两个常见问题及其解决方案 ·········· 234
    8.8.1 极大值 BUG 问题 ·········· 235
    8.8.2 Actuator 内存溢出问题 ·········· 237
8.9 micrometer-spring-legacy 源码解析 ·········· 242
    8.9.1 spring.factories ·········· 244
    8.9.2 CompositeMeterRegistryAuto-Configuration ·········· 246

| 8.9.3　XX-MeterRegistry 的注册 …… 248
| 8.9.4　WebMvcMetricsFilter
| 　过滤器 ………………………… 249
| 8.9.5　其他 …………………………… 250
| 8.10　本章小结 …………………………… 251
| 第 9 章　Prometheus 集群实战 …………… 252
| 9.1　校时 …………………………………… 252
| 9.2　Prometheus 的 3 种常见 HA 架构
| 方案 ……………………………………… 255
| 9.2.1　简单 HA ………………………… 256
| 9.2.2　简单 HA+ 远程存储 …………… 256
| 9.2.3　简单 HA+ 远程存储 + 联邦
| 　集群 ………………………………… 257
| 9.2.4　联邦集群配置方式 …………… 261
| 9.2.5　功能分区配置方式 …………… 262
| 9.2.6　K8S 单点故障引发的 POD
| 　漂移问题 …………………………… 263
| 9.3　Prometheus 集群架构采集优化
| 方案 ……………………………………… 263
| 9.4　在企业中从零推广 Prometheus
| 架构 ……………………………………… 266
| 9.4.1　研发团队 ………………………… 266
| 9.4.2　运维团队 ………………………… 267
| 9.4.3　借助 K8S 一起推进上线 …… 268
| 9.5　搭建基于 M3DB 的简单 HA+ 远程
| 存储 Prometheus K8S 集群 ………… 268
| 9.5.1　架构说明 ………………………… 268
| 9.5.2　K8S 内部 Prometheus ………… 270
| 9.5.3　K8S 外部 Prometheus ………… 270
| 9.5.4　M3DB ……………………………… 276

9.6　多租户、可横向扩展的 Prometheus
　　　即服务——Cortex ……………………… 277
9.7　本章小结 ……………………………… 280

第 10 章　Prometheus 存储原理与
　　　　　问题分析 …………………………… 281
　10.1　本地存储文件结构解析 ………… 282
　10.2　存储原理解析 ……………………… 286
　10.3　存储配置方法 ……………………… 287
　10.4　本地存储容量规划原则与
　　　　方法 …………………………………… 290
　10.5　RAM 容量规划原则与方法 …… 291
　10.6　本地存储及时性和时序性问题
　　　　分析 …………………………………… 293
　10.7　本章小结 …………………………… 294

第 11 章　Prometheus 其他相关技术
　　　　　分析与实战 ………………………… 296
　11.1　Thanos 架构与监控实战 ………… 296
　　　11.1.1　Thanos 架构解析 ……………… 297
　　　11.1.2　Thanos 在 Prometheus 监控
　　　　　　中的作用与实战 ……………… 299
　　　11.1.3　Thanos 存在的问题 …………… 302
　11.2　M3DB 技术详解 …………………… 303
　11.3　Loki 的特性、架构与应用 ……… 306
　　　11.3.1　Loki 特性 ………………………… 307
　　　11.3.2　Loki 架构简介 ………………… 308
　　　11.3.3　Loki 使用方法 ………………… 310
　11.4　ELK 的 5 种主流架构及其优劣
　　　　分析 …………………………………… 311
　　　11.4.1　为什么要用 ELK ……………… 312

- 11.4.2 基础架构 ………………… 313
- 11.4.3 改良架构 ………………… 314
- 11.4.4 二次改良架构 …………… 315
- 11.4.5 基于 Tribe Node 概念的架构 …………………………… 316
- 11.4.6 带有冷热分离功能的架构 … 316
- 11.5 Fluentd 和 Fluent Bit 项目简介 … 317
- 11.6 Operator 模式现状与未来展望 … 319
- 11.7 关于灵活运用 Prometheus 的几点建议 ……………………… 321
- 11.8 本章小结 ……………………… 323

- 附录 A　Prometheus 相关端口列表 ………………………… 324
- 附录 B　PromQL 速查手册 ……… 350
- 附录 C　Prometheus 2.x（从 2.0.0 到 2.20.0）的重大版本变迁 … 354
- 附录 D　Prometheus 自监控指标 … 363
- 附录 E　SLA 服务可用性基础参考指标 ………………………… 366

第 1 章 Chapter 1

监控之美

监控是一门学问，也是一门艺术。

亚马逊副总裁、CTO Werner Voegls 说过："You build it, you run it, you monitor it."（你构建了它，你运行它，你就有责任监控它。）爱尔兰第一代开尔文男爵 Lord Kelvin⊖和现代管理学之父彼得·德鲁克⊖也曾说过："If you can't measure it, you can't improve it."（如果没有了如指掌，你就无法做出改进。）监控无处不在，对软硬件进行监控，并实现系统的可观察性是监控技术人员的必备技能。

近几年来，随着微服务、容器化、云原生等新架构思想的不断涌入，企业的 IT 架构逐渐从实体的物理服务器，迁移到以虚拟机为主的 IaaS（Infrastructure-as-a-Service）云和以容器云平台为主的 PaaS（Platform-as-a-Service）云上。日新月异的 IT 架构为监控系统带来了越来越多的挑战，也对技术人员提出了越来越高的要求。2019 年阿里"双十一"期间，订单峰值达到 54.4 万笔 / 秒，创下了新的纪录。"双十一"期间的单日数据处理量也达到 970PB。面对世界级流量洪峰，阿里巴巴实现了 100% 核心应用以云原生的方式上云，并交出了一份亮眼的成绩单：

1）"双十一"基础设施 100% 上云；
2）"双十一"在线业务容器规模达到 200 万；
3）采用基于神龙架构的弹性裸金属服务器，使计算性价比提升了 20%。

⊖ Lord Kelvin 发明了 Kelvin（又称热力学温标或绝对温标），这是国际单位制中的温度单位。此温标又称卡氏温标、开氏温标、克氏温标、凯氏温标。其零度称为绝对零度，标示为 0K 或零开，等于摄氏温标 –273.15℃或华氏温标 –459.67 °F。

⊖ 彼得·德鲁克（Peter F. Drucker, 1909—2005），现代管理学之父，其著作影响了数代追求创新以及管理实践的学者和企业家，各类商业管理课程也都深受彼得·德鲁克思想的影响。

阿里云在上万个 Kubernetes（简称 K8S）集群大规模实践中，保证了全球跨数据中心的可观测性，这正是基于 Prometheus Federation 的全球多级别监控架构实现的。

在正式介绍 Prometheus 之前，本章我们先来了解一些关于监控的基础知识。按照由浅入深的顺序，本章将依次讲解以下内容：监控的概念、监控的黄金指标、监控的手法、基于 Metrics 的 MDD（Metrics-Driven-Development，指标驱动开发）思想、常见的监控技术产品及选型等。最后，补充一些后续章节会涉及的术语和概念。

1.1 监控：把握应用的脉搏

以"脉搏"这个词语对监控的作用进行概括，取了老中医看病时切脉的意境。我在《HikariCP 数据库连接池实战》一书中介绍过"扁鹊三兄弟"的故事，当时用这个故事来阐释数据库连接池监控的重要性。

春秋战国时期，有位神医被尊为"医祖"，他就是扁鹊。一次，魏文王问扁鹊说："你们家兄弟三人，都精于医术，到底哪一位最好呢？"扁鹊答："长兄最好，中兄次之，我最差。"魏文王又问："那么为什么你最出名呢？"扁鹊答："长兄治病，是治病于病情发作之前，由于一般人不知道他事先能铲除病因，所以他的名气无法传出去；中兄治病，是治病于病情初起时，一般人以为他只能治轻微的小病，所以他的名气只及本乡里；而我是治病于病情严重之时，一般人都看到我在经脉上穿针放血，在皮肤上敷药，所以以为我的医术高明，名气因此响遍全国。"

监控如同切脉诊断，是技术人员先于用户发现问题的最佳手段。完善的监控系统能够引导技术人员快速定位问题并解决。虽然故事中的扁鹊名气最大，但在生产环境中我们要以扁鹊的兄长为榜样，将系统的问题扼杀于萌芽状态。这就需要做好对系统的完善监控。如同故事中的扁鹊那样，事后监控、不完整监控、不正确监控、不准确监控、静态监控、不频繁的监控、缺少自动化或自服务的监控，都是不完善的监控手法。完善的监控系统，是技术人员运筹帷幄的强有力保障。我们应建立完善的监控体系，以期达到如下效果。

1）趋势分析：长期收集并统计监控样本数据，对监控指标进行趋势分析。例如，通过分析磁盘的使用空间增长率，可以预测何时需要对磁盘进行扩容。

2）对照分析：随时掌握系统的不同版本在运行时资源使用情况的差异，或在不同容量的环境下系统并发和负载的区别。

3）告警：当系统即将出现故障或已经出现故障时，监控可以迅速反应并发出告警。这样，管理员就可以提前预防问题发生或快速处理已产生的问题，从而保证业务服务的正常运行。

4）故障分析与定位：故障发生时，技术人员需要对故障进行调查和处理。通过分析监控系统记录的各种历史数据，可以迅速找到问题的根源并解决问题。

5）数据可视化：通过监控系统获取的数据，可以生成可视化仪表盘，使运维人员能够直观地了解系统运行状态、资源使用情况、服务运行状态等。

工欲善其事，必先利其器。综上所述，一个完善的监控系统是 IT 系统构建之初就该考虑的关键要素。监控系统可以贯穿于移动端、前端、业务服务端、中间件、应用层、操作系统等，渗透到 IT 系统的各个环节。

如图 1-1 所示，通常情况下，监控系统分为端监控、业务层监控、应用层监控、中间件监控、系统层监控这 5 层。

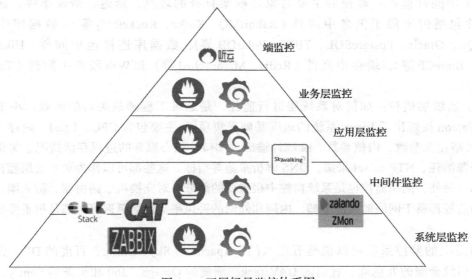

图 1-1　五层轻量监控体系图

1）端监控：针对用户在体验上可以感知的对象进行监控，如网站、App、小程序等。有些公司会设置专门的端用户体验团队负责进行端监控。在移动客户端的系统中，端监控的对象主要有 H5、小程序、Android 系统、iOS 系统等，完善的端监控可以反馈地域、渠道、链接等多维度的用户体验信息；用户终端为传统的 Web 页面时，端监控仍会围绕用户体验采集数据，比如页面打开速度（测速）、页面稳定性（JS）和外部服务调用成功率（API），这 3 个方面的数据反映了 Web 页面的健康度。在阿里内部，对于端上数据的采集和监控，除了有 SPM⊖（超级位置模型）、SCM⊖（超级内容模型）、黄金令

⊖ SPM（Super Position Model）全称超级位置模型，是 Web 端 Aplus 日志体系和 App 端 UserTrack 日志体系共同使用的重要规范。SPM 的作用类似于 IP 地址，可以直接定位前端控件区块。阿里的 SPM 位置编码由 A.B.C.D 四段构成，其中 A 代表站点/业务，B 代表页面，C 代表页面区块，D 代表区块内的点位。

⊖ SCM（Super Content Model）全称超级内容模型，是一种与业务内容一起下发的埋点数据，用来唯一标识一块内容。在客户端埋点时，将 SCM 编码作为埋点的参数上传给 UT 服务器，SCM 编码也采用含义与 SPM 相同的 A.B.C.D 格式。

箭[⊖]（交互采集模型）等理论支撑外，还有一系列相关工具、相关系统与大数据分析提供实践支撑。

2）业务层监控：对于业务层，可按需深度定制监控系统，实现对业务属性的监控告警功能，生成业务数据监控大盘。比如用户访问 QPS、DAU 日活、转化率、业务接口（如登录数、注册数、订单量、支付量、搜索量）等都是常见的监控对象。

3）应用层监控：主要是对分布式应用和调用链应用的性能进行管理和监控，如对 Spring Boot、JVM 信息、服务链路、Dubbo 等应用在进行诸如 RPC 调用、Trace 链路追踪动作时产生的数据进行监控。

4）中间件监控：监控的主要对象是框架自身的埋点、延迟、错误率等。这里的中间件包括但不限于消息中间件（RabbitMQ、Kafka、RocketMQ 等）、数据库中间件（MySQL、Oracle、PostgreSQL、TIDB、PolarDB 等）、数据库连接池中间件（HikariCP、Druid、BoneCP 等）、缓存中间件（Redis、Memcached 等）和 Web 服务中间件（Tomcat、Jetty 等）。

5）系统层监控：如何对系统层进行监控，是运维工程师最关心的问题。小米通过 Open-Falcon 提炼出了 Linux 系统的运维基础采集项[⊜]，主要包含 CPU、Load、内存、磁盘 I/O、网络相关参数、内核参数、ss 统计输出、端口、核心服务的进程存活情况、关键业务进程资源消耗、NTP offset 采集、DNS 解析采集等指标。这些都可以作为对系统层监控的关键指标。另外，网络监控也是系统监控中很重要的部分，对交换机、路由器、防火墙、VPN 进行的监控都属于网络监控的范畴，内网和外网的丢包率、网络延迟等也都是很重要的监控指标。

市面上的监控系统可以说是五花八门，Apache 的 SkyWalking、百度的 DP、美团的 CAT、蚂蚁金服的九色鹿、宜信的 UAVstack、滴滴的 Omega、360 和头条的 Sentry、腾讯的 badjs、阿里云的 arms，以及已经商业化的 Fundbug、听云和神策等，都是很知名的监控系统。每种监控系统都有各自的价值，通常来说，Zabbix 是针对系统层的监控系统，ELK（Elasticsearch + Logstash + Kibana）主要是做日志监控的，而 Prometheus 和 Grafana 可以实现对端、业务层、应用层、中间件、系统层进行监控，因此 Prometheus 是打造一站式通用监控架构的最佳方案之一。

在 CNCF 全景图[⊜]中，也罗列了一系列的监控产品，如图 1-2 所示。

⊖ 黄金令箭，即用户在页面上进行交互行为触发的一个异步请求，用户按照约定的格式向日志服务器发送请求，展现、点击、等待、报错等都可以作为交互行为。规则为 /goldenkey_xxx，其中 x 为一串数字，用于标识某个具体的交互事件。

⊜ 小米开源产品 Open-Falcon 文档：http://book.open-falcon.org/zh/faq/linux-metrics.html。

⊜ CNCF 即云原生计算基金会，2015 年由谷歌牵头成立，基金会成员目前已有 100 多家企业与机构，包括亚马逊、微软、思科等巨头。其公布的 Cloud Native Landscape，给出了云原生生态的参考体系，参考地址为 https://github.com/cncf/landscape。

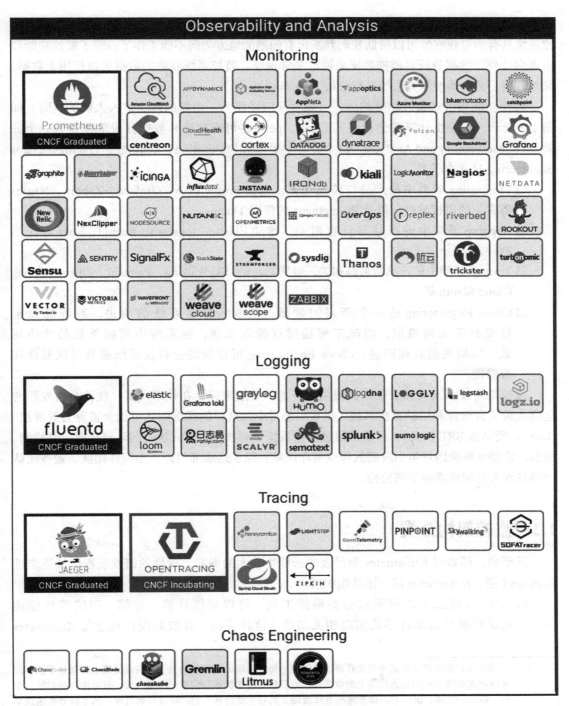

图 1-2　CNCF 监控全景图

监控系统中的监控功能可以告诉我们系统的哪些部分正常工作，哪里出现了问题；监控系统具有的可观察性可以帮助我们判断出有问题的地方为何不能工作了。除了监控功能和可观察性外，数据分析对监控系统来说也非常重要。监控系统获取的数据可以使用大数据、漏斗分析、分析模型和算法等进行分析（Analysis）。

监控功能和可观察性相辅相成，可观察性已经作为一个新的理念进入人们的视野，如图 1-2 所示，云原生计算基金会在其 Landscape 中将可观察性和数据分析单独列为一个分类——Observability and Analysis，这个分类主要包括 Monitoring、Logging、Tracing、Chaos Engineering 这 4 个子类。

- Monitoring 子类中的产品与监控相关，包括 Prometheus、Grafana、Zabbix、Nagios 等常见的监控软件，以及 Prometheus 的伴侣 Thanos。
- Logging 子类中的产品与日志相关，比如 Elastic、logstash、fluentd、Loki 等开源软件。
- Tracing[⊖] 子类中的产品与追踪相关，包括 Jaeger、SkyWalking、Pinpoint、Zipkin、Spring Cloud Sleuth 等。
- Chaos Engineering 是一个新兴的领域。随着云原生系统的演进，系统的稳定性受到很大的挑战，混沌工程通过反脆弱思想，在系统中模拟常见的故障场景，以期提前发现问题。Chaos Engineering 可以帮助分布式系统提升可恢复性和容错性。

监控是为技术人员和业务人员提供服务的。一般来说，在技术团队，往往会由专职的运维人员负责管理和维护监控系统（在某些公司中，这样的运维团队可能会被称为效能组、DevOps 团队或 SRE 团队），目的是通过监控系统了解技术应用或运行的环境状况，并检测、洞察、诊断、解决因环境引发的故障或潜在风险。除了运维部门外，中间件团队、业务团队中的技术人员同样需要了解监控。

1.2 监控架构分类

近年来，随着以 Kubernetes 为代表的云原生技术的崛起，软件的研发流程已经逐步进化到 IaaS 层、Kubernetes 层、团队组织层。

Kubernetes 是强大的声明式容器编排工具，可以提供计算、存储、网络等功能接口，通过这些接口以插件形式实现相关功能。这种灵活、开放的设计理念使 Kubernetes

---

⊖ 云栖社区：如果将分布式系统比作高速公路网，每个前端的请求就相当于在高速公路上行驶的车辆，而处理请求的应用就是高速公路上的收费站，收费站会将车辆通行信息记录成日志，日志中包括时间、车牌、站点、公路、价格等。如果将所有收费站上的日志整合在一起，便可以通过唯一的车牌号确定该车的完整通行记录。而分布式调用系统会对每一次请求进行跟踪，进而明确每个请求所经过的应用以及所消耗的时间等。

非常容易集成外部工具，强化相应的功能。所以 Kubernetes 逐渐发展成中间件和微服务的"底座"，同时也成为企业上云的"底座"。如表 1-1 所示，Kubernetes 和 IaaS 有着天然的联系，Kubernetes 已经可以和诸如 OpenStack、AWS、Google 云等 IaaS 云平台进行集成[○]，在弹性、敏捷、动态方面，它都可以发挥巨大作用。在 IaaS 层可以实现对硬件、网络等的监控；在 Kubernetes 层则可以实现对日志、健康检查、自愈系统、分布式链路等的监控，Kubernetes 层作为中间件和微服务的"底座"，很多产品的监控都可以在这一层完成。

表 1-1 Team/Org、Kubernetes、IaaS 层次模型

名称	相关技术
Team/Org	Antifragile
Team/Org	DevOps
Kubernetes	Self Healing（自愈）
Kubernetes	Auto Scaling（自动伸缩）
Kubernetes	StatefulServices（有状态的服务）
Kubernetes	Job Management（作业管理，含定时调度）
Kubernetes	API Gateway & Service Security（API 网关和服务安全）
Kubernetes	Resilience & Fault Tolerance（弹性和容错性）
Kubernetes	Distributed Metrics & Tracing
Kubernetes	Centralized Logging & Configuration Management（集中式日志记录和配置管理）
Kubernetes	Declarative Scheduling/Placement（声明式调度/配置）
Kubernetes	App Deployment（应用程序部署，含更新、回滚）
Kubernetes	Health Check & Recovery（健康检查和恢复）
Kubernetes	Application Runtime and Packaging（应用程序运行时和打包）
Kubernetes	Resource, Storage & Capacity Management（资源、存储和容量管理）
Kubernetes	Environment & Container Management（环境和容器管理）
IaaS	CICD
IaaS	Operating System & Virtualization（操作系统和虚拟化）
IaaS	Hardware、Storage、Networking（硬件、存储和网络）

在我的第一本书《HikariCP 数据库连接池实战》的第 10 章中，介绍过 3 种应用于微服务架构的监控体系——Metrics、Tracing 和 Logging，这里补充第四种监控体系——HealthCheck。HealthCheck 用于健康监控（这种监控方式在微服务 Spring Boot 中使用较多），如图 1-3 所示。

○ Volume 能和 OpenStack 的 Cinder 以及 AWS 的 EBS 集成，Pod 网络能和云平台的 VPC 网络集成，Kubernetes Service 和 Ingress 分别适合与 IaaS 云平台的四层防火墙、七层防火墙集成。

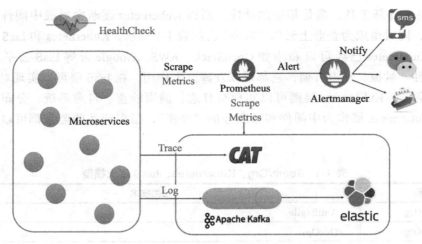

图 1-3　微服务监控架构

一般来说，开源监控系统由集中式日志解决方案（以 ELK[⊖] 为代表）和时序数据库解决方案构成。时序数据库解决方案以 Graphite、TICK[⊜] 和 Prometheus 等为代表，其中前两个是推模式，后一个则以拉模式为主，拉模式对整体代码和架构的侵入较小。

当代新的监控三要素为 Metrics、Logging 和 Tracing。

- Metrics 的特点是可聚合（Aggregatable），它是根据时间发生的可以聚合的数据点。通俗地讲，Metrics 是随着时间的推移产生的一些与监控相关的可聚合的重要指标（如与 Counter 计数器、Historgram 等相关的指标）。
- Logging 是一种离散日志（或称事件），分为有结构的日志和无结构的日志两种。
- Tracing 是一种为请求域内的调用链提供的监控理念。

Prometheus 同时覆盖了 Logging 和 Metrics 两个要素。

关于 Metrics、Logging、Tracing 的比较如图 1-4 所示，其中 CapEx 代表搭建的投入成本，OpEx 代表运维成本，Reaction 代表监控手段的响应能力，Investigation 代表查问题的有效程度。一般来说，Metrics 和 HealthCheck 对于监控告警非常有帮助，Metrics、Tracing 和 Logging 对于调试、发现问题非常有帮助。

Prometheus 是基于 Metrics 的监控系统，具有投入成本（CapEx）中等、运维成本（OpEx）低、响应能力（Reaction）高等特点。图 1-4 中查问题的有效程度（Investigation）较低，是相对于 logging 和 Tracing 等模式而言的。一般在业务开发中，通过查日志的方式就能定位到系统存在问题，通过 Tracing 模式可以查到链路上出现问题的环节。但是这并不代表

⊖　ELK，即 Elasticsearch、Logstash（性能高于 Beas）、Kibana。
⊜　TICK 是 influxData 开发的开源高性能时序中台，集成了采集、存储、分析、可视化等能力，由 Telegraf、InfluxDB、Chronograf、Kapacitor 这 4 个组件以一种灵活松散但紧密配合、互为补充的方式构成。TICK 专注于 DevOps 监控、IoT 监控、实时分析等场景。

Metrics 监控的有效程度是最低的，合理的监控埋点、完美的监控大盘配置、超前的监控告警往往能让开发者在业务方发现问题之前就已经发现问题。

	Metrics	Logging	Tracing
CapEx	中	低	高
OpEx	低	高	中
Reaction	高	中	低
Investigation	低	中	高

图 1-4　当代监控方案在 4 个维度上的对比

微服务的监控反馈环节是非常重要的。姑且不提那些让人眼花缭乱的监控软件，单从宏观上来说，云原生、微服务场景下的监控该如何按类别使用呢？如图 1-5 所示，成熟的分布式软件系统在使用过程中可以分为监控告警、问题排查和稳定性保障这 3 个部分。

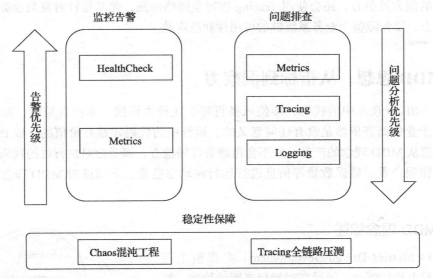

图 1-5　监控分类的使用通用顺序

进行监控告警时，HealthCheck[⊖]是运维团队监测应用系统是否存活、是否健康的最后一道防线，这是必须引起重视的一道防线。HealthCheck 在微服务中通过对一个特定的 HTTP 请求进行轮询实现监控。通过对这个请求进行轮询，不但可以得到微服务的监控状态，还可以得到相关中间件如 MQ、Redis、MySQL、配置中心等的健康状态。当然，开发人员最为

[⊖] 这类似于 Java 进程检测，如果 Java 进程挂掉了，就会直接被"看门狗"程序拉起。

关心的监控还是自身定制的 Metrics 监控，所以监控告警的优先级依然是 Metrics 监控最高，HealthCheck 最低。

进行问题排查时，在监控系统不那么先进的年代，研发人员往往是通过查日志解决问题的。但是如果需要查询分布式集群上几十台到几百台机器的日志，不借助一些日志软件，而是使用命令行集中查询，那将是一件非常麻烦的事情。而在当下这个云原生和微服务架构盛行的时代，监控系统百花齐放，往往会基于 Metrics 的监控大盘进行查询从而定位问题。比如 Prometheus 就支持非常强大的 Metrics 查询——PromQL 语句查询。Metrics 查询是基于时间序列的数据库设计得到的，其可以直接定位到过去的任意时间点，可以对系统层、中间件层、应用层、业务层乃至端上的所有监控指标进行查询。如果 Metrics 无法定位问题或者需要更多信息，Tracing 监控手段可以提供协助，帮助定位该问题发生在微服务链路的哪个环节（比如是物流服务、订单服务还是支付服务）。最后，可以再根据日志找到最根本的问题。通过 Metrics → Tracing → Logging 的顺序分析问题，比直接去查日志更高效，很多问题都可以在日志之前的环节直接被定位并解决。

在流量洪峰到来之前，比如"双十一"大促，研发团队往往要进行技术演练以保障系统的稳定性（性能、多机房、高可用），此时会使用 Chaos 混沌工程以建立抵御生产环境中失控条件的能力及信心，还会使用 Tracing 进行全链路压测，尤其是针对复杂业务场景和海量数据冲击，要保障整个业务系统链的可用性和稳定性。

1.3 MDD 思想：从指标到洞察力

躺在 GitHub 仓库中的代码，即使风格再好、注释再详细、算法再精妙，如果没有运行，则对于业务而言依然是没有任何意义的。运行中的代码才是有价值的。以 Prometheus 为代表的遵从 MDD 理念的产品，并不会做静态代码检查，而是会对执行过的代码、代码执行次数、错误位置、错误数量等信息进行运行时动态监控。下面就对 MDD 理念进行详细介绍。

1.3.1 MDD 理念综述

MDD（Metrics-Driven Development）主张整个应用开发过程由指标驱动，通过实时指标来驱动快速、精确和细粒度的软件迭代。指标驱动开发的理念，不但可以让程序员实时感知生产状态，及时定位并终结问题，而且可以帮助产品经理和运维人员一起关注相关的业务指标，如图 1-6 所示。

MDD 理念最早是在 2011 年 3 月 12 日 Etsy 公司举办的一次技术交流会"Moving Fast at Scale: a microcon-

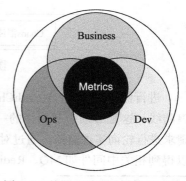

图 1-6 基于 MDD 思想的 DevOps

ference at SXSW"上,由 Etsy 核心平台部负责人 Mike Brittain 提出的。其实技术领域有很多驱动开发的理念,如表 1-2 所示。

表 1-2 驱动开发理念

英文缩写	驱动开发理念描述
TDD	测试驱动开发 Test
BDD	行为驱动开发 Behavior
MDD	模型驱动开发 Model
DDD	领域驱动开发 Domain
MDD	指标驱动开发 Metrics

MDD 可使所有可以测量的东西都得到量化和优化,进而为整个开发过程带来可见性,帮助相关人员快速、准确地做出决策,并在发生错误时立即发现问题并修复。MDD 可以感知应用的"脉搏",并不断根据运行时的数据提供改进策略。MDD 的关键原则如下。

- 将指标分配给指标所有者(业务、应用、基础架构等)。
- 创建分层指标并关联趋势。
- 制定决策时使用的指标。

TDD 主张在业务代码之前先编写测试代码,MDD 则主张将上线、监控、调试、故障调查及优化等纳入设计阶段,而不是等到实施后才补充。相对于通过制定各种复杂、严格的研发规定,以及开无数的评审、研讨会议来确保软件的安全发布、稳定运行,MDD 理念的特别之处在于应用程序本身。在 MDD 理念下,采集必要的监控信息,通过持续交付方式进行快速迭代并进行反馈和修正,所有决定都是基于对不断变化的情况的观察做出的。在软件的设计初期就包括 Metrics 设计,设计一套规则来评价系统的稳定性、健康状态,并监控其他考核目标,将这些作为服务本身的 KPI。因此,通过应用 MDD 理念,可将 Dev 与 Ops 之间或多个 Dev 团队之间出现的责任博弈降至最低,甚至使矛盾完全消失,这也有利于团队稳定发展。因此,MDD 可以用于决策支持、预测趋势、测试系统的补充、关联性分析等。

依照 MDD 的理念,在需求阶段就可以考虑设置关键指标监控项,随着应用的上线,通过指标了解系统状态,通过对现状的可视化和具体化,帮助用户对未来进行规划和预测,进而实现业务改善。传统模式中,Dev 和 Ops 是割裂的,而 MDD 是 DevOps 文化的纽带,对于敏捷开发、持续集成、持续交付,以及各个职能岗位提升 DevOps 意识有很大的帮助。

- 对软件研发人员来说,可以实时感知应用各项指标、聚焦应用优化。
- 对运维人员来说,可以实时感知系统各项指标、快速定位问题。
- 对产品经理、商务人士来说,可以实时掌控业务各项指标,通过数据帮助自己做出决策。

在 Prometheus 官网(https://prometheus.io/)的首页展示的宣传语是 From metrics to insight

（从指标到洞察力），如图1-7所示，由此也可以看出Prometheus与MDD的关系。

图1-7 Prometheus官网宣传语"From metrics to insight"

MDD理念的监控分层主要有3种，这3种监控分层对应着图1-1所示的5层轻量监控体系中的部分模块：

- Infrastructure/System Metrics：如服务器状态、网络状态、流量等。
- Service/Application Metrics：如每个API耗时、错误次数等，可以分为中间件监控、容器监控（Nginx、Tomcat）等。
- Business Metrics：运营数据或者业务数据，比如单位时间订单数、支付成功率、A/B测试、报表分析等。

业界有很多Metrics实现方案，比如dropwizard-metrics、prometheus-metrics等，我个人推荐用开源产品Micrometer来实现Metrics监控，本书后续章节会重点对此展开介绍。

1.3.2 指导实践的3大监控方法论

在了解了MDD理念以后，大家还需要了解一些基于指标的方法论，这里以小知识点的形式总结如下。

1. Google的四大黄金指标

有4个来自Google SRE手册的黄金指标，这4个指标主要针对应用程序或用户部分。

- 延迟（Latency）：服务请求所需耗时，例如HTTP请求平均延迟。需要区分成功请求和失败请求，因为失败请求可能会以非常低的延迟返回错误结果。

- 流量（Traffic）：衡量服务容量需求（针对系统而言），例如每秒处理的 HTTP 请求数或者数据库系统的事务数量。
- 错误（Errors）：请求失败的速率，用于衡量错误发生的情况，例如 HTTP 500 错误数等显式失败，返回错误内容或无效内容等隐式失败，以及由策略原因导致的失败（比如强制要求响应时间超过 30ms 的请求为错误）。
- 饱和度（Saturation）：衡量资源的使用情况，例如内存、CPU、I/O、磁盘使用量（即将饱和的部分，比如正在快速填充的磁盘）。

2. Netflix 的 USE 方法

USE 是 Utilization（使用率）、Saturation（饱和度）、Error（错误）的首字母组合，是 Netflix 的内核和性能工程师 Brendan Gregg 提出的，主要用于分析系统性能问题，可以指导用户快速识别资源瓶颈及错误。

- 使用率：关注系统资源的使用情况。这里的资源主要包括但不限于 CPU、内存、网络、磁盘等。100% 的使用率通常是系统性能瓶颈的标志。
- 饱和度：例如 CPU 的平均运行排队长度，这里主要是针对资源的饱和度（注意，不同于四大黄金指标）。任何资源在某种程度上的饱和都可能导致系统性能的下降。
- 错误：错误数。例如，网卡在数据包传输过程中检测到以太网络冲突了 14 次。

3. Weave Cloud 的 RED 方法

RED 方法是 Weave Cloud 基于 Google 的 4 个黄金指标再结合 Prometheus 及 Kubernetes 容器实践得出的方法论，特别适用于对云原生应用以及微服务架构应用进行监控和度量。在四大黄金指标的原则下，RED 方法可以有效地帮助用户衡量云原生以及微服务应用下的用户体验问题。RED 方法主要关注以下 3 种关键指标。

- （Request）Rate：每秒接收的请求数。
- （Request）Errors：每秒失败的请求数。
- （Request）Duration：每个请求所花费的时间，用时间间隔表示。

一般来说，上述三大监控理论的最佳实践是：在遵循 Google 四大黄金指标的前提下，对于在线系统，结合 RED 方法和缓存命中率方式进行监测；对于离线系统或者主机监控，以 USE 方法为主进行监测；对于批处理系统，可以采用类似 Pushgateway 的形式进行监控。

1.4 监控系统选型分析及误区探讨

介绍完监控的概念、分类和理论后，本节重点介绍在监控系统选型中应该考虑的问题。在本节中，你将会了解监控应用程序的黑盒和白盒方法，也会了解监控执行检查的拉取和推送方式，还会了解常见的监控系统以及进行监控系统选型时应该注意的问题。

1.4.1 黑盒监控和白盒监控

《SRE：Google 运维解密》一书中指出，监控系统需要有效支持白盒监控和黑盒监控；还有一种类似的观点认为，监控系统必须支持探针（Probing）和内省（Introspection）。

黑盒监控，对应探针的概念，常见的有 HTTP 探针、TCP 探针等，可以在系统或者服务发生故障时快速通知相关人员进行处理。探针位于应用程序的外部，通过监听端口是否有响应且返回正确的数据或状态码等外部特征来监控应用程序。Nagios 就是一个主要基于黑盒/探针的监控系统。

白盒监控，对应内省的概念，通过白盒能够了解监控对象内部的实际运行状态，通过对监控指标的观察能够预判可能出现的问题，从而对潜在的不确定因素进行优化。白盒监控可以直接将事件、日志和指标发送到监控工具，它具有比黑盒监控更丰富的应用程序上下文信息。MDD 理念主要对应的就是基于白盒的监控系统。

1.4.2 监控检查的两种模式——拉取和推送

监控系统执行监控检查的模式主要有拉取（Pull）和推送（Push）两种。这两种模式究竟哪种更好？对此，监控领域内部存在相当大的争议。

拉取模式（简称拉模式），是一种从监控对象中通过轮询获取监控信息的方式。拉模式更多拉取的是采样值或者统计值，由于有拉取间隔，因此并不能准确获取数值状态的变化，只能看到拉取间隔内的变化，因此可能会产生一些毛刺现象，需要进一步进行数据处理。监控和性能测试更关注 p95/p99 位的原因就是存在长尾效应。数据采集过程中对数据进行的定义、采样、去尖刺等处理操作也是非常重要的，这部分内容我们会在后续章节详细介绍。

拉模式的优点是告警可以按照策略分片，告警模块只需要拉取自己需要的数据，且可以完美支持聚合场景；拉模式的缺点在于监控数据体量非常庞大，对存储有较高的要求，实战中可能还需要考虑数据的冷热分离。

推送模式（简称推模式），是应用程序基于事件主动将数据推向监控系统的方式。推模式的优点是实时性好，一旦触发一个事件就可以立刻收集发送信息。但是推模式的缺点也很明显，由于事件的不可预知性，大量的数据推送到监控系统，解析和暂存会消耗大量的内存，这可能对监控的进程产生影响。由于消息是推送过来的，所以主动权在推送方。在这种模式下，由于网络等迟迟没有得到确认，所以在 ack 等情况下很容易造成数据重复。这是因为推模式在进行推送中，如果发送失败，为了防止内存撑爆，系统会将数据持久化到文件或者队列。因此采用推模式时，若产生了重复数据，就需要进行去重等操作，对于这些技术细节，需要仔细打磨。

Prometheus 在收集数据时，主要采用拉模式（服务端主动去客户端拉取数据），当然它也支持接收推送到 Pushgateway 的事件；而以 Zabbix 为代表的传统监控系统采用推模式（客户端发送数据给服务端）。拉模式在云原生环境中有比较大的优势，原因是在分布式系统中，一定是有中心节点知道整个集群信息的，那么通过中心节点就可以完成对所有要监控节点的服务发现，此时直接去拉取需要的数据就好了；推模式虽然可以省去服务发现的步骤，但每个被监控的服务都需要内置客户端，还需要配置监控服务端的信息，这无形中加大了部署的难度。推模式在 OpenStack 和 Kubernetes 等环境中使用比较少。

1.4.3　5 种常见的监控系统

有些技术人员常说："我刚接触监控的时候就已经是 Prometheus 的时代了，我都没有接触过 Nagios、Zabbix 这些上古监控系统。"那么，在 Prometheus 之前，常见监控系统都是怎样的呢？让我们一起来了解一下。

1. Nagios

Nagios[⊖]原名 NetSaint，是 Nagios Ain't Gonna Insist On Sainthood 的缩写，Sainthood 译为圣徒，而 Agios 是 saint 希腊语的表示方法。它是由 Ethan Galstad 开发并维护的一款开源且老牌的监控工具，用 C 语言编写而成。Nagios 虽然开发时被定义为在 Linux 下使用，但在 UNIX 下也工作得非常好。

在涉及开源监控时，Nagios 会被一些人认为是"行业标准"，这在某种程度上是正确的，因为 Nagios 是第一个真正称得上专业的监控系统。在 Nagios 之前，虽然也有一些监控工具，但是这些工具都太"业余"了，以至于它们根本无法与 1999 年推出的 Nagios 相提并论。Nagios 是监控领域的第一个跨时代产品，且拥有最大的社区和非常多的 Fork，如 OpsView、OP5、Centreon、Icinga、Naemon、Shinken 等。有过多的 Fork，意味着在应用插件或工具时会造成混乱，因为每个分支都有不同的理念，随着时间的推移，这使得 Nagios 与其他分支、父项目（Nagios）出现不兼容的现象。

Nagios 能有效监控 Windows、Linux 和 UNIX 的主机状态（CPU、内存、磁盘等），以及交换机、路由器等网络设备（SMTP、POP3、HTTP 和 NNTP 等），还有 Server、Application、Logging，用户可自定义监控脚本实现对上述对象的监控。Nagios 同时提供了一个可选的基于浏览器的 Web 界面，以方便系统管理人员查看网络状态、各种系统问题以及日志等。

如图 1-8 所示，Nagios 的核心架构主要由 Nagios Daemon、Nagios Plugins 和 NRPE 这 3 个模块构成。

由图 1-8 可知：

1）Nagios Daemon 作为系统的核心组件，负责组织与管理各组件，协调它们共同完成监控任务，并负责监控信息的组织与展示。

2）Nagios Plugins 主要指 Nagios 核心组件自带的组件，还包括一些用户自开发的插件。这些组件监控各项指标，并将采集到的数据回送给 Nagios 服务器。

3）NRPE（Nagios Remote Plugin Executor）是安装在监控主机客户端上的代理程序（Linux 系统是 NRPE 软件）。通过 NRPE 可获取监控数据，这些数据会被再回送给 Nagios

---

⊖ Nagios 官网：https://www.nagios.org/。

服务器。默认使用的端口是 5666。

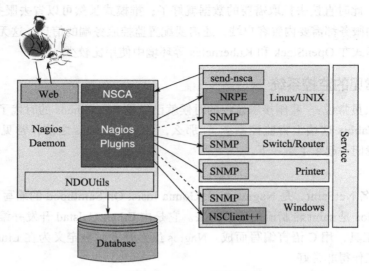

图 1-8　Nagios 架构图

Nagios 以监控服务和主机为主,但是它本身不包括这部分功能,是通过"插件"生态系统或第三方功能来实现的。在主动模式中,Nagios 不需要调用客户端的插件,而是通过自己的插件主动探测客户端的相关信息;在被动模式中,Nagios 通过启动客户端上的 NRPE 来远端管理服务。启动 Nagios 后,它会周期性自动调用插件以检测服务器状态,同时会维持一个队列,所有插件返回的状态信息都会进入该队列,Nagios 每次都会从队首读取信息,处理后再将状态结果呈现出来。被动模式的具体流程如下(见图 1-9)。

1)Nagios 执行安装在它里面的 check_nrpe 插件,并告诉 check_nrpe 检测哪些服务。
2)通过 SSL, check_nrpe 连接远端机器上的 NRPE Daemon。
3)NRPE 运行本地的各种插件来检测本地的服务和状态。
4)NRPE 把检测结果传给主机端 check_nrpe, check_nrpe 再把结果送到 Nagios 状态队列中。
5)Nagios 依次读取队列中的信息,再把结果显示出来。

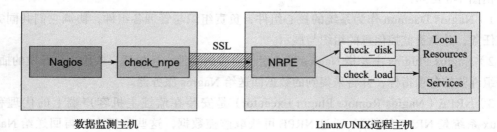

图 1-9　Nagios 运行流程

Nagios 会将获取的数据保存在环形数据库（Round Robin Database，RDD）中。RDD 是一种循环使用存储空间的数据库，适用于存储和时间序列相关的数据。RDD 数据库在创建的时候就会定义好大小并使数据存储空间形成圆环状，每个数据库文件都以 .rdd 为后缀，指针指向最新的数据位置并随着数据读写移动。如果没有获取到最新数据，RDD 就会使用默认的 unknown 填充空闲空间，以保证数据对齐。当空间存储满了以后，又从头开始覆盖旧的数据，所以和其他线性增长的数据库不同，RRD 的大小可控且不用维护。

Nagios 出现于 20 世纪 90 年代，它的思想仍然是通过复杂的交错文本文件、脚本和手动程序进行管理，基于文本文件的配置每次进行更改时都需要进行重置，这也使得在文件分布复杂的情况下必须借助第三方工具（例如 Chef 或 Puppet）进行部署，因此 Nagios 如何进行有效配置管理是一个瓶颈[一]。为了使用 Nagios 监控，有必要熟练掌握处理数百个自定义脚本的方法，若这些脚本由不同的人采用不同的风格编写，那么处理脚本的过程几乎会变成某种"黑魔法"。对很多人来说，管理 Nagios 是非常复杂的，这最终导致 Nagios 成为软件与定制开发之间的奇怪组合。

Nagios（以及它的一些较新的分支，如 Naemon）仍然使用 C 编写的 CGI。这项技术是在 20 世纪 80 年代发明的，对其进行扩展或改进会很复杂，哪怕进行简单更改，都需要对整体架构代码打补丁并手动编译。Nagios 生态系统是基于每个 Fork 的不同版本的数百个不同补丁建立的，它简直就是一个集市[二]，是"集市"模式的范例；而 Zabbix 和 Pandora FMS 则恰恰相反，是"大教堂"模式，是模块化的可靠项目，在架构师团队的指导下正在不断发展。

2. Zabbix

Zabbix 是一款拥有超过 21 年的历史、100% 免费开源、全世界安装次数超过 30 万的监控软件（截至 2019 年），旨在从成千上万的服务器、虚拟机和网络设备中收集指标进行监控，是适用于绝大多数 IT 基础架构、服务、应用程序、云、资源等的解决方案。Zabbix 长期以来一直在瓜分 Nagios 的蛋糕，但它是一个成熟的系统，而不是简单的 Nagios 的分支，它的主要特征是对监控具有非常全面的视角，而不是仅仅监控状态，这恰是 Nagios 存在严重不足的地方。Zabbix 的配置文件也不像 Nagios 那么复杂。

Zabbix 是由 Alexei Vladishev 开源的分布式监控系统，和 Nagios 一样提供集中的 Web 管理界面。Zabbix 有着非常酷炫的新版官网[三]和详细的文档使用手册[四]，企业级的 Zabbix 具有无限扩展、分布式监控、高可用、强大的安全性等特性。在本书截稿时，Zabbix 4.4 版本刚刚发布，这个版本用 Go 语言编写了全新的 Zabbix 代理，为 Zabbix 模板设置了标准，除了

[一] 为了正确使用 Nagios，你不仅需要 Nagios，还需要四五个社区的插件（如 check_mk、HighCharts、OMD、NRPE、NSCA、ndoutils、thruk、nagvis），以及其他完整的项目（如 Puppet），以便管理配置。当然，还需要管理数千个自定义脚本行。

[二] Nagios 有一个巨大的库，但是它的维护成本很低，因为所有插件都是 100% 开源的，而且没有一家公司来支持或维护它们，分支众多。

[三] Zabbix 官网：https://www.zabbix.com/。

[四] Zabbix.orgWiki 主页：https://zabbix.org/wiki/Main_Page。

为 MySQL、PostgreSQL、Oracle、DB2 新增了 TimescaleDB 这种具有线性性能的数据库以外，还提供了高级可视化选项，以及一键式云部署等功能。

图 1-10 是 Zabbix 的架构图，Zabbix 可以通过 Agent 及 Proxy 的形式（见图 1-11），比如 JVM Agent、IPMI Agent、SNMP Agent 等采集主机性能、网络设备性能、数据库性能的相关数据，以及 FTP、SNMP、IPMI、JMX、Telnet、SSH 等通用协议的相关信息，采集信息会上传到 Zabbix 的服务端并存储在数据库中，相关人员通过 Web 管理界面就可查看报表、实时图形化数据、进行 7×24 小时集中监控、定制告警等。

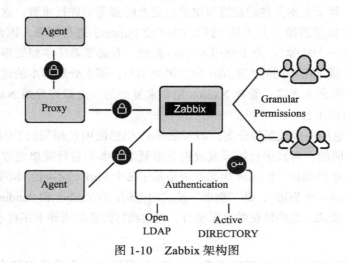

图 1-10　Zabbix 架构图

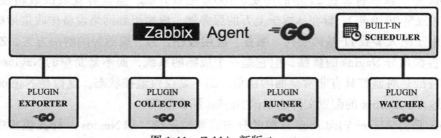

图 1-11　Zabbix 新版 Agent

3. Ganglia

Ganglia 直译为神经节、中枢神经，这一名称其实已经反映了作者的设计思路，即将服务器集群理解为生物神经系统，每台服务器都是独立工作的神经节，这些神经节通过多层次树突结构联结起来，既可以横向联合，也可以从低到高逐层传递信息。具体例证就是 Ganglia 的收集数据可以工作在单播（unicast）⊖或多播（multicast）⊖模式下（默认为多播模

⊖ 单播：Gmond 收集到的监控数据发送到特定的一台或几台机器上，且可以跨网段发送。
⊖ 多播：Gmond 收集到的监控数据发送到同一网段内所有的机器上，同时收集同一网段内的所有机器发送过来的监控数据。

式)。很多通过 cacti 或者 Zabbix 看不出来的集群总体负载问题,都能在 Ganglia 中体现,其集群的熵图可以明确集群负载状况,这是 Ganglia 最大的亮点。

Ganglia[⊖]是加州大学伯克利分校发起的一个为 HPC(高性能计算)集群而设计的开源、可扩展、分布式监控系统,用于测量数以千计的节点。作者于 2000 年在伯克利分校网站上分享了源码。Ganglia 是 BSD 许可的开源项目,源于加利福尼亚大学的伯克利千年项目,最初是由美国国家高级计算基础设施合作伙伴(NPACI)和美国国家科学基金会 RI 奖 EIA-9802069 资助的。Ganglia 用于大规模的集群和分布式网格等高性能计算系统。基于 XML 技术的数据传递可以使系统的状态数据跨越不同的系统平台进行交互,且采用简洁紧凑的 XDR 方式实现监控数据的压缩和传输。它主要用于实时查看 Linux 服务器和集群(图形化展示)中的各项性能指标,让用户以集群(按服务器组)和网格(按地理位置)的方式更好地组织服务器。

Ganglia 的核心包含 gmond、gmetad 以及一个 Web 前端,其主要用来监控系统性能,如 CPU 使用率、硬盘利用率、I/O 负载、网络流量情况等,通过曲线很容易查看每个节点的工作状态,这对合理调整、分配系统资源,提高系统整体性能起到重要作用。Ganglia 与 Falcon、Zabbix 相比,主要区别体现在集群的状态集显示上,Ganglia 可以很便捷地对比各主机的性能状态。但随着服务、业务的多样化,Ganglia 表现出一些不足:覆盖的监控面有限,且自定义配置监控比较麻烦,在展示页面查找主机烦琐,展示图像粗糙且不精确。

如图 1-12 所示,Ganglia 通过 gmond 收集数据,数据传输到服务端 gmetad,最后在 PHP 编写的 Web UI 界面 Web 前端进行展示。组件之间通过 XDR(xml 的压缩格式)或者 XML 格式传递监控数据,以达到监控效果。

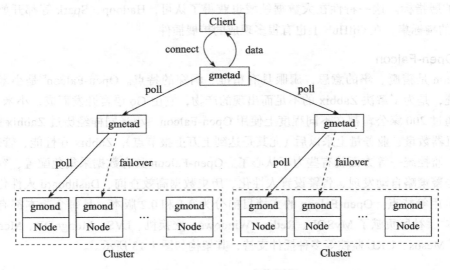

图 1-12 Ganglia 工作原理

⊖ 官网:http://ganglia.info/。

图 1-12 所示的各个模块介绍如下：

- gmond（Ganglia Monitoring Daemon）：双重角色，一方面作为 Agent 部署在需要监控的服务器上，另一方面作为收发机接收或转发数据包。可以将其理解为部署在每个监控服务器上的用于收集和发送度量数据的守护进程。
- gmetad（Ganglia Meta Daemon）：负责收集所在集群的数据并持久存储到 RRD 数据库，支持水平扩展。
- Web 前端：Ganglia 项目提供了一个由 PHP 编写的通用型 Web 包，可以将主要实现数据可视化，并能提供一些简单的数据筛选 UI。页面不多，大量使用了模板技术。

Ganglia 的主要优势反映在收集数据和集中展示数据方面。Ganglia 可以将所有数据汇总到一个界面集中展示，并且支持多种数据接口，可以很方便地扩展监控，最为重要的是，Ganglia 收集数据非常轻量级，客户端的 gmond 程序基本不耗费系统资源，而这个特点刚好弥补了 Zabbix 的不足。gmond 带来的系统负载非常少，这使得它可以在集群中各台计算机上轻松运行，而不会影响用户性能。所有这些数据多次收集会影响节点性能。当大量小消息同时出现并造成网络"抖动"时，可以通过让节点时钟保持一致来避免这个问题。

Ganglia 对大数据平台的监控更为智能，只需要一个配置文件，即可开通 Ganglia 对 Hadoop、Spark 的监控，监控指标有近千个，可以满足对大数据平台的监控需求。

和前面提到的 Nagios 一样，Ganglia 的 gmetad 收集的时间序列数据通过 RRD 存储，RRDTool 作为绘图引擎使用并生成相应的图形显示，以 Web 方式直观地提供给客户端。Ganglia 也拥有灵活的数据标准和插件生态，可以很方便地在默认监控指标上引用或者定制其他扩展指标。这一特性在大数据领域也获得了认可，Hadoop、Spark 等都开放了面向 Ganglia 的指标集，在 GitHub 上也有很多现成的扩展插件。

4. Open-Falcon

Falcon 是猎鹰、隼的意思，鹰眼具有精准、洞穿的特点。Open-Falcon[○]是小米开源的监控系统，是为了解决 Zabbix 的不足而出现的产物，它由 Go 语言开发而成，小米、滴滴、美团等超过 200 家公司都在不同程度上使用 Open-Falcon。小米同样经历过 Zabbix 的时代，但是当机器数量、业务量上来以后（尤其是达到上万上报节点），Zabbix 在性能、管理成本、易用性、监控统一等方面就有些力不从心了。Open-Falcon 具有数据采集免配置、容量水平扩展、告警策略自动发现、告警设置人性化、历史数据高效查询、Dashboard 人性化、架构设计高可用等特点。Open-Falcon 的文档目前分为 0.1 和 0.2 版本，且每个版本都有中、英两个版本[○]，社区贡献了 MySQL、Redis、Windows、交换机、LVS、MongoDB、Memcache、Docker、Mesos、URL 监控等多种插件支持，其架构如图 1-13 所示。

○ 官网：http://open-falcon.org/。
○ 官方文档：https://book.open-falcon.org/zh_0_2/。

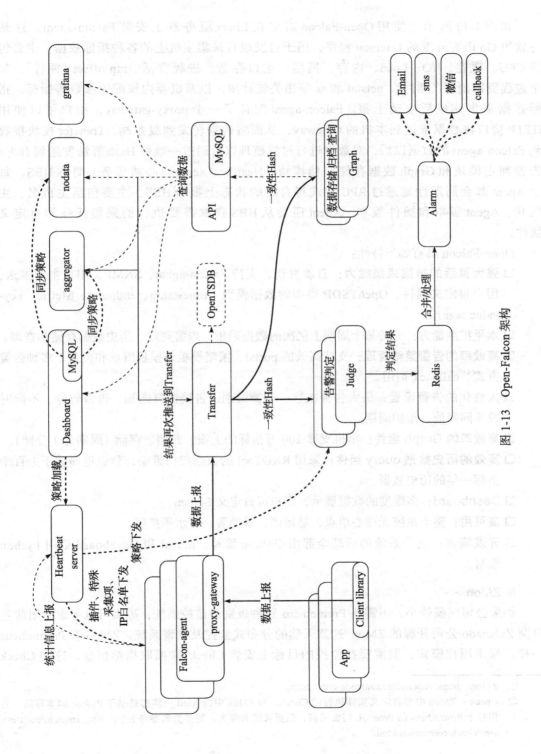

图 1-13 Open-Falcon 架构

如图1-13所示，使用Open-Falcon需要在Linux服务器上安装Falcon-agent，这是一款用Go语言开发的Daemon程序，用于自发现且采集主机上的各种指标数据，主要包括CPU、磁盘、I/O、Load、内存、网络、端口存活、进程存活、ntp offset（插件）、某个进程资源消耗（插件）、netstat和ss等相关统计项，以及机器内核配置参数等指标，指标数据采集完成后主动上报。Falcon-agent配备了一个proxy-gateway，用户可以使用HTTP接口将数据推送到本机的Gateway，从而将数据转发到服务端。Transfer模块接收到Falcon-agent的数据以后，对数据进行过滤梳理以后通过一致性Hash算法发送到Judge告警判定模块和Graph数据存储归档模块。Heartbeat server（心跳服务）简称HBS，每个Agent都会周期性地通过RPC方式将自己的状态上报给HBS，主要包括主机名、主机IP、Agent版本和插件版本，Agent还会从HBS获取需要执行的采集任务和自定义插件。

Open-Falcon具有如下特性：

- **强大灵活的数据采集能力**：自动发现，支持Falcon-agent、SNMP、用户主动推送、用户自定义插件、OpenTSDB类型的数据模型（timestamp、endpoint、Metric、key-value tags）。
- **水平扩展能力**：支持每个周期上亿次的数据采集、告警判定、历史数据存储和查询。
- **高效率的告警策略管理**：支持高效的portal、策略模板、模板继承和覆盖、多种告警方式、callback调用。
- **人性化的告警设置**：最大告警次数、告警级别、告警恢复通知、告警暂停、不同时段不同阈值、维护周期。
- **高效率的Graph组件**：单机支撑200万指标的上报、归档、存储（周期为1分钟）。
- **高效的历史数据query组件**：采用RRDTool的数据归档策略，秒级返回关于上百个指标一年的历史数据。
- **Dashboard**：多维度的数据展示，用户可自定义Screen。
- **高可用**：整个系统无核心单点，易运维，易部署，可水平扩展。
- **开发语言**：整个系统的后端全部用Golang编写，portal和Dashboard则用Python编写。

5. ZMon

如果公司规模较小，不需要Prometheus这种级别的监控系统，那么可以考虑使用荷兰电商Zalanado公司开源的ZMon[1]这款天然的分布式监控及告警系统。ZMon和Prometheus一样，都采用拉模式，但需要在监控的目标上安装Check[2]来抓取指标信息，这些Check

---

[1] ZMon：https://opensource.zalando.com/zmon。
[2] Check：ZMon中对自定义实体执行的Check，和ZMon中的Alert一样都是基于Python脚本写的，其相对于Prometheus的PromQL门槛更高，但更灵活和强大。更多资料参考https://docs.zmon.io/en/latest/user/check-commands.html。

都分布在一个个 Python 编写的 Worker 上，其可对目标和站点进行 Check 操作（类似于 Prometheus 中的 Exporter 的概念）。Worker 采集到的数据在 ZMon 中采用 KairosDB 进行存储，KairosDB 底层使用的是 Cassandra 进行存储。KairosDB 支持 Grafana 集成、一般的计算函数、Tag 级指标支持、Roll-up 预聚合，适用于中大规模 DevOps 团队自治的场景。从左到右看图 1-14 所示的架构，ZMon 更像是一个任务队列分发的分布式系统，图左侧的用户端生成一些 Check 和 Alert 的任务，通过队列分发给图右侧后端可以无限扩展的 Worker，这些 Worker 执行程序检查目标，将告警和数据传递给用户端和存储层 KairosDB。

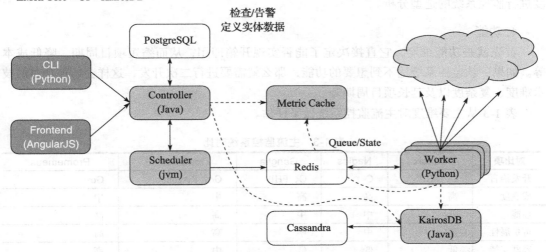

图 1-14　ZMon Core+UI+KairosDB Architecture

ZMon 具有如下特性：
- 支持自定义 Check 和 Alert，团队之间可以共享 Check，通过继承重用 Alert 并定制告警级别。
- 支持 Dashboard 和 Grafana。可以根据团队和 Tags 定义带有小部件和告警过滤器的自定义仪表盘。由于是 KairosDB 存储，可以直接使用 Grafana 从 KairosDB 数据源中绘制数据仪表盘。
- 支持 Python 表达式。Check 和 Alert 都是任意的 Python 表达式，提供了很大的灵活性和强大的功能。Python 可以在平台部署中将很多底层任务和系统完美集成。
- 支持推送通知：支持推送技术订阅来实现自告警，可以向电脑桌面和手机发送提醒。
- 支持 Rest API 监控。收集应用程序的 API 指标之后，ZMon 的云 UI 可以帮助用户直观地了解服务中正在发生的事情，可以呈现出不同的 API 路径以及相关指标。

- 支持对每个实体的告警进行概述。ZMon 可以提供告警的全局视野以及每个实体的具体信息,每个实体也可以通过搜索的形式,显示映射到这些实体的所有告警及其当前状态。
- 支持试运行和即时评估。比如可以在 UI 页面始终执行 Check 和 Alert,以试运行的形式快速获取反馈结果。

1.4.4 监控系统的选型分析及误区探讨

衡量一款监控系统是否符合需求,需要从多个维度进行考察。本节我们就从功能、性能、数据存储、服务发现、运维管理、开发语言、社区力度及生态发展、误区探讨这 8 个角度进行监控系统的选型分析。

1. 功能

首先就是功能维度,它直接决定了能否实现开箱即用,从而缩短项目周期、降低成本等。如果一款监控系统达不到想要的功能,那么就需要进行二次开发,这样会增加项目的技术难度、复杂度以及延长项目周期等。

表 1-3 从主要维度对主流监控系统做了评估。

表 1-3 主流监控系统对比

对比项	Zabbix	Nagios	Ganglia	Open-Falcon	Prometheus
开发语言	C、PHP	C	C、PHP	Go、Python	Go
成熟度	高	高	高	中	中
性能	低	中	中	高	高
可扩展性	高	中	中	高	高
容器支持	低	低	低	中	高
企业使用率	高	低	低	中	高
社区生态	中	低	低	中	高
部署复杂度	中	中	中	高	低
数据存储	MySQL、PG、Oracle、DB2、TimescaleDB	RRD 或不存储	RRD	归档 RRD,MySQL、Redis、OpenTSDB	OpenTSDB
用户群	泛互联网企业	复杂 IT 环境企业	大中型企业、私有云企业、有监控大量网络设备需求的企业	小米、滴滴、美团等 200 余家公司	阿里、京东、宜信等(风口,未来的趋势,现在尚未大规模应用)
告警	支持	支持	无告警机制和消息通知机制	支持	支持
告警源	多通道	无	无	多通道	多通道
告警目标	多通道	无	无	多通道	多通道
告警收敛	无	无	无	简单收敛	灵活规则:分组、抑制、静默、延时

（续）

对比项	Zabbix	Nagios	Ganglia	Open-Falcon	Prometheus
告警收敛：通知次数	支持（最大通知次数）	无		支持（最大通知次数）	不支持
告警收敛：故障域	集成	无		单组件	单组件
告警可用性	单点		无	单点（除了告警系统，其他所有的组件都支持高可用）	高可用（HA）
配置	基于模板	复杂文件	一个文件	基于模板	树形结构
图形化	中	低	低	高	高

比如在功能上，相对于 Open-Falcon，为什么会出现滴滴内部的基于 Open-Falcon 的 DD-Falcon？是因为在功能上 DD-Falcon 相比于 Open-Falcon，主要进行了如下改进。

- 监控数据按服务单元分类。
- 增加垃圾数据清洗。
- 分级索引。
- 精简 RRA。
- 巡检大盘支持同环比。
- 重组看图首页。
- 报警数据获取由推模式变为拉模式。
- 去除告警模板。
- 重新定义 nodata。

2. 性能

功能维度是监控系统选型中的一个重要参考维度，但不是唯一的维度。有时候性能比功能还要重要，况且性能和功能很多时候是相悖的，鱼和熊掌不可兼得。

小米初期是使用 Zabbix 来做监控的。Zabbix 大名鼎鼎，成熟稳健，很多公司都在使用。小米也不例外，初期做运维开发的人员比较少，机器量、业务量也少，Zabbix 可以很好地满足需求。但是随着业务的发展，MySQL 出现了性能瓶颈。由于 Zabbix 是使用 MySQL 来存放监控历史数据的，假设一台机器有 100 个监控项，2000 台机器就有 20 万个监控项。监控系统的数据采集没有高峰低谷，是持续性的、周期性的，一般是 1 分钟采集一次。机器量越来越大，数据量就越来越大，MySQL 的写入逐渐成为瓶颈。小米尝试使用了业界的一些 Proxy 的方案，也尝试把采集周期调长，比如 3 分钟采集一次或者 5 分钟采集一次，但是都治标不治本。Zabbix 有些数据采集是通过拉的方式，也就是服务器端主动探测的方式，当目标机器量大了之后，拉任务也经常出现积压。这些问题直接导致维护 Zabbix 的技术人员焦头烂额。因此，Falcon 横空出世，Falcon 经过了数家公司 2 亿多指标的海量数据验证，在稳定性、易用性方面都没有问题。

Prometheus 也支持大规模的集群部署，在 2019 年结束的阿里"双十一"活动中，阿里云中间件官方在《不一样的双 11 技术：阿里巴巴经济体云原生实践》电子书中宣布 Prometheus 在全球大促中经受住了洗礼。连阿里内部的鹰眼系统也发布了全托管版的 Prometheus 服务，解决了开源版本部署资源占用过大、监控节点数过多时的写入性能问题，对于大范围、多维度查询时查询速度过慢的问题也做了优化。优化后的 Prometheus 托管集群在阿里内部全面支持 Service Mesh 监控以及几个重量级的阿里云客户，许多优化点也反哺了社区。托管版的 Prometheus 兼容开源版本，在阿里云的容器服务上可以做到一键迁移到托管版。

如图 1-15 所示，面对海量的监控数据和性能压力，阿里使用了联邦（Federation）的架构将监控压力分担到多个层次的 Prometheus 并实现全局聚合。在联邦集群中，每个数据中心部署单独的 Prometheus，用于采集当前数据中心监控数据，并由一个中心的 Prometheus 负责聚合多个数据中心的监控数据。

针对每个集群的 OS 指标（如节点资源 CPU、内存、磁盘等水位以及网络吞吐）、元集群以及用户集群 K8S master 指标（如 kube-apiserver、kube-controller-manager、kube-scheduler 等）、K8S 组件（如 kubernetes-state-metrics、cadvisor）、etcd 指标（如 etcd 写磁盘时间、DB size、Peer 之间吞吐量）等，架构被分层为监控体系、告警体系和展示体系 3 部分。监控体系按照从元集群监控向中心监控汇聚的角度，呈现为树形结构，其可以细分为 3 层：

- 边缘 Prometheus：为了有效监控元集群 K8S 和用户集群 K8S 的指标，避免网络配置的复杂性，将 Prometheus 下沉到每个元集群内。
- 级联 Prometheus：级联 Prometheus 的作用在于汇聚多个区域的监控数据。级联 Prometheus 存在于每个大区域，例如中国区，欧洲美洲区、亚洲区。每个大区域内包含若干个具体的区域，例如北京、上海、东京等。随着每个大区域内集群规模的增长，大区域可以拆分成多个新的大区域，并始终维持每个大区域内有一个级联 Prometheus，通过这种策略可以实现灵活的架构扩展和演进。
- 中心 Prometheus：中心 Prometheus 用于连接所有的级联 Prometheus，实现最终的数据聚合、全局视图和告警。为提高可靠性，中心 Prometheus 使用双活架构，也就是在不同可用区布置两个 Prometheus 中心节点，都连接相同的下一级 Prometheus。

通过这样的架构部署模式，阿里的 Prometheus 从容应对了 2019 年"双十一"巨大流量带来的性能挑战。因此，性能是根据当前业务量做技术评估的一个重要因素。

3. 数据存储

Zabbix 采用关系数据库保存，这极大限制了 Zabbix 采集的性能。Nagios 和 Open-Falcon 都采用 RDD 数据存储，Open-Falcon 还加入了一致性 Hash 算法分片数据，并且可以对接到 OpenTSDB，而 Prometheus 自研了一套高性能的时序数据库，在 V3 版本可以达到每秒千万级别的数据存储，通过对接第三方时序数据库扩展历史数据的存储。

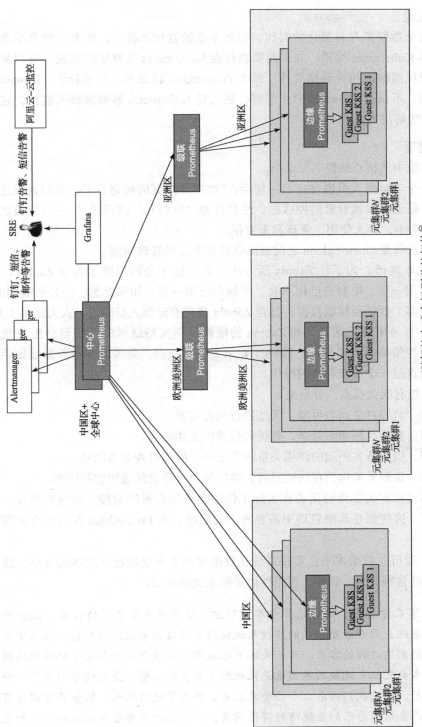

图 1-15　基于 Prometheus 联邦的全球多级别监控架构[1]

[1] 级联 Prometheus 存在于几个大区，这些大区并非严格按地理区域划分，而是使用量和中心节点位置来划分，如在亚洲区之外，又设立了同级的中国区，就是因为中国使用量大，且有中心节点在这里即级联 Prometheus)。

4. 服务发现

在当下这个微服务与容器化的时代，很多企业的监控系统中，所有组件及配置均实现了容器化并由 Kubernetes 编排。如果需要在任意 Kubernetes 集群里都实现一键部署，且需要变更系统时仅需修改相关编排文件，那么 Prometheus 就是不二的选择了。Prometheus 的动态发现机制，不仅支持 swarm 原生集群，还支持 Kubernetes 容器集群的监控，它是目前容器监控最好的解决方案。

5. 运维管理

监控在运维中的核心地位不可动摇。

记得有一个老运维人员说过这么一句话："监控如果真的做完美了，我们运维也就可以高枕无忧了，每天可以就看看监控数据，然后各种'挑刺儿'就行了。"一言以蔽之，监控系统需要以人为本，让人使用、管理起来方便。

比如小米在研发 Open-Falcon 之前就面临着如下运维管理问题。

- 管理成本高昂。为了让 Zabbix 压力小一点，整个公司搭建了多套 Zabbix，比如多看自己用一套、电商自己用一套、米聊自己用一套，如果要做一些公司级别的统计，需要去多个数据源拉取数据。每套 Zabbix 都得有运维人员跟进，人力成本上升。
- Zabbix 有易用性问题。比如 Zabbix 的模板是不支持继承的，机器分组也是扁平化的，监控策略不容易复用。Zabbix 要采集哪些数据，是需要在服务器端做手工配置的，而这是一个本该省去的操作。

微服务监控有四大难点，分别是：

- 配置难。监控对象动态可变，无法进行预先配置。
- 融合难。监控范围非常繁杂，各类监控难以互相融合。
- 排查难。微服务实例间的调用关系非常复杂，故障排查会很困难。
- 建模难。微服务架构仍在快速发展，难以抽象出稳定的通用监控模型。

很多负责监控相关工作的读者在实际工作中会遇到告警的对接、告警的收敛、告警的可用性等问题，这些都是运维管理中需要考虑的问题。而 Prometheus 在这些方面都有解决方案。

2018 年，爱可生数据库平台监控系统在数据库沙龙专场做过一次案例分享，这个案例对运维过程中的告警对接、收敛、可用性做了形象化的展示。

我们是一家乙方公司，通常服务于各种甲方，不同甲方有不同的需求。比如甲方如果有自己的监控系统，就会希望我们的监控系统能与它的监控系统进行对接。在与甲方接触过程中，我们曾遇到过这样的客户。有一天客户跟我们说他最新买的苹果手机被他换掉了，因为他的手机经常会死机，死机的原因就是他收到了太多的告警，最后他专门买了一个安卓手机用来接收告警。所以我们的第二个告警需求是，将告警进行收敛。假如长时间没有收到告警消息，你们是会认为自己的系统运行得很完美，还是会担心告警系统挂掉了？如果是告警系统挂掉了，不能及时把告警发出来，那么最后这个锅到底由谁来背？大家都不希望背锅，所以第三个告警问题是解决告警的可用性问题。

当然，运维管理还需要考虑到 Web 功能、画图展示、默认监控等。

以 Nagios 和 Zabbix 为例。一般来说，Nagios 更容易上手，但 Zabbix 界面更美观。Zabbix 的画图功能用得更舒服，且 Zabbix 会有很多默认监控，这给运维管理带来非常省心、舒适的感觉，Zabbix 后续的批量监控实施也更为简单。对于 Nagios，如果写好自动化脚本，处理相关工作也很简单，问题在于写自动化脚本很费神。

Prometheus 虽然本身的画图展示功能非常一般，但是它借用了开源的产品 Grafana，结合 Grafana 后，Prometheus 的画图功能实现了质的突破。

6. 开发语言

从开发语言来看，为了应对高并发和快速迭代的需求，监控系统的开发语言已经从 C 语言、C++ 语言、Java 语言转移到了 Go 语言阵营，以 Open-Falcon 和 Prometheus 为代表。

Go 语言凭借简单的语法和优雅的并发，在目前云原生场景下使用得越来越广泛。而且，目前在国内市场上，C 语言主要用于单片机等底层开发领域，从中间件开发岗位需求和目前大量 Java 人员转型来看，Go 语言在监控领域的活力还是非常高的。

从全世界来看，我国是 Go 语言爱好者最多的国家。在我国，Go 语言开发者主要集中在北京、深圳、上海 3 个城市。在北京，由于做云计算的公司很多，不论是面向市场的公有云还是自建自用的私有云，开放平台技术、容器技术、集群管理技术、微服务和 Serverless 技术等都是 Go 语言擅长的方向。Go 语言的应用主要集中在如下方向。

- 服务器编程。以前使用 C 或者 C++ 做的那些事情，现在用 Go 来做很合适，例如处理日志、数据打包、虚拟机处理、文件系统等。
- 脚本编程。完全可以把 Go 当作 Python 来用，日常的各种自动化任务、小工具等都非常适合使用 Go 编写。
- 网络编程。这一块目前应用最广，包括 Web 应用、API 应用、下载应用。
- 云平台。目前国外很多云平台都采用 Go 开发，CloudFoundy 的部分组件、前 VMware 的技术总监自己出来做的 Apcera 云平台以及大名鼎鼎的 Docker 都是用 Go 开发的。

如表 1-4 所示，Go 语言的项目中绝大多数可以在 GitHub 上搜到，在那里可以了解每个项目的实际功能、架构和使用场景，由于本书的主题和篇幅问题，这里不再展开。

表 1-4　Go 语言生态

Go 语言开发的系统类型	系统名称
监控系统	Grafana、Prometheus、bosun、checkup、rtop、kapacitor、OpenFalcon、Pome（Postgres Metrics）、OWL、SmartPing、pingd、Cloudinsight Agent、Satellite、Zabbixctl 等

（续）

Go 语言开发的系统类型	系统名称
微服务框架	Istio、Go-kit、Jaeger、Micro、fabio、Goa、gizmo、kite、hystrix-go、Gateway、rainbond、appdash、Hprose 等
Web 框架	Beego、Buffalo、Echo、Gin、Iris、RevelIris-Go、Martini、web.go、Macaron、utron、Melody、Faygo、Tango、Revel、Baa 等
Web 工具	GoTTY、fasthttp、Pholcus、Tyk、goim、WuKong、Codetainer、netgraph 等
容器项目	Docker、Rocket、vmware/harbor、Shipyard、Weave、Clair、Pouch、weaveworks/scope、SwarmKit、REX-Ray、Libnetwork、cloud66/habitus、WWormhole 等
PaaS 工具	Kubernetes、Rancher、Tsuru、Lain、Atlantis、OpenDCP、Cloud Foundry-Mesos 等
数据库工具	TiDB、InfluxDB、CockroachDB、Cayley、Codis、Vitess、pgweb、kingshard、elastic、ledisDB、levelDB、Gaea、qb、radix.v2、redigo、radix.v2、redis-go-cluster、mysql-schema-sync、GoshawkDB 等
存储工具及分布式文件系统	IPFS、SeaweedFS、Afero、Torus、REX-Ray、bfs、Gotgt 等
消息系统	NSQ、Machinery、kingtask 等
服务管理工具	Teleport、Sharkey、Cloudboot 等
安全工具	Ngrok、Gryffin、Hyperfox、GomitmProxy 等
网络工具	Traefik、Gor、Seesaw、myLG、go-tcp-proxy 等
分布式系统	SeaweedFS、Confd、Glow、Gleam、mgmt、Doorman、Yoke、zerg、DCMP 等
区块链项目	go-ethereum、Fabric、Chain 等

7. 社区力度及生态发展

对于目前流行的编程语言，如 Java、Python，如果在使用过程中遇到了一些异常，基本上可以借助搜索引擎来解决，因为一个产品用的人越多，暴露的坑也就越多，对应的解决方案也就越多。这种方法对于监控系统同样适用，这可以让你"站在巨人的肩膀上"解决遇到的问题。

Zabbix、Nagios、Ganglia 的确都是老牌的监控系统，它们分别在 1997、1998、2001 年左右出现，都具有系统稳定、成熟度较高等特点。Open-Falcon 和 Prometheus 都是最近几年才出现的，虽然功能还在不断迭代和更新，但是它们借鉴了很多老牌监控系统的经验。尤其是 Prometheus，作为 CNCF 第二个毕业的作品，其 Google 搜索量和 GitHub 活跃度非常高。Prometheus 也是直接对接 K8S 环境的，非常适合云上使用。

8. 误区探讨

伴随着企业的发展，企业内部的监控往往会经历无监控、半自动脚本监控、自动化监控、集群式监控、全方位立体监控等阶段。未来的监控，会朝着链路化、全息化、立体化、低成本、自愈性、无人值守等方向发展。

在进行监控系统选型之前可以先问自己一个问题：是否真的需要一个监控？

在搞清楚这个问题之后，还可以继续问自己一个问题：是否需要自己维护一套监控？很多初创型公司为了节省成本会选择直接购买与监控有关的云服务，自己只需要关注如何使用即可，其余的都可以外包出去。也有些公司采用内监控和外监控结合的形式，内监控是企业自己搭建自用监控系统，外监控是用外来的商业监控产品对产品的最外层接口和用户行为进行宏观监控。

很多人面对监控系统时会有一种自研的冲动，自研会有交接问题、KPI 问题。如果之前自研的人不对监控系统进行维护了，会有什么问题？这些自研系统的交接会不会给新人挖坑般的噩梦体验？是否真的有自研的必要？如果不是 KPI 的压迫可以考虑如下问题：目前市面上的监控系统是否真的都无法满足目前业务需求？团队的核心竞争力真的就是监控系统吗？是否有足够的能力、人力、财力、精力来支持自研？

监控选型时切忌一味地追求性能或者功能，性能可以优化，功能可以二次开发。如果要在功能和性能方面做一个抉择的话，那么首选性能，因为总体上来说，性能优化的空间没有功能扩展的空间大。然而对于长期发展而言，生态又比性能以及功能都重要。

监控系统选型还有一个标准，就是尽量贴合团队的自身技术体系栈，比如我们团队是中间件方向、云原生方向，那么 Java 和 Go 语言就是团队自身的技术体系栈。在这个语言的基础上，团队可以合作、奋斗，拿出更多、更好、更棒的成果。

企业处在不同的成长时期也可以选择不一样的监控系统，CMDB+Zabbix 在一定的量级以内还是非常靠谱和稳定的，一台机器就可以完成很多的监控业务。如果业务和技术并没有达到那个量级且中长期达不到那个量级，投入大量人力和物力实现的"巨无霸"，真的非常有意义和价值吗？很多经验丰富的技术人员用过的监控系统应该不下 10 种，每种监控工具都有自己的优缺点，并不是越新的技术就越好，不能盲目跟风，没有最好的，只有最合适的。Nagios 虽然历史悠久，但是在实际运维中依然有它独立存在的意义，在一些基本的监控项目中甚至比高大上的 Prometheus 更加方便。比如针对最基本的监控 ping 和 telnet port，Prometheus 有一个 up 函数，但是其只有两个状态 up 和 down，而 Nagios 对这种状态比较少的监控更为简单直接。盲目追新并不是监控选型的态度，专业的监控架构是综合实际使用情况去做设计、做规划的，可以根据实际情况结合使用多种监控。

十万的用户对应十万的架构方案，百万的用户对应百万的架构方案，千万的用户对应千万的架构方案，亿级的用户对应亿级的架构方案。这就好比我们团队中的一个成员在开会时提出的："现在我维护的网关系统界面不太好看，我想请前端人员帮我美化一下。"我直接回复："现在应该没有人接入你的网关吧？当前第一要务是接入，美化的事情并没有接入重要，当前也没有必要浪费前端资源。"什么阶段就应该做什么阶段的事情。

最后要说的就是不要迷信权威，不能人云亦云。不是别人说好就是好，一定要自己亲身试验过才有发言权，实践出真知，大家可以参见我在个人微信公众号"工匠人生"上发布的 Prometheus 作者的文章《PromCon 上 VictoriaMetrics 和 Prometheus 的权威性能和正确性评估》[一]的译文。

[一] 文章地址：https://mp.weixin.qq.com/s/NoQqY_ttTR7XU-QABDYLXg。

1.5 本章小结

如何学习一门新的技术？如何了解它的理论基础和产生背景？这是很多初学者会面临的问题。本章用较长的篇幅，结合我的体会阐述和介绍了监控的基础知识。

本章介绍了监控的概念、监控的分类、MDD 理念、Google 四大黄金指标、USE 方法、RED 方法等监控理论，也总结了监控应用程序的两种方法——探针和内省，以及执行监控检查的两种方式——拉取和推送，还介绍了常见的监控系统 Nagios、Zabbix、Ganglia、Open-Falcon、ZMon，以及监控系统选型时应该考虑的维度和避免的误区。相信通过对本章的学习，大家会对监控系统有较深入的认识，并初步具备自主选型和设计监控系统架构的能力。

本章介绍了诸多监控系统，唯独没有介绍 Prometheus，接下来，就让我们一起揭开 Prometheus 神秘的面纱吧。

第 2 章　Prometheus 入门

Prometheus 既是一个时序数据库，又是一个监控系统，更是一套完备的监控生态解决方案。

作为时序数据库，在 2020 年 2 月的排名[⊖]中，Prometheus 已经跃居到第三名，超越了老牌的时序数据库 OpenTSDB、Graphite、RRDtool、KairosDB 等，如图 2-1 所示。

图 2-1　时序数据库排名

⊖　时序数据库排名：https://db-engines.com/en/ranking/time+series+dbms。

作为监控系统，2018年8月9日CNCF[⊖]在PromCon（年度Prometheus会议）上宣布：Prometheus是继Kubernetes之后的第二个CNCF"毕业"项目。在CNCF管理的项目中，要从孵化转为毕业，项目必须被社区广泛采用，且有结构完整的治理过程文档，以及对社区可持续性和包容性的坚定承诺。Prometheus的开源社区十分活跃，在GitHub上拥有约30 000颗星，并且经常会有小版本的更新发布在上面。除了PromCon、KubeCon和CloudNativeCon之外，CNCF也为采用者、开发人员和从业者搭建了面对面合作的平台，与Kubernetes、Prometheus及其他CNCF托管项目领导者探讨行业发展，一同设定云原生生态系统的发展方向。表2-1展示的是2020年KubeCon和CloudNativeCon重点关注的CNCF开源软件，从中可以看出Prometheus的重要性。

表2-1　2020年KubeCon和CloudNativeCon重点关注的CNCF开源软件

进展程度	开源软件
已毕业	Prometheus、Kubernetes、containerd、CoreDNS、Envoy、Fluentd、Jaeger、TUF、Vitess
孵化中	CloudEvents、CNI、CRI-O、etcd、gRPC、Harbor、Helm、Linkerd、NATS、Notary、Open Policy Agent、OpenTracing、Rook、TiKV
沙箱	Brigade、Buildpacks、ChubaoFS、CloudEvents、Cortex、Dragonfly、Falco、Flux、in-toto、KubeEdge、KubeVirt、Longhorn、Network Service Mesh、OpenEBS、OpenMetrics、OpenTelemetry、SPIFFE、SPIRE、Strimzi、Telepresence、Thanos、Virtual Kubelet

作为监控生态解决方案，如附录A所示，仅仅是Prometheus的Exporter就已经支持了对官方收录和未收录的上千种常见软件、中间件、系统等的监控。

本章会从历史、特点、架构、局限性、快速开始这5个方面让读者了解Prometheus是什么，了解它在监控领域的使用场景，并快速安装和启动Prometheus。

2.1　Prometheus发展简史

Prometheus和Kubernetes不仅在使用过程中紧密相关，而且在历史上也有很深的渊源。在加利福尼亚州山景城的Google公司里曾经有两款系统——Borg系统和它的监控Borgmon系统。Borg系统是Google内部用来管理来自不同应用、不同作业的集群的管理器，每个集群都会拥有数万台服务器及上万个作业；Borgmon系统则是与Borg系统配套的监控系统。Borg系统和Borgmon系统都没有开源，但是目前开源的Kubernetes、Prometheus的理念都是对它们的理念的传承。

Kubernetes系统传承于Borg系统，Prometheus则传承于Borgmon系统。Google SRE的书内也曾提到，与Borgmon监控系统相似的实现是Prometheus。现在最常见的Kubernetes容器调度管理系统中，通常会搭配Prometheus进行监控。

⊖　CNCF：Cloud Native Computing Foundation，Google发起的Linux基金会旗下的云原生基金会。

2012 年前 Google SRE 工程师 Matt T. Proud 将 Prometheus 作为研究项目开始开发，在他加入 SoundCloud 公司后，与另一位工程师 Julius Volz 以开源软件的形式对 Prometheus 进行研发，并且于 2015 年年初对外发布早期版本。Prometheus 是独立的开源项目，并且由公司来运作，有非常活跃的社区和许多开发人员，因此很多公司使用它来满足自己的监控需求。2016 年 5 月，继 Kubernetes 之后 Prometheus 成为第二个正式加入 CNCF 的项目，同年 6 月正式发布 1.0 版本。2017 年年底发布了基于全新存储层的 2.0 版本，该版本能更好地与容器平台、云平台兼容。

Prometheus 官网⊖首页如图 2-2 所示。Prometheus 主要用于提供近实时，基于动态云环境、容器、微服务、应用程序等的监控服务。在《站点稳定性工程：Google 如何运行可靠的系统》一书中也提到，尽管 Borgmon 仍然是谷歌内部的，但是将时间序列数据作为生成警报的数据源的想法，已经通过 Prometheus 等完美体现了。这直接说明了 Prometheus 和 Kubernetes、Google 具有很深的历史渊源。

图 2-2　Prometheus 官网首页

2.2　Prometheus 的主要特点

Prometheus 官网上的自述是："From metrics to insight. Power your metrics and alerting with a leading open-source monitoring solution."翻译过来就是：从指标到洞察力，Prometheus 通过领先的开源监控解决方案为用户的指标和告警提供强大的支持。

在第 1 章中我们介绍了很多监控系统，和它们相比 Prometheus 最主要的特色有 4 个：

❑ 通过 PromQL 实现多维度数据模型的灵活查询。

⊖　Prometheus 官网：https://prometheus.io/。

- 定义了开放指标数据的标准，自定义探针（如 Exporter 等），编写简单方便。
- PushGateway 组件让这款监控系统可以接收监控数据。
- 提供了 VM 和容器化的版本。

尤其是第一点，这是很多监控系统望尘莫及的。多维度的数据模型和灵活的查询方式，使监控指标可以关联到多个标签，并对时间序列进行切片和切块，以支持各种图形、表格和告警场景。

除了上述 4 种特色之外，Prometheus 还有如下特点。

- Go 语言编写，拥抱云原生。
- 采用拉模式为主、推模式为辅的方式采集数据。
- 二进制文件直接启动，也支持容器化部署镜像。
- 支持多种语言的客户端，如 Java、JMX、Python、Go、Ruby、.NET、Node.js 等语言。
- 支持本地和第三方远程存储，单机性能强劲，可以处理上千 target 及每秒百万级时间序列。
- 高效的存储。平均一个采样数据占 3.5B 左右，共 320 万个时间序列，每 30 秒采样一次，如此持续运行 60 天，占用磁盘空间大约为 228GB（有一定富余量，部分要占磁盘空间的项目未在这里列出）。
- 可扩展。可以在每个数据中心或由每个团队运行独立 Prometheus Server。也可以使用联邦集群让多个 Prometheus 实例产生一个逻辑集群，当单实例 Prometheus Server 处理的任务量过大时，通过使用功能分区（sharding）+ 联邦集群（federation）对其进行扩展。
- 出色的可视化功能。Prometheus 拥有多种可视化的模式，比如内置表达式浏览器、Grafana 集成和控制台模板语言。它还提供了 HTTP 查询接口，方便结合其他 GUI 组件或者脚本展示数据。
- 精确告警。Prometheus 基于灵活的 PromQL 语句可以进行告警设置、预测等，另外它还提供了分组、抑制、静默等功能防止告警风暴。
- 支持静态文件配置和动态发现等自动发现机制，目前已经支持了 Kubernetes、etcd、Consul 等多种服务发现机制，这样可以大大减少容器发布过程中手动配置的工作量。
- 开放性。Prometheus 的 client library 的输出格式不仅支持 Prometheus 的格式化数据，还可以在不使用 Prometheus 的情况下输出支持其他监控系统（比如 Graphite）的格式化数据。

Prometheus 也存在一些局限性，主要包括如下方面。

- Prometheus 主要针对性能和可用性监控，不适用于针对日志（Log）、事件（Event）、调用链（Tracing）等的监控。
- Prometheus 关注的是近期发生的事情，而不是跟踪数周或数月的数据。因为大多数监控查询及告警都针对的是最近（通常不到一天）的数据。Prometheus 认为最有用的数据是最近的数据，监控数据默认保留15天。
- 本地存储有限，存储大量的历史数据需要对接第三方远程存储。
- 采用联邦集群的方式，并没有提供统一的全局视图。
- Prometheus的监控数据并没有对单位进行定义。
- Prometheus对数据的统计无法做到100%准确，如订单、支付、计量计费等精确数据监控场景。
- Prometheus默认是拉模型，建议合理规划网络，尽量不要转发。

2.3 Prometheus架构剖析

Prometheus的架构如图2-3所示，它展现了Prometheus内部模块及相关的外围组件之间的关系。

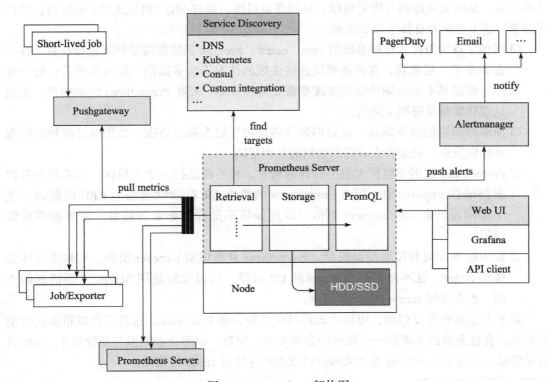

图2-3 Prometheus架构图

如图2-3所示，Prometheus主要由Prometheus Server、Pushgateway、Job/Exporter、Service Discovery、Alertmanager、Dashboard[⊖]这6个核心模块构成。Prometheus通过服务发现机制

⊖ Web UI、Grafana、API client可以统一理解为Dashboard。

发现target，这些目标可以是长时间执行的Job，也可以是短时间执行的Job，还可以是通过Exporter监控的第三方应用程序。被抓取的数据会存储起来，通过PromQL语句在仪表盘等可视化系统中供查询，或者向Alertmanager发送告警信息，告警会通过页面、电子邮件、钉钉信息或者其他形式呈现。

从上述架构图中可以看到，Prometheus不仅是一款时间序列数据库，在整个生态上还是一套完整的监控系统。对于时间序列数据库，在进行技术选型的时候，往往需要从宽列模型存储、类SQL查询支持、水平扩容、读写分离、高性能等角度进行分析。而监控系统的架构，除了第1章介绍的在选型时需要考虑的因素之外，往往还需要考虑通过减少组件、服务来降低成本和复杂性⊖以及水平扩容⊜等因素。

很多企业自己研发的监控系统中往往会使用消息队列Kafka和Metrics parser、Metrics process server等Metrics解析处理模块，再辅以Spark等流式处理方式。应用程序将Metric推到消息队列（如Kafaka），然后经过Exposer中转，再被Prometheus拉取。之所以会产生这种方案，是因为考虑到有历史包袱、复用现有组件、通过MQ（消息队列）来提高扩展性等因素。这个方案会有如下几个问题。

- 增加了查询组件，比如基础的sum、count、average函数都需要额外进行计算。这一方面多了一层依赖，在查询模块连接失败的情况下会多提供一层故障风险；另一方面，很多基本的查询功能的实现都需要消耗资源。而在Prometheus的架构里，上述这些功能都是得到支持的。
- 抓取时间可能会不同步，延迟的数据将会被标记为陈旧数据。如果通过添加时间戳来标识数据，就会失去对陈旧数据的处理逻辑。
- Prometheus适用于监控大量小目标的场景，而不是监控一个大目标，如果将所有数据都放在Exposer中，那么Prometheus的单个Job拉取就会成为CPU的瓶颈。这个架构设计和Pushgateway类似，因此如果不是特别必要的场景，官方都不建议使用。
- 缺少服务发现和拉取控制机制，Prometheus只能识别Exposer模块，不知道具体是哪些target，也不知道每个target的UP时间，所以无法使用Scrape_*等指标做查询，也无法用scrape_limit做限制。

对于上述这些重度依赖，可以考虑将其优化掉，而Prometheus这种采用以拉模式为主的架构，在这方面的实现是一个很好的参考方向。同理，很多企业的监控系统对于cmdb具有强依赖，通过Prometheus这种架构也可以消除标签对cmdb的依赖。

⊖ 在滴滴开源的企业级监控夜莺的整体架构（架构图参见官网：https://n9e.didiyun.com/docs/intro/）中，第三方的系统只依赖了MySQL、Redis和Nginx。

⊜ 水平扩容，如滴滴的夜莺监控系统，作为数据入口的Transfer是无状态服务，可以很方便地进行水平扩展。judge和index模块会定时上报心跳，增加实例后，和judge、index交互的模块可以立即感知，无须再去修改地址列表。TSDB模块作为监控系统的存储模块，为了实现水平扩展，Transfer采用数据分片的方式将数据传递给TSDB，在扩容时可以保证数据迁移尽可能地少。

1. Job/Exporter

Job/Exporter 属于 Prometheus target，是 Prometheus 监控的对象。

Job 分为长时间执行和短时间执行两种。对于长时间执行的 Job，可以使用 Prometheus Client 集成进行监控；对于短时间执行的 Job，可以将监控数据推送到 Pushgateway 中缓存。

如附录 A 所示，Prometheus 收录的 Exporter 有上千种，它可以用于第三方系统的监控。Exporter 的机制是将第三方系统的监控数据按照 Prometheus 的格式暴露出来，没有 Exporter 的第三方系统可以自己定制 Exporter，这在后面的章节会详细描述。Prometheus 是一个白盒监视系统，它会对应用程序内部公开的指标进行采集。假如用户想从外部检查，这就会涉及黑盒监控，Prometheus 中常用的黑盒 Exporter 就是 blackbox_exporter。blackbox_exporter 包括一些现成的模块，例如 HTTP、TCP、POP3S、IRC 和 ICMP。blackbox.yml 可以扩展其中的配置，以添加其他模块来满足用户的需求。blackbox_exporter 一个令人满意的功能是，如果模块使用 TLS/SSL，则 Exporter 将在证书链到期时自动公开，这样可以很容易地对即将到期的 SSL 证书发出告警。

Exporter 种类繁多，每个 Exporter 又都是独立的，每个组件各司其职。但是 Exporter 越多，维护压力越大，尤其是内部自行开发的 Agent 等工具需要大量的人力来完成资源控制、特性添加、版本升级等工作，可以考虑替换为 Influx Data 公司开源的 Telegraf⊖统一进行管理。Telegraf 是一个用 Golang 编写的用于数据收集的开源 Agent，其基于插件驱动。Telegraf 提供的输入和输出插件非常丰富，当用户有特殊需求时，也可以自行编写插件（需要重新编译），它在 Influx Data 架构中的位置如图 2-4 所示。

Telegraf 就是 Influx Data 公司的时间序列平台 TICK（一种高性能时序中台）技术栈中的"T"，主要用于收集时间序列型数据，比如服务器 CPU 指标、内存指标、各种 IoT 设备产生的数据等。Telegraf 支持各种类型 Exporter 的集成，可以实现 Exporter 的多合一。还有一种思路就是通过主进程拉起多个 Exporter 进程，仍然可以跟着社区版本进行更新。

Telegraf 的 CPU 和内存使用率极低，支持几乎所有的集成监控和丰富的社区集成可视化，如 Linux、Redis、Apache、StatsD、Java/Jolokia、Cassandra、MySQL 等。由于 Prometheus 和 InfluxDB 都是时间序列存储监控系统，可以变通地将 Telegraf 对接到 Prometheus 中。在实际 POC 环境验证中，使用 Telegraf 集成 Prometheus 比单独使用 Prometheus 会拥有更低的内存使用率和 CPU 使用率。

2. Pushgateway

Prometheus 是拉模式为主的监控系统，它的推模式就是通过 Pushgateway 组件实现的。Pushgateway 是支持临时性 Job 主动推送指标的中间网关，它本质上是一种用于监控 Prometheus 服务器无法抓取的资源的解决方案。它也是用 Go 语言编写的，在 Apache 2.0 许可证下开源。

⊖ https://www.influxdata.com/time-series-platform/telegraf/。

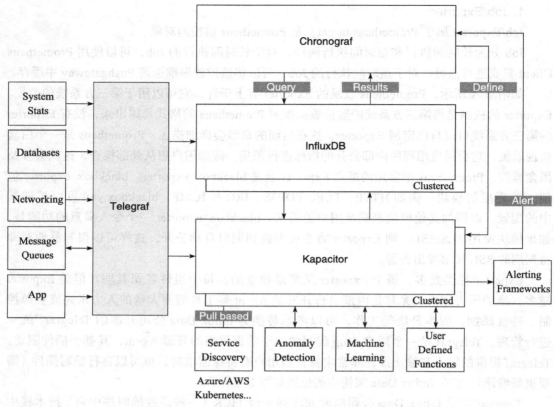

图 2-4　Telegraf 在 Influx Data 架构中的位置示意图

Pushgateway 作为一个独立的服务，位于被采集监控指标的应用程序和 Prometheus 服务器之间。应用程序主动推送指标到 Pushgateway，Pushgateway 接收指标，然后 Pushgateway 也作为 target 被 Prometheus 服务器抓取。它的使用场景主要有如下几种。

- 临时 / 短作业。
- 批处理作业。
- 应用程序与 Prometheus 服务器之间有网络隔离，如安全性（防火墙）、连接性（不在一个网段，服务器或应用程序仅允许特定端口或路径访问）。

Pushgateway 与网关类似，在 Prometheus 中被建议作为临时性解决方案，主要用于监控不太方便访问到的资源。它会丢失很多 Prometheus 服务器提供的功能，比如 UP 指标和指标过期时进行实例状态监控。

Pushgateway 的一个常见问题是，它存在单点故障问题。如果 Pushgateway 从许多不同的来源收集指标时宕机，用户将失去对所有这些来源的监控，可能会触发许多不必要的告警。

使用 Pushgateway 时需要记住的另一个问题是，Pushgateway 不会自动删除推送给它的任何指标数据。因此，必须使用 Pushgateway 的 API 从推送网关中删除过期的指标。

```
curl -X DELETE http://pushgateway.example.org:9091/metrics/job/some_job/instance/
    some_instance
```

Pushgateway 还有防火墙和 NAT 问题。推荐做法是将 Prometheus 移到防火墙后面，让 Prometheus 更加接近采集的目标。

注意，Pushgateway 会丧失 Prometheus 通过 UP 监控指标检查实例健康状况的功能，此时 Prometheus 对应的拉状态的 UP 指标只是针对单 Pushgateway 服务的。

3. 服务发现（Service Discovery）

作为下一代监控系统的首选解决方案，Prometheus 通过服务发现机制对云以及容器环境下的监控场景提供了完善的支持。

除了支持文件的服务发现（Prometheus 会周期性地从文件中读取最新的 target 信息）外，Prometheus 还支持多种常见的服务发现组件，如 Kubernetes、DNS、Zookeeper、Azure、EC2 和 GCE 等。例如，Prometheus 可以使用 Kubernetes 的 API 获取容器信息的变化（如容器的创建和删除）来动态更新监控对象。

对于支持文件的服务发现，实践场景下可以衍生为与自动化配置管理工具（Ansible、Cron Job、Puppet、SaltStack 等）结合使用。

通过服务发现的方式，管理员可以在不重启 Prometheus 服务的情况下动态发现需要监控的 target 实例信息。服务发现中有一个高级操作，就是 Relabeling 机制。Relabeling 机制会从 Prometheus 包含的 target 实例中获取默认的元标签信息，从而对不同开发环境（测试、预发布、线上）、不同业务团队、不同组织等按照某些规则（比如标签）从服务发现注册中心返回的 target 实例中有选择性地采集某些 Exporter 实例的监控数据。

相对于直接使用文件配置，在云环境以及容器环境下我们更多的监控对象都是动态的。实际场景下，Prometheus 作为下一代监控解决方案，更适合云及容器环境下的监控需求，在服务发现过程中也有很多工作（如 Relabeling 机制）可以加持。

4. Prometheus 服务器（Prometheus Server）

Prometheus 服务器是 Prometheus 最核心的模块。它主要包含抓取、存储和查询这 3 个功能，如图 2-5 所示。

1）抓取：Prometheus Server 通过服务发现组件，周期性地从上面介绍的 Job、Exporter、Pushgateway 这 3 个组件中通过 HTTP 轮询的形式拉取监控指标数据。

2）存储：抓取到的监控数据通过一定的

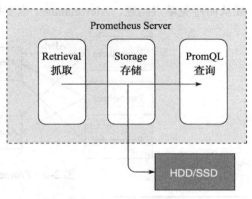

图 2-5　Prometheus 服务器功能

规则清理和数据整理（抓取前使用服务发现提供的 relabel_configs 方法，抓取后使用作业内的 metrics_relabel_configs 方法），会把得到的结果存储到新的时间序列中进行持久化。多年来，存储模块经历了多次重新设计，Prometheus 2.0 版的存储系统是第三次迭代。该存储系统每秒可以处理数百万个样品的摄入，使得使用一台 Prometheus 服务器监控数千台机器成为可能。使用的压缩算法可以在真实数据上实现每个样本 1.3B。建议使用 SSD，但不是严格要求。

Prometheus 的存储分为本地存储和远程存储。

- 本地存储：会直接保留到本地磁盘，性能上建议使用 SSD 且不要保存超过一个月的数据。记住，任何版本的 Prometheus 都不支持 NFS。一些实际生产案例[○]告诉我们，Prometheus 存储文件如果使用 NFS，则有损坏或丢失历史数据的可能。
- 远程存储：适用于存储大量的监控数据。Prometheus 支持的远程存储包括 OpenTSDB、InfluxDB、Elasticsearch、Graphite、CrateDB、Kakfa、PostgreSQL、TimescaleDB、TiKV 等。远程存储需要配合中间层的适配器进行转换，主要涉及 Prometheus 中的 remote_write 和 remote_read 接口。在实际生产中，远程存储会出现各种各样的问题，需要不断地进行优化、压测、架构改造甚至重写上传数据逻辑的模块等工作。

3）查询：Prometheus 持久化数据以后，客户端就可以通过 PromQL 语句对数据进行查询了。后面会详细介绍 PromQL 的功能。

5. Dashboard

在 Prometheus 架构图中提到，Web UI、Grafana、API client 可以统一理解为 Prometheus 的 Dashboard。Prometheus 服务器除了内置查询语言 PromQL 以外，还支持表达式浏览器及表达式浏览器上的数据图形界面。实际工作中使用 Grafana 等作为前端展示界面，用户也可以直接使用 Client 向 Prometheus Server 发送请求以获取数据。

6. Alertmanager

Alertmanager 是独立于 Prometheus 的一个告警组件，需要单独安装部署。Prometheus 可以将多个 Alertmanager 配置为一个集群，通过服务发现动态发现告警集群中节点的上下线从而避免单点问题，Alertmanager 也支持集群内多个实例之间的通信，如图 2-6 所示。

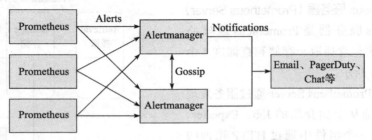

图 2-6　Prometheus Alertmanager 集群

○ 参见 https://github.com/prometheus/prometheus/issues/3534。

Alertmanager 接收 Prometheus 推送过来的告警，用于管理、整合和分发告警到不同的目的地。Alertmanager 提供了多种内置的第三方告警通知方式，同时还提供了对 Webhook 通知的支持，通过 Webhook 用户可以完成对告警的更多个性化的扩展。Alertmanager 除了提供基本的告警通知能力以外，还提供了如分组、抑制以及静默等告警特性，本书后续章节中会详细介绍。

2.4 Prometheus 的 3 大局限性

Prometheus 固然强大，但它还是具有一定局限性的。

首先，Prometheus 作为一个基于度量的系统，不适合存储事件或者日志等，它更多地展示的是趋势性的监控。如果用户需要数据的精准性，可以考虑 ELK 或其他日志架构。另外，APM 更适用于链路追踪的场景。

其次，Prometheus 认为只有最近的监控数据才有查询的需要，所有 Prometheus 本地存储的设计初衷只是保存短期（如一个月）的数据，不会针对大量的历史数据进行存储。如果需要历史数据，则建议使用 Prometheus 的远端存储，如 OpenTSDB、M3DB 等。

最后，Prometheus 在集群上不论是采用联邦集群还是采用 Improbable 开源的 Thanos 等方案，都没有 InfluxDB 成熟度高，需要解决很多细节上的技术问题（如耗尽 CPU、消耗机器资源等问题），这也是本章开头提到的 InfluxDB 在时序数据库中排名第一的原因之一。部分互联网公司拥有海量业务，出于集群的原因会考虑对单机免费但是集群收费的 InfluxDB 进行自主研发。因此，集群上究竟采用 Prometheus 还是直接使用 InfluxDB 需要结合实际场景来选择，这部分内容在第 9 章将详细介绍。

总之，使用 Prometheus 一定要了解它的设计理念：它并不是为了解决大容量存储问题，TB 级以上数据建议保存到远端 TSDB 中；它是为运行时正确的监控数据准备的，无法做到 100% 精准，存在由内核故障、刮擦故障等因素造成的微小误差。

2.5 快速安装并启动 Prometheus

介绍完 Prometheus 的相关概念，接下来介绍如何在 Mac 电脑上迅速安装并启动 Prometheus，对于 Docker 方式和 Prometheus Operator 方式，读者可以自行查阅官方文档。

在 Prometheus 的官方下载页面 https://prometheus.io/download/ 中可以看到，Prometheus 提供了独立的二进制文件的 tar 包，其中主要包括 prometheus、alertmanager、blackbox_exporter、consul_exporter、graphite_exporter、haproxy_exporter、memcached_exporter、mysqld_exporter、node_exporter、Pushgateway、statsd_exporter 等组件。

Prometheus 组件主要支持 Darwin、Linux、Windows 等操作系统。本节介绍通过 Darwin 版本在 Mac 电脑上迅速安装并启动 Prometheus 的方法。

如图 2-7 所示，根据当前最新的软件版本，在 Mac 下选择 Darwin 版本下载。

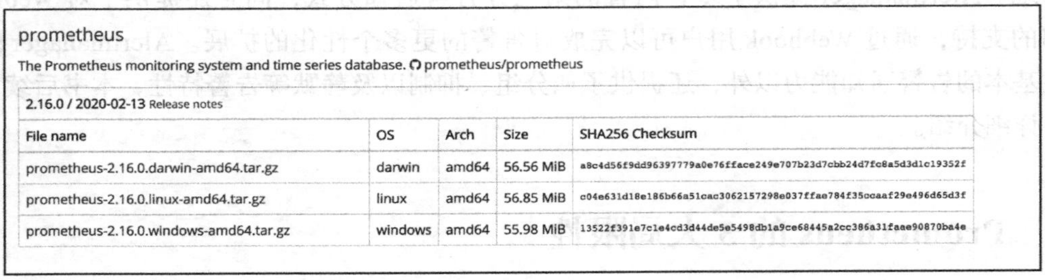

图 2-7　Prometheus 下载

下载完成以后通过如下命令进行解压和启动。

```
tar xvfz prometheus-2.16.0.darwin-amd64.tar.gz
cd  prometheus-2.16.0.darwin-amd64.tar.gz
./prometheus -config.file=prometheus.yml
```

启动后的 Prometheus 端口号是 9090，可以访问 localhost:9090/metrics，该地址返回与 Prometheus Server 状态相关的监控信息，其返回数据如下所示。

```
# HELP go_gc_duration_seconds A summary of the GC invocation durations.
# TYPE go_gc_duration_seconds summary
go_gc_duration_seconds{quantile="0"} 1.2661e-05
go_gc_duration_seconds{quantile="0.25"} 1.8689e-05
go_gc_duration_seconds{quantile="0.5"} 3.466e-05
go_gc_duration_seconds{quantile="0.75"} 0.000183214
go_gc_duration_seconds{quantile="1"} 0.00082742
```

localhost:9090/graph 是 Prometheus 的默认查询界面，界面截图如图 2-8 所示。

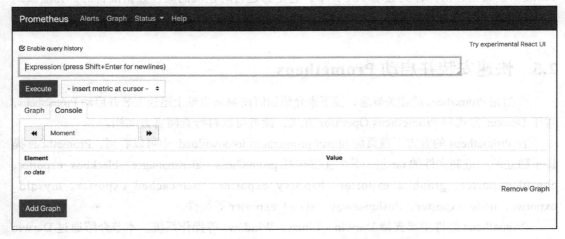

图 2-8　Prometheus Graph 页面

在 Graph 页面可以输入 PromQL 表达式，比如输入 "up"，就可以查看监控的每个 Job 的健康状态，1 表示健康，0 表示不健康。如果 prometheus.yml 文件中配置的 scrape_configs 如下所示（其中 8080 的服务是没有启动的）：

```
scrape_configs:
  - job_name: 'prometheus'
    static_configs:
    - targets: ['localhost:9090']

  - job_name: 'springboot-demo'
    metrics_path: '/actuator/prometheus'
    static_configs:
    - targets: ['localhost:8080']
```

那么在 Graph 页面上就会得到图 2-9 所示的结果，这表示 Prometheus 服务是正常的，8080 端口的服务是不正常的。

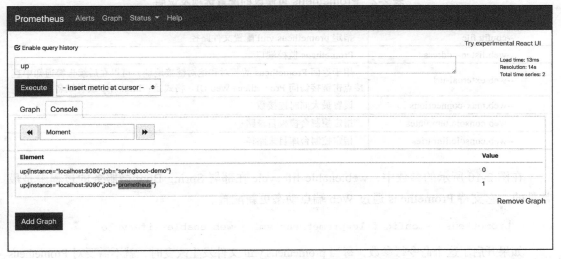

图 2-9　在 Prometheus Graph 页面输入 "up" 命令

在 Graph 页面上还可以看到与告警相关的信息，在图 2-9 所示的 Status 菜单里，提供了 Running&Build Information、Command-Line Flags、Configuration、Rules、Target、Service Discovery 等与可视化功能相关的模块。

图 2-10 所示为与 Command-Line Flags 相关的信息。其中的信息在实际使用中大多数都是可配置的，需要用户根据实际的部署环境进行修改，部分配置项的选项及说明如表 2-2 所示⊖，更多关于存储的参数配置可以参见第 10 章。

⊖ 可以通过 ./prometheus -h 命令查看帮助内容。

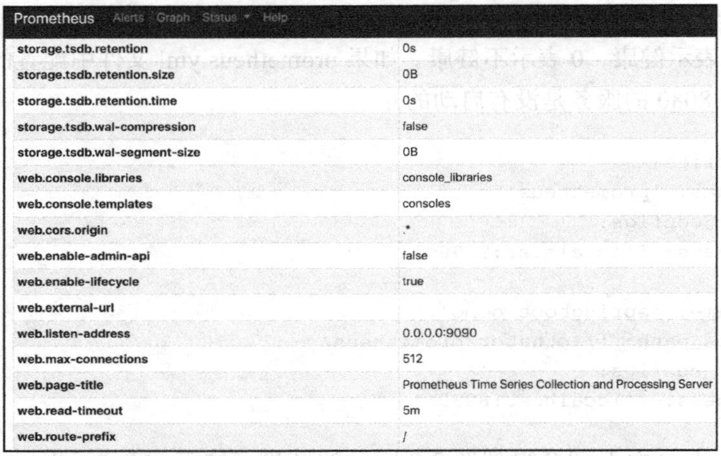

图中所示的 Prometheus Graph 命令行标志信息如下：

Prometheus	Alerts	Graph	Status ▼	Help

storage.tsdb.retention	0s
storage.tsdb.retention.size	0B
storage.tsdb.retention.time	0s
storage.tsdb.wal-compression	false
storage.tsdb.wal-segment-size	0B
web.console.libraries	console_libraries
web.console.templates	consoles
web.cors.origin	.*
web.enable-admin-api	false
web.enable-lifecycle	true
web.external-url	
web.listen-address	0.0.0.0:9090
web.max-connections	512
web.page-title	Prometheus Time Series Collection and Processing Server
web.read-timeout	5m
web.route-prefix	/

图 2-10 Prometheus Graph 命令行标志信息

表 2-2 Prometheus 可修改的配置选项及说明

选项	说明
--config.file	指定 prometheus.yml 配置文件路径
--web.listen-address	Prometheus 监控端口
--web.external-url	用于返回 Prometheus 的相对和绝对链接地址，可以在后续告警通知中直接点击链接访问 Prometheus Web UI。格式是：http://{ip 或者域名 }:9090
--web.max-connections	设置最大同时连接数
--web.console.templates	指定控制台模板目录路径
--web.console.libraries	指定控制台库目录路径

在图 2-10 所示的参数中，web.enable-lifecycle 在部署 Spring Boot 微服务的过程中是最常见的，它支持 Prometheus 通过 Web 端点动态更新配置。

```
./prometheus --config.file=prometheus.yml --web.enable-lifecycle
```

如果开启了这个命令行参数，每当 prometheus.yml 文件发生改变时，就不需要对 Prometheus 进行关闭再重新启动的操作了，而是可以通过如下命令让配置进行重新加载。

```
curl -X POST http://localhost:9090/-/reload
```

> **注意** Prometheus 中还可以通过 --web.external-url 使用外部 URL 和代理，或者通过 --web.route-prefix 等参数进行更精确的控制，例如：
>
> ```
> ./prometheus --web.external-url http://localhost:19090/prometheus/
> ./prometheus --web.external-url http://localhost:19090/prometheus/ --web.route-prefix=/
> ```

如果用 CTRL+Z 等方式强制关闭了 Prometheus 在命令行窗口的进程，那么重新启动 Prometheus 时会出现如下错误。

```
level=error ts=2020-02-24T06:41:41.749Z caller=main.go:727 err="error starting web
  server: listen tcp 0.0.0.0:9090: bind: address already in use"
```

遇到这样的问题，解决方式是先通过 lsof -i tcp:9090 命令找到 9090 端口的占用情况。

```
prometheus-2.16.0.darwin-amd64 lsof -i tcp:9090
COMMAND     PID     USER   FD   TYPE             DEVICE SIZE/OFF NODE NAME
prometheu  3411  charles   10u  IPv4 0xfedca3ddafcff0cb      0t0  TCP
  localhost:57498->localhost:websm (ESTABLISHED)
prometheu  3411  charles   11u  IPv6 0xfedca3dd8f43c783      0t0  TCP *:websm (LISTEN)
prometheu  3411  charles   12u  IPv6 0xfedca3dd8f43c1c3      0t0  TCP
  localhost:websm->localhost:57498 (ESTABLISHED)
prometheu  3411  charles   13u  IPv6 0xfedca3dd8f43b083      0t0  TCP
  localhost:57513->localhost:websm (ESTABLISHED)
prometheu  3411  charles   39u  IPv6 0xfedca3dd8f43cd43      0t0  TCP
  localhost:websm->localhost:57513 (ESTABLISHED)
```

如上所示，只要使用 sudo kill -9 3411，就可以"杀掉"原有 Prometheus 进程，重新执行 ./prometheus -config.file=prometheus.yml 命令就可以再次启动 Prometheus。

> **注意** 当终端关闭或按下 Ctrl+C 组合键时，Prometheus 服务会自动关闭。在 Linux 中，可以直接执行命令 nohup ./prometheus & 使其后台运行。但是如果对进程进行关闭、重启、查看进程状态等操作，还需要配合各种 Linux 命令才能完成。为方便起见，可以将 Prometheus 添加为系统服务且开机自启动。如在 CentOS Linux release 7 操作系统中可以用命令 systemctl 来管理守护进程，在 /usr/lib/systemd/system 目录下添加一个系统服务启动文件来配置 prometheus.service，参考配置方式如下所示。
>
> ```
> # vi /usr/lib/systemd/system/prometheus.service
> [Unit]
> Description=Prometheus server daemon
> After=network.target
> 
> [Service]
> Type=simple
> User=root
> Group=root
> ExecStart=/data/prometheus/prometheus \
>   --config.file "/data/prometheus/prometheus.yml" \
>   --web.listen-address "0.0.0.0:9090"
> Restart=on-failure
> [Install]
> WantedBy=multi-user.agent
> ```

用户也可以使用和 reload 类似的 HTTP 的方式关闭 Prometheus，从 Prometheus 2.0 开始必须开启 --web.enable-lifecycle 后才能使用这种方式，且要执行如下所示的命令才能关闭。

```
curl -X POST http://localhost:9090/-/quit
```

上述命令除了在 Prometheus 自身的日志中会出现各个模块的关闭信息外，还会返回如下结果。

```
Requesting termination... Goodbye!
```

需要注意的是，告警及其阈值是在 Prometheus 中配置的，而不是在 Alertmanager 中配置的。以下是 prometheus.yml 文件配置各个部分的含义和功能的注释。

```yaml
# global 模块是全局配置信息，它定义的内容会被 scrape_configs 模块中的每个 Job 单独覆盖
global:
  scrape_interval: 15s  # 抓取 target 的时间间隔，设置为 15 秒，默认值为 1 分钟。经验值为 10～60s
  evaluation_interval: 15s  #Prometheus 计算一条规则配置的时间间隔，设置为 15 秒，
                            # 默认值为 1 分钟
  # scrape_timeout           # 抓取 target 的超时事件，默认值为 10 秒
  # external_labels          # 与外部系统通信时添加到任意时间序列或告警所用的外部标签

# 告警模块，Prometheus Server 发送请求给 Alertmanager 之前也会触发一次 relabel 操作
# aler 子模块下也可以配置 alert_relabel_configs
alerting:
  alertmanagers:
    - static_configs:       # 静态配置 Alertmanager 的地址，也可以依赖服务发现动态识别
      - targets:            # 可以配置多个 IP 地址
        - localhost:9093

# Prometheus 自定义的 rule 主要分为 Recording rule 和 Alerting rule 两类
rule_files:
  - "alertmanager_rules.yml"
  - "prometheus_rules.yml"

scrape_configs:
  # Job 名称很重要，Prometheus 会将该名称作为 Label 追加到抓取的每条时序中
  - job_name: 'prometheus'
  # metrics_path defaults to '/metrics'  # metrics_path 默认值是 /metrics
                                         # 可以自定义，表示抓取时序的 http path
  # scheme defaults to 'http'.  # scheme 默认是 http，表示抓取时序数据时使用的网络协议
  # param 抓取时序的相关参数，可以自定义
    static_configs:              # 静态方式
    - targets: ['localhost:9090']

  - job_name: 'springboot-demo'                    # 第二个微服务 Spring Boot 作业

    metrics_path: '/actuator/prometheus'
    static_configs:
    - targets: ['localhost:8080']
```

通过上述注释可知，scrape_configs 主要用于配置采集数据节点的操作，它和 global 重合的配置部分会覆盖 global 部分，每一个采集配置的具体参数及说明如表 2-3 所示。

表 2-3 scape_configs 具体参数及说明

参数	说明
job_name	全局唯一作业名称
scrape_interval	默认等于 global 内设置的参数值，设置后可以覆盖 global 中的值
scrape_timeout	默认等于 global 内设置的参数值
metrics_path	从 target 获取 metric 的 HTTP 资源路径，默认是 /metrics
honor_labels	定义 Prometheus 处理标签之间的冲突的方法。若设置为 true，则表示通过保留标签来解决标签冲突并进行数据值采集；若设置为 false，则表示通过重命名来解决标签冲突，并以 exported_<original-label> 格式采集数据值，例如 exporter_job 形式。默认是 false
scheme	用于请求的协议方式，默认是 http
params	数据采集访问时 HTTP URL 设定的请求参数
relabel_configs	采集数据重置标签配置，详细内容参见第 5 章
metric_relabel_configs	重置标签配置，详细内容参见第 5 章
sample_limit	限制 Sample 每次采集的数量，如果超过限制，该数据将被视为失败。默认值为 0，表示无限制

2.6 本章小结

本章介绍了 Prometheus 的基本概念、历史、特点，以及 Prometheus 架构中各个关键组件的功能，并对监控数据的抓取组件、存储组件、查询功能以及告警组件进行了简要说明。

本章的最后还介绍了 Prometheus 的安装方法，并解释了 prometheus.yml 配置文件中的核心配置项。

通过学习本章，读者不但可以从理论上了解 Prometheus 的基本概念，而且可以在实践上快速上手 Prometheus。

下一章会在本章的基础上，通过实战案例介绍如何在 Spring Boot 中集成 Prometheus，以实现基于 Spring Boot 监控系统大盘的定制化开发配置及告警功能。

Chapter 3 第 3 章

Spring Boot 可视化监控实战

截至本书完稿时,市面上还没有从实战角度出发、系统地介绍如何在 Spring Boot 2.x 版本中集成 Prometheus 的书籍,本书将弥补这一空白。本章将带着读者一起搭建集成了 Micrometer 功能的 Spring Boot 监控系统(含 JVM 监控),并配置 Grafana 监控大盘以及邮件、钉钉等告警方式,帮助读者打通从 Prometheus 到 Spring Boot 再到 Grafana 的完整链路(如图 3-1 所示),打造关于 Prometheus 技术体系的知识闭环,这在实际生产中非常重要。

图 3-1 集成 Spring Boot 的 Prometheus 三剑客:Micrometer+Prometheus+Grafana

3.1 用 Micrometer 仪表化 JVM 应用

Micrometer(千分尺)是 Pivotal 为最流行的监控系统提供的一个简单的仪表客户端门面模式,允许仪表化 JVM 应用,而无须关心是哪个供应商提供的指标,如图 3-2 所示。

Micrometer 的作用和 SLF4J 类似,只不过它关注的不是 Log(日志),而是 Application Metrics(应用指标)。简而言之,它就是监控界的 SLF4J。slf4j-api 是 facade(门面),log4j

和 logback 才是日志的真正实现，Micrometer 也是一个 Metrics 的 facade，它是一个监控指标的度量类库。Micrometer 的官网首页如图 3-3 所示。

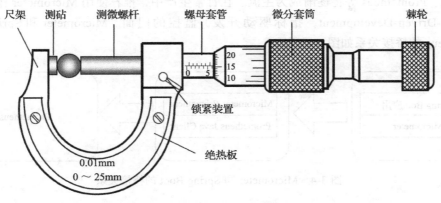

图 3-2　Micrometer（千分尺）

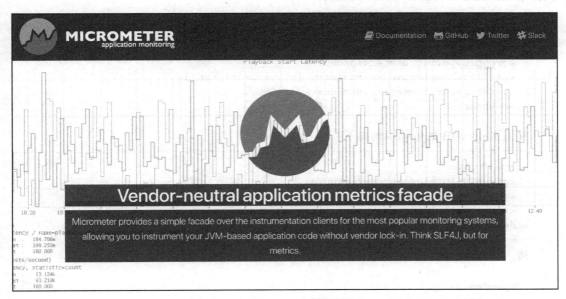

图 3-3　Micrometer 官网首页

Spring Boot 2.x 在 spring-boot-actuator 中引入了 Micrometer。Spring Boot 2.x 对 Spring Boot 1.x 的指标进行了重构，除了 Prometheus 以外，Micrometer 也支持对接其他监控系统，如 AppOptics、Atlas、Datadog、Dynatrace、Elastic、Ganglia、Graphite、Humio、Influx、JMX、KairosDB、New Relic、SignalFx、Simple [in-memory]、StatsD、Wavefront 等。1.x 中的指标有些刻意向 dropwizard-metrics 看齐，而 Micrometer 除了一些基本的指标与

dropwizard-metrics 相似外,其他都有了相应的改变,其中最大的改变就是支持标签。这是一个很重要的信号,标志着老一代的 StatsD、Graphite 开始逐步退出历史舞台,而支持标签的 Influx、Prometheus 等将逐渐成为主流。在日常生产中,推荐使用 Micrometer 作为 MDD(Metrics-Driven-Development,指标驱动开发)监控的门面。Micrometer 和 Spring Boot、Prometheus 的桥接关系如图 3-4 所示。

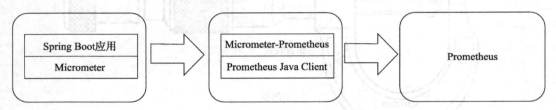

图 3-4 Micrometer 和 Spring Boot 的桥接关系

通过门面模式接入 Micrometer 的监控系统,工整并且规范。用 Maven 依赖示例来说,其都是 micrometer-registry-XXX 类型的。

比如,接入 Influx 的依赖的示例如下:

```
<dependency>
  <groupId>io.micrometer</groupId>
  <artifactId>micrometer-registry-influx</artifactId>
  <version>${micrometer.version}</version>
</dependency>
```

接入 KairosDB 的依赖示例如下:

```
<dependency>
  <groupId>io.micrometer</groupId>
  <artifactId>micrometer-registry-kairos</artifactId>
  <version>${micrometer.version}</version>
</dependency>
```

接入 Datadog 的依赖示例如下:

```
<dependency>
  <groupId>io.micrometer</groupId>
  <artifactId>micrometer-registry-datadog</artifactId>
  <version>${micrometer.version}</version>
</dependency>
```

接入 JMX 的依赖示例如下:

```
<dependency>
  <groupId>io.micrometer</groupId>
```

```xml
    <artifactId>micrometer-registry-jmx</artifactId>
    <version>${micrometer.version}</version>
</dependency>
```

接入 Graphite 的依赖示例如下：

```xml
<dependency>
    <groupId>io.micrometer</groupId>
    <artifactId>micrometer-registry-graphite</artifactId>
    <version>${micrometer.version}</version>
</dependency>
```

Micrometer 还包括开箱即用的缓存、类加载器、垃圾收集、处理器利用率、线程池以及更多针对可操作洞察的解决方案。

Micrometer 中最重要的两个概念是 Meter 和 MeterRegistry。

- Meter：用于收集应用的一系列指标的接口。Micrometer 提供一系列原生的 Meter，包括 Timer、Counter、Gauge、DistributionSummary、LongTaskTimer、FunctionCounter、FunctionTimer、TimeGauge。不同的 Meter 类型有不同的时间序列指标值。例如，增量计数用 Counter 表示，单个指标值用 Gauge 表示，计时事件的次数和总时间用 Timer 表示。每一项指标都有一个唯一标识的指标名称（Metric name）和标签（tag）。
- MeterRegistry：Meter 是由 MeterRegistry 创建的。每个监控系统都必须支持 MeterRegistry。

在 Spring Boot 1.5.x 中，Spring Boot Actuator 没有使用 Micrometer，所以和 Micrometer 没有什么关系。在 Spring Boot 1.5.x 中若要通过 dropwizard-metrics 提供一些统计指标，可以使用 micrometer-spring-legacy。

在 Spring Boot 2.x 以后，Spring Boot Actuator 中用自带的 Micrometer 来实现监控。接下来我们一起来看一下 Spring Boot 中如何集成 Prometheus。

3.2 在 Spring Boot 2.x 中集成 Prometheus 的方法

Spring Boot 2.x 集成 Prometheus 可以分为如下 4 个步骤。

1）引入 Maven 依赖。
2）application.properties 配置。
3）通过 MeterBinder 接口实现 bind 方法并注册到 MeterRegistry。
4）指标埋点。

这个案例是基于 Spring Boot 2.x 来集成 Prometheus 的，代码非常简单，只有两个核心 Java 源文件，因此这里就不提供源码了。项目结构如图 3-5 所示。

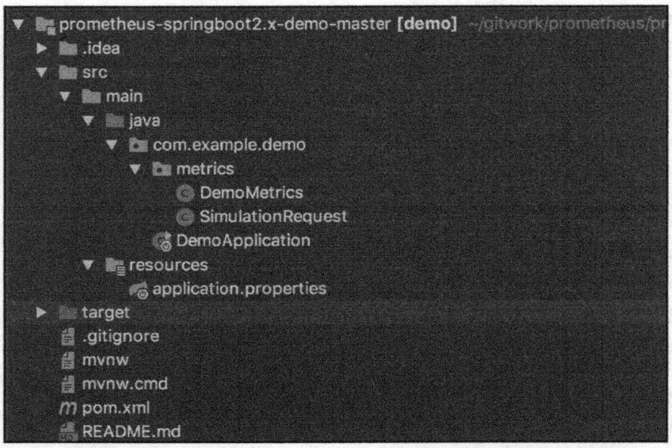

图 3-5 Spring Boot 2.x 集成 Prometheus 项目结构

pom.xml 中存放 Maven 的依赖，application.properties 存放 Spring Boot 的配置文件，DemoApplication 是 Spring Boot 的入口程序，DemoMetrics 和 SimulationRequest 会对请求进行模拟以更新指标数据。

3.2.1 引入 Maven 依赖

因为 Spring Boot 2.x 在 Actuator 模块中使用 Micrometer 来实现监控，所以需要引入 spring-boot-starter-actuator 依赖。必要的 3 个配置分别是 spring-boot-starter-actuator、micrometer-registry-prometheus 和 micrometer-core。Maven 项目中 pom 文件的配置方式如下所示。

```xml
<!-- 监控系统健康情况的工具 -->
<dependency>
<groupId>org.springframework.boot</groupId>
<artifactId>spring-boot-starter-actuator</artifactId>
<version>2.2.X.RELEASE</version>
</dependency>

<!-- 桥接 Prometheus-->
<dependency>
<groupId>io.micrometer</groupId>
<artifactId>micrometer-registry-prometheus</artifactId>
<version>1.3.0</version>
</dependency>

<!--micrometer 核心包，按需引入，使用 Meter 注解或手动埋点时需要 -->
<dependency>
<groupId>io.micrometer</groupId>
<artifactId>micrometer-core</artifactId>
<version>1.3.0</version>
</dependency>
```

我个人推荐加入 micrometer-jvm-extras 依赖，它可以获取 Spring Boot 的 JVM 信息，这

些指标信息可以方便用户基于 Grafana 绘制可视化的 JVM 监控大盘。

```xml
<!--micrometer 获取 JVM 相关信息，并展示在 Grafana 上 -->
<dependency>
    <groupId>io.github.mweirauch</groupId>
    <artifactId>micrometer-jvm-extras</artifactId>
    <version>0.1.4</version>
</dependency>
```

> **注意**
> - 请使用以上 Maven 依赖的最新版本。
> - Spring Boot 2.x 项目引入上述依赖后，就会自动启用相关的配置。每一种监控系统的配置是不一样的，可以查看 Spring Boot 2.x 官方文档[○]。

如果使用 Spring Boot 1.5.x 版本，需要引入 micrometer-spring-legacy 包，完整的 Spring Boot 1.5.x 的 Maven 依赖范例如下所示。

```xml
<!-- 监控系统健康情况的工具 -->
<dependency>
    <groupId>org.springframework.boot</groupId>
    <artifactId>spring-boot-starter-actuator</artifactId>
    <version>1.5.X.RELEASE</version>
</dependency>

<!-- 桥接 Prometheus-->
<dependency>
    <groupId>io.micrometer</groupId>
    <artifactId>micrometer-registry-prometheus</artifactId>
    <version>1.3.0</version>
</dependency>

<!--micrometer 核心包，按需引入，使用 Meter 注解或手动埋点时需要 -->
<dependency>
    <groupId>io.micrometer</groupId>
    <artifactId>micrometer-core</artifactId>
    <version>1.3.0</version>
</dependency>

<!--1.5.x 版本 Spring Boot 兼容 micrometer-->
<dependency>
    <groupId>io.micrometer</groupId>
    <artifactId>micrometer-spring-legacy</artifactId>
    <version>1.3.0</version>
</dependency>
```

○ https://docs.spring.io/spring-boot/docs/current/reference/htmlsingle/#production-ready-metrics-export-prometheus。

3.2.2 application.properties 配置

对于 Spring Boot 2.x 而言，如果需要集成 Prometheus，那么 application.properties 的建议配置如下。

```
spring.application.name=Demo  # 指定服务的名称
management.metrics.tags.application=${spring.application.name}  # metrics 应用指向
                                                                # 上一行的 demo

management.endpoints.web.exposure.include=*
management.endpoints.web.exposure.exclude = env,beans

management.endpoint.shutdown.enabled=true
management.metrics.export.simple.enabled=false
```

上述配置中，management.endpoint.shutdown.enabled=true 用于对 spring-boot-starter-actuator 远程关闭服务进行配置，可以通过如下命令远程关闭 Spring Boot 微服务。

```
curl -X POST http://localhost:8080/actuator/shutdown
```

Spring Boot 官方文档的 Actuator Security 安全模块中有一段英文描述："For security purposes, all actuators other than /health and /info are disabled by default. The management.endpoints.web.exposure.include property can be used to enable the actuators."意思是出于安全考虑，默认情况下禁用除 /health 和 /info 之外的所有 actuator，可用 management.endpoints.web.exposure.include 属性启用 actuator。也就是说，actuator 默认只开启了 info 和 health，如果想要使用其他功能，需要在配置中添加类似如下的代码。

```
management.endpoints.web.exposure.include = *
management.endpoints.web.exposure.exclude = env,beans
```

如果 Spring Security 位于 classpath 上且没有其他 WebSecurityConfigurerAdapter，那么除了 /health 和 /info 之外的所有 actuator 都由 Spring Boot 自动配置保护。如果自定义了 WebSecurityConfigurerAdapter，Spring Boot 自动配置将不再生效，用户可以完全控制 actuator 的访问规则。

在设置 management.endpoints.web.exposure.include 之前，应确保暴露的 actuator 没有包含敏感信息，或者已经得到防火墙、Spring Security 之类的保护。

Micrometer 还附带一个简单的内存后端，如果没有配置其他注册表，该后端将自动用作备份。这允许用户查看在 Metrics 端点中收集了哪些指标。一旦使用任何其他可用后端，内存后端就会禁用自己。它的默认值为 true，用户也可以用如下命令显式禁用它。

```
management.metrics.export.simple.enabled=false
```

3.2.3 通过 MeterBinder 接口采集和注册指标

通过 io.micrometer.core.instrument.binder.MeterBinder 接口实现 bind 方法，并将要采集的指标注册到 MeterRegistry。

在这个案例中，我们通过注解的形式创建了一个 Spring Boot 中的 Component 组件 DemoMetrics，这个组件内置了一个计数器，用于对有计数需求的业务场景进行工具封装。该组件内部代码的示例如下所示。

```java
package com.example.demo.metrics;
import io.micrometer.core.instrument.Counter;
import io.micrometer.core.instrument.Gauge;
import io.micrometer.core.instrument.MeterRegistry;
import io.micrometer.core.instrument.binder.MeterBinder;
import org.springframework.stereotype.Component;
import java.util.HashMap;
import java.util.Map;

@Component
public class DemoMetrics implements MeterBinder {

    public Counter counter;
    public Map<String,Double> map;

    // Map 对象，用于对该组件进行扩展
    // demoMetrics.map.put("x", counter1)
    // demoMetrics.map.put("y", counter2)
    // demoMetrics.map.put("z", counter3)
    // DemoMetrics 根据 Map 的 Key 的名称 x\y\z 取出业务端埋点值
    DemoMetrics() {
        map = new HashMap<>();
    }

    @Override
    public void bindTo(MeterRegistry meterRegistry) {
        // 定义并注册一个名称为 prometheus.demo.counter 的计数器，标签是 name:counter1
        this.counter = Counter.builder("prometheus.demo.counter").tags(new String[]{"name",
            "counter1"}).description("demo counter").register(meterRegistry);
            // 从业务端传递的 Map 中取出与 Key 对应的值放入注册的 Gauge 仪表盘中，标签是 name:gauge1
            // Gauge.builder("prometheus.demo.gauge",map,x->x.get("x")).tags("name",
            // "gauge1").description("This is Gauge").register(meterRegistry);
    }
}
```

Counter 是一个只增不减的计数器，可以用来记录请求或者错误的总量，比如 http_requests_total 等。

Gauge 属于可增可减的仪表盘，更多用来反映应用当前的状态，比如主机当前空闲的内存 node_memory_MemFree 或者其他属性。

以上指标在上述代码中都进行了定义以及设置了标签。标签组合可以更好地标识应用及应用中的监控项，特别是在集群当中。本节后文中的效果展示部分会展示这些指标的数据。

3.2.4 以埋点的方式更新指标数据

注册完指标后就需要更新指标信息了。很多开发者会在 Controller 中通过模拟请求的方式进行业务埋点，而我们这里为了测试简单，使用了定时器。

首先在 Spring Boot 应用程序入口处增加 @EnableScheduling 注解，这个 Spring Boot 启动类还是比较简单的，如下所示。

```
package com.example.demo;
import org.springframework.boot.SpringApplication;
import org.springframework.boot.autoconfigure.SpringBootApplication;
import org.springframework.scheduling.annotation.EnableScheduling;

@SpringBootApplication
// 该注解用于引入定时功能，方便下面要介绍的业务模拟请求代码
// SimulationRequest.java 进行 @Scheduled 操作
@EnableScheduling
public class DemoApplication {
  public static void main(String[] args) {
    SpringApplication.run(DemoApplication.class, args); // 程序主入口
  }
}
```

接着创建一个新类 SimulationRequest.java，这个新类用于模拟代码请求。该类可以通过定时器设置一个任务，每秒执行一次 @Scheduled(fixedDelay = 1000)。定时器每执行一次，成员变量 count1 的值就加 1，并将最新的 count1 值放入之前封装的监控组件 DemoMetrics 的 Map 对象中。如果你有多个业务需要监控，可以定义多个成员变量，并将它们对应的最新数据通过定义不同 key 的方式放入监控组件 DemoMetrics 的 Map 对象中。代码如下所示。

```
package com.example.demo.metrics;
import org.springframework.beans.factory.annotation.Autowired;
import org.springframework.scheduling.annotation.Async;
import org.springframework.scheduling.annotation.Scheduled;
import org.springframework.stereotype.Component;

@Component
public class SimulationRequest {

  private Integer count1 = 0;

  @Autowired
```

```java
    private DemoMetrics demoMetrics;

    @Async("One")
    @Scheduled(fixedDelay = 1000)
    public void increment1() {
        count1++;
        demoMetrics.counter.increment();
        demoMetrics.map.put("x", Double.valueOf(count1));
        // 将 count1 的值放入 Gauge 中，反映应用的当前指标，比如主机当前空闲的内存大小
        // (node_memory_MemFree)
        System.out.println("increment1 count:" + count1);
    }
}
```

3.2.5 效果展示

通过 Spring Boot 应用程序访问默认的 8080 端口 http://localhost:8080/actuator/ 可以获取 Spring Boot 提供的各项指标，如下所示。

```
{"_links":{"self":{"href":"http://localhost:8080/actuator","templated":false},
"auditevents":{"href":"http://localhost:8080/actuator/auditevents","templated":false},
"beans":{"href":"http://localhost:8080/actuator/beans","templated":false},
"caches-cache":{"href":"http://localhost:8080/actuator/caches/{cache}","templated":
    true},"caches":{"href":"http://localhost:8080/actuator/caches","templated":
    false},
"health-component":{"href":"http://localhost:8080/actuator/health/{component}",
    "templated":true},
"health":{"href":"http://localhost:8080/actuator/health","templated":false},
"health-component-instance":{"href":"http://localhost:8080/actuator/health/
    {component}/{instance}","templated":true},
"conditions":{"href":"http://localhost:8080/actuator/conditions","templated":
    false},
"shutdown":{"href":"http://localhost:8080/actuator/shutdown","templated":
    false},
"configprops":{"href":"http://localhost:8080/actuator/configprops","templated":
    false},
"env":{"href":"http://localhost:8080/actuator/env","templated":false},
"env-toMatch":{"href":"http://localhost:8080/actuator/env/{toMatch}","templated":
    true},
"info":{"href":"http://localhost:8080/actuator/info","templated":false},
"loggers":{"href":"http://localhost:8080/actuator/loggers","templated":false},
"loggers-name":{"href":"http://localhost:8080/actuator/loggers/{name}",
    "templated":true},"heapdump":{"href":"http://localhost:8080/actuator/heapdump",
    "templated":false},
"threaddump":{"href":"http://localhost:8080/actuator/threaddump","templated":
    false},
"prometheus":{"href":"http://localhost:8080/actuator/prometheus","templated":
    false},
"metrics":{"href":"http://localhost:8080/actuator/metrics","templated":false},
"metrics-requiredMetricName":{"href":"http://localhost:8080/actuator/metrics/
```

```
{requiredMetricName}","templated":true},
"scheduledtasks":{"href":"http://localhost:8080/actuator/scheduledtasks","temp
     lated":false},
"httptrace":{"href":"http://localhost:8080/actuator/httptrace","templated":
     false},
"mappings":{"href":"http://localhost:8080/actuator/mappings","templated":
     false}}}
```

Spring Boot 的指标其实是层级结构，我们可以针对上述任意一项指标进行单独查询，比如：

```
"metrics":{"href":"http://localhost:8080/actuator/metrics","templated":false}
```

通过访问 http://localhost:8080/actuator/metrics 就可以得到这个 Spring Boot 案例程序提供的监控指标，如下所示。

```
{"names":["logback.events","tomcat.global.sent","process.files.open","jvm.buffer.
     memory.used","jvm.memory.committed","http.server.requests","tomcat.sessions.
     active.max","jvm.threads.states","tomcat.global.request.max","jvm.gc.pause",
     "tomcat.global.request","jvm.memory.max","process.start.time","tomcat.global.
     received","process.files.max","jvm.gc.memory.promoted","jvm.memory.used",
     "prometheus.demo.gauge","system.load.average.1m","jvm.gc.max.data.size","tomcat.
     threads.config.max","system.cpu.count","tomcat.global.error","tomcat.sessions.
     created","jvm.threads.daemon","system.cpu.usage","tomcat.threads.current","jvm.
     gc.memory.allocated","prometheus.demo.counter","jvm.buffer.count","tomcat.
     sessions.expired","jvm.buffer.total.capacity","jvm.threads.live","jvm.threads.
     peak","tomcat.threads.busy","process.uptime","tomcat.sessions.rejected",
     "process.cpu.usage","jvm.classes.loaded","jvm.classes.unloaded","tomcat.sessions.
     active.current","tomcat.sessions.alive.max","jvm.gc.live.data.size"]}
```

上述信息中与 JVM 相关的就是我们的 Maven 依赖中 micrometer-jvm-extras 包引入的，这些信息都是列表类型的，比如 jvm.buffer.memory.used 和 jvm.gc.pause 可以分别通过访问 http://localhost:8080/actuator/metrics/jvm.buffer.memory.used 和 http://localhost:8080/actuator/metrics/jvm.gc.pause 获取，获取的数据分别如下所示。

1）jvm.buffer.memory.used 数据：

```
{"name":"jvm.buffer.memory.used","description":"An estimate of the memory that
     the Java virtual machine is using for this buffer pool","baseUnit":"bytes",
     "measurements":[{"statistic":"VALUE","value":90112.0}],"availableTags":[{"tag":
     "application","values":["Demo"]},{"tag":"id","values":["direct","mapped"]}]}
```

2）jvm.gc.pause 数据：

```
{"name":"jvm.gc.pause","description":"Time spent in GC pause","baseUnit":"seconds",
     "measurements":[{"statistic":"COUNT","value":3.0},{"statistic":"TOTAL_TIME",
     "value":0.074},{"statistic":"MAX","value":0.0}],"availableTags":[{"tag":"app
     lication","values":["Demo"]},{"tag":"cause","values":["Metadata GC Threshold",
     "Allocation Failure"]},{"tag":"action","values":["end of minor GC","end of major
     GC"]}]}
```

在 Spring Boot 2.x 项目中的 DemoMetrics.java 文件里，我们定义的两个指标 prometheus. demo.counter 和 prometheus.demo.gauge 也出现在 http://localhost:8080/actuator/metrics 中，可以分别通过请求 http://localhost:8080/actuator/metrics/prometheus.demo.counter 和 http://localhost: 8080/actuator/metrics/prometheus.demo.gauge 来获取相关数据。

1）prometheus.demo.counter 数据：

```
{"name":"prometheus.demo.counter","description":"demo counter","baseUnit":null,
 "measurements":[{"statistic":"COUNT","value":1264.0}],"availableTags":[{"tag":
 "application","values":["Demo"]},{"tag":"name","values":["counter1"]}]}
```

2）prometheus.demo.gauge 数据：

```
{"name":"prometheus.demo.gauge","description":"This is Gauge","baseUnit":null,
 "measurements":[{"statistic":"VALUE","value":1271.0}],"availableTags":[{"tag":
 "application","values":["Demo"]},{"tag":"name","values":["gauge1"]}]}
```

因为 Spring Boot 2.x 中模拟访问请求的计时器每秒执行一次，所以上述这两个数据此时已经分别按照先后顺序更新到 1264.0 和 1271.0。细心的读者可以看到，数据中有 tag，比如 {"tag":"name", "values":["counter1"]}，这是一个 tag 数组，如果想看到具体 tag 的内容，访问 http://localhost:8080/actuator/metrics/prometheus.demo.counter?tag=name:counter1 就可以进入下一级，获取的返回数据就是更为细化的数据。

```
{"name":"prometheus.demo.counter","description":"demo counter","baseUnit":null,
 "measurements":[{"statistic":"COUNT","value":1539.0}],"availableTags":[{"tag":
 "application","values":["Demo"]}]}
```

同理，设置的 Gauge 指标也可以用类似的方法进行获取。
以上就是 Prometheus 通过 Micrometer 集成 Spring Boot 的基本原理和方法。

3.3　针对 Spring Boot 2.x 采集并可视化相关数据

Spring Boot 2.x 通过 Micrometer 提供了监控数据，但是这些数据并没有可视化，所以不够友好。如果要可视化，还需要我们执行两个操作：

❏ Prometheus 配置轮询采集 Spring Boot 2.x 的应用 target 提供的数据。
❏ Grafana 将 Prometheus 作为数据源进行可视化大盘展示。

第一项操作可以在 Prometheus 里的 prometheus.yml 文件中加上 Spring Boot 2.x 应用 8080 端口的 Job 采集，并重新加载配置文件即可，这样就可以将 Spring Boot 2.x 的数据采集到 Prometheus 中。以下是 prometheus.yml 文件集成后 Spring Boot 2.x 的配置示例。

```
scrape_configs:
```

```
  - job_name: 'prometheus'          # Prometheus 自身配置
    static_configs:
    - targets: ['localhost:9090']

  - job_name: 'springboot-demo'     # Spring Boot 2.x 应用数据采集
    metrics_path: '/actuator/prometheus'
    static_configs:
    - targets: ['localhost:8080']
```

如上配置所示，http://localhost:8080/actuator/prometheus 页面中 Spring Boot 2.x 所应用的数据会被采集到 Prometheus 中。这些信息不但包含 Spring Boot 通过 Micrometer 的 micrometer-jvm-extras 提供的 JVM 信息，还会包含案例中在 Spring Boot 代码中通过监控得到的 prometheus.demo.counter 和 prometheus.demo.gauge 数据，这些数据符合 #TYPE 和 #HELP 的 Prometheus 数据格式规范（详见第 7 章），数据如下所示。

```
# HELP prometheus_demo_counter_total demo counter
# TYPE prometheus_demo_counter_total counter
prometheus_demo_counter_total{application="Demo",name="counter1",} 5731.0

# HELP prometheus_demo_gauge This is Gauge
# TYPE prometheus_demo_gauge gauge
prometheus_demo_gauge{application="Demo",name="gauge1",} 5731.0
```

3.4 第三方专业可视化工具——Grafana

Prometheus 虽然可以采集 Spring Boot 应用的一些监控数据，但是 Prometheus 的 Dashboard 的图表功能相对较弱。一般情况下，企业使用第三方工具 Grafana 来展示这些数据。

Grafana[⊖] 是 CNCF 下可视化面板的 Go 语言项目，有图表和布局展示，以及功能齐全的度量仪表盘和图形编辑器，主要用于大规模指标数据的可视化展示，是网络架构和应用分析中最流行的时序数据展示工具，目前支持绝大部分时序数据库，支持 Graphite、Elasticsearch、InfluxDB、Prometheus、CloudWatch、MySQL 和 OpenTSDB 等数据源，如图 3-6 所示。

Grafana 的安装分为 Kubernetes 集群安装和普通二进制安装两种方式。Kubernetes 集群安装可以在 Docker Hub 上搜索 Grafana 的 Docker 镜像，也可以在官网[⊖]上查找。可以通过如下命令运行 Grafana 的容器。

```
$ docker run -d -name=grafana -p 3000:3000 grafana/grafana
```

⊖ Grafana 官网：https://grafana.com/grafana/。
⊖ Grafana 镜像地址：https://hub.docker.com/r/grafana/grafana/。

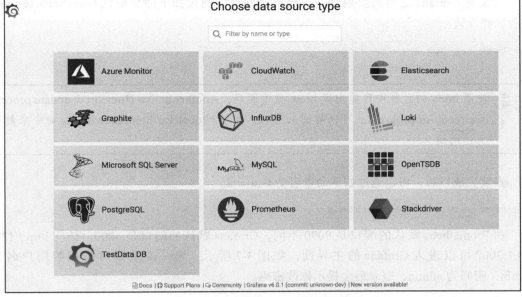

图 3-6　Grafana 支持的数据源

在 Kubernetes 集群中需要将这个容器转换成 Kubernetes 中的 Pod 并暴露出来。本章主要介绍在 Mac 电脑上如何安装 Grafana。

下载 Mac 版 Grafana 官方安装文件（下载链接：http://docs.grafana.org/installation/mac/），通过如下命令安装。

```
brew update
brew install grafana
```

在实际工作中大多会出现 brew update 更新太慢的问题，这里建议换一下镜像源，如下所示。

```
$ cd "$(brew --repo)" && git remote set-url origin https://git.coding.net/homebrew/
  homebrew.git
$ cd $home && brew update
```

上述是 Coding 家的 Homebrew 源，该源每 5 分钟会和上游同步一次，依托 Coding 遍布全国的 Git 服务节点（在 http://Coding.net push & pull 仓库中代码的速度同样很快），让 brew update 更快。

当然还有一些其他镜像源可供选择，读者可以去相关论坛找到最快的数据源，如清华镜像源（git://mirrors.tuna.tsinghua.edu.cn/homebrew.git）和中科大镜像源（http://mirrors.ustc.edu.cn/homebrew.git）。

安装完 Grafana 之后需要启动它，启动之前可以通过如下命令确认 homebrew/services 是否已经安装。

```
brew tap homebrew/services
```

> **注意** 使用 brew 的过程中可能出现 brew 报错问题：Another active Homebrew update process is already in progress。可以尝试采用 rm -rf /usr/local/var/homebrew/locks 命令来解决上述问题。

安装完成以后，可以通过如下命令启动 Grafana。

```
brew services start grafana
```

和 Prometheus 默认的端口是 9090 不同，Grafana 默认的端口是 3000。访问 http://127.0.0.1:3000 可以进入 Grafana 的主界面，如图 3-7 所示。第一次登录时使用的用户名为 admin，密码为 admin，登录后会提示修改密码。

图 3-7　Grafana 登录界面

初次使用，第一步操作是配置数据源（Data Sources）。要将 Prometheus 的 http://127.0.0.1:9090 设置进去，如图 3-8 所示。

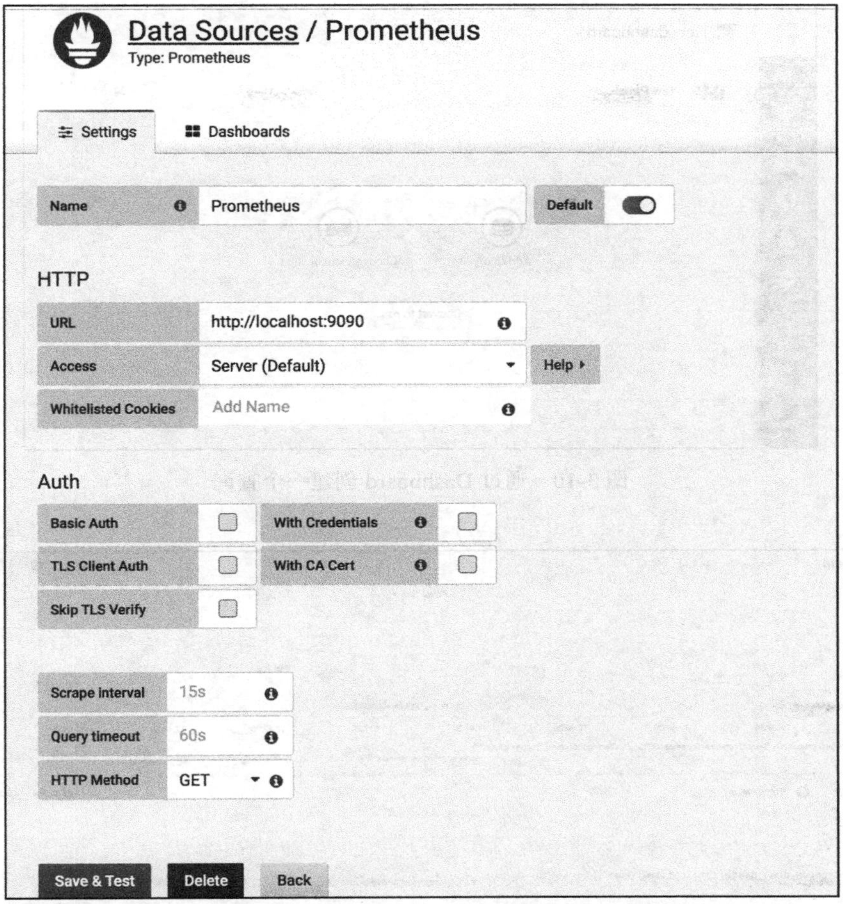

图 3-8　Grafana 设置 Prometheus 类型的数据源

设置完成以后，第二步创建一个 Dashboard，要增加一个查询，如图 3-9 所示。

在新创建的 Dashboard 中，点击图 3-10 所示的 Add Query 按钮，创建 Spring Boot 应用提供的指标 prometheus_demo_gauge 最基本的查询 prometheus_demo_gauge{application="Demo"}。

输入的指标选择我们之前设置的数据源 Prometheus，点击可视化按钮，就可以看到图 3-11 所示的监控大盘。

图 3-9　创建一个 Dashboard

将 Panel 的名称设置为 FirstDemo，点击图 3-11 所示界面右上角的保存按钮，之后就可以保存该 Grafana 仪表盘了，此时可以选择新文件夹便于归类，如图 3-12 所示。

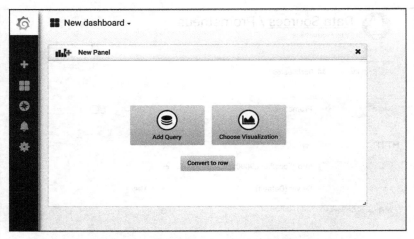

图 3-10　通过 Dashboard 创建一个查询

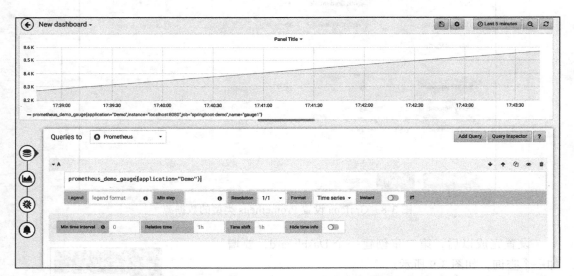

图 3-11　Spring Boot 应用埋点数据通过 PromQL 展现在 Grafana 上

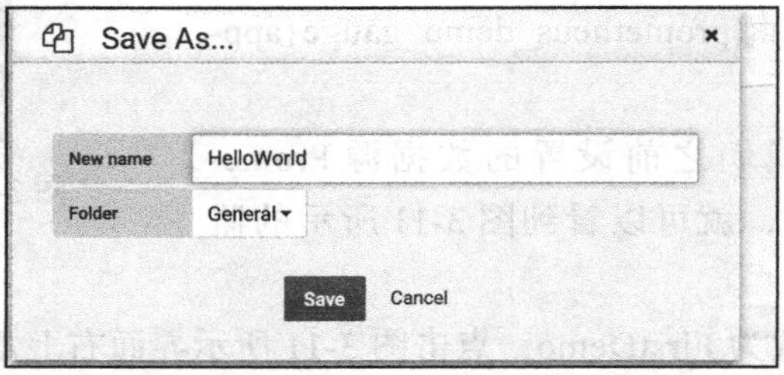

图 3-12　保存监控大盘

保存后的监控大盘如图 3-13 所示，可以在 Grafana 页面中分门别类进行收纳和保存。这就是我们在 Spring Boot 应用中用自定义指标制作的监控大盘。

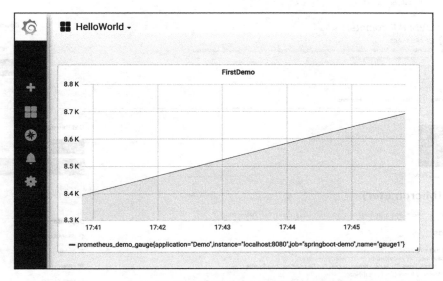

图 3-13　在 Spring Boot 应用中获取的一个用自定义指标制作的监控大盘

3.5　Grafana 高级模板

Grafana 还有高级模板功能，通过 Spring Boot 在本章中加入的 Maven 依赖 micrometer-jvm-extras，可以获取 Spring Boot 的 JVM 信息，JVM 信息也是可以展现在 Grafana 监控大盘上的，如下所示。

```
<!--micrometer 获取 JVM 相关信息，用于展示在 Grafana 上 -->
<dependency>
<groupId>io.github.mweirauch</groupId>
<artifactId>micrometer-jvm-extras</artifactId>
<version>0.1.4</version>
</dependency>
```

https://grafana.com/grafana/dashboards 是 Grafana 提供的官方大盘模板网站，在这里可以搜到很多与开源软件监控指标相关的现成的模板，也可以学到企业级定制中间件、系统监控模板的可视化相关方法。micrometer-jvm-extras 对应的模板地址是 https://grafana.com/grafana/dashboards/4701，如图 3-14 所示。

该官方文档介绍了与 JVM（Micrometer）的功能、使用方法、版本更新等相关的多种信息，在 Grafana 上通过 Import 输入 4701 即可导入这些信息，如图 3-15 所示。

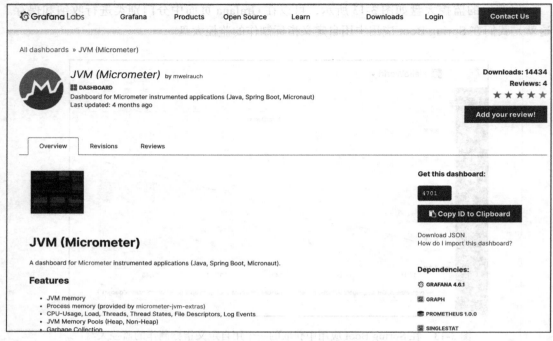

图 3-14　JVM Micrometer 模板

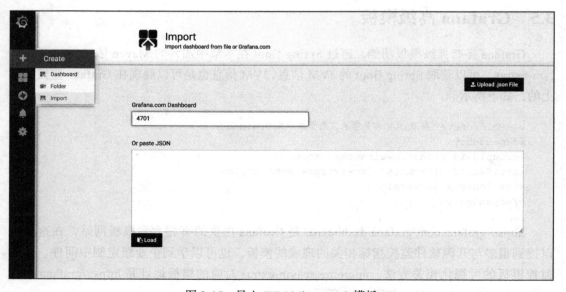

图 3-15　导入 JVM Micrometer 模板

选中我们使用 Grafana 时创建的 Spring Boot 应用的数据源，重新将这个大盘的名字定义为 My First JVM (Micrometer)，并重新设置所在文件夹，点击 Import 就可以生成该 Spring Boot 应用的监控全景大盘了，如图 3-16 所示。

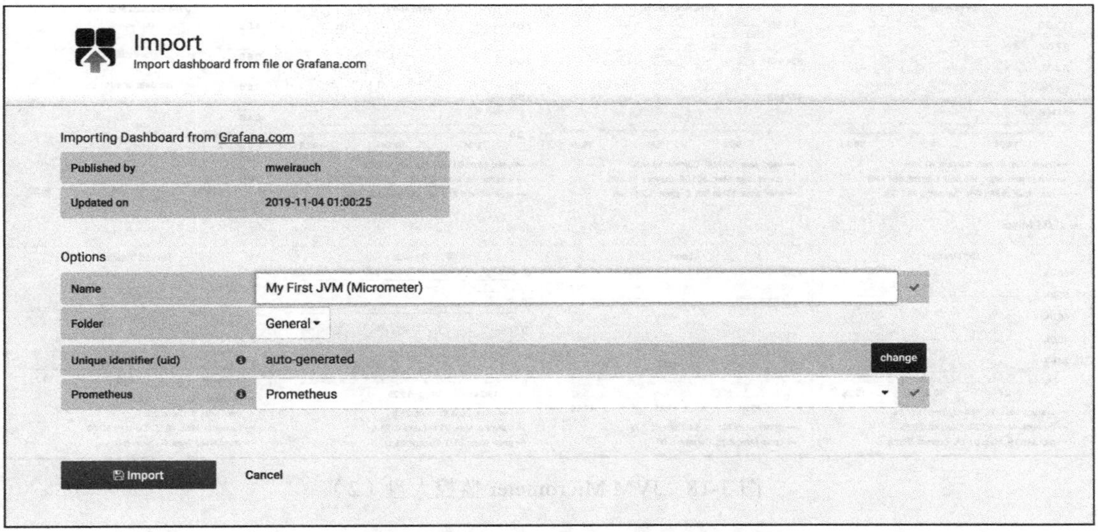

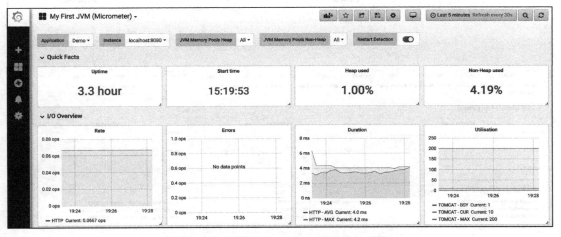

图 3-16　保存 JVM Micrometer 监控大盘

最终生成的监控大盘如图 3-17～图 3-21 所示。对这些图中所示重点内容的解读见表 3-1。

图 3-17　JVM Micrometer 监控大盘（1）

由于采用Prometheus和Grafana的缘故，Pool信息、菜单图表等展示都比人眼观察下的JVM Pool JMX Monitor等工具要美观并清晰很多，而且Import到Grafana也比较方便，所以非常推荐Java开发工程师使用。

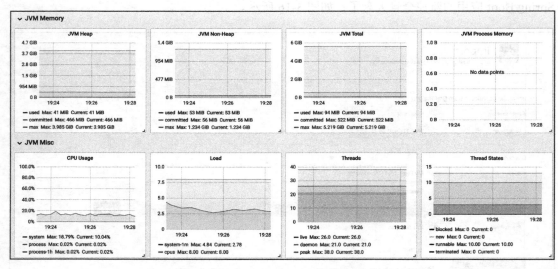

图 3-18　JVM Micrometer 监控大盘（2）

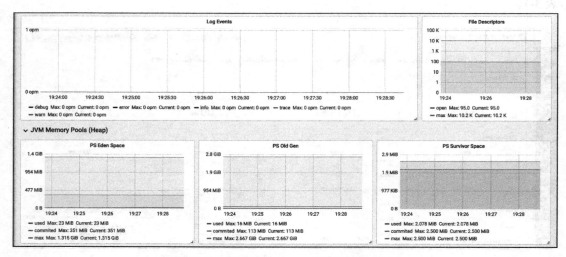

图 3-19　JVM Micrometer 监控大盘（3）

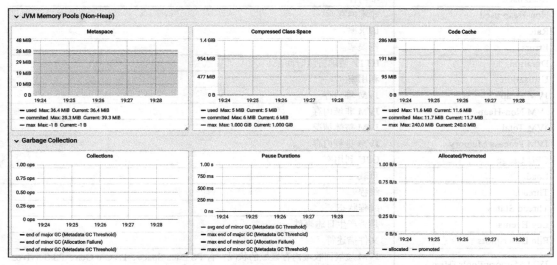

图 3-20　JVM Micrometer 监控大盘（4）

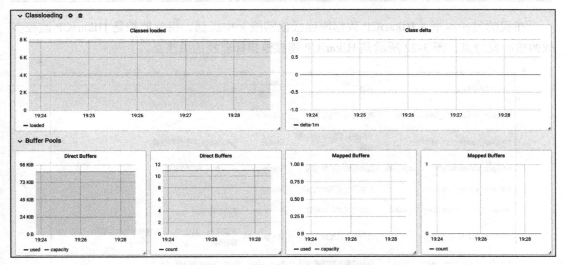

图 3-21　JVM Micrometer 监控大盘（5）

表 3-1 JVM Micrometer 监控大盘监控项含义

指标名称	指标含义
Heap used	堆内存
Non-Heap used	非堆内存
Rate	请求率
Errors	错误率
Duration	HTTP 请求持续时间
Utilisation	利用率
JVM Heap	JVM 堆内存
JVM Non-Heap	JVM 非堆内存
JVM Total	JVM 整体情况
JVM Process Memory	JVM 进程内存
CPU Usage	CPU 利用率
Load	负载
Threads	线程
Thread States	线程状态
Log Events	是否产生日志事件
File Descriptors	文件描述符
JVM Memory Pools (Heap)	JVM 垃圾回收堆内存区域的状况，含 PS Eden Space、PS Old Gen、PS Survivor Space
JVM Memory Pools (Non-Heap)	JVM 垃圾回收非堆内存区域的状况，含 Metaspace、Compressed Class Space、Code Cache
Garbage Collection	垃圾收集，含 Collections、Pause Durations、Allocated/Promoted
Classloading	类加载信息
Buffer Pools	含 Direct Buffers、Mapped Buffers

在我的另一本书《HikariCP 数据库连接池实战》中提到，指标监控是 HikariCP 监控实战的核心发力点，图 3-22 所示是 HikariCP 连接池指标监控的关注点。

HikariCP指标	说明	Metrics 类型	备注
hikaricp_connection_timeout_total	每分钟超时连接数	Counter	
hikaricp_pending_threads	当前排队获取连接的线程数	Gauge	关键指标，大于10则报警
hikaricp_connection_acquired_nanos	连接获取的等待时间	Summary	pool.Wait 关注99极值
hikaricp_active_connections	当前正在使用的连接数	Gauge	
hikaricp_connection_creation_millis	创建连接成功的耗时	Summary	关注99极值
hikaricp_idle_connections	当前空闲连接数	Gauge	关键指标，默认10，因为降低为0会大大增加连接池创建开销
hikaricp_connection_usage_millis	连接被复用的间隔时长	Summary	pool.Usage 关注99极值
hikaricp_connections	连接池的总共连接数	Gauge	

图 3-22 HikariCP 连接池 Metrics 监控关注点

本书中的 HikariCP 监控也是通过 Prometheus 和 Grafana 技术完成的，对应的指标信息采集完成以后，监控页面显示效果如图 3-23 ～图 3-25 所示。

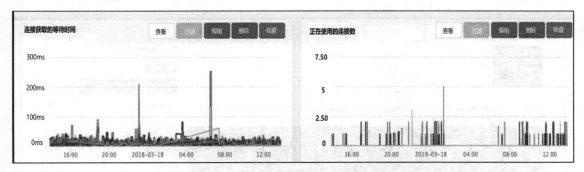

图 3-23　连接获取的等待时间和当前正在使用的连接数

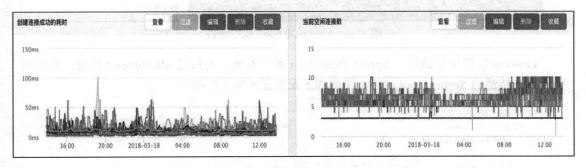

图 3-24　创建连接成功的耗时和当前空闲连接数

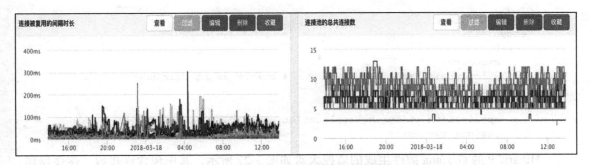

图 3-25　连接被复用的间隔时长和连接池的总共连接数

在 https://grafana.com/grafana/dashboards/6083 中可以发现，HikariCP 已经支持 Prometheus+ Grafana 监控插件了，如图 3-26 所示。

图 3-26　HikariCP 6083 监控插件

Grafana 监控模板插件对 Spring Boot 2.1.x 版本有效，可通过 Micrometer 桥接，要使用数据库连接池的 Spring Boot 应用，可用如下配置方式接入该插件。

```
spring:
  application:
    name: my-service

  datasource:
    hikari:
      pool-name: custom-pool-name      # optional

management:
  endpoints:
    web:
      exposure:
        include: ["*"]                 # customize to your need
  metrics:
    tags:
      application: ${spring.application.name}
      region: my-region
```

HikariCP 的 Grafana 插件生成的监控大盘如图 3-27 所示，其中包含连接数、连接创建时间、连接获取等待时间等。

由图 3-27 所示可见，虽然其中监控项并不是非常多，但是其指明了以数据库连接池为例的中间件也是可以接入 Prometheus 和 Grafana 的，这对于中间件、基础架构等的开发有着技术前瞻性和指导作用。

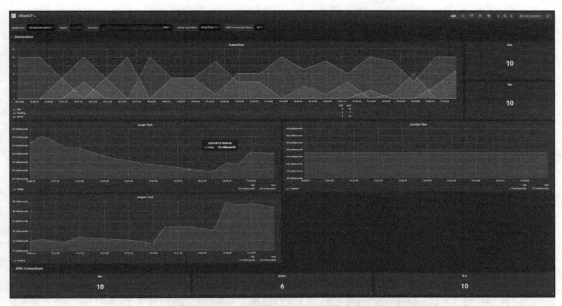

图 3-27　HikariCP Grafana 监控大盘

在 Grafana 官方模板中还可以搜到 Druid 数据库连接池，其编号为 11157，地址为 https://grafana.com/grafana/dashboards/11157，如图 3-28 所示。

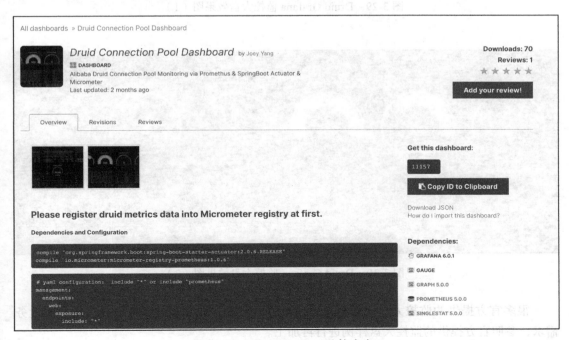

图 3-28　Druid Grafana 监控大盘

使用 Druid 的 Grafana 监控大盘，首先需要将 Druid 的指标信息注册到 Micrometer 的 Registry 上，然后引入 spring-boot-starter-actuator 2.0.6.RELEASE 和 micrometer-registry-prometheus 1.0.6 版本的 Maven 依赖，并通过 management.endpoints.web.exposure.include = * 配置来开启 Spring Boot Actuator 上除了默认的 info 和 Health 之外的其他监控端点。效果如图 3-29 和图 3-30 所示。

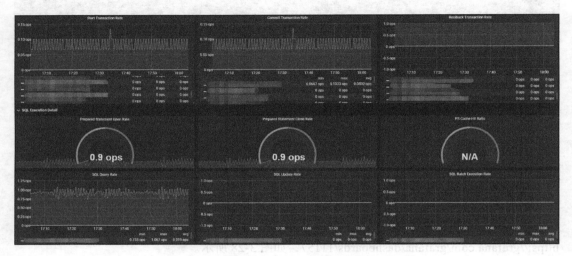

图 3-29　Druid Grafana 监控大盘效果图（1）

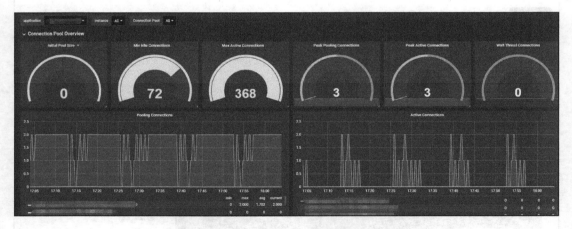

图 3-30　Druid Grafana 监控大盘效果图（2）

很多官方提供的监控大盘比较粗糙，功能并不完善，开发者可以根据自己的实际业务需求，参照官方提供的监控大盘样例进行再加工。

3.6 邮件告警的生成与扩展

介绍完 Spring Boot 应用集成 Prometheus 和 Grafana 后，本节将介绍如何从监控数据中生成有用的告警。

3.6.1 通过 Alertmanager 生成邮件告警

Prometheus 是一个按功能划分的平台，指标的收集、存储、告警是分开的，告警功能由 Alertmanager 独立组件提供。

Alertmanager 同样可以在 Prometheus 官网 https://prometheus.io/download/ 下载，如图 3-31 所示。

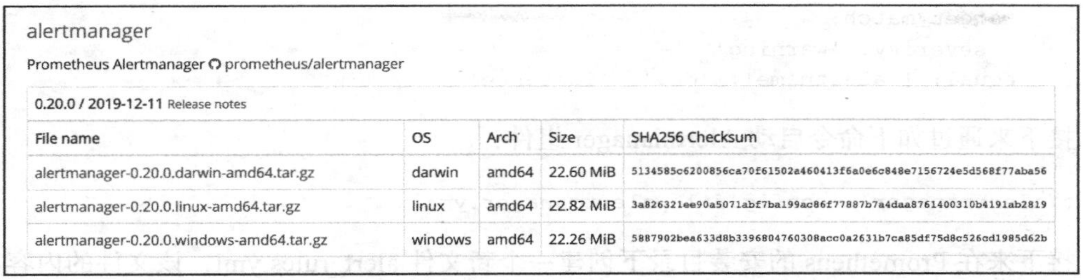
alertmanager

Prometheus Alertmanager prometheus/alertmanager

0.20.0 / 2019-12-11 Release notes

File name	OS	Arch	Size	SHA256 Checksum
alertmanager-0.20.0.darwin-amd64.tar.gz	darwin	amd64	22.60 MiB	5134585c6200856ca70f61502a460413f6a0e6c848e7156724e5d568f77aba56
alertmanager-0.20.0.linux-amd64.tar.gz	linux	amd64	22.82 MiB	3a826321ee90a5071abf7ba199ac86f77887b7a4daa8761400310b4191ab2819
alertmanager-0.20.0.windows-amd64.tar.gz	windows	amd64	22.26 MiB	5887902bea633d8b3396804760308acc0a2631b7ca85df75d8c526cd1985d62b

图 3-31 Alertmanager 官网

Alertmanager 的默认端口是 9093，对本章介绍的案例中的几个组件端口进行梳理后得到表 3-2。

表 3-2 Spring Boot 集成 Prometheus 案例中的组件端口

指标名称	指标对应的端口
Prometheus	9090
Grafana	3000
Alertmanager	9093
Spring Boot	8080
prometheus-webhook-dingtalk	8060

在 Alertmanager 的安装目录下创建一个新文件 alertmanager.yml，在这个文件中添加如下配置，该配置将会通过电子邮件发送收到的告警（以 126 邮箱为例）。

```
global:
  resolve_timeout: 5m

  smtp_smarthost: 'smtp.126.com:25'
  smtp_from: 'XXX@126.com'
  smtp_auth_username: 'XXX@126.com'
```

```
    smtp_auth_password: 'XXX'

route:
  group_by: ['alertname']
  group_wait: 10s
  group_interval: 10s
  repeat_interval: 1h
  receiver: 'mail-receiver'
receivers:
- name: 'mail-receiver'
  email_configs:
  - to: 'XXX@126.com'
inhibit_rules:
  - source_match:
      severity: 'critical'
    target_match:
      severity: 'warning'
    equal: ['alertname', 'dev', 'instance']
```

接下来通过如下命令启动 Alertmanager 组件：

```
./alertmanager --config.file=alertmanager.yml
```

接下来在 Prometheus 的安装目录下创建一个新文件 alert_rules.yml，该文件的内容如下所示，其表示一旦 Spring Boot 应用进程停止，1 分钟以后就可以收到邮件告警。

```
groups:
- name: demo-alert-rule
  rules:
  - alert: DemoJobDown
    expr: sum(up{job="springboot-demo"}) == 0
    for: 1m
    labels:
      severity: critical
```

在 Prometheus 安装目录下的 prometheus.yml 文件中新增 alerting 模块（前面启动的 9093 端口）和 rule_files 模块（前面新增的 alert_rules.yml 告警规则）。以下是 prometheus.yml 配置文件各个部分的含义和功能。

```
# global 模块是全局配置信息，它定义的内容会被 scrape_configs 模块中的每个 Job 单独覆盖
global:
  scrape_interval:        15s  # 抓取 target 的时间间隔，设置为 15 秒，默认值 1 分钟
  evaluation_interval: 15s  # Prometheus 计算一个 rule 配置的时间间隔，设置为 15 秒，默认
                             # 值 1 分钟
  # scrape_timeout            # 抓取 target 的超时事件，默认值 10 秒

# 告警模块，Prometheus Server 发送请求给 Alertmanager 之前也会触发一次 relabel 操作，aler
# 子模块下也可以配置 alert_relabel_configs
alerting:
```

```
alertmanagers:
  - static_configs:     # 静态配置 Alertmanager 的地址，也可以依赖服务发现动态识别
    - targets:          # 可以配置多个 IP 地址
      - localhost:9093

# Prometheus 自定义的 Rule 主要分为 Recording rule 和 Alerting rule 两类
rule_files:
  - "alert_rules.yml"

scrape_configs:
  # Job 名称很重要，Prometheus 会将该名称作为 Label 追加到抓取的每条时序中
  - job_name: 'prometheus'
    # metrics_path defaults to '/metrics'  # metrics_path 默认值是 /metrics，可以
                                           # 自定义，表示抓取时序的 http path
    # scheme defaults to 'http'. # scheme 默认是 http，表示抓取时序数据使用的网络协议
      # param 抓取时序的相关参数，可以自定义
    static_configs:                        # 静态方式
    - targets: ['localhost:9090']

  - job_name: 'springboot-demo'    # 第二个微服务 Spring Boot 作业
    metrics_path: '/actuator/prometheus'
    static_configs:
    - targets: ['localhost:8080']
```

重启 Prometheus 服务（重新加载 prometheus.yml 配置文件）以后，在 Prometheus 服务、Alertmanager 服务都启动的状况下，关掉 Spring Boot 应用的进程，就可以收到一封邮件，告知用户 Spring Boot 应用已经不可用。

在上述 Spring Boot 应用的告警案例中，用户也可以在 rule_files 模块中创建很多告警规则来满足实际业务开发中的各种场景需求。

3.6.2　邮件告警扩展：cc 和 bcc

在上一节的案例中，我们介绍了邮件发送的关键配置，alertmanager.yml 的内容如下所示。

```
receivers:
- name: 'mail-receiver'
  email_configs:
  - to: 'XXX@126.com'
```

电子邮件可以有 3 种类型的收件人，分别为 to、cc 和 bcc，分别是收件人、抄送和密送。但是 Prometheus 的官方文档却没有 cc 和 bcc 的配置信息，那么我们该如何做呢？

Alertmanager 提供的不仅有邮件功能，还有 SMTP 的相关功能。Alertmanager 会将大写的 To 标头默认为 to 配置字段的值，下面的例子中，email_config 中的配置就实现了 to、cc 和 bcc 的方法。

```
email_config:
  to: to@example.com,cc@example.com,bcc@example.com
  headers:
    To: to@example.com
    CC: cc@example.com
```

在上述例子中，小写的 to 中包含了 3 个邮箱，header 中的大写的 To 配置会让 to@example.com 成为收件人，大写的 CC 会让 cc@example.com 成为抄送人，而不再需要用大写配置指定 bcc@example.com 是密送。

在实际工作中，应该像 Prometheus 官方文档中描述的那样尽量使用小写的 to，慎用大写的 To 和 CC，不建议使用 BCC 选项，可以使用其他方案替代 BCC，比如单独发送邮件给需要密送的人，以方便其查阅。

3.7 构建钉钉告警系统

前面提到的 alertmanager.yml 配置文件默认是不存在的，需要新建。这个文件主要是设置告警方式的，比如邮件、钉钉（webhook）、微信、pagerduty 等方式。它的选项主要有 email_config、hipchat_config、pagerduty_config、pushover_config、slack_config、opsgenie_config、victorops_config 等。

3.7.1 安装 MacOS Docker

已经安装 Docker 的读者可以跳过这一节。

我们可以使用 Homebrew 来安装 Docker，Homebrew 的 Cask 已经支持 Docker for Mac，因此可以很方便地使用 Homebrew Cask 进行安装。

```
brew cask install docker
```

当然也可以手动下载安装。如果需要手动下载，请使用以下链接下载 Stable 或 Edge 版本的用于 Mac 系统的 Docker 安装文件。

```
https://download.docker.com/mac/stable/Docker.dmg
https://download.docker.com/mac/edge/Docker.dmg
```

安装完成后，启动终端，通过命令可以检查安装后的 Docker 版本。

```
docker --version
Docker version 19.03.2, build 6a30dfc
```

和 Grafana 的安装一样，安装 Docker 同样需要考虑镜像加速的问题，鉴于网络问题，后续拉取 Docker 镜像会十分缓慢，我们可以通过配置加速器来解决这个问题。可以上网查找可用的加速器地址，如下所示就是一个可以使用的地址。

https://6kx4zyno.mirror.aliyuncs.com

在任务栏中点击 Docker for mac 应用图标，然后依次点击 Perferences → Daemon → Registry mirrors，最后在列表中填写加速器地址即可。修改完成之后，点击 Apply & Restart 按钮，Docker 就会重启并应用配置的镜像地址，如图 3-32 所示。

最后可以通过 docker info 命令查看是否配置成功。

3.7.2　安装 Docker 镜像

Docker Hub[⊖]（这是 Docker 官方提供的存放所有 Docker 镜像软件的地方，类似 Maven 的中央仓库）中的镜像如图 3-33 所示。

图 3-32　Mac 下 Docker 镜像设置

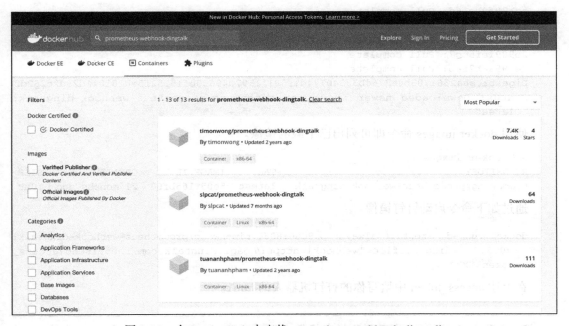

图 3-33　在 DockerHub 中查找 prometheus-webhook-dingtalk

⊖　https://hub.docker.com/。

在这里会看到一系列插件,我们在 Mac 的 Console 中执行 docker search XXX 镜像。

```
~ docker search prometheus-webhook-dingtalk
NAME                                          DESCRIPTION                STARS    OFFICIAL    AUTOMATED
timonwong/prometheus-webhook-dingtalk                                    4
rainbond/prometheus-webhook-dingtalk                                     0
slpcat/prometheus-webhook-dingtalk                                       0
zhaojiedi1992/prometheus-webhook-dingtalk                                0
marvinpan/prometheus-webhook-dingtalk                                    0
sanger/prometheus-webhook-dingtalk                                       0
tuananhpham/prometheus-webhook-dingtalk                                  0
xpmotors/prometheus-webhook-dingtalk                                     0
baixiaochao/prometheus-webhook-dingtalk       Prometheus 钉钉告警组件        0
doublemine/prometheus-webhook-dingtalk                                   0
xuejipeng/prometheus-webhook-dingtalk                                    0
myftcode/prometheus-webhook-dingtalk                                     0
antonyxin/prometheus-webhook-dingtalk                                    0
```

选择第一个插件,执行 docker pull 命令即可。

```
docker pull timonwong/prometheus-webhook-dingtalk
Using default tag: latest
latest: Pulling from timonwong/prometheus-webhook-dingtalk
[DEPRECATION NOTICE] registry v2 schema1 support will be removed in an upcoming
   release. Please contact admins of the docker.io registry NOW to avoid future
   disruption.
aab39f0bc16d: Pull complete
a3ed95caeb02: Pull complete
2cd9e239cea6: Pull complete
2e9091ef5cc7: Pull complete
7e999a8b25ab: Pull complete
Digest: sha256:705b8a2764b33540774d1f08111597d49680bf15152f5e0101011d29d2c262d2
Status: Downloaded newer image for timonwong/prometheus-webhook-dingtalk:
   latest
```

使用 docker images 命令即可列出已下载的镜像。

```
~ docker images
REPOSITORY                                    TAG       IMAGE ID        CREATED          SIZE
timonwong/prometheus-webhook-dingtalk         latest    5e05f165bf60    21 months ago    10MB
```

通过如下命令启动钉钉镜像。

```
docker run -d --restart always -p 8060:8060 timonwong/prometheus-webhook-dingtalk:
   v0.3.0 --ding.profile="webhook1=https:// oapi.dingtalk.com/robot/send?access_
   token=XXX"
```

在上述 access_token 中填写你的钉钉机器人的 hook。

使用 docker rmi 命令可删除指定镜像,如:

```
docker rmi d23bdf5b1b1b
```

钉钉的 Webhook 设置方式就是在钉钉群点击群机器人，然后依次点击"机器人管理"→"自定义（通过 Webhook 接入自定义服务）"→"添加"→"复制 Webhook"命令，如图 3-34 所示。

图 3-34　钉钉群群机器人

点击"自定义"按钮，通过 Webhook 接入自定义服务，然后按照流程走下去，记录下最后获得的 https://oapi.dingtalk.com/robot/send?access_token=XXX 的地址即可。

3.7.3　钉钉接入设置

在上一节讲的邮件的配置中，alertmanager.yml 的内容如下（以 126 邮箱为例）。

```
global:
  resolve_timeout: 5m

  smtp_smarthost: 'smtp.126.com:25'
  smtp_from: 'XXX@126.com'
  smtp_auth_username: 'XXX@126.com'
  smtp_auth_password: 'XXX'

route:
  group_by: ['alertname']
  group_wait: 10s
  group_interval: 10s
  repeat_interval: 1h
  receiver: 'mail-receiver'
receivers:
- name: 'mail-receiver'
```

```
    email_configs:
    - to: 'XXX@126.com'
inhibit_rules:
  - source_match:
      severity: 'critical'
    target_match:
      severity: 'warning'
    equal: ['alertname', 'dev', 'instance']
```

在钉钉接入方面，调整如下（主要是 receiver 模块切换为 Webhook）。

```
global:
  resolve_timeout: 5m

  smtp_smarthost: 'smtp.126.com:25'       # 邮箱 SMTP 服务器代理
  smtp_from: '******@126.com'             # 发送邮箱名称
  smtp_auth_username: '******@126.com'    # 邮箱名称
  smtp_auth_password: '******'            # 邮箱密码或授权码

route:
  group_by: ['alertname']
  group_wait: 10s
  group_interval: 10s
  repeat_interval: 1h
  receiver: 'webhook'
receivers:
- name: 'mail-receiver'
  email_configs:
  - to: '******@126.com'
- name: 'webhook'
  webhook_configs:
  - url: http://localhost:8060/dingtalk/webhook1/send
    send_resolved: true
inhibit_rules:
  - source_match:
      severity: 'critical'
    target_match:
      severity: 'warning'
    equal: ['alertname', 'dev', 'instance']
```

3.7.4 钉钉告警功能验证

首先启动 Spring Boot 应用的微服务，并访问 Prometheus 9090 端口，即告警模块（http://localhost:9090/alerts），确认告警信息是否已经录入，如图 3-35 所示。

由于微服务是启动状态，故在 localhost:9090 页面查询 sum(up{job="Charles"})，结果是 1。

关闭微服务，sum(up{job="Charles"}) 的值变为 0，此时 http://localhost:9090/alerts 值变为 PENDING，如图 3-36 所示。

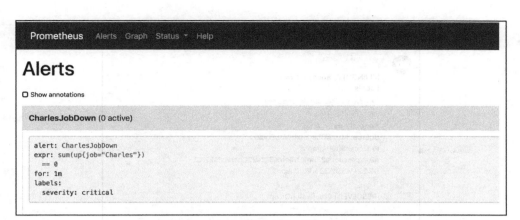

图 3-35　钉钉告警信息确认页面

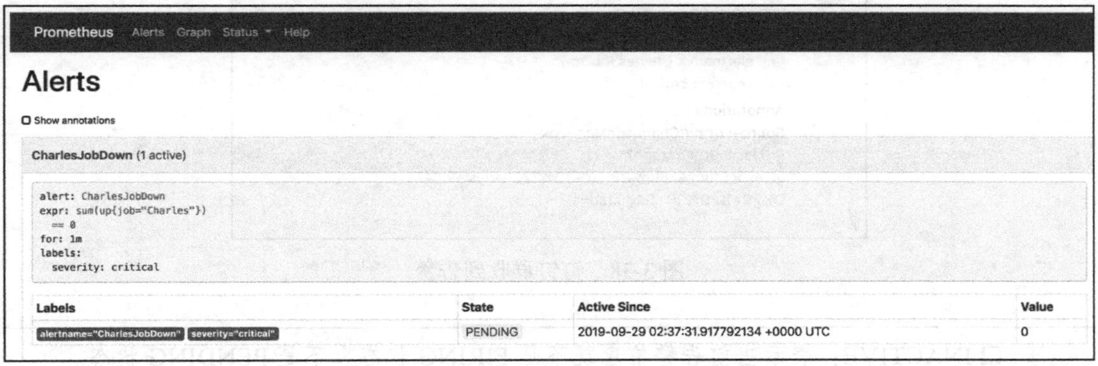

图 3-36　PENDING 状态

过一段时间刷新，值变成了 FIRING，如图 3-37 所示。

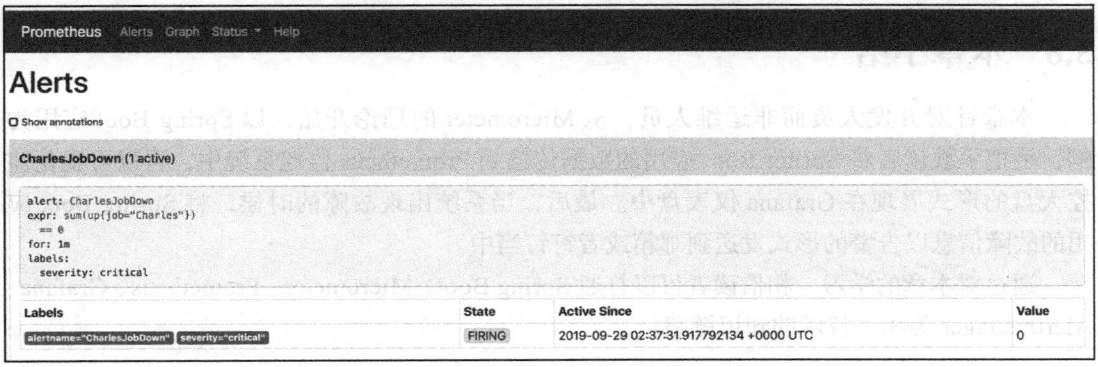

图 3-37　FIRING 状态

此时，钉钉群也收到了告警，如图 3-38 所示。

图 3-38　钉钉群收到告警

> **注意**
> ❑ INACTIVE：表示当前告警信息既不是 FIRING 状态也不是 PENDING 状态。
> ❑ PENDING：表示在设置的时间阈值范围内被激活。
> ❑ FIRING：表示超过设置的时间阈值被激活。

3.8　本章小结

本章针对开发人员而非运维人员，从 Micrometer 的理论开始，以 Spring Boot 应用为例，手把手教读者将 Spring Boot 应用的数据传输到 Prometheus 监控系统中，再以可视化监控大盘的形式展现在 Grafana 仪表盘中。最后，当系统出现故障的时候，将 Spring Boot 应用的故障信息以告警的形式发送到邮箱或者钉钉当中。

通过对本章的学习，相信读者可以打通 Spring Boot、Micrometer、Prometheus、Grafana、Alertmanager 等相关技术的知识链路。

第 4 章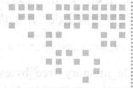

PromQL 让数据会说话

若想熟练使用 MySQL 数据库，就必须掌握 SQL。TimescaleDB、OpenTSDB、KairosDB、Kdb+、Graphite、eXtremeDB、Riak TS 等时间序列数据库都有各自的 SQL。由于腾讯、网易等国内的大型互联网公司目前都在基于 InfluxDB 做集群监控，故很多人比较熟悉 InfluxQL。

Promethues 也内置了自己的功能表达式查询语言——PromQL（Prometheus Query Language）。它允许用户实时选择和汇聚时间序列数据，从而很方便地在 Prometheus 中查询和检索数据。表达式的结果可以在浏览器中展示为图形，也可以展示为表格，或者由外部系统通过 HTTP API 的形式进行调用。虽然 PromQL 这个单词以 QL 结尾，但是它并不是一种与 SQL 类似的语言，因为当涉及在时间序列上执行计算时，SQL 往往缺乏必要的表达能力。

PromQL 的表现力非常强，除了支持常见的操作符外，还提供了大量的内置函数来实现对数据的高级处理，让监控的数据会说话。日常数据查询、可视化及告警配置这三大功能模块都是依赖 PromQL 实现的。

PromQL 是 Prometheus 实战的核心，是 Prometheus 场景的基础，也是 Prometheus 的必修课。本章会用相对较长的篇幅，从时间序列、PromQL 数据类型、选择器、指标类型、聚合操作、二元操作符、内置函数、最佳实践、性能优化等方面，通过理论联系实践的方式，全方位介绍 PromQL 相关的概念和用法。

4.1 初识 PromQL

在开始本节介绍之前，先来看几个实战性的 PromQL 案例。通过案例，读者可直观地感受到 PromQL 是如何让用户通过指标更好地了解系统的性能的。

案例一：获取当前主机可用的内存空间大小，单位为 MB。

```
node_memory_free_bytes_total / (1024 * 1024)
```

说明：node_memory_free_bytes_total 是瞬时向量表达式，返回的结果是瞬时向量。它可以用于获取当前主机可用的内存大小，默认的样本单位是 B，我们需要将单位换算为 MB。

案例二：基于 2 小时的样本数据，预测未来 24 小时内磁盘是否会满。

```
IF predict_linear(node_filesystem_free[2h],24*3600)<0
```

说明：predict_linear (v range-vector, t scalar) 函数可以预测时间序列 v 在 t 秒后的值，它基于简单线性回归的方式，对时间窗口内的样本数据进行统计，从而对时间序列的变化趋势做出预测。上述命令就是根据文件系统过去 2 小时以内的空闲磁盘，去计算未来 24 小时磁盘空间是否会小于 0。如果用户需要基于这个线性预测函数增加告警功能，可以按如下方式扩展更新。

```
ALERT DiskWillFullIn24Hours
    IF predict_linear(node_filesystem_free[2h],24*3600)<0
```

案例三：http_request_total（HTTP 请求总数）的 9 种常见 PromQL 语句。

```
# 1.查询 HTTP 请求总数
http_requests_total

# 2.查询返回所有时间序列、指标 http_requests_total，以及给定 job 和 handler 的标签
http_requests_total{job="apiserver", handler="/api/comments"}

# 3.条件查询：查询状态码为 200 的请求总数
http_requests_total{code="200"}

# 4.区间查询：查询 5 分钟内的请求总量
http_request_total{}[5m]

# 5.系统函数使用
# 查询系统所有 HTTP 请求的总量
sum(http_request_total)

# 6.使用正则表达式，选择名称与特定模式匹配的作业（如以 server 结尾的作业）的时间序列
http_requests_total{job=~".*server"}

# 7.过滤除了 4xx 之外所有 HTTP 状态码的数据
http_requests_total{status!~"4.."}

# 8. 子查询，以 1 次 / 分钟的速率采集最近 30 分钟内的指标数据，然后返回这 30 分钟内距离当前时间
# 最近的 5 分钟内的采集结果
```

```
rate(http_requests_total[5m])[30m:1m]
```

9. 函数 rate，以 1 次 / 秒的速率采集最近 5 分钟内的数据并将结果以时间序列的形式返回
```
rate(http_requests_total[5m])
```

如上所述，我们仅针对 http_request_total 这一个指标，就做了 9 种不一样的具有代表性的监控案例。由此能够看出，PromQL 语句是非常灵活的，和 MySQL 一样，可以应用于多种场景。

上述案例中有两点需要额外注意。

- Prometheus 中的所有正则表达式都是基于 RE2 语法[⊖]的。
- 区间向量 range vector 的表达式并不能直接被绘制成图表，需要在控制台上的表达式浏览器的表格视图中查看；而瞬时向量表达式 instant vector 返回的数据类型是唯一可以直接绘制成图表的数据类型。

4.1.1 PromQL 的 4 种数据类型

结合上述案例，我们看到了文字加粗部分的瞬时向量 Instant vector 和区间向量 Range vector，它们属于 Prometheus 表达式语言的 4 种数据类型。

Prometheus 的 4 种数据类型如下。

- 瞬时向量（Instant vector）：一组时间序列，每个时间序列包含单个样本，它们共享相同的时间戳。也就是说，表达式的返回值中只会包含该时间序列中最新的一个样本值。
- 区间向量（Range vector）：一组时间序列，每个时间序列包含一段时间范围内的样本数据。
- 标量（Scalar）：一个浮点型的数据值，没有时序。可以写成 [-](digits)[.(digits)] 的形式，比如 −3.14。需要注意的是，使用表达式 count(http_requests_total) 返回的数据类型依然是瞬时向量，用户可以通过内置函数 scalar() 将单个瞬时向量转换为标量。
- 字符串（String）：一个简单的字符串值。字符串可以用单引号（''）、双引号（""）或反引号（``）来指定。因为 Prometheus 是基于 Go 语言编写的，所以它与 Go 语言有着类似的转义规则[⊖]，比如在单引号（''）或双引号（""）中，可以使用反斜杠（\）来表示转义序列，后面可以接 a、b、f、n、r、t、v 或 \（分别代表响铃、退格、换页、换行、回车、水平制表、反斜杠），特殊字符可以使用八进制（\nnn）或者十六进制（\xnn、\unnnn 和 \Unnnnnnnn）。但是与 Go 语言不同的是，Prometheus 中的反引号（``）并不会对换行符进行转义。

⊖ RE2 语法：https://github.com/google/re2/wiki/Syntax。
⊖ Go 语言转义规则：https://golang.org/ref/spec#String_literals。

以下是 Prometheus 官方文档⊖提供的字符串示例。

```
"this is a string"
'these are unescaped: \n \\ \t'
`these are not unescaped: \n ' " \t`
```

4.1.2 时间序列

和 MySQL 关系型数据库不同的是，时间序列数据库主要按照一定的时间间隔产生一个个数据点，而这些数据点按照时间戳和值的生成顺序存放，这就得到了我们上文提到的向量（vector）。以时间轴为横坐标、序列为纵坐标，这些数据点连接起来就会形成一个图 4-1 所示的矩阵。

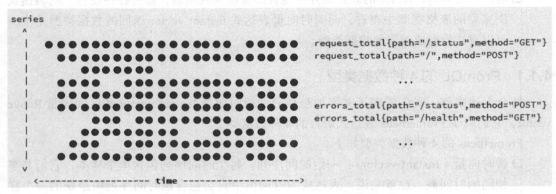

图 4-1 以时间轴为横坐标、序列为纵坐标的时间序列矩阵

每条时间序列（Time Series）是通过指标名称（Metrics name）和一组标签集（Label set）来命名的。如果 time 相同，但是指标名称或者标签集不同，那么时间序列也不同。如图 4-1 所示，在某一时刻 t0，request_total{path="/status", method="GET"} 和 request_total{path="/", method="GET"} 就是两个不同的数据点，errors_total{path="/status", method="POST"} 和 errors_total{path="/health", method="GET"} 也是两个不同的数据点，也就是说在这个时刻可能至少产生了 4 条数据。当然，图 4-1 所示时间点有一些也是没有数量的，如果这个时刻没有记录数据，矩阵上就没有时间序列填充了。

图 4-1 所示矩阵中的每一个点都可称为一个样本（Sample），样本主要由 3 方面构成。

- 指标（Metrics）：包括指标名称（Metrics name）和一组标签集（Label set）名称，如 request_total{path="/status", method="GET"}。
- 时间戳（TimeStamp）：这个值默认精确到毫秒。
- 样本值（Value）：这个值默认使用 Float64 浮点类型。

Prometheus 会定期为所有系列收集新数据点。从 Prometheus 基于时间序列的基本特性来看，由于图 4-1 所示的矩阵的左侧通常为过去的数据，这些数据一般是只读（不会变更）

⊖ Prometheus 官方文档之基础查询：https://prometheus.io/docs/prometheus/latest/querying/basics/。

的，故当前的数据才会在时间轴的右端垂直性写入。

思考拓展

同一个时间点可以产生很多指标，比如与中间件 Redis、MySQL、Kafka、MongoDB、HikariCP 等相关的指标，以及响应、I/O 等系统性指标。如果使用了 Prometheus 监控系统，那么在前一天下午 4 点发生系统故障的情况下，基于上述矩阵的监控方式，技术人员就可以直接观察到前一天下午 4 点前后各个中间件及系统的监控指标项的数据及其趋势变化，从而更加容易定位并解决问题。这就是时序数据库的好处。目前开源领域的中间件很多都将指标作为基础功能，比如数据库连接池 HikariCP（Spring Boot 2.x 默认的数据库连接池）和 Druid。

4.1.3 指标

由时间序列的矩阵坐标原理可知，时间序列的指标（Metrics）可以基于 Bigtable[⊖]（Google 论文）设计为 Key-Value 存储的方式，如图 4-2 所示。

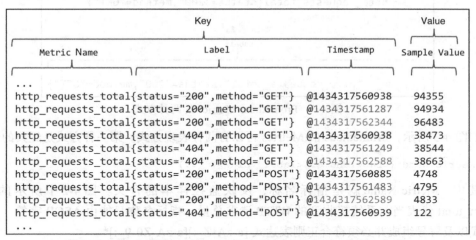

图 4-2　基于 Bigtable 的 Key-Value 的 Prometheus Metrics 方式

以图 4-2 中的 http_request_total{status="200", method="GET"}@1434417560938 => 94355 为例，在 Key-Value 关系中，94355 作为 Value（也就是样本值 Sample Value），前面的 http_

⊖ Bigtable 是一个分布式存储系统，它被用于存储近万台商用服务器规模的、PB 级别的数据，包括网页索引、Google Earth、Google Finance（注：这些应用都是 2005 年 Google 论文中列举的，现在 Google 似乎已经抛弃 Bigtable 使用下一代产品了）在内的许多 Google 项目都使用 Bigtable 来存储数据。这些应用在数据粒度和实时性方面的要求大相径庭，而 Bigtable 却能很好地为这些应用提供灵活、高性能的解决方案。在这篇论文中讨论到 Bigtable 提供了简单数据模型，这个模型让用户能够动态地控制数据布局和格式。这篇论文中还介绍了 Bigtable 的设计和实现。

request_total{status="200", method="GET"}@1434417560938 一律作为 Key。在 Key 中，又由 Metric Name（例子中的 http_request_total）、Label（例子中的 {status="200", method="GET"}）和 Timestamp（例子中的 @1434417560938）3 部分构成。

在 Prometheus 的世界里面，所有的数值都是 64 bit 的。每条时间序列里面记录的就是 64 bit Timestamp（时间戳）和 64 bit 的 Sample Value（采样值）。

思考拓展

这样的 Key-Value 结构，可以很方便我们根据 Key 去查询想要的 Value 值。而 Key 则需要通过规范或者自定义的 Metrics Name、Labels、Timestamp 来进行联合查询，而 Labels 也可以自定义多个，这就是 PromQL 多条件查询的存储基础。

去除 Timestamp，Prometheus Metrics 又可以精简为图 4-3 所示的形式。

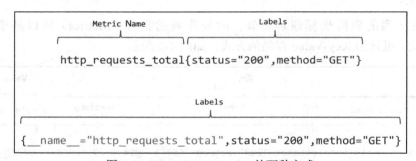

图 4-3　Prometheus Metrics 的两种方式

如图 4-3 所示，Prometheus 的 Metrics 可以有两种表现方式。第一种方式是经典的形式。

`<Metric Name>{<Label name>=<label value>, ...}`

其中，Metric Name 就是指标名称，反映监控样本的含义。图 4-2 中所示的 http_request_total 代表当前系统接收到的 HTTP 请求总量。指标名称只能由 ASCII 字符、数字、下划线以及冒号组成并必须符合正则表达式 [a-zA-Z_:][a-zA-Z0-9_:]*。

> **注意**　冒号用来表示用户自定义的记录规则。不能在 Exporter 中或监控对象直接暴露的指标中使用冒号来定义指标名称。

标签反映了当前样本的多种特征维度。通过这些维度，Prometheus 可以对样本数据进行过滤、聚合、统计等操作，从而产生新的计算后的一条时间序列。标签名称也只能由 ASCII 字符、数字以及下划线组成，并且必须满足正则表达式 [a-zA-Z_][a-zA-Z0-9_]*。

通过命令 go_gc_duration_seconds{quantile="0"} 可以在 Prometheus 的 Graph 控制台获

得图 4-4 所示的结果。

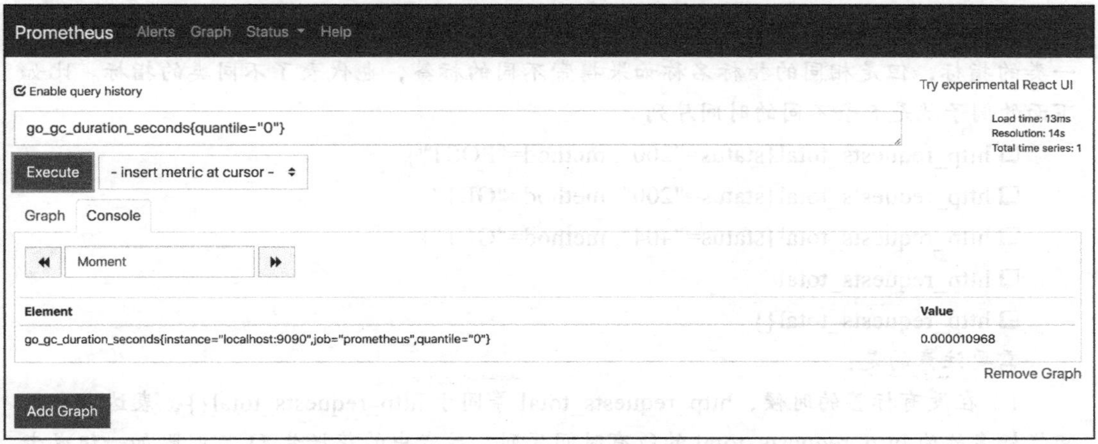

图 4-4 Prometheus Metrics 获得的数据（方法一）

第二种方式来源于 Prometheus 内部。

```
{__name__=metrics,<label name>=<label value>, ...}
```

第二种方式和第一种方式是一样的，表示同一条时间序列。这种方式是 Prometheus 内部的表现形式，是系统保留的关键字，官方推荐只能在系统内部使用。在 Prometheus 的底层实现中，指标名称实际上是以 __name__=<metric name> 的形式保存在数据库中的；__name__ 是特定的标签，代表了 Metric Name。标签的值则可以包含任何 Unicode 编码的字符。

通过命令 {__name__="go_gc_duration_seconds", quantile="0"} 可以在 Prometheus 的 Graph 控制台获得如图 4-5 所示的结果。

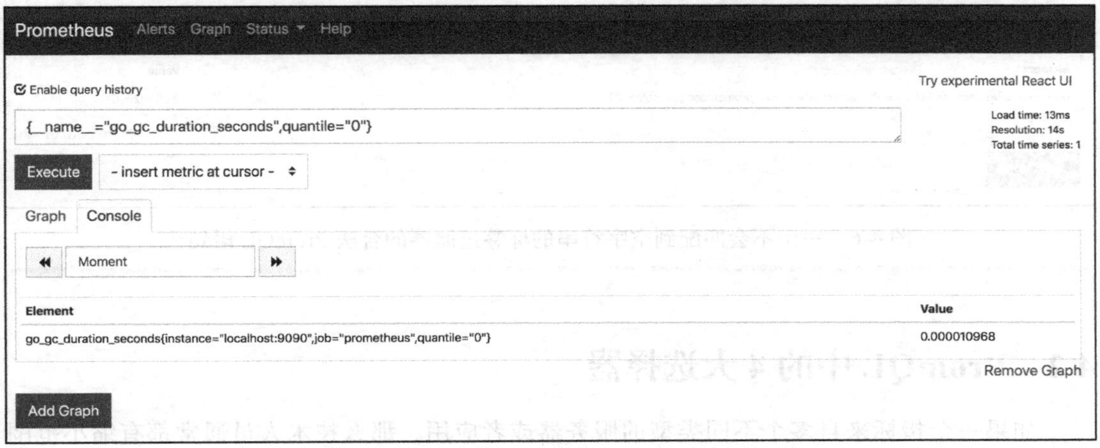

图 4-5 Prometheus Metrics 获得的数据（方法二）

思考拓展

指标名称和标签的组合代表了一条时间序列上的数据。不同的指标名称自然不是同一类的指标，但是相同的指标名称如果携带不同的标签，也代表了不同类的指标。比如下面的例子就是 5 条不同的时间序列。

- http_requests_total{status="200", method="POST"}
- http_requests_total{status="200", method="GET"}
- http_requests_total{status="404", method="GET"}
- http_requests_total
- http_requests_total{}

需要注意的是：

1）在没有标签的时候，http_requests_total 等同于 http_requests_total{}，表达式会返回指标名称为 http_requests_total 的所有时间序列。后者中的花括号 {} 可以附加一组或者多组标签，从而进一步过滤时间序列。

2）所有的 PromQL 表达式都必须至少包含一个指标名称（例如 http_request_total），或者一个不会匹配到空字符串的标签过滤器（例如 {status="200"}）。因此 {status="200"} {quantile="1"} 这样的表达式也是合法的，如图 4-6 所示。

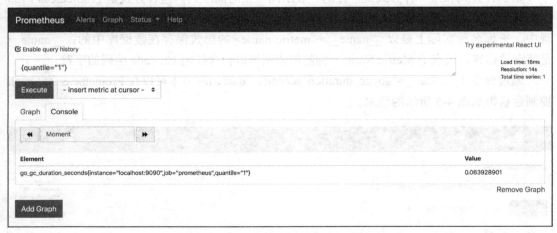

图 4-6 一个不会匹配到空字符串的标签过滤器的合法 PromQL 语句

4.2 PromQL 中的 4 大选择器

如果一个指标来自多个不同类型的服务器或者应用，那么技术人员通常都有缩小范围的需求，例如希望从不计其数的指标中查看来自一个实例 instance 或者 handler 标签的指标。

这时就要用到标签限制功能了。这种标签的限制功能是通过选择器（Selector）来完成的。

在之前的示例中，大家已经看到了很多选择器，比如：

```
http_requests_total{job="HelloWorld",status="200",method="POST",handler="/api/
    comments"}
```

这就是一个选择器，它返回的 job 是 HelloWorld，返回值是 200，方法是 POST（handler 标签为 "/api/comments" 的 http_requests_total）。它是 HTTP 请求总数的瞬时向量选择器（Instant Vector Selector）。

例子中的 job="HelloWorld" 是一个匹配器（Matcher），一个选择器中可以有多个匹配器，它们组合在一起使用。

接下来就从匹配器（Matcher）、瞬时向量选择器（Instant Vector Selector）、区间向量选择器（Range Vector Selector）和偏移量修改器（Offset）这 4 个方面对 PromQL 进行介绍。

4.2.1 匹配器

匹配器是作用于标签上的，标签匹配器可以对时间序列进行过滤，Prometheus 支持完全匹配和正则匹配两种模式。

1. 相等匹配器（=）

相等匹配器（Equality Matcher），用于选择与提供的字符串完全相同的标签。下面介绍的例子中就会使用相等匹配器按照条件进行一系列过滤。

```
http_requests_total{job="HelloWorld",status="200",method="POST",handler="/api/
    comments"}
```

需要注意的是，如果标签为空或者不存在，那么也可以使用 Label="" 的形式。对于不存在的标签，比如 demo 标签，图 4-7 所示的 go_gc_duration_seconds_count 和图 4-8 所示的 go_gc_duration_seconds_count{demo=""} 效果其实是一样的。

图 4-7　go_gc_duration_seconds_count

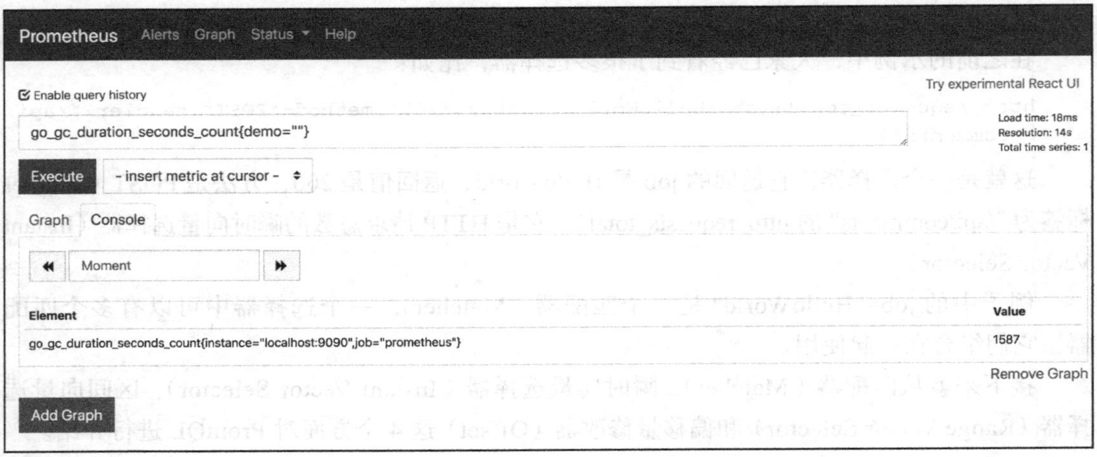

图 4-8　go_gc_duration_seconds_count{demo=""}

2. 不相等匹配器（!=）

不相等匹配器（Negative Equality Matcher），用于选择与提供的字符串不相同的标签。它和相等匹配器是完全相反的。举个例子，如果想要查看 job 并不是 HelloWorld 的 HTTP 请求总数，可以使用如下不相等匹配器。

```
http_requests_total{job!="HelloWorld"}
```

3. 正则表达式匹配器（=~）

正则表达式匹配器（Regular Expression Matcher），用于选择与提供的字符串进行正则运算后所得结果相匹配的标签。Prometheus 的正则运算是强指定的，比如正则表达式 a 只会匹配到字符串 a，而并不会匹配到 ab 或者 ba 或者 abc。如果你不想使用这样的强指定功能，可以在正则表达式的前面或者后面加上 ".*"。比如下面的例子表示 job 是所有以 Hello 开头的 HTTP 请求总数。

```
http_requests_total{job=~"Hello.*"}
```

http_requests_total 直接等效于 {__name__="http_requests_total"}，后者也可以使用和前者一样的 4 种匹配器（=, !=, =~, !~）。比如下面的案例可以表示所有以 Hello 开头的指标。

```
{__name__=~"Hello.*"}
```

如果想要查看 job 是以 Hello 开头的，且在生产（prod）、测试（test）、预发布（pre）等环境下响应结果不是 200 的 HTTP 请求总数，可以使用这样的方式进行查询。

```
http_requests_total{job=~"Hello.*",env=~"prod|test|pre",code!="200"}
```

由于所有的 PromQL 表达式必须至少包含一个指标名称，或者至少有一个不会匹配到空字符串的标签过滤器,因此结合 Prometheus 官方文档,可以梳理出如下非法示例。

```
{job=~".*"}      # 非法!
{job=""}         # 非法!
{job!=""}        # 非法!
```

相反,如下表达式是合法的。

```
{job=~".+"}                      # 合法! .+ 表示至少一个字符
{job=~".*",method="get"}         # 合法! .* 表示任意一个字符
{job="",method="post"}           # 合法! 存在一个非空匹配
{job=~".+",method="post"}        # 合法! 存在一个非空匹配
```

4. 正则表达式相反匹配器(!~)

正则表达式相反匹配器(Negative Regular Expression Matcher),用于选择与提供的字符串进行正则运算后所得结果不匹配的标签。因为 PromQL 的正则表达式基于 RE2 的语法,但是 RE2 不支持向前不匹配表达式,所以 !~ 的出现是作为一种替代方案,以实现基于正则表达式排除指定标签值的功能。在一个选择器当中,可以针对同一个标签来使用多个匹配器。比如下面的例子,可以实现查找 job 名是 node 且安装在 /prometheus 目录下,但是并不在 /prometheus/user 目录下的所有文件系统并确定其大小。

```
node_filesystem_size_bytes{job="node",mountpoint=~"/prometheus/.*", mountpoint!~
    "/prometheus/user/.*"}
```

PromQL 采用的是 RE2[①]引擎,支持正则表达式。RE2 来源于 Go 语言,它被设计为一种线性时间的模式,非常适合用于 PromQL 这种时间序列的方式。但是就像我们前文描述的 RE2 那样,其不支持向前不匹配表达式(向前断言),也不支持反向引用,同时还缺失很多高级特性。

思 考 拓 展

=、!=、=~、!~ 这 4 个匹配器在实战中非常有用,但是如果频繁为标签施加正则匹配器,比如 HTTP 状态码有 1xx、2xx、3xx、4xx、5xx,在统计所有返回值是 5xx 的 HTTP 请求时,PromQL 语句就会变成 http_requests_total{job="HelloWorld", status=~"500",status=~"501", status=~"502",status=~"503", status=~"504", status=~"505", status=~"506"…}

但是,我们都知道 5xx 代表服务器错误,这些状态代码表示服务器在尝试处理请求时发生了内部错误。这些错误可能来自服务器本身,而不是请求。

1)500:服务器遇到错误,无法完成请求(服务器内部错误)。

2)501:服务器不具备完成请求的功能。例如,当服务器无法识别请求方法时可能会返回此代码(尚未实施)。

[①] RE2:https://github.com/google/re2/wiki/Syntax。

3）502：服务器作为网关或代理，从上游服务器收到无效响应（错误网关）。

4）503：服务器目前无法使用（由于超载或停机维护），通常只是暂时状态（服务不可用）。

5）504：服务器作为网关或代理，但是没有及时从上游服务器收到请求（网关超时）。

6）505：服务器不支持请求中所用的HTTP协议版本（HTTP版本不受支持）。

7）506：由《透明内容协商协议》（RFC 2295）扩展而来，代表服务器存在内部配置错误。

8）507：服务器无法存储完成请求所必需的内容。这个状况被认为是临时的。

9）509：服务器达到带宽限制。这不是一个官方的状态码，但是仍被广泛使用。

10）510：获取资源所需要的策略并没有被满足。

为了消除这样的错误，可以进行如下优化。

优化一　多个表达式之间使用"|"进行分割：http_requests_total{job="HelloWorld", status=~"500|501|502|503|504|505|506|507|509|510"}。

优化二　将这些返回值包装为5xx，这样就可以直接使用正则表达式匹配器对http_requests_total{job="HelloWorld", status=~"5xx"}进行优化。

优化三　如果要选择不以4xx开头的所有HTTP状态码，可以使用http_requests_total{status!~"4.."}。

4.2.2　瞬时向量选择器

瞬时向量选择器用于返回在指定时间戳之前查询到的最新样本的瞬时向量，也就是包含0个或者多个时间序列的列表。在最简单的形式中，可以仅指定指标的名称，如http_requests_total，这将生成包含此指标名称的所有时间序列的元素的瞬时向量。我们可以通过在大括号{}中添加一组匹配的标签来进一步过滤这些时间序列，如http_requests_total{job="helloWorld", group="middleware"}。

瞬时向量并不希望获取过时的数据，这里需要注意的是，在Prometheus 1.x和2.x版本中是有区别的。

在Prometheus 1.x中会返回在查询时间之前不超过5分钟的时间序列，这种方式还是能满足大多数场景的需求的。但是如果在第一次查询，如http_requests_total{job="helloWorld"}这个5分钟的时间窗口内增加一个label，如http_requests_total{job="helloWorld", group="middleware"}，之后再重新进行一次瞬时查询，那么就会重复计数。这是一个问题。

Prometheus 2.x是这么处理上述问题的：它会像汽车雨刮器一样刮擦，如果一个时间序列从一个刮擦到另一个，或者Prometheus的服务发现不再能找到当前target，陈旧的标记就会被添加到时间序列之中。这时使用瞬时向量过滤器，除需要找到满足匹配条件的时间序列之外，还需要考虑查询求值时间之前 5 分钟内的最新样本。如果样本是正常样本，那么它将在瞬时向量中返回；但如果是过期的标记，那么该时间序列将不出现在瞬时向量中。需要注意的是，如果你使用了 Prometheus Exporter 来暴露时间戳，那么过期的标记和 Prometheus 2.x 对过期标记的处理逻辑就会失效，受影响的时间序列会继续和 5 分钟以前的旧逻辑一起执行。

而我们 4.2.3 节中要介绍的区间向量选择器，就不受过期标记的影响，用户会获得在给定时间区间内所有的正常样本。区间向量选择器也不会返回该范围内任何过期的标记。

4.2.3 区间向量选择器

区间向量选择器返回一组时间序列，每个时间序列包含一段时间范围内的样本数据。和瞬时向量选择器不同的是，它从当前时间向前选择了一定时间范围的样本。区间向量选择器主要在选择器末尾的方括号 [] 中，通过时间范围选择器进行定义，以指定每个返回的区间向量样本值中提取多长的时间范围。例如，下面的例子可以表示最近 5 分钟内的所有 HTTP 请求的样本数据，其中 [5m] 将瞬时向量选择器转变为区间向量选择器。

```
http_request_total{}[5m]
```

时间范围通过整数来表示，可以使用以下单位之一：秒（s）、分钟（m）、小时（h）、天（d）、周（w）、年（y）。需要强调的是，必须用整数来表示时间，比如 38 m 是正确的，但是 2 h 15 m 和 1.5 h 都是错误的。这里的 y 是忽略闰年的，永远是 60 × 60 × 24 × 365 秒。

关于区间向量选择器还需要补充的就是，它返回的是一定范围内所有的样本数据，虽然刮擦时间是相同的，但是多个时间序列的时间戳往往并不会对齐，如下所示。

```
http_requests_total{code="200",job="helloWorld",method="get"}=[
  1@1518096812.678
  1@1518096817.678
  1@1518096822.678
  1@1518096827.678
  1@1518096832.678
  1@1518096837.678
]
http_requests_total{code="200",job=" helloWorld ",method="get"}=[
  4@1518096813.233
  4@1518096818.233
  4@1518096823.233
  4@1518096828.233
  4@1518096833.233
  4@1518096838.233
]
```

这是因为距离向量会保留样本的原始时间戳，不同 target 的刮擦被分布以均匀的负载，所以虽然我们可以控制刮擦和规则评估的频率，比如 5 秒 / 次（第一组 12、17、22、27、32、37；第二组 13、18、23、28、33、38），但是我们无法控制它们完全对齐时间戳（1@1518096812.678 和 4@1518096813.233），因为假如有成百上千的 target，每次 5 秒的刮擦都会导致这些 target 在不同的位置被处理，所以时间序列一定会存在略微不同的时间点（只是略微不同）。因此会有人说，Prometheus 虽然在趋势上是准确的，但是并不是绝对精准的。但是，这在实际生产中并不是非常重要，因为 Prometheus 等指标监控本身的定位就不像 Log 监控那样精准，而是趋势准确。

最后，我们结合本节介绍的知识，来看几个关于 CPU 的 PromQL 实战案例，夯实一下理论。

案例一：计算 2 分钟内系统进程的 CPU 使用率。

```
rate(node_cpu[2m])
```

案例二：计算系统 CPU 的总体使用率，通过排除系统闲置的 CPU 使用率即可获得。

```
1 - avg without(cpu) (rate(node_cpu{mode="idle"}[2m]))
```

案例三：node_cpu_seconds_total 可以获取当前 CPU 的所有信息，使用 avg 聚合查询到数据后，再使用 by 来区分实例，这样就能做到分实例查询各自的数据。

```
avg(irate(node_cpu_seconds_total{job="node_srv"}[5m])) by (instance)
```

实 战 拓 展

1）区间向量选择器往往和速率函数 rate 一起使用。比如子查询，以 1 次 / 分钟的速率采集关于 http_requests_total 指标在过去 30 分钟内的数据，然后返回这 30 分钟内距离当前时间最近的 5 分钟内的采集结果，如下所示。

```
rate(http_requests_total[5m])[30m:1m]
```

注意，使用不必要的子查询或者不停地嵌套子查询并不是好的 PromQL 风格。

2）一个区间向量表达式不能直接展示在 Graph 中，但是可以展示在 Console 视图中。

4.2.4　偏移量修改器

偏移量修改器可以让瞬时向量选择器和区间向量选择器发生偏移，它允许获取查询计算时间并在每个选择器的基础上将其向前推移。

瞬时向量选择器和区间向量选择器都可获取当前时间基准下的样本数据，如果我们要获取查询计算时间前 5 分钟的 HTTP 请求情况，可以使用下面这样的方式。

```
http_request_total{} offset 5m
```

偏移向量修改器的关键字必须紧跟在选择器 {} 后面，如下的表达式分别是正确和错误的示例。

```
sum(http_requests_total{method="GET"} offset 5m) // 正确
sum(http_requests_total{method="GET"}) offset 5m // 非法
```

该操作同样适用于区间向量选择器，比如下这个例子，其以指标 http_requests_total 5 分钟前的时间点为起始高，返回 5 分钟之内的 HTTP 请求量的增长速率。

```
rate(http_requests_total[5m] offset 5m)
```

偏移向量修改器通过调整计算时间一样可以看到一些历史数据，但是这种方式一般只对调试单条语句的历史数据有帮助。随着新数据的到来，历史数据也会不断发生变化，所以建议在 Grafana 中直接看历史数据的变化趋势。

4.3 Prometheus 的 4 大指标类型

Prometheus 有 4 大指标类型（Metrics Type），分别是 Counter（计数器）、Gauge（仪表盘）、Histogram（直方图）和 Summary（摘要）。这是在 Prometheus 客户端（目前主要有 Go、Java、Python、Ruby 等语言版本）中提供的 4 种核心指标类型，但是 Prometheus 的服务端并不区分指标类型，而是简单地把这些指标统一视为无类型的时间序列。未来，Prometheus 官方应该会做出改变。

4.3.1 计数器

计数器类型代表一种样本数据单调递增的指标，在没有发生重置（如服务器重启、应用重启）的情况下只增不减，其样本值应该是不断增大的。例如，可以使用 Counter 类型的指标来表示服务的请求数、已完成的任务数、错误发生的次数等。计数器指标主要有两个应用方法。

```
1) Inc()           // 将 Counter 值加 1
2) Add(float64)    // 将指定值加到 Counter 值上，如果指定值小于 0，会产生 Go 语言的 panic 异常
                   // 进而可能导致崩溃
```

但是，计数器计算的总数对用户来说大多没有什么用，大家千万不要将计数器类型应用于样本数据非单调递增的指标上，比如当前运行的进程数量、当前登录的用户数量等应该使用仪表盘类型。

为了能够更直观地表示样本数据的变化情况，往往需要计算样本的增长速率，这时候通常使用 PromQL 的 rate、topk、increase 和 irate 等函数，如下所示。

```
rate(http_requests_total[5m])  // 通过 rate() 函数获取 HTTP 请求量的增长速率
topk(10, http_requests_total)  // 查询当前系统中访问量排在前 10 的 HTTP 地址
```

如上所示,速率的输出 rate (v range-vector) 也应该用仪表盘来承接结果。

在上面的案例中,如果有一个标签是 Device,那么在统计每台机器每秒接受的 HTTP 请求数时,可以用如下的例子进行操作。

```
sum without(device)(rate(http_requests_total[5m]))
```

当然,在上述命令中你可以根据实际的业务需求聚合更多的标签来应对具体工作场景。

实战陷阱

PromQL 要先执行 rate() 再执行 sum(),不能执行完 sum() 再执行 rate()。

这背后与 rate() 的实现方式有关,rate() 在设计上假定对应的指标是一个计数器,也就是只有 incr(增加)和 reset(归零)两种行为。而执行了 sum() 或其他聚合操作之后,得到的就不再是一个计数器了。举个例子,比如 sum() 的计算对象中有一个归零了,那整体的和会下降,而不是归零,这会影响 rate() 中判断 reset(归零)的逻辑,从而导致错误的结果。

写 PromQL 时,这个坑容易避免,但碰到 Recording Rule 就不那么容易了,因为不去看配置的话很难发现这个问题。因此,Recording Rule 规定:一步到位,直接算出需要的值,避免算出一个中间结果再拿去做聚合。

increase(v range-vector) 函数传递的参数是一个区间向量,increase 函数获取区间向量中的第一个和最后一个样本并返回其增长量。下面的例子可以查询 Counter 类型指标的增长速率,可以获取 http_requests_total 在最近 5 分钟内的平均样本,其中 300 代表 300 秒。

```
increase(http_requests_total[5m]) / 300
```

实战陷阱

rate 和 increase 函数计算的增长速率容易陷入长尾效应中。比如在某一个由于访问量或者其他问题导致 CPU 占用 100% 的情况中,通过计算在时间窗口内的平均增长速率是无法反映出该问题的。

为什么监控和性能测试中,我们更关注 p95/p99 位?就是因为长尾效应。由于个别请求的响应时间需要 1 秒或者更久,传统的响应时间的平均值就体现不出响应时间中的尖刺了,去尖刺也是数据采集中一个很重要的工序,这就是所谓的长尾效应。p95/p99 就是长尾效应的分割线,如表示 99% 的请求在 XXX 范围内,或者是 1% 的请求在 XXX 范围

之外。99% 是一个范围，意思是 99% 的请求在某一延迟内，剩下的 1% 就在延迟之外了。只是正推与逆推而已，是一种概念的两种不同描述。

irate(v range-vector) 是 PromQL 针对长尾效应专门提供的灵敏度更高的函数。irate 同样用于计算区间向量的增长速率，但是其反映出的是瞬时增长速率。irate 函数是通过区间向量中最后两个样本数据来计算区间向量的增长速率的。这种方式可以避免在时间窗口范围内的"长尾问题"，并且体现出更好的灵敏度。通过 irate 函数绘制的图标能够更好地反映样本数据的瞬时变化状态。irate 的调用命令如下所示。

```
irate(http_requests_total[5m])
```

实 战 陷 阱

irate 函数相比于 rate 函数提供了更高的灵敏度，不过分析长期趋势时或者在告警规则中，irate 的这种灵敏度反而容易造成干扰。因此，在长期趋势分析或者告警中更推荐使用 rate 函数。

4.3.2 仪表盘

仪表盘类型代表一种样本数据可以任意变化的指标，即可增可减。它可以理解为状态的快照，Gauge 通常用于表示温度或者内存使用率这种指标数据，也可以表示能随时增加或减少的"总数"，例如当前并发请求的数量 node_memory_MemFree（主机当前空闲的内容大小）、node_memory_MemAvailable（可用内存大小）等。在使用 Gauge 时，用户往往希望使用它们求和、取平均值、最小值、最大值等。

以 Prometheus 经典的 Node Exporter 的指标 node_filesystem_size_bytes 为例，它可以报告从 node_filesystem_size_bytes 采集来的文件系统大小，包含 device、fstype 和 mountpoint 等标签。如果想要对每一台机器上的总文件系统大小求和（sum），可以使用如下 PromQL 语句。

```
sum without(device, fstype, mountpoint)(node_filesystem_size_bytes)
```

without 可以让 sum 指令根据相同的标签进行求和，但是忽略 without 涵盖的标签。如果在实际工作中需要忽略更多标签，可以根据实际情况在 without 里传递更多指标。

如果要根据 Node Exporter 的指标 node_filesystem_size_bytes 计算每台机器上最大的文件安装系统大小，只需要将上述案例中的 sum 函数改为 max 函数，如下所示。

```
max without(device, fstype, mountpoint)(node_filesystem_size_bytes)
```

除了求和、求最大值等，利用 Gauge 的函数求最小值和平均值等原理是类似的。除了基本的操作外，Gauge 经常结合 PromQL 的 predict_linear 和 delta 函数使用。

本章开头介绍的案例中，predict_linear (v range-vector, t scalar) 函数可以预测时间序列 v 在 t 秒后的值，就是使用线性回归的方式，预测样本数据的 Gauge 变化趋势。例如，基于 2 小时的样本数据，预测未来 24 小时内磁盘是否会满，如下所示。

```
predict_linear(node_filesystem_free[2h],24*3600)<0
```

PromQL 还有一个内置函数 delta()，它可以获取样本在一段时间内的变化情况，也通常作用于 Gauge。例如，计算磁盘空间在 2 小时内的差异，如下所示。

```
dalta(node_filesystem_free{job="HelloWorld"}[2h])
```

4.3.3 直方图

在大多数情况下，人们都倾向于使用某些量化指标的平均值，例如 CPU 的平均使用率、页面的平均响应时间。用这种方式呈现结果很明显，以系统 API 调用的平均响应时间为例，如果大多数 API 请求维持在 100ms 的响应时间范围内，而个别请求的响应时间需要 5s，就表示出现了长尾问题。

响应慢可能是平均值大导致的，也可能是长尾效应导致的，区分二者的最简单方式就是按照请求延迟的范围进行分组。例如，统计延迟在 0～10ms 之间的请求数有多少，延迟在 10～20ms 之间的请求数又有多少。通过这种方式可以快速分析系统慢的原因。直方图就是为解决这样的问题而存在的。通过 Histogram 展示监控指标，我们可以快速了解监控样本的分布情况。

Histogram 在一段时间范围内对数据进行采样（通常是请求持续时间或响应大小等），并将其计入可配置的存储桶（Bucket）中，后续可通过指定区间筛选样本，也可以统计样本总数，最后一般将数据展示为 Histogram。Histogram 可以用于应用性能等领域的分析观察。

安装并启动 Prometheus 后，在访问 http://localhost:9090/metrics 时可以看到 Prometheus 自带的一些 Histogram 信息，如下所示。

```
# HELP prometheus_http_request_duration_seconds Histogram of latencies for HTTP
# requests.
# TYPE prometheus_http_request_duration_seconds histogram
prometheus_http_request_duration_seconds_bucket{handler="/api/v1/label/:name/
    values",le="0.1"} 10
prometheus_http_request_duration_seconds_bucket{handler="/api/v1/label/:name/
    values",le="0.2"} 10
prometheus_http_request_duration_seconds_bucket{handler="/api/v1/label/:name/
    values",le="0.4"} 10
prometheus_http_request_duration_seconds_bucket{handler="/api/v1/label/:name/
    values",le="1"} 10
prometheus_http_request_duration_seconds_bucket{handler="/api/v1/label/:name/
    values",le="3"} 10
prometheus_http_request_duration_seconds_bucket{handler="/api/v1/label/:name/
```

```
          values",le="8"} 10
prometheus_http_request_duration_seconds_bucket{handler="/api/v1/label/:name/
          values",le="20"} 10
prometheus_http_request_duration_seconds_bucket{handler="/api/v1/label/:name/
          values",le="60"} 10
prometheus_http_request_duration_seconds_bucket{handler="/api/v1/label/:name/
          values",le="120"} 10
prometheus_http_request_duration_seconds_bucket{handler="/api/v1/label/:name/
          values",le="+Inf"} 10
prometheus_http_request_duration_seconds_sum{handler="/api/v1/label/:name/values"}
          0.017084245999999997
prometheus_http_request_duration_seconds_count{handler="/api/v1/label/:name/
          values"} 10
prometheus_http_request_duration_seconds_bucket{handler="/api/v1/query",le="0.1"} 61
prometheus_http_request_duration_seconds_bucket{handler="/api/v1/query",le="0.2"} 61
prometheus_http_request_duration_seconds_bucket{handler="/api/v1/query",le="0.4"} 61
prometheus_http_request_duration_seconds_bucket{handler="/api/v1/query",le="1"} 61
prometheus_http_request_duration_seconds_bucket{handler="/api/v1/query",le="3"} 61
prometheus_http_request_duration_seconds_bucket{handler="/api/v1/query",le="8"} 61
prometheus_http_request_duration_seconds_bucket{handler="/api/v1/query",le="20"} 61
prometheus_http_request_duration_seconds_bucket{handler="/api/v1/query",le="60"} 61
prometheus_http_request_duration_seconds_bucket{handler="/api/v1/query",le="120"} 61
prometheus_http_request_duration_seconds_bucket{handler="/api/v1/query",le="+Inf"} 61
prometheus_http_request_duration_seconds_sum{handler="/api/v1/query"} 0.037283
          51100000001
prometheus_http_request_duration_seconds_count{handler="/api/v1/query"} 61
```

如上述案例所示，Histogram 类型的样本会提供 3 种指标，假设指标名称为 <basename>。

- 样本的值分布在 Bucket 中的数量，命名为 <basename>_bucket{le="< 上边界 >"}。这个值表示指标值小于等于上边界的所有样本数量。上述案例中的 prometheus_http_request_duration_seconds_bucket{handler="/api/v1/query", le="0.1"} 61 就代表在总共的 61 次请求中，HTTP 请求响应时间 ≤ 0.1s 的请求一共是 61 次。
- 所有样本值的总和，命名为 <basename>_sum。上述案例中的 prometheus_http_request_duration_seconds_sum{handler="/api/v1/query"} 0.03728351100000001 表示发生的 61 次 HTTP 请求总响应时间是 0.03728351100000001s。
- 样本总数，命名为 <basename>_count，其值和 <basename>_bucket{le="+Inf"} 相同。上述案例中 prometheus_http_request_duration_seconds_count{handler="/api/v1/query"} 61 表示当前总共发生了 61 次请求。

sum 函数和 count 函数相除，可以得到一些平均值，比如 Prometheus 一天内的平均压缩时间，可由查询结果除以 instance 标签数量得到，如下所示。

```
sum without(instance)(rate(prometheus_tsdb_compaction_duration_sum[1d]))
/
sum without(instance)(rate(prometheus_tsdb_compaction_duration_count[1d]))
```

除了 Prometheus 内置的压缩时间，prometheus_local_storage_series_chunks_persisted

表示 Prometheus 中每个时序需要存储的 chunk 数量,也可以用于计算待持久化的数据的分位数。

Histogram 可以用于观察样本数据的分布情况。Histogram 的分位数计算需要通过 histogram_quantile(ϕ float, b instant-vector) 函数进行计算,但是 histogram_quantile 计算所得并非精确值。其中,ϕ($0 < \phi < 1$)表示需要计算的分位数(这个值主要是通过 prometheus_http_request_duration_seconds_bucket 和 prometheus_http_request_duration_seconds_sum 两个指标得到的,是一个近似值)。例子如下。

```
histogram_quantile(0.1, prometheus_http_request_duration_seconds_bucket)
```

知识拓展

bucket 可以理解为对数据指标值域的一个划分,划分的依据应该基于数据值的分布。假设 xxx_bucket{...,le="1"} 的值为 0.01,而 xxx_bucket{...,le="2"} 的值为 100,那么这 100 个采样点中,有 10 个是小于 10ms 的,其余 90 个(100-10=90)采样点的响应时间是介于 10ms 和 100s 之间的。

实际生产中,ϕ 一般使用 0.9 分位数,它也被称为 90% 分位数。Prometheus 2.2.1 版本提供了一个指标 prometheus_tsdb_compaction_duration_seconds,它用来监控压缩时间序列数据库所需的秒数。压缩一般每 2h 进行 1 次,而 prometheus_tsdb_compaction_duration_seconds 指标是计数器类型,所以必须先用 rate 取一个速率,然后用大于 2h 的时间去承载,比如可以用如下的例子去算一天内压缩时间序列数据库所需秒数的 90% 分位数:

```
histogram_quantile(0.90, rate(prometheus_tsdb_compaction_duration_seconds[1d]))
```

知识拓展

一天是 24h,每 2h 压缩 1 次,一共可压缩 12 次,上述案例得到的结果就是:90% 的压缩(10 次左右)比这个结果时间要短,但是还有 10% 的压缩(1~2 次)比这个结果时间要长。

但是需要注意的是,如果你将 ϕ 设置为更精确的 0.999,那么你至少要有几千个数据点,这样才能得到一个合理且准确的答案。如果你设置的 ϕ 为 0.999,但是你的数据点远远小于推荐值,那么单个指标的异常就会极大地影响结果,造成计算数据不准确。

通常只推荐 5~10min 的 Histogram,如果你选择的时间范围是小时或者天,由于 bucket 指标可能包含很多标签以及 rate 计算,那么这样时间跨度巨大的直方图会产生极高的计算消耗。

histogram_quantile 一般是查询表达式的最后一步。从统计学的角度看，分位数不能被聚合也不能对其进行算术运算。Histogram 的数据来自 sum、count 等指标，也会涉及 rate 函数，因此一定要先执行相关命令，最后再执行 histogram_quantile 函数。这里再强调一下，PromQL 要先执行 rate() 再执行 sum()，不能执行 sum() 后再执行 rate()。刚才的例子计算了一天内压缩时间序列数据库所需秒数的 90% 分位数，下面的例子使用 sum 命令统计了所有 Prometheus 服务器一天内压缩时间序列数据库所需秒数的 90% 分位数结果，并产生了一个没有实例标签的结果，如 {job="prometheus"} 7.720000000000001。

```
histogram_quantile(0.90, sum without(instance)(rate(prometheus_tsdb_compaction_
    duration_seconds[1d])))
```

4.3.4 摘要

与 Histogram 类型类似，摘要用于表示一段时间内的数据采样的结果（通常是请求持续时间或响应大小等），但它直接存储了分位数（通过客户端计算，然后展示出来），而非通过区间来计算（Histogram 的分位数需要通过 histogram_quantile(ϕ float, b instant-vector) 函数计算得到）。因此，对于分位数的计算，Summary 在通过 PromQL 进行查询时有更好的性能表现，而 Histogram 则会消耗更多的资源。反之，对于客户端而言，Histogram 消耗的资源更少。在选择这两种方式时，用户应该根据自己的实际场景选择。

安装并启动 Prometheus 后，在访问 http://localhost:9090/metrics 时可以看到 Prometheus 自带的一些 Summary 信息，这些信息和 Histogram 一样在注释中（#HELP 和 #TYPE）也会显示，如下所示。

```
# HELP go_gc_duration_seconds A summary of the GC invocation durations.
# TYPE go_gc_duration_seconds summary
go_gc_duration_seconds{quantile="0"} 1.1666e-05
go_gc_duration_seconds{quantile="0.25"} 2.6265e-05
go_gc_duration_seconds{quantile="0.5"} 4.8366e-05
go_gc_duration_seconds{quantile="0.75"} 7.8298e-05
go_gc_duration_seconds{quantile="1"} 0.000280123
go_gc_duration_seconds_sum 0.193642882
go_gc_duration_seconds_count 1907
```

在上述例子中，可以看到基于 Go 语言编写的 Prometheus 的 gc 总次数是 1907，耗时 0.193642882s，其中中位数（quantile=0.5）计算的耗时为 4.8366e-05s，代表 1907 次中 50% 的次数是小于 4.8366e-05s 的。

Summary 类型的样本也会提供 3 种指标，假设指标名称为 <basename>。
- 样本值的分位数分布情况，命名为 <basename>{quantile="<ϕ>"}，属于计数器类型。
- 所有样本值的大小总和，命名为 <basename>_sum，属于计数器类型。
- 样本总数，命名为 <basename>_count，属于计数器类型。

知识拓展：Summary 和 Histogram 的异同

1）它们都包含了 <basename>_sum 和 <basename>_count 指标。

2）Histogram 需要通过 <basename>_bucket 来计算分位数，而 Summary 则直接存储了分位数的值。

3）如果需要汇总或者了解要观察的值的范围和分布，建议使用 Histogram；如果并不在乎要观察的值的范围和分布，仅需要精确的 quantile 值，那么建议使用 Summary。

Summary 的强大之处就是可以利用除法去计算时间的平均值。如果要从 Histogram 和 Summary 中计算最近 5 分钟内的平均请求持续时间 http_request_duration_seconds，可以用如下表达式进行。

```
rate(http_request_duration_seconds_sum[5m])/rate(http_request_duration_seconds_count[5m])
```

count 本质上是一个计数器，sum 通常情况下也会像计数器那样工作。但是 Summary 和 Histogram 可能观察到负值，比如温度（-20℃），这种情况下会导致观察的总量下降，无法再使用 rate 函数。

比如下面的例子就可以计算过去 5 分钟内每次响应中返回的平均字节数。

```
sum without(handler)(rate(http_response_size_bytes_sum[5m]))
/
sum without(handler)(rate(http_response_size_bytes_count[5m]))
```

关于这个例子，我们需要注意几点。

- 因为 http_response_size_bytes_count 和 http_response_size_bytes_sum 是计数器类型，所以必须在计算前先使用 rate 等函数。
- 因为 Prometheus 的 API 会有很多 handler，所以可以使用 without 过滤掉 handler 的返回值。
- PromQL 要先执行 rate() 再执行 sum()，不能先执行 sum() 再执行 rate()。
- 在统计学上，尤其是计算平均值时，要先进行 sum 等求和运算再做除法。对一个平均值再求平均是不正确的，如下所示。

```
// 合法
sum without(instance)(
    sum without(handler)(rate(http_response_size_bytes_sum[5m]))
)
/
sum without(instance)(
    sum without(handler)(rate(http_response_size_bytes_count[5m]))
)
```

```
// 非法
avg without(instance)(
    sum without(handler)(rate(http_response_size_bytes_sum[5m]))
  /
    sum without(handler)(rate(http_response_size_bytes_count[5m]))
)

// 非法
avg(http_request_duration_seconds{quantile="0.95"})
```

学完这些知识点，再来通过两个关于 count 的案例夯实一下理论。

案例一：计算所有的实例 CPU 核心数。

```
count by (instance) ( count by (instance,cpu) (node_cpu_seconds_total{mode=
    "system"}) )
```

案例二：计算单个实例 192.168.1.1 的 CPU 核心数。

```
count by (instance) ( count by (instance,cpu) (node_cpu_seconds_total{mode="system",
    instance="192.168.1.1"})
```

4.4 13 种聚合操作

在实际生产环境中，往往有着成百上千的实例，用户不可能逐个筛选每个实例的指标。聚合操作（Aggregation Operator）允许用户在一个应用程序中或多个应用程序之间对指标进行聚合计算，可以对瞬时表达式返回的样本数据进行聚合，形成一个具有较少样本值的新的时间序列。聚合操作只对瞬时向量起作用，输出的也是瞬时向量，以下都是聚合操作的案例。

```
# 查询系统所有 HTTP 请求的总量
sum(http_request_total)

# 按照 mode 计算主机 CPU 的平均使用时间
avg(node_cpu) by (mode)

# 查询各个主机的 CPU 使用率
sum(sum(irate(node_cpu{mode!='idle'}[5m])) / sum(irate(node_cpu[5m]))) by
(instance)
```

除去两个用来保留不同维度的可选操作符（without 和 by，可以放在语句前和语句后）外，一共有 11 个聚合操作。操作符作用于瞬时向量，所有的 11 个聚合操作都使用相同的分组逻辑。聚合操作的不同之处在于它们对分组数据的处理，如下所示。

- sum（求和）；
- min（最小值）；
- max（最大值）；

- avg（平均值）；
- stddev（标准差）；
- stdvar（标准差异）；
- count（计数）；
- count_values（对 value 进行计数）；
- bottomk（样本值最小的 k 个元素）；
- topk（样本值最大的 k 个元素）；
- quantile（分布统计）。

如下就是聚合操作的两种经典表达式的写法。

```
<aggr-op> [without|by (<label list>)] ([parameter,] <vector expression>)
```

或者

```
<aggr-op>([parameter,] <vector expression>) [without|by (<label list>)]
```

> **注意** 只有 count_values、quantile、topk、bottomk 聚合操作支持参数（parameter）。

1. without

without 用于从计算结果中移除某些标签，而保留其他标签。举个例子，假如 http_requests_total 的时间序列标签集有 3 个，分别是 application、instance 和 group，可以通过如下 PromQL 语句计算所有 instance 中每个 application 和 group 的请求总量。

```
sum(http_requests_total) without (instance)
```

它和如下两种 by 的方式是一样的。

```
sum(http_requests_total) by (application, group)
sum by (application, group) (http_requests_total)
```

without 命令可以删除圈定的度量名称（Metrics Name），它生成的是一个基于原始指标聚合计算后的新指标，而不是原始指标。当一个 PromQL 语句更改时间序列的值或含义时，度量名称就会被删除。在示例中，without 后面的括号()是含标签的，但是 without 后面的括号不含标签也是有效的。如下两个 PromQL 返回结果是相同的，唯一不同的是前者的度量名称会被删除。

```
sum without()(http_requests_total)
http_requests_total
```

举个例子，新的内核版本会引入一些细微的问题，这些问题可能很难在所有计算机上都发现。假设用户怀疑问题与 time_wait 状态下的 TCP 套接字有关，此类 Sockets 的数量包含在 node_sockstat_TCP_tw 度量标准中，可以执行如下 PromQL 语句。

```
avg without (instance)(
    node_sockstat_TCP_tw
  * on(instance) group_left(release)
    node_uname_info
)
```

上述 PromQL 语句会根据实例标签的相同性将 release 标签（内核版本）添加到 node_sockstat_TCP_tw 度量标准 node_uname_info 中，然后再取平均值。此过程会忽略 instance 标签，并最终产生每个内核版本的结果。如果要对 TCP Sockets 的使用率进行简单评估，可以使用如下 PromQL 语句。

```
avg without (instance)(
    node_sockstat_TCP_tw
  /
    node_sockstat_TCP_inuse
  * on(instance) group_left(release)
    node_uname_info
)
```

2. by

by 和 without 相反，结果向量中只保留列出的标签，其余标签则移除，即 without 指定要删除的标签，by 指定要保留的标签。在使用 by 和 without 的时候都要小心，不能删除那些在告警和 Grafana 仪表盘中使用的目标标签。在同一个聚合语句中不可以同时使用 by 和 without。

通常来说，without 的使用场景比 by 更广。但在如下两种场景下，by 比 without 更加有用。

第一种场景是，by 并不会自动删除标签 __name__，这样可以写出如下 PromQL 语句来查询有多少时间序列是同名的。

```
sort_desc(count by(__name__)({__name__=~".+"}))
```

第二种场景是想要删除任何你所不知道的标签。

结合 sum 使用 by 的时候，by 后的括号 () 也是可以不含标签的，甚至可以直接省略 by。以下两个 PromQL 语句就是等价的。

```
sum by()(http_requests_total)
sum (http_requests_total)
```

3. sum

sum 是最常见的聚合器，它将分组中所有的值相加并返回。如下就是一个例子：

```
sum(http_requests_total) by (instance, application, group)
```

在处理各种各样的计数器的时候，一定要注意在执行 sum 之前先执行 rate。姑且不说我们之前提过的原则"PromQL 要先执行 rate() 再执行 sum()，不能先执行 sum() 再执行 rate()"，仅说由于启动、重启、初次使用等时间的不同，如果不同的 Exporter 所提供的计数器的数据只做 sum，那实际上是没有意义的。

我们再来看几个例子，比如返回度量指标 http_requests_total 过去 5 分钟内的 HTTP 请求数的平均增长速率的总和，维度是 job。

```
sum(rate(http_requests_total[5m])) by (job)
```

每个应用剩余的内存可以使用如下表达式获得。

```
sum(
  instance_memory_limit_bytes - instance_memory_usage_bytes
) by (app, proc) / 1024 / 1024
```

4. min

min 聚合器返回分组内的最小值作为这个分组的返回值。如下例子可以返回每个实例上最小的文件系统大小。

```
min without(device, fstype, mountpoint)(node_filesystem_size_bytes)
```

需要注意的是，如果一个分组内的所有值都是 NaN，那么 min 聚合运算结果返回 NaN。

5. max

max 聚合器返回分组内的最大值作为这个分组的返回值。如下例子可以返回每个实例上最大的文件系统大小。

```
max without(device, fstype, mountpoint)(node_filesystem_size_bytes)
```

需要注意的是，如果一个分组内的所有值都是 NaN，那么 max 聚合运算返回 NaN。

在 min 和 max 函数中，可以看到 NaN 频繁出现。一些监控系统使用 NaN 作为空值或默认值，但是在 Prometheus 中，NaN 只是一个浮点值。Prometheus 表示数据不存在的方式是丢失数据。Prometheus 支持所有 64 位浮点值，包括正无穷、负无穷和 NaN。

NaN 可能出现在两种情况下。

1）从 sum、count 或者 Summary、Histogram 中获取平均值的场景。比如 rate(my_sum[5m])/rate(my_count[5m])，如果近期没有事件发生，那么 count 的分母就是 0，分子除以 0 就得到 NaN。

2）Summary 汇总指标的分位数 quantiles。如果最近没有发生的事件，也会产生 NaN。由于统计的无效性，请不要这么做，这么做没有意义。

```
avg by (job)(
   rate(my_sum[5m])
 /
   rate(my_count[5m])
)
```

相反，应该先求总和，然后相除。除法一定要放在最后一步，如下所示。

```
sum by (job)(rate(my_sum[5m]))
/
sum by (job)(rate(my_count[5m]))
```

使用 min 和 max，以及后面要介绍的 avg 等进行数学运算时，如果 NaN 作为输入，结果也会是 NaN。因此，关于 NaN 最重要的事情并不是在下游处理坏数据，而是消除 NaN 产生的源头。

在 PromQL 中有一些地方对 NaN 值进行了特殊处理，因此结果符合预期。min 和 max 将分别认为一个 NaN 值比其他所有数字都大或小。sort 和 sort_desc 实际上不是对称的，NaN 总是排在底部。与此类似，bottomk 和 topk 将分别认为一个 NaN 值比其他所有数字都大或小。换句话说，只要有至少 k 个非 NaN 值，bottomk 和 topk 就不会返回 NaN。

NaN 在 Prometheus 中用于过时标记的处理。这是一个 Prometheus 的实现细节，在过时数据实现中使用的特定位模式恰好是一个 NaN，但 PromQL 的用户永远不会看到它，除非远程存储实现需要关心这个问题（比如用户需要自己做一些计算）。

6. avg

avg 聚合器返回分组内的时间序列的平均值作为这个分组的返回值。比如 Node Exporter 会收集 node_cpu_seconds_total 指标。下面的例子可以返回最近 5 分钟内每个 Node Exporter 的 CPU 平均使用情况。

```
avg without(cpu)(rate(node_cpu_seconds_total[5m]))
```

这个例子和下面的例子在功能上是一样的，但是它在 PromQL 语言的表现上更加简单和高效。

```
sum without(cpu)(rate(node_cpu_seconds_total[5m]))
/
count without(cpu)(rate(node_cpu_seconds_total[5m]))
```

查询主机的 CPU 使用率，可以使用如下表达式。

```
100 * (1 - avg (irate(node_cpu{mode='idle'}[5m])) by(job) )
```

和前面介绍 min、max 聚合表达式一样，输入为 NaN 也会导致整个 avg 结果变成 NaN。

> **注意**
> 1）不要对平均值再取平均值。
> 2）平均值在统计学上是无效的，在统计学上尤其是计算平均值时，要先执行 sum 等求和运算再做除法。这部分知识可以参照我们前文介绍的 Summary 部分。

7. stdvar

平均值：所有数据之和除以数据点的个数，以此表示数据集的平均大小。其数学公式如下。

$$\bar{x} = \frac{x_1 + x_2 + \cdots + x_n}{n}$$

stdvar（Standard Variance）在数学中称为方差，具有统计学的意义。方差用于衡量随机变量或一组数据的离散程度。在样本容量相同的情况下，数据分布得越分散（即数据在平均数附近波动较大），各个数据与平均数的差的平方和越大，此时方差就越大；数据分布越集中，各个数据与平均数的差的平方和越小，此时方差就越小。方差越大，数据的波动就越大；方差越小，数据的波动就越小。

概率论中，方差用来度量随机变量和其数学期望（即均值）之间的偏离程度。统计中的方差（样本方差）是每个样本值与全体样本值的平均数之差的平方值的平均数。在许多实际问题中，研究方差有着重要意义。方差是衡量源数据和期望值相差的度量值。标准方差的数学公式如下。

$$s_N^2 = \frac{1}{N}\sum_{i=1}^{N}(x_i - \bar{x})^2$$

8. stddev

stddev（Standard Deviation）在数学中称为标准差，又称均方差，是离均差平方的算术平均数的平方根，用 σ 表示。在概率统计中，常使用标准差来统计分布程度。标准差是方差的算术平方根。标准差能反映一个数据集的离散程度。平均数相同的两组数据，标准差未必相同。其数学公式如下（方差的平方根）。

$$\sigma = \sqrt{\frac{1}{N}\sum_{i=1}^{N}(x_i - \bar{x})^2}$$

基于上述公式，可得到如下结论。

- 由于方差是数据的平方，与检测值本身相差较大，人们难以形成直观的判断，所以常用对方差进行开方，以此换算得到标准差。
- 标准差与方差不同的是，标准差和变量的计算单位相同，比方差直观，因此很多时候我们使用的是标准差。
- 在样本数据大致符合正态分布的情况下，标准差具有方便估算的特性：66.7% 的数据点落在平均值前后 1 个标准差的范围内，95% 的数据点落在平均值前后 2 个标准差的范围内，而 99% 的数据点将会落在平均值前后 3 个标准差的范围内。

9. count

count 聚合操作是对分组中的时间序列的数目进行求和。比如下面这个例子。

```
count without(handler)(http_requests_total)
```

如果 HTTP 请求有 8 个 handler，那么就可能返回这样的结果。

```
{instance="localhost:8080",job="HelloWorld"} 8
```

假设一个服务实例只有一个时间序列数据，那么我们可以通过下面的表达式统计出每个应用的实例数量。

```
count(instance_cpu_time_ns) by (app)
```

count 还可以用在一些场景下，比如获取唯一的标签值。下面的例子可以获取每个实例每个 CPU 的相关信息。

```
count without (mode)(node_cpu_seconds_total)
```

上述 PromQL 将返回如下结果。

```
{cpu="0",instance="localhost:8080",job="HelloWorld"} 8
{cpu="1",instance="localhost:8080",job="HelloWorld"} 8
{cpu="2",instance="localhost:8080",job="HelloWorld"} 8
{cpu="3",instance="localhost:8080",job="HelloWorld"} 8
```

此时，如果在外面再加一层 count，即可以获取每台机器上可以使用的 CPU 数量。

```
count without(cpu)(count without (mode)(node_cpu_seconds_total))
```

外层的 without 删除了 CPU 标签以后可以返回如下结果。

```
{instance="localhost:8080",job="HelloWorld"} 4
```

10. count_values

count_values 用于表示时间序列中每一个样本值出现的次数。count_values 会为每一个唯一的样本值输出一个时间序列，并且每一个时间序列包含一个额外的标签。这个标签的名字由聚合参数指定，同时这个标签值是唯一的样本值。下面的例子表示时间序列中 http_requests_total 出现的次数。

```
count_values("count", http_requests_total)
```

count_values 和后面要介绍的 topk 一样，它接受一个参数后返回的是分组内的多个时间序列。它构建的是一个频率直方图（Frequency Histogram），返回的结果会将参数里的值作为一个新的标签。这段文字有点拗口，我们结合下面的例子来看看。

```
http_requests_total {"instance=192.168.1.1", job="HelloWorld"} 6
http_requests_total {"instance=192.168.1.2", job="HelloWorld"} 7
http_requests_total {"instance=192.168.1.3", job="HelloWorld"} 8
http_requests_total {"instance=192.168.1.4", job="HelloWorld"} 8
http_requests_total {"instance=192.168.1.5", job="HelloWorld"} 6
http_requests_total {"instance=192.168.1.5", job="HelloWorld"} 6
```

如上所示，6 出现了 3 次，7 出现了 1 次，8 出现了 3 次，这时如果执行如下命令：

```
count_values without(instance)("num", http_requests_total)
```

那么结合上面的时间序列，我们可以得到如下结果。

```
{job="HelloWorld", num="6"} 3
{job="HelloWorld", num="7"} 1
{job="HelloWorld", num="8"} 2
```

在实践中 count_values 一般用于统计版本号。例如计算运行每个构建版本的二进制文件的数量。

```
count_values("version", build_version)
```

返回结果如下。

```
{count="641"}    1
{count="3226"}   2
{count="644"}    4
```

count_values 可以和 count 结合起来计算一个给定聚合分组内的某个数。比如下面的例子。

```
count without(num)(
  count_values without(instance)("num", http_requests_total)
)
```

由上述代码可以得到如下结果，http_requests_total 返回值的数据有 3 个（6、7、8）。

```
{job="HelloWorld"} 3
```

count_values 的还可以结合 count 用在其他方面，比如统计机器有多少磁盘设备，如下所示。

```
count_values without(instance)(
  "devices", count without(device) (node_disk_io_now)
)
```

这样的话，你可能得到这样的结果（一台机器有 10 个磁盘设备）。

```
{devices="10",job="HelloWorld"}
```

11. bottomk

bottomk 用于对样本值进行排序，然后返回排在后 n 位的样本值。例如要获取 HTTP 请求数排序后处于后 5 位的时序样本数据，可以使用如下表达式。

```
bottomk(5, http_requests_total)
```

这个聚合操作同样需要尽可能避免返回带有 NaN 值的时间序列。

12. topk

topk 用于对样本值进行排序，然后返回排在前 n 位的时间序列。例如要获取 HTTP 请求数排序后处在前 5 位的时序样本数据，可以使用如下表达式。

```
topk(5, http_requests_total)
```

案例一：按照应用和进程类型来获取 CPU 利用率最高的 3 个样本数据。

```
topk(3, sum(rate(instance_cpu_time_ns[5m])) by (app, proc))
```

案例二：获取所有实例的内存使用百分比最高的前 2 个。

```
topk(2,node_memory_MemFree_bytes / node_memory_MemTotal_bytes * 100 )
```

这个聚合操作同样需要尽可能避免返回带有 NaN 值的时间序列。

topk 还可以用来分析 Prometheus 服务器内部的所有指标。比如要知道哪些指标使用的资源最多，最好先统计每个指标有多少时间序列，然后显示前 10 位，此时可以在表达式浏览器控制台中执行如下 PromQL 表达式。

```
topk(10, count by (__name__)({__name__=~".+"}))
```

也可以按照 job 进行汇总。

```
topk(10, count by (__name__, job)({__name__=~".+"}))
```

或者查看哪些作业的时间序列最多。

```
topk(10, count by (job)({__name__=~".+"}))
```

请注意，由于这些查询涉及所有时间序列，因此消耗资源较多，最好不要用这种性质的查询来影响 Prometheus 的性能。

13. quantile

quantile（分位数）用于计算当前样本数据值的分布情况，函数公式是 quantile(ϕ, express)，其中 $0 \leq \phi \leq 1$。我们在使用分位数 quantile 时需要带上一个参数 ϕ，这在之前的 Summary 和 Histogram 中都有介绍过。如果 HTTP 请求的中位数为 0.5（$\phi = 0.5$），可以使用如下的 PromQL 表达式求分位数。

```
quantile(0.5, http_requests_total)
```

再比如下面的例子，想要知道在最近 5 分钟内，每台机器上 90% 的 CPU 在系统模式下每秒至少花费多少资源，可以使用如下 PromQL 表达式：

```
quantile without(cpu)(0.9, rate(node_cpu_seconds_total{mode="system"}[5m]))
```

4.5 Prometheus 的 3 种二元操作符

二元操作符（Binary Operator）表示接受两个操作数的运算符，可以对瞬时向量进行更为复杂的运算。这就是 PromQL 相比于其他基于指标的监控系统更加强大的地方，Prometheus 的二元操作符分为 3 种类型，分别是算术运算符、集合/逻辑运算符和比较运算符。

4.5.1 算术运算符

Prometheus 系统支持下面 6 种二元算术运算符：加法（+）、减法（-）、乘法（×）、除法（/）、模（%）、幂（^）。二元运算操作符支持 scalar/scalar（标量/标量）、vector/scalar（向量/标量）、vector/vector（向量/向量）之间的操作。

> 说明 在两个标量之间进行数学运算，得到的结果也是标量。
> 在向量和标量之间进行运算，运算符会作用于这个向量的每个样本值上。例如：如果一个时间序列瞬时向量除以 2，操作结果是一个新的瞬时向量，且度量指标名称不变，计算过程相当于对原度量指标瞬时向量的每个样本值除以 2。
> 如果在瞬时向量与瞬时向量之间进行数学运算，过程会相对复杂一点，运算符会依次找到与左边向量元素匹配（标签完全一致）的右边向量元素进行运算，如果没找到匹配元素，则直接丢弃。同时，新的时间序列将不会包含指标名称。

除法（/）在我们之前的案例中介绍过很多了，它在单位换算中也经常会被用到。

案例一：计算当前所有主机节点的内存使用率。

```
(node_memory_bytes_total - node_memory_free_bytes_total) / node_memory_bytes_total
```

案例二：计算当前内存使用率超过 95% 的主机。

```
((node_memory_bytes_total - node_memory_free_bytes_total) / node_memory_bytes_total > 0.95
```

案例三：计算每个应用的剩余内存。

```
(instance_memory_limit_bytes - instance_memory_usage_bytes) / 1024 / 1024
```

案例四：计算使用内存的百分比，用总内存减去空闲内存、缓冲区和缓存区的大小后，再除以总内存。

```
(node_memory_MemTotal_bytes - (node_memory_MemFree_bytes + node_memory_Buffers_bytes + node_memory_Cached_bytes)) / node_memory_MemTotal_bytes * 100
```

或者

```
node_memory_MemFree_bytes / node_memory_MemTotal_bytes * 100
```

> 说明 关于内存的指标值主要有如下几个。
> ❑ node_memory_MemTotal_bytes：主机上的内存总量。

- node_memory_MemFree_bytes：主机上的空闲内存。
- node_memory_Buffers_bytes：内存缓冲区大小。
- node_memory_Cached_bytes：内存缓存区大小。

案例四：计算磁盘空间利用率百分比。用总空间减去剩余空间得到的是使用空间，再除以总空间得到的就是利用率。

```
(node_filesystem_size_bytes{mountpoint="/"} - node_filesystem_free_bytes
  {mountpoint="/"}) / node_filesystem_size_bytes{mountpoint="/"} * 100
```

案例五：计算 instance 为 192.168.1.1 的根分区使用率。

```
100 - ((node_filesystem_avail_bytes{instance="192.168.1.1",mountpoint="/",fstype=~
  "ext4|xfs"} * 100) / node_filesystem_size_bytes {instance=~"192.168.1.1",
  mountpoint="/",fstype=~"ext4|xfs"})
```

4.5.2 集合 / 逻辑运算符

集合 / 逻辑运算符（Logical/Set Binary Operators），仅用于瞬时向量之间。目前，Prometheus 支持以下集合运算符（这里没有 not 运算符，Prometheus 内置函数 absent 扮演了 not 的角色）：and（并且）、or（或者）、unless（排除）。

- vector1 and vector2：会产生一个由 vector1 的元素组成的新的向量。该向量中的元素由 vector1 中完全匹配 vector2 的元素组成。
- vector1 or vector2：会产生一个新的向量。该向量包含 vector1 中所有的元素，以及 vector2 中没有与 vector1 匹配到的元素。
- vector1 unless vector2：会产生一个新的向量。该向量中的元素由 vector1 中没有与 vector2 匹配的元素组成。

下面演示了 and 的 PromQL 案例，它表示最近 5 分钟内，每秒至少处理一个请求（and 后的语句），并且 Prometheus 处理请求平均占用 1 秒。

```
( rate(http_request_duration_microseconds_sum{job="prometheus"}[5m]) / rate
  (http_request_duration_microseconds_count{job="prometheus"}[5m]) ) > 1000000
and
rate(http_request_duration_microseconds_count{job="prometheus"}[5m]) > 1
```

这样的数据返回的信息很多，针对 and，我们可以采用 on 和 ignore 操作符来做一些过滤。on 可以限制时间，比如只需要 9 点到 17 点之间的数据。

```
( rate(http_request_duration_microseconds_sum{job="prometheus"}[5m]) / rate
  (http_request_duration_microseconds_count{job="prometheus"}[5m]) ) > 1000000
and
rate(http_request_duration_microseconds_count{job="prometheus"}[5m]) > 1
and on()
    hour() > 9 <17
```

hour 的功能可以用在 minute()、hour()、day_of_week()、day_of_month()、days_in_month()、month()、year() 中。Prometheus 默认的时间都是 UTC 时间。

and 命令在实际生产中很有用，我们可以结合之前介绍过的预测函数得到如下 PromQL 表达式。

```
(1- node_filesystem_avail_bytes{fstype=~"ext4|xfs",mountpoint="/"} / node_
   filesystem_size_bytes{fstype=~"ext4|xfs",mountpoint="/"}) * 100 >= 85   and
   (predict_linear(node_filesystem_avail_bytes[8h],3600 * 24) < 0)
```

上述代码用 and 命令可分割为两个部分：前面部分计算根分区使用率大于 85 的，后面部分计算根据近 8 小时的数据预测接下来 24 小时的磁盘可用空间是否小于 0。

下面演示了 unless 的 PromQL 案例，它表示统计进程的平均 CPU 使用量，除了那些使用少于 100MB 且常驻内存的进程。

```
rate(process_cpu_seconds_total[5m])
unless
process_resident_memory_bytes < 100 * 1024 * 1024
```

本节开头提出的 Prometheus 内置函数 absent 扮演了 not 的角色，在实际告警配置中也是有着非常灵活的作用。比如这样一种场景，absent 可以轻松完成数字太大或太小相关的告警。但是如果数字丢失了怎么办？

如果实例从服务发现中消失，这将导致 avg by (job)(up) < 0.5 这样的告警表达式不返回数据而不是发出告警。这就是没有输入，聚合运算就产生不了输出。因此，建议对要离开 job 的所有目标发出告警，如下所示。

```
groups:
- name: example
  rules:
  - alert: MyJobMissing
    expr: absent(up{job="myjob"})
    for: 10m
```

Prometheus 无法知道应该存在哪些标签集，因此建议用户为每个作业提供一个 absent 这样的告警规则。

4.5.3 比较运算符

Prometheus 支持的比较运算符主要包括 ==（相等）、!=（不相等）、>（大于）、<（小于）、>=（大于等于）、<=（小于等于）。

比较运算符被应用于 Scalar/Scalar（标量/标量）、Vector/Scalar（向量/标量）和 Vector/Vector（向量/向量）。有点不同的是，默认情况下布尔运算符只会根据时间序列中样本的值，对时间序列进行过滤。比如下面这个例子。

```
http_requests_total {"instance"=192.168.1.1, job="HelloWorld"} 6
http_requests_total {"instance"=192.168.1.2, job="HelloWorld"} 7
http_requests_total {"instance"=192.168.1.3, job="HelloWorld"} 8
http_requests_total {"instance"=192.168.1.4, job="HelloWorld"} 8
http_requests_total {"instance"=192.168.1.5, job="HelloWorld"} 6
http_requests_total {"instance"=192.168.1.5, job="HelloWorld"} 6
```

执行 PromQL 表达式 http_requests_total > 7 就会得到如下结果。

```
http_requests_total {"instance"=192.168.1.3, job="HelloWorld"} 8
http_requests_total {"instance"=192.168.1.4, job="HelloWorld"} 8
```

因为值不能被改变，所以保留了度量名称。在过滤的用法中，当比较一个标量和一个瞬时向量时，总是返回瞬时向量的元素；在两个标量之间进行过滤是不被允许的。过滤主要用于告警规则的场景中。

我们再来拓展一个案例，查看每个作业的进程数，而进程数需要满足打开的文件描述符超过 10 个的条件，此时可以使用如下的 PromQL 表达式。

```
count without(instance)(process_open_fds > 10)
```

我们可以通过在运算符后面使用 bool 修饰符来改变布尔运算的默认行为。使用 bool 修改符后，布尔运算不会对时间序列进行过滤，而是直接输出瞬时向量中各个样本数据与标量的比较结果 0（表示 false）或者 1（表示 true），得到的结果也是标量。如下所示。

```
10 > bool 3  # 结果为 1
```

之前的案例继续拓展一下，求和得到每个具有 10 个以上打开文件描述符的作业进程数量，可以使用如下 PromQL 表达式。

```
sum without(instance)(process_open_fds > bool 10)
```

说明

1）瞬时向量和标量之间的布尔运算会应用到某个时刻的每个时序数据上，如果一个时序数据的样本值与这个标量比较的结果是 false，那么这个时序数据会被丢弃；如果是 true，这个时序数据会被保留在结果中。如果使用了 bool 修饰符，那么比较结果是 0 的时序数据会被丢弃，而比较结果是 1 的时序数据会被保留。

2）瞬时向量与瞬时向量直接进行布尔运算时，同样遵循默认的匹配模式：依次找到与左边向量元素匹配（标签完全一致）的右边向量元素进行相应的操作。如果没找到匹配元素，或者计算结果为 false，直接丢弃；如果匹配上了，将左边向量的度量指标和标签的样本数据写入瞬时向量。如果提供了 bool 修饰符，那么比较结果是 0 的时序数据会被丢弃掉，而比较结果是 1 的时序数据（只保留左边向量）会被保留。

4.5.4 优先级

在 Prometheus 系统中，二元运算符优先级从高到低的顺序为：

1）^；
2）*、/、%；
3）+、-；
4）==、!=、<=、<、>=、>；
5）and、unless；
6）or。

具有相同优先级的运算符满足结合律（左结合）。例如，2 * 3 % 2 等价于 (2 * 3) % 2，a or b * c + d 等价于 a or ((b * c) + d)。但是运算符 ^ 例外，^ 满足的是右结合。例如，2 ^ 3 ^ 2 等价于 2 ^ (3 ^ 2)。我们可以使用括号 () 改变求值的顺序。

> **建议** 建议在 PromQL 表达式的计算顺序不是很清楚的地方加括号，因为并不是每个人都能记住或者看清运算符的优先级。

4.6 向量匹配

在标量和瞬时向量之间使用运算符可以满足很多需求，但是在两个瞬时向量之间使用运算符才是 PromQL 真正发挥威力的地方。向量与向量之间进行运算操作时会基于默认的匹配规则：依次找到与左边向量元素匹配（标签完全一致）的右边向量元素进行运算，如果没找到匹配元素，直接丢弃。Prometheus 中的向量匹配主要分为一对一、一对多、多对一、多对多这 4 种匹配模式。

4.6.1 一对一匹配

一对一匹配模式会从操作符两边表达式获取的瞬时向量依次比较，并找到唯一匹配（标签完全一致）的样本值。默认情况下，使用如下表达式。

```
vector1 <operator> vector2
```

如果一边的样本值和另一边的样本值不匹配，那么它就不会出现在结果中。

在操作符两边表达式标签不一致的情况下，可以使用 on(Label List) 或者 ignoring(Label List) 来修改标签的匹配行为。ignoring 可以在匹配时忽略某些标签，而 on 则用于将匹配行为限定在某些标签之内。

```
<vector expr> <bin-op> ignoring(<label list>) <vector expr>
<vector expr> <bin-op> on(<label list>) <vector expr>
```

比如如下所示的样本。

```
http_requests:rate5m {"code"=404, job="HelloWorld", method="get" } 6
http_requests:rate5m {"code"=404, job="HelloWorld", method="get" } 7
http_requests:rate5m {"code"=404, job="HelloWorld", method="put" } 8
http_requests:rate5m {"code"=200, job="HelloWorld", method="post" } 8
http_requests:rate5m {"code"=200, job="HelloWorld", method="post" } 6

http_requests:rate5m {job="HelloWorld", method="get" } 8
http_requests:rate5m {job="HelloWorld", method="del" } 6
http_requests:rate5m {job="HelloWorld", method="post" } 6
```

我们可以使用如下 PromQL 表达式获取过去 5 分钟内 HTTP 请求中 404 所占的比例，在匹配时通过 ignore(code) 忽略标签 code。

```
http_requests:rate5m {code="404"} / ignoring(code) http_requests:rate5m
```

1）由于 method 为 put 和 del 的样本找不到匹配项，因此不会出现在结果当中。

2）如果在进行一对一匹配的二进制操作符中得到了一个空的瞬时向量，那么极有可能是操作中的样本的标签不匹配。

3）本例中我们使用了 ignore。on 操作符和 by 有着一样的缺点，就是用户需要知道当前时间序列上的所有标签，或者将来在其他上下文中可能出现的所有标签。

4）一对一匹配遵循向左匹配原则（比如，两个瞬时向量进行比较计算）。

4.6.2 一对多和多对一匹配

多对一和一对多两种匹配模式指的是"一"侧的每一个向量元素可以与"多"侧的多个元素匹配。在这种情况下，必须使用 group 修饰符——group_left 或者 group_right，以确定哪一个向量具有更高的基数（充当"多"的角色）。

```
<vector expr> <bin-op> ignoring(<label list>) group_left(<label list>) <vector expr>
<vector expr> <bin-op> ignoring(<label list>) group_right(<label list>) <vector expr>
<vector expr> <bin-op> on(<label list>) group_left(<label list>) <vector expr>
<vector expr> <bin-op> on(<label list>) group_right(<label list>) <vector expr>
```

多对一和一对多两种模式一定是出现在操作符两侧表达式返回的向量标签不一致的情况下，因此需要使用 ignoring 和 on 修饰符来排除或者限定匹配的标签列表。

还是拿这个样本举例，调整一下数据值。

```
// 左向量
http_requests:rate5m {"code"=500, job="HelloWorld", method="get" } 24
http_requests:rate5m {"code"=404, job="HelloWorld", method="get" } 30
http_requests:rate5m {"code"=501, job="HelloWorld", method="put" } 3
http_requests:rate5m {"code"=500, job="HelloWorld", method="post" } 6
http_requests:rate5m {"code"=404, job="HelloWorld", method="post" } 21

// 右向量
```

```
http_requests:rate5m {job="HelloWorld", method="get" } 600
http_requests:rate5m {job="HelloWorld", method="del" } 34
http_requests:rate5m {job="HelloWorld", method="post" } 120
```

使用如下 PromQL 表达式。

```
http_requests:rate5m / ignoring(code) group_left http_requests:rate5m
```

在限定匹配标签后，右向量中的元素可能匹配到多个左向量中的元素。因此，该表达式的匹配模式为多对一，需要使用 group 修饰符 group_left 指定哪个左向量具有更好的基数。可以得到如下结果。

```
{method="get", code="500"}   0.04      // 24 / 600
{method="get", code="404"}   0.05      // 30 / 600
{method="post", code="500"}  0.05      // 6 / 120
{method="post", code="404"}  0.175     // 21 / 120
```

注意 1）group_left 的这个特性可以用在很多场景中，比如比较集群上主、备等副本之间的差异。

2）group_left 可以将一个 target 上的指标信息添加到其他 target 上。

3）group_right 和 group_left 的工作方式相同，由于 PromQL 内部很多表达式执行的是最左原则，建议尽量使用 group_left 保持向左的风格。

4.6.3 多对多匹配

我们在 4.5.2 节介绍的 3 种逻辑运算符 and（并且）、or（或者）和 unless（排除）都可以以多对多的方式工作，它们是唯一可以进行多对多工作的运算符。和算术运算符、比较运算符不同的是，以 3 种逻辑运算符为代表的多对多匹配，并没有数学计算，只有多对多的分组和样本。因为大体内容前边已经介绍了，这里就不再展开了。

4.7 本章小结

本章我们首先介绍了时间序列的概念，带着大家通过对概念的梳理了解 Prometheus 底层存储数字的原理。基于 PromQL 数据类型和 Metrics 类型，我们介绍了进行 PromQL 查询时必须要掌握的知识点，比如选择器、指标类型、聚合操作、二元操作符、内置函数等。

针对这些知识点，我们通过理论联系实际的方式提供了非常全的实战案例，目的就是帮助大家快速上手且掌握 PromQL。

在使用 PromQL 时，如何让表达式变得优雅？哪些地方在实战过程中有坑？哪些地方可以进行优化？本章针对这些问题，提供了很多实践案例和知识点，相信读者朋友们会收获满满。

鉴于 PromQL 还提供了大量的内置函数，这些内容较多且重要，所以我们会用单独的一章来进行详细介绍。

第 5 章 PromQL 高级实战

第 4 章我们用了很大的篇幅介绍了 Prometheus 实战的核心——PromQL，本章会深入介绍内置函数、HTTP API、记录规则、告警规则、metric_relabel_configs、relabel_configs 这 6 个方面的 PromQL 最佳实践与性能优化方法。

5.1 Prometheus 内置函数

Prometheus 提供了大量的内置函数，以对时序数据进行丰富的处理。在 Prometheus 官网最新的文档[⊖]上，截至本书完稿时，共有 46 个内置函数（特殊的 <aggregation>_over_time 系列是 8 个）。在本节中，读者会了解到所有的函数是哪些，它们是如何工作的，以及如何使用它们。

除了 time 和 scalar 两个函数返回标量外，大多数 PromQL 函数都返回瞬时向量。官方对内置函数的排序是按照英文字母 a ~ z 的顺序进行的，并没有对 Prometheus 内置函数分类。本节则根据函数功能的相关性进行了分类，如表 5-1 所示。

表 5-1 PromQL 内置函数分类

类型名称	数目	具体函数
动态标签	2	label_replace、label_join
数学运算	11	abs、exp、ln、log2、log10、sqrt、ceil、floor、round、clamp_max、clamp_min
类型转换	2	vector、scalar

⊖ Prometheus 官网内置函数：https://prometheus.io/docs/prometheus/latest/querying/functions/。

（续）

类型名称	数目	具体函数
时间和日期	9	time、minute、hour、month、year、day_of_month、day_of_week、days_in_month、timestamp
多对多逻辑运算	1	absent
排序	2	sort、sort_desc
Counter	4	rate、increase、irate、resets
Gauge	6	changes、deriv、predict_linear、delta、idelta、holt_winters
Histogram	1	histogram_quantile
时间聚合	8	avg_over_time、min_over_time、max_over_time、sum_over_time、count_over_time、quantile_over_time、stddev_over_time、stdvar_over_time

如表 5-1 所示，PromQL 包含 10 种函数类型，分别是动态标签、数学运算、类型转换、时间和日期、多对多逻辑运算符、排序、Counter、Gauge、Histogram、时间聚合。接下来，我们结合案例，通过理论联系实际的方式一一介绍这些函数类型。

知 识 拓 展

随着 PromQL 的发展，有些函数不再使用了，大家可参照最新官方文档。从 Prometheus 2.0 开始，count_scalar、drop_common_labels 和 keep_common 这 3 个函数已被移除。

count_scalar() 返回瞬时向量中序列的数量。与计数聚合器不同，如果向量为空，则返回 0。如果想对丢失的时间序列进行告警，absent() 函数是更好的。

drop_common_labels 和 keep_common 函数的聚合修饰符可根据输入内容生成不同的标签，这有时是不可取的。如果用户有不想显示的标签，调整 by/without 子句更好。

5.1.1 动态标签函数

在理想的情况下，系统中不同部分使用的标签名称和标签值应该是统一的。但是由于生产环境的复杂性，常常出现标签不一致的情况，有时也无法控制监控的所有资源及监控数据。label_replace 和 label_join 函数提供了对时间序列标签的自定义能力，通过对环境中的指标进行标准化的控制和管理，能够更好地与客户端或者可视化工具配合。

标 签 分 类

针对监控系统标签，一般有拓扑标签（Topological Label）和模式标签（Schematic Label）两种分类方式。对已有标签操作，可以更好地管理时间序列数据。

拓扑标签通过物理或逻辑组成来切割服务组件。job 和 instance 就是两个常见的拓扑标签。

1）job 是根据抓取配置中的作业名称设置的，通常用来描述正在监控的事物的类型。

2）instance 主要用于识别目标，通常是目标的 IP 地址和端口。

模式标签主要用于将拓扑中同一级别的时间序列匹配在一起，比如 URL、HTTP 状态码等信息。

---

1. label_replace

为了能够让客户端的图表更具有可读性，label_replace 标签通过正则表达式为时间序列添加额外的标签。label_replace 的具体参数如下。

```
label_replace(v instant-vector, dst_label string, replacement string,
    src_label string, regex string)
```

该函数并不会删除指标名称，而是依次对 v 中的每一条时间序列进行处理，通过 regex 匹配 src_label 的值。如果匹配，则将匹配部分的 replacement 写入 dst_label 标签中。$1 用第一个匹配的子组替换，$2 再用第二个匹配的子组替换。如果正则表达式不匹配，则时间序列不变。

基于上面介绍的标签分类，我们来看一组通过 up 指标获取的当前运行的所有 Exporter 的实例及其状态。

```
up{instance="localhost:8080",job="cadvisor"}       1
up{instance="localhost:9090",job="prometheus"}     1
up{instance="localhost:9100",job="node"}           1
```

执行如下命令：

```
label_replace(up, "host", "$1", "instance", "(.*):.*")
```

我们可以得到如下结果。

```
up{host="localhost",instance="localhost:8080",job="cadvisor"}       1
up{host="localhost",instance="localhost:9090",job="prometheus"}     1
up{host="localhost",instance="localhost:9100",job="node"}           1
```

上述函数表示在时间序列首部增加 host 标签，host 标签的值为 instance 部分的 IP 地址（除端口部分）。

再来看一个类似的例子，这个例子表示在时间序列的首部增加一个 Apple 标签，并在标签上赋值 Tom。

```
label_replace(up{job="HelloWorld",service="Tom:Jack"}, "Apple", "$1",
    "service", "(.*):.*")
```

2. label_join

label_join 函数也不会删除指标名称。该函数可以将时间序列中 v 个标签 src_label 的值，以 separator 作为连接符写入一个新的标签 dst_label 中。label_join 的具体参数如下所示,方法参数里的 src_labels 标签可以有任意个。

```
label_join(v instant-vector, dst_label string, separator string, src_label_1 string,
    src_label_2 string, ...)
```

比如下面这个例子。

```
http_request_total{device="mac", instance="localhost:8080",job="springboot"} 55
```

执行如下 label_join 函数。

```
label_join(http_request_total, "combined", "-", "instance", "job")
```

它会将 instance 和 job 两个标签通过连接符"-"结合起来,组成一个新的标签 combined,值为 mac-localhost:8080,生成的数据如下所示。

```
http_request_total{combined="mac-localhost:8080",device="mac",
    instance="localhost:8080",job="springboot"} 55
```

实 战 建 议

label_replace 和 label_join 函数组合起来,可以提供 replace 标签的完整功能。但是此时,首先应该考虑的是修复数据源指标,如果无法修复数据源指标,可以在抓取之前使用 relabel_configs,在抓取之后使用 metric_relabel_configs。

5.1.2 数学运算函数

数学运算针对瞬时向量执行,指标名称会在数学运算之后的返回值中被删除。常见的数学运算函数主要有 abs、exp、ln、log2、log10、sqrt、ceil、floor、round、clamp_max、clamp_min 等。本节就来详细介绍这些数学运算函数。

1. abs

为 abs 输入一个瞬时向量,返回值是所有向量样本的绝对值。表达式如下所示。

```
abs(v instant-vector)
```

看下面这个案例。

```
abs(process_open_fds - 10)
```

这个案例表示每个进程中打开的文件描述符到 10 的距离,比如针对文件描述符 8 和 12,都会返回 2。

2. exp

为 exp 输入一个瞬时向量,返回各个样本值的 e 的指数值,即 e 的 N 次方。表达式如下所示。

```
exp(v instant-vector)
```

当 N 的值足够大时，会返回 +Inf。特殊情况如下所示。

```
exp(+Inf) = +Inf
exp(NaN) = NaN
```

看下面这个案例。

```
exp(vector(1))
```

返回值如下。

```
{} 2.718281828459045
```

3. ln

ln 函数和 exp 函数功能相反，输入一个瞬时向量，返回各个样本值的自然对数。表达式如下所示。

```
ln(v instant-vector)
```

自然对数是以常数 e 为底数的对数，记作 ln N（N>0）。它在物理学、生物学等自然科学中有重要的意义，一般表示方法为 ln$x$。数学中也常见以 log$x$ 表示自然对数。

特殊情况如下。

```
ln(+Inf) = +Inf
ln(0) = -Inf
ln(x < 0) = NaN
ln(NaN) = NaN
```

换底公式

换底公式 log$(a)b$ = log$(c)b$/log$(c)a$，是高中数学常用的对数运算公式，可将多异底对数式转化为同底对数式，再结合其他的对数运算公式一起使用。换底公式主要作用于对数，包括 PromQL 中已经支持的 ln、log2、log10。

例如，有些编程语言（例如 C 语言）没有以 a 为底、b 为真数的对数函数，只有常用对数（即 10 为底的对数）或自然对数（即 e 为底的对数）。此时就要用到换底公式来换成以 e 或者 10 为底的对数，表示以 a 为底、b 为真数的对数表达式，从而处理某些实际问题。

换底公式可以用于处理不同底的对数，例如我们现在要处理一个 PromQL 目前暂不支持的以 5 为底的 x 的对数，可以使用如下 PromQL 语句：ln(x)/ln(5)。

某些情况下，当普通的线性图不能适当地表示较大值的变化时，可以使用对数系列函数进行作图。但是，通常最好的做法不是直接使用 PromQL 中的对数函数，而是使用

Grafana 中内置的对数绘图选项。Grafana 中内置的对数绘图选项可以优雅地处理对数返回值，比如 NaN 之类的边缘问题。

4. log2

为 log2 函数输入一个瞬时向量，返回各个样本值的二进制对数。表达式如下所示。

```
log2(v instant-vector)
```

它的特殊情况参照前文介绍的 ln。

5. log10

为 log2 函数输入一个瞬时向量，返回各个样本值的十进制对数。表达式如下所示。

```
log10(v instant-vector)
```

它的特殊情况参照前文介绍的 ln。

6. sqrt

为 sqrt 函数输入一个瞬时向量，返回各个样本值的平方根。表达式如下所示。

```
sqrt(v instant-vector)
```

看下面这个案例。

```
sqrt(verctor(81))
```

返回值如下。

```
{} 9
```

> **注意** 数学运算针对瞬时向量进行，指标名称会在数学运算之后的返回值中被删除。

第 4 章在介绍二元运算符优先级的过程中提到了运算符 ^，这是一种满足右结合的运算符，sqrt 会优先于 ^ 被执行。刚才的例子 exp(sqrt(81)) 等同于如下表达式：

```
verctor(81) ^ 0.5
```

如果你要开平方根之外的其他根，可以使用类似的方法。三根、七根的表达式如下：

```
verctor(81) ^ 0.3
verctor(81) ^ 0.7
```

二元运算符优先级复习

在 Prometheus 系统中，二元运算符优先级从高到低的顺序依次为：

1) ^;

2）*, /, %；

3）+, -；

4）==, !=, <=, <, >=, >；

5）and, unless；

6）or。

具有相同优先级的运算符是满足结合律的（左结合）。例如，2*3%2 等价于 (2 * 3) % 2，a or b * c + d 等价于 a or ((b * c) + d)。

但是运算符 ^ 例外，^ 遵从的是右结合，例如，2 ^ 3 ^ 2 等价于 2 ^ (3 ^ 2)。

我们可以使用括号 () 来改变求值的顺序。

7. ceil

为 ceil 函数输入一个瞬时向量，返回各个样本值向上四舍五入到的最接近的整数。表达式如下所示。

```
ceil(v instant-vector)
```

看下面这个案例。

```
ceil(vector(0.3))
```

返回值如下。

```
{} 1
```

再看下面这个案例。

```
node_cpu{instance="192.168.1.1:3300"}        # 结果为 5.23
ceil(node_cpu{instance="192.168.1.1:3300"})  # 结果则为 6
```

floor 和 ceil 的区别

在 PromQL 中，ceil 总是向上四舍五入到最接近的整数，floor 则总是向下四舍五入到最接近的整数。

8. floor

为 floor 函数输入一个瞬时向量，返回各个样本值向下四舍五入到的最接近的整数。表达式如下所示。

```
floor(v instant-vector)
```

看下面这个案例。

```
floor(vector(0.3))
```

返回值如下。

```
{} 0
```

再看一下如下案例。

```
node_cpu{instance="192.168.1.1:3300"}                    # 结果为 5.23
floor(node_cpu{instance="192.168.1.1:3300"})             # 结果则为 5
```

9. round
round 函数用于返回向量中样本值最接近某个整数的所有样本。它有两个参数，除了瞬时向量以外，还有一个可选的标量 to_nearest 参数，默认值为 1，表示样本返回的是最接近 1 的整数倍的值。也可以将该参数指定为任意值（也可以是小数），表示样本返回的是最接近它的整数倍的值。如果提供的值恰好位于两个整数之间，则四舍五入。表达式如下所示。

```
round(v instant-vector, to_nearest=1 scalar)
```

看下面这些案例。

```
# 不添加可选参数 to_nearest
round(vector(3.5))                              // 返回 {} 4
round(vector(3.4))                              // 返回 {} 3

# 添加可选参数 to_nearest
round(vector(9527),1000)                        // 返回 {} 9000
```

上述案例中的 round(vector(9527),1000) 等同于 round(vector(9527)/1000)*1000。

10. clamp_max
为 clamp_max 函数输入一个瞬时向量和标量最大值，其中标量最大值是一个上限 max，若样本数据值大于 max，则改为 max，否则不变。它是为了避免在实际生产中度量指标返回的值远远超出正常范围的情况发生。表达式如下所示。

```
clamp_max(v instant-vector, max scalar)
```

看下面这个案例。

```
node_cpu{instance="192.168.1.1:3300"}                              # 结果为 5.23
clamp_max(node_cpu{instance="192.168.1.1:3300"}, 3)                # 结果为 3
```

11. clamp_min
为 clamp_min 函数输入一个瞬时向量和标量最小值，其中标量最小值是一个下限 min，若样本数据值小于 min，则改为 min，否则不变。它也是为了避免在实际生产中度量指标返回的值远远超出正常范围的情况发生。表达式如下所示。

```
clamp_min(v instant-vector, min scalar)
```

看下面这个案例。

```
node_cpu{instance="192.168.1.1:3300"}                           # 结果为 5.23
clamp_min(node_cpu{instance="192.168.1.1:3300"}, 3)             # 结果为 5.23
clamp_min(node_cpu{instance="192.168.1.1:3300"}, 7)             # 结果为 7
```

5.1.3 类型转换函数

PromQL 提供了两个分别支持向量 vector 和标量 scalar 的类型转换函数，即 vector 函数和 scalar 函数。

1. vector

为 vector 函数输入一个标量 scalar，此标量将作为没有标签的向量返回，即返回结果为 key: value = {}, s。表达式如下所示。

```
vector(s scalar)
```

看下面这个案例。

```
vector(3)
```

返回值如下。

```
{} 3
```

2. scalar

为 scalar 函数输入一个瞬时向量，返回其唯一的时间序列的值作为一个标量。如果度量指标的样本数量大于 1 或者等于 0，则返回 NaN。表达式如下所示。

```
scalar(v instant-vector)
```

scalar 函数除了在处理标量、常量时非常有用以外，还可以使某些表达式更加简单。例如，查看当年启动了哪些服务器，前者的写法比后者更好。

```
year(process_start_time_seconds) == scalar(year())              // 写法一

year(process_start_time_seconds) == on() group_left year()      // 写法二
```

> **scalar 的双刃剑**
>
> scalar 的使用过程中会丢失所有标签，因此会失去匹配向量 vector 的能力。

5.1.4 时间和日期函数

PromQL 提供了 9 个处理时间和日期的函数，分别是 time、minute、hour、month、year、day_of_month、day_of_week、days_in_month、timestamp。Prometheus 完全使用 UTC 时间，并没有时区的概念。本节将详细介绍这些时间和日期函数。

1. time

time 函数返回给定标量 scalar 中样本的时间戳（从 1970-01-01 到现在的秒数）。表达式如下所示。

```
time()
```

在 Prometheus 控制台上输入 time()，会得到如图 5-1 所示的结果。

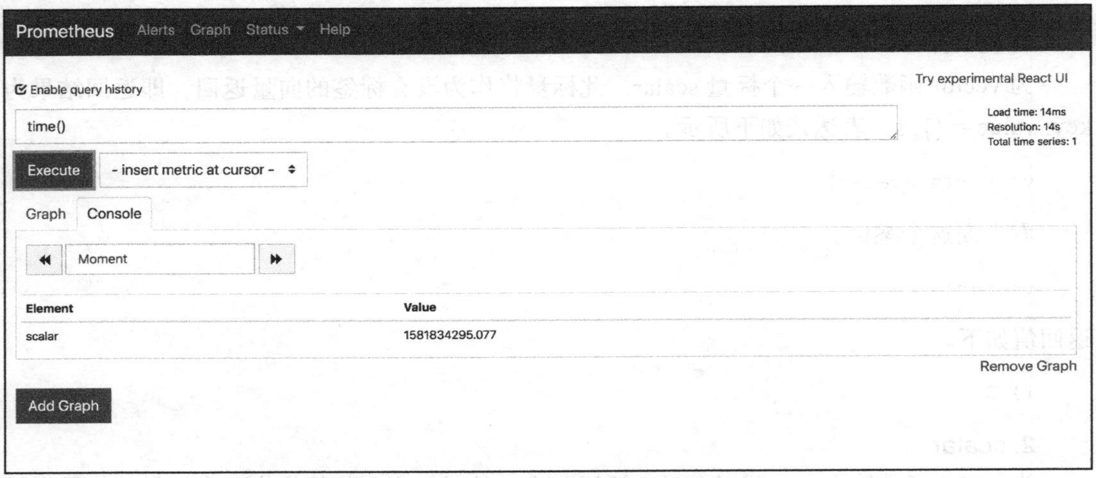

图 5-1　time() 返回结果

最 佳 实 践

PromQL 时间函数 time() 的单位是 s。关于它的最佳实践，推荐记录你关注的监控事件的发生时间，而不是这件事的持续时间，可以结合 "-" 运算符一起使用。比如想知道某个 job 运行了多长时间，可以使用如下 PromQL 表达式。

```
time() - jobA_start_time_seconds
```

可能返回如下结果。

```
{instance="localhost:8080",job="jobA"} 520.3141592653
```

如果使用了 Prometheus 中 PushGateway 这个组件，批量作业 job 的数据会推送到 PushGateway。统计过去 24h 内所有没有成功的作业，可以使用如下 PromQL 表达式：

```
time() - job_last_success_seconds > 3600*24
```

2. minute

minute 函数返回当前 UTC 时间是小时内的第几分钟，结果范围是 0 ~ 59。表达式如下所示。

```
minute(v=vector(time())) instant-vector
```

比如现在 UTC 时间是 2020 年 2 月 16 日（星期日）的 17:26，那么命令及返回的结果如下。

```
minute()       // 命令
{} 26          // 结果
```

 注意　所有时间函数 minute、hour、month、year、day_of_month、day_of_week、days_in_month 都会将查询评估时间的给定值作为一个瞬时向量返回，且只有一个样本无标签。

3. hour

hour 函数返回 UTC 中每个给定时间在一天中的小时，返回值为 0 到 23。表达式如下所示。

```
hour(v=vector(time())) instant-vector
```

比如现在 UTC 时间是 2020 年 2 月 16 日（星期日）的 17:26，那么命令及返回的结果如下。

```
hour()         // 命令
{} 17          // 结果
```

4. month

month 函数返回 UTC 时间中每个给定时间在一年中的月份，返回值为 1 到 12，其中 1 表示 1 月。表达式如下所示。

```
month(v=vector(time())) instant-vector
```

比如现在 UTC 时间是 2020 年 2 月 16 日（星期日）的 17:26，那么命令及返回的结果如下。

```
month()        // 命令
{} 2           // 结果
```

5. year

year 函数以 UTC 格式返回每个给定时间的年份。表达式如下所示。

```
year(v=vector(time())) instant-vector
```

比如现在 UTC 时间是 2020 年 2 月 16 日（星期日）的 17:26，那么命令及返回的结果如下。

```
year()         // 命令
{} 2020        // 结果
```

6. day_of_week

day_of_week 函数返回 UTC 中每个给定时间的星期几，返回值为 0 到 6，其中 0 表示星期日。表达式如下所示。

```
day_of_week(v=vector(time()) instant-vector)
```

比如现在 UTC 时间是 2020 年 2 月 16 日（星期日）的 17:26，那么命令及返回的结果如下所示。

```
day_of_week()         // 命令
{} 0                  // 结果
```

7. day_of_month

day_of_month 函数返回 UTC 中每个给定时间在一个月中的某天，返回值为 1 到 31。表达式如下所示。

```
day_of_month(v=vector(time()) instant-vector)
```

比如现在 UTC 时间是 2020 年 2 月 16 日（星期日）的 17:26，那么命令及返回的结果如下所示。

```
day_of_month()        // 命令
{} 16                 // 结果
```

8. days_in_month

days_in_month 函数返回 UTC 中每个给定时间在一个月中的总天数，返回值为 28 到 31。表达式如下所示。

```
days_in_month(v=vector(time()) instant-vector)
```

比如现在 UTC 时间是 2020 年 2 月 16 日（星期日）的 17:26，那么命令及返回的结果如下。

```
year()                // 命令
{} 29                 // 结果
```

注意 days_in_month 函数在求闰年时很有帮助，闰年二月有 29 天，平年二月有 28 天。

9. timestamp

timestamp 函数返回给定向量 v 中的每个样本的时间戳（从 1970 年 1 月 1 日到现在的秒数）。该函数从 Prometheus 2.0 版本开始引入。表达式如下所示。

```
timestamp(v instant-vector)
```

举个例子，如下命令可以查看到 Prometheus 监控的 target 中每个 target 的最后 / 最近一次刮擦。

```
timestamp(up)
```

该 PromQL 表达式的结果如图 5-2 所示。

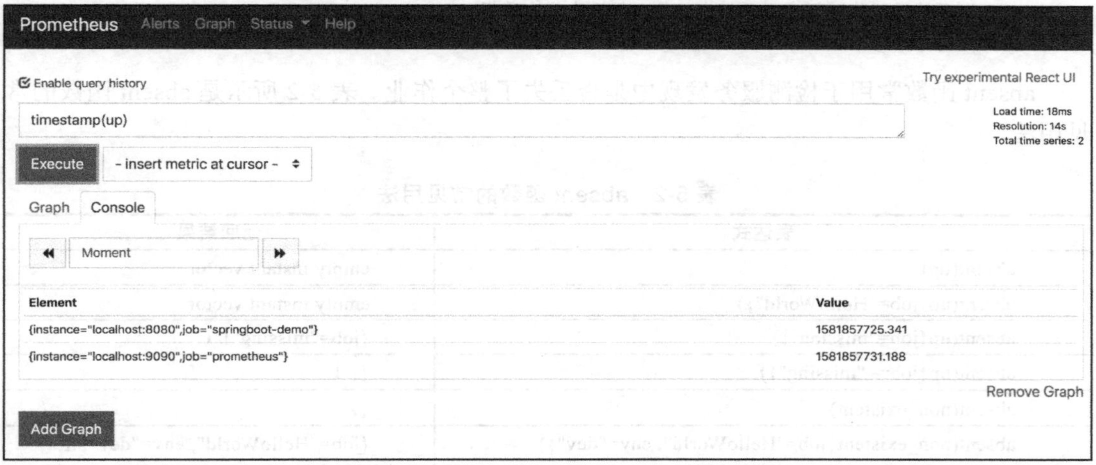

图 5-2　timestamp(up) 返回结果

5.1.5　多对多逻辑运算符函数

第 4 章介绍了 Prometheus 中的向量匹配主要分为一对一、一对多、多对一、多对多这 4 种模式。

3 种逻辑运算符 and（并且）、or（或者）和 unless（排除）都以多对多的方式工作，它们是可以进行多对多工作的运算符。多对多匹配模式中唯独没有 not 运算符，Prometheus 内置函数 absent 扮演了 not 的角色。

如果传递给 absent 函数的向量参数具有样本数据，则返回空向量；如果传递的向量参数没有样本数据，则返回不带度量指标名称且带有标签的时间序列，样本值为 1。表达式如下所示。

```
absent(v instant-vector)
```

当监控度量指标时，如果获取到的样本数据是空的，使用 absent 函数对告警是非常有用的，如下所示。

```
# 向量有样本数据
absent(http_requests_total{method="get"})      => no data
absent(sum(http_requests_total{method="get"}))  => no data

# 由于不存在度量指标 nonexistent，所以返回不带度量指标名称且带有标签的时间序列，样本值为 1
```

```
absent(nonexistent{job="myjob"})   => {job="myjob"} 1

# 正则匹配的 instance 不作为返回标签的一部分,在这个案例中,
# absent() 尝试从输入向量中导出 1 元素输出向量的标签
absent(nonexistent{job="myjob",instance=~".*"})   => {job="myjob"} 1

# sum 函数返回的时间序列不带有标签,且没有样本数据
absent(sum(nonexistent{job="myjob"}))   => {} 1
```

absent 函数常用于检测服务发现中是否丢失了整个作业。表 5-2 所示是 absent 函数的常见用法。

表 5-2 absent 函数的常见用法

表达式	返回结果
absent(up)	empty instant vector
absent(up{job="HelloWorld"})	empty instant vector
absent(up{job="missing"})	{job="missing"} 1
absent(up{job=~"missing"})	{} 1
absent(non_existent)	{} 1
absent(non_existent{job="HelloWorld", env="dev"})	{job="HelloWorld", env="dev"} 1
absent(non_existent{job="HelloWorld", env="dev"}*0)	{} 1

实 战 拓 展

如果想要提醒某个目标中缺少特定指标,那么可以使用第 4 章中介绍的 unless。

5.1.6 排序函数

PromQL 通常并不会指定瞬时向量中元素的顺序。sort 和 sort_desc 是 PromQL 中提供的两个排序函数,它们可以将瞬时向量按值排序。

 注意 对 sort 和 sort_desc 而言,NaN 总是排到最后。

sort 函数用于对向量按元素的值进行升序排序,返回结果为 key: value = 度量指标:样本值 [升序排列]。表达式如下所示。

```
sort(v instant-vector)
```

sort_desc 函数用于对向量按元素的值进行降序排序,返回结果为 key: value = 度量指标:样本值 [降序排列]。表达式如下所示。

```
sort_desc(v instant-vector)
```

5.1.7 Counter 函数

PromQL 中关于 Counter 的函数主要有 4 个，分别是 rate、increase、irate、resets。它们都接受一个区间向量（Range Vector）作为参数并返回一个瞬时向量。区间向量中的每个时间序列都是单独处理的，最多返回一个样本。如果在提供的时间序列范围内只有一个样本，那么在使用这些函数时将得不到任何输出。

1. rate

rate 函数可以直接计算区间向量 v 在时间窗口内的平均增长速率。它会在单调性发生变化（如由于采样目标重启引起计数器复位）时自动中断。该函数的返回结果不带有度量指标，只有标签列表。表达式如下所示。

```
rate(v range-vector)
```

> **注意** 当将 rate 函数与聚合运算符（例如 sum()）或随时间聚合的函数（任何以 _over_time 结尾的函数）一起使用时，必须先执行 rate 函数，然后再执行聚合操作，否则当采样目标重新启动时，rate 函数无法检测到计数器是否被重置。因为重新启动的服务器上的计数器将重置为 0，总和将减少，然后将其视为 rate 计数器进行重置，结果中会出现较大的虚假峰值。
>
> 因此 PromQL 表达式 rate(sum by (job)(http_requests_total{job="node"})[5m]) 是错误的，而应该使用 sum by (job)(rate(http_requests_total{job="node"}[5m])) 这样的表达式。类似地，rate(counter_a[5m] + counter_b[5m]) 也是错误的，而应该使用 rate(counter_a[5m]) + rate(counter_b[5m]) 这样的表达式。
>
> 该问题同样适用于所有其他函数，如 min、max、avg、ceil、histogram_quantile、predict_linear、除法等。

关于 rate 函数的内容，我们在第 4 章中已经详细介绍了。

最佳实战

使用 rate 函数时，建议传入的参数 range-vector 至少是刮擦间隔的 4 倍。比如刮擦时间间隔为 1min，可以将 rate 的参数设置为 4min 以上。因为这样的范围，面对刮擦缓慢或其他延迟等情况，可确保始终至少有两个样本在工作。假设用户的刮擦间隔为 10s，则 rate(my_counter_total[40s]) 将是最小安全范围。

如果使用 query_range，比如在图形或者告警中，则建议创建一组范围较小的记录规则，通过 avg_over_time 函数对平均值进行处理。

如果 rate 函数无法满足用户的需要，可以结合基于日志的方式进行监控。日志可以生成更加精准的数据。

2. irate

相对于 rate 函数来说，irate 函数是 PromQL 针对长尾效应专门提供的灵敏度更高的函数，用于计算区间向量的增长速率，但是其反映出的是瞬时增长速率。和 rate 函数相比，它的算法要简单得多，是通过区间向量中最后两个样本数据来计算区间向量的增长速率的，会在单调性发生变化（如由采样目标重启引起计数器复位）时自动中断。这种方式可以避免在时间窗口范围内产生的长尾问题，并且体现出更好的灵敏度（更快响应变化）。通过 irate 函数绘制的图形能够更好地反映样本数据的瞬时变化状态。表达式如下所示。

```
irate(v range-vector)
```

irate 函数只能用于绘制快速变化的计数器，在长期趋势分析或者告警中推荐使用 rate 函数。因为使用 irate 函数时，速率的短时变化会重置 for 语句，形成的图形有很多波峰，难以阅读；而且指标完全稳定的情况很少，尤其是当被检测对象处于异常状态时，irate 会产生过于敏感的告警，并带有很多误报。由于 rate 函数利用的是许多样本的平均值，因此可以抵抗短暂的骤降和尖峰。综上，在长期告警中要使用 rate 函数而不是 irate 函数。

> **注意** 和 rate 函数一样，当将 irate 函数与聚合运算符（例如 sum()）或随时间聚合的函数（任何以 _over_time 结尾的函数）一起使用时，必须先执行 irate 函数，然后再执行聚合操作，否则当采样目标重新启动时 rate 函数无法检测到计数器是否被重置。

更多关于 irate 函数的内容，可以参考 4.3.1 节。

最佳实战

由于 irate 函数的特性，比如 CPU 利用率的数据在 Prometheus 或者 Grafana 可视化大盘上，irate 函数的大致曲线上没有 rate 函数那么多毛刺，相对比较平稳。但是，不建议在长期告警中使用 irate 函数，因为它对短暂的高峰和低谷很敏感。

3. increase

increase 函数获取区间向量中的第一个和最后一个样本并返回其增长量，会在单调性发生变化（如由于采样目标重启引起计数器复位）时自动中断。由于这个值被外推到指定的整个时间范围，所以即使样本值都是整数，也可能会得到一个非整数值。表达式如下所示。

```
increase(v range-vector)
```

increase 函数是在 rate 函数之上的语法糖。increase 的返回值类型只能是计数器类型，主要作用是增加图表和数据的可读性。其使用 rate 函数记录规则的使用率，以便持续跟踪数据样本值的变化。

如下例子中的 PromQL 表达式返回区间向量中每个时间序列在过去 5 分钟内 HTTP 请求的增长数。

```
increase(http_requests_total{job="apiserver"}[5m])
```

4. resets

resets 函数的参数是一个区间向量。对于每个时间序列，resets 函数都返回一个计数器重置的次数。两个连续样本之间的值的减少被认为是一次计数器重置。这个函数一般只用在计数器类型的时间序列上。表达式如下所示。

```
resets(v range-vector)
```

resets 函数可以用于怀疑计数器的重置频率超出了正常频率的场景，比如下面的例子可以查看过去 1 小时内进程的 CPU 时间重置了多少次。

```
resets(process_cpu_seconds_total[1h])
```

返回值就是进程重新启动的次数，可能是由于一些 Bug 等导致这个进程重启。

5.1.8 Gauge 函数

PromQL 中关于 Gauge 的函数主要有 6 个，分别是 changes、deriv、predict_linear、delta、idelta、holt_winters。它们和上文介绍的计数器一样，都接受一个区间向量作为参数（输入的每个时间序列中最多有一个样本）并返回一个瞬时向量。和计数器不一样的是，Gauge 函数的值都是有意义的，可以在它们自身的基础上直接使用二进制操作符和聚合器（二进制操作符和聚合器的用法详见第 4 章）。

1. predict_linear

predict_linear 函数可以预测时间序列 v 在 t 秒后的值。它基于简单线性回归，对时间窗口内的样本数据进行统计，从而可以对时间序列的变化趋势做出预测。该函数的返回结果不带有度量指标，只有标签列表。表达式如下所示。

```
predict_linear(v range-vector, t scalar)
```

关于 predict_linear 函数的内容可以参考 4.3.2 节。

> **注意** 这个函数一般只能用在 Gauge 类型的时间序列上。

2. deriv

deriv 函数的参数是一个区间向量，返回结果是一个瞬时向量。它使用简单的线性回归计算区间向量 v 中各个时间序列的导数。表达式如下所示。

```
deriv(v range-vector)
```

下面的例子可以根据过去 1 小时的样本计算常驻内存每秒变化的速度。

```
deriv(process_resident_memory_bytes[1h])
```

1）这个函数一般只能用在 Gauge 类型的时间序列上。
2）predict_linear 函数和 deriv 函数都是基于简单的线性回归计算，但是 predict_linear 函数做得更多一些，它还支持预测功能。

3. delta

delta 函数的参数是一个区间向量，返回结果是一个瞬时向量。它计算一个区间向量 v 的第一个元素和最后一个元素之间的差值。由于这个值被外推到指定的整个时间范围，所以即使样本值都是整数，也可能会得到一个非整数值。它类似于 increase 函数，但是没有计数器的重置功能。表达式如下所示。

```
delta(v range-vector)
```

例如，计算磁盘空间在 2 小时内的差异，如下所示。

```
dalta(node_filesystem_free{job="HelloWorld"}[2h])
```

下面的例子返回当前 CPU 温度和 2h 之前 CPU 温度的差值。

```
delta(cpu_temp_celsius{host="zeus"}[2h])
```

在实际工作中，应该尽量避免使用这个函数，因为它很可能被一些异常数值过度影响。建议使用 deriv 函数或 x-x offset 1h 这样的方法对前后时间的情况进行对比。

这个函数仅适用于 Gauge 类型的时间序列。

4. idelta

idelta 函数的参数是一个区间向量，返回结果是一个瞬时向量。它计算最新的两个样本值之间的差值。表达式如下所示。

```
idelta(v range-vector)
```

下面的例子可以根据过去 1 小时的样本计算常驻内存每秒变化的速度。

```
deriv(process_resident_memory_bytes[1h])
```

idelta 函数主要用于高级使用场景。比如 rate 函数和 irate 函数并不能满足所有人的需求，因此 idelta 函数和记录规则可以允许用户按需求进行定制，而不会对 PromQL 造成任何影响。

> 注意：这个函数仅适用于 Gauge 类型的时间序列。

5. holt_winters

holt_winters 函数会基于区间向量 v 生成时间序列数据平滑值。平滑因子 *sf* 越低，对旧数据的重视程度越高。趋势因子 *tf* 越高，对数据的趋势的考虑就越多。其中，$sf > 0$ 且 $tf \leq 1$。表达式如下所示。

```
holt_winters(v range-vector, sf scalar, tf scalar)
```

这个函数实现了著名的霍尔特 – 温特双指数平滑（Holt-Winters Double Exponential Smoothing）算法。Holt-Winters 方法是一种时间序列分析和预报方法。该方法适用于含有线性趋势和周期波动的非平稳序列，利用指数平滑法（EMA）让模型参数可以不断适应非平稳序列的变化，并对未来趋势进行短期预报。Holt-Winters 方法在 Holt 模型的基础上引入了 Winters 周期项（又称季节项），可以用来处理月度数据（周期为 12）、季度数据（周期为 4）、星期数据（周期为 7）等时间序列中固定周期的波动行为。引入多个 Winters 项还可以处理多种周期并存的情况。

指数平滑法的基本思想：随着时间变化，权重以指数方式下降，将权重按照指数级进行衰减，最终年代久远的数据权重将接近于 0。指数平滑法有几种不同形式：一次指数平滑法针对没有趋势和季节性的序列，二次指数平滑法针对有趋势但没有季节性的序列，三次指数平滑法针对有趋势也有季节性的序列。

下面的例子可以根据 0.3 和 0.6 两个趋势系数，获取最近 1h 内存使用的平滑指数趋势。

```
holt_winters(process_resident_memory_bytes[1h], 0.3, 0.6)
```

> 注意：这个函数仅适用于 Gauge 类型的时间序列。

6. changes

为 changes 函数输入一个区间向量，则返回这个区间向量中每个样本数据值变化的次数（瞬时向量）。表达式如下所示。

```
changes(v range-vector)
```

如下面的例子，如果样本数据值没有发生变化，则返回结果为 1。

```
changes(node_load5{instance="192.168.1.1:9100"}[1m])  # 结果为 1
```

在 Linux 上运行时，Prometheus 客户端库提供一个度量标准 process_start_time_seconds，这个度量标准代表进程启动的 UNIX 时间。每次更改给定目标都意味着该进程重新启动，结合 changes 函数可用于检测 Prometheus 由于 OOM、故障等而发出循环崩溃告警。

```
groups:
- name: example
  rules:
  - alert: JobRestarting
    expr: avg without(instance)(changes(process_start_time_seconds[1h])) > 3
    for: 10m
    labels:
      severity: ticket
```

上述告警规则将计算 1h 内实例的重新启动次数，然后针对每个作业告诉用户实例的平均重新启动次数。通过对每个作业的平均值发出告警，而不是针对每个实例分别发出告警，可以减少单个故障机器对机器集群造成的垃圾邮件轰炸的影响。

可以进一步优化这个基于 changes 函数的告警规则，比如计算过去 1 小时内有多少实例重新启动了 3 次以上，并当作业中超过 10% 的实例处于此状态时进行告警。

```
groups:
- name: example
  rules:
  - alert: JobRestarting
    expr: avg without(instance)(changes(process_start_time_seconds[1h]) >
      bool 3) > 0.1
    for: 10m
    labels:
      severity: ticket
```

对这个告警规则有两点说明：首先，如果进程重新启动的速度快于抓取间隔，则可能会错过一些重新启动，但是任何频繁重启的进程无论如何都会触发这个告警。其次，这取决于目标标签在每次重新启动时是否保持不变，如果用户有一个新的 Kubernetes 容器，每次重新启动时都带有新的目标标签，则此规则将不起作用。

实 战 建 议

changes 函数通常用于检测应用程序是否处于停止工作等循环中。针对之前微服务 Spring Boot 集成 Prometheus 相关章节介绍的 up 命令，如果系统正常，up 值为 1，系统不正常值为 0。可以通过 changes 函数统计 up 变成 0 来检测诸如微服务或者其他应用程序、进程是否频繁启动。

5.1.9 Histogram 函数

histogram_quantile 函数从 bucket 类型的向量 b 中计算 $\phi(0 \leq \phi \leq 1)$ 分位数（百分位数的一般形式）的样本的最大值。表达式如下所示。

```
histogram_quantile(ϕ float, b instant-vector)
```

关于 histogram_quantile 函数的更多介绍可以参考 4.3.3 节。

> **注意** histogram_quantile 函数假定每个区间内的样本分布是线性的，以此来计算结果（也就是说，它的结果未必准确），最高的 bucket 必须是 le = "+Inf"（否则就返回 NaN）。
> 如果分位数位于最高的 bucket（+Inf）中，则返回第二个最高 bucket 的上边界；如果该 bucket 的上边界大于 0，则假设最低 bucket 的下边界为 0，这种情况下在该 bucket 内采用常规的线性插值。
> 如果分位数位于最低的 bucket 中，则返回最低 bucket 的上边界。
> 如果向量 b 中少于两个 bucket，那么会返回 NaN。如果 $\phi < 0$，则返回 -Inf；如果 $\phi > 1$，则返回 +Inf。

5.1.10 时间聚合函数

在 PromQL 中，avg 这样的函数主要是针对瞬时向量中的样本工作的。同样，针对区间向量中时间序列的值，也有一组类似的函数，它们是 <aggregation>_over_time() 函数，共有 8 个，这些函数允许传入一个区间向量。它们会聚合每个时间序列的范围，并返回一个瞬时向量。

- avg_over_time(range-vector)：区间向量内每个度量指标的平均值。
- min_over_time(range-vector)：区间向量内每个度量指标的最小值。
- max_over_time(range-vector)：区间向量内每个度量指标的最大值。
- sum_over_time(range-vector)：区间向量内每个度量指标的求和。
- count_over_time(range-vector)：区间向量内每个度量指标的样本数据个数。
- quantile_over_time(scalar, range-vector)：区间向量内每个度量指标的样本数据值分位数。
- stddev_over_time(range-vector)：区间向量内每个度量指标的总体标准差。
- stdvar_over_time(range-vector)：区间向量内每个度量指标的总体标准方差。

> **注意** 即使区间向量内的值分布不均匀，它们在聚合时的权重也是相同的。

举个例子，如下命令可以查看 Prometheus 内存使用的峰值。

```
max_over_time(process_resident_memory_bytes[1h])
```

在 Prometheus 2.7 版本中，新增了一个子查询，子查询可以和时间聚合函数结合使用。比如有这样一个场景，想根据过去 5 分钟内存的平均使用情况，了解过去 1 小时中有多长时间的网络接收速率超过 1Mbit/s。PromQL 表达式如下。

```
rate(node_network_receive_bytes_total[5m]) * 8
```

可以在上述 PromQL 表达式的基础上新增 bool 修饰符，如下所示。

```
rate(node_network_receive_bytes_total[5m]) * 8 > bool 1000000
```

在之前的版本中，必须创建一个记录规则才能进行下一步操作，但是新增的子查询允许用户执行如下 PromQL 表达式。

```
(rate(node_network_receive_bytes_total[5m]) * 8 > bool 1000000)[1h:]
```

也就是说，上述语句使用了默认评估间隔（即全局），将给定表达式作为区间向量对过去 1 小时的网速进行了计算。从这里开始就可以使用 avg_over_time(range-vector) 进行区间向量平均值计算了。

```
avg_over_time((rate(node_network_receive_bytes_total[5m]) * 8 > bool 1000000)[1h:])
```

对于临时使用的场景来说，avg_over_time 结合子查询非常方便，但是如果要定期使用，最好使用记录规则而不是子查询。这是为了避免在每个评估时间间隔内重新计算耗费在子查询上的资源。

5.2 HTTP API

Prometheus 官网提供了一个关于 HTTP API 的单独小节[⊖]。Prometheus 的服务端允许用户通过 /api/v1 访问 HTTP API。在下面的案例中，在 Prometheus 服务器上访问 http://localhost:9090/graph 并输入 up 命令，在浏览器 chrome 调试窗口中可以发现真正请求的 URL 是 http://localhost:9090/api/v1/query?query=up&time=1582006938.869&_=1582005871452，如图 5-3 所示。

根据这个 URL 在命令行中直接执行 CURL 命令，CURL 为 http://localhost:9090/api/v1/query?query=up&time=1582006938.869&_=1582005871452，返回的结果如下所示。

```
{"status":"success","data":{"resultType":"vector","result":[{"metric":{"__name__":
"up","instance":"localhost:8080","job":"springboot-demo"},
"value":[1582006938.869,"0"]},{"metric":{"__name__":"up","instance":
"localhost:9090","job":"prometheus"},"value":[1582006938.869,"1"]}]}}
```

这个结果和 PromQL graph 页面上的响应结果其实是一致的，如图 5-4 所示。

> 注意　进行查询的时候，如访问 http://localhost:9090/api/v1/query?query=up&time=1582006938.869&_=1582005871452，输入时间戳可以以 RFC3339 格式或者 UNIX 时间戳提供，后面可选的小数可以精确到亚秒级。输出时间戳以 UNIX 时间戳的方式呈现。
> 查询参数名称可以用中括号 [] 进行多次重复。<series_selector> 占位符可提供与 http_

⊖ HTTP API 官网资料：https://prometheus.io/docs/prometheus/latest/querying/api/。

requests_total 或者 http_requests_total{method=~"(GET|POST)"} 的 Prometheus 时间序列类似的选择器，但需要在 URL 中编码传输。

<duration> 占位符指的是 [0-9] + [smhdwy] 形式的 Prometheus 持续时间字符串。例如 5m 表示 5 分钟的持续时间。

<bool> 提供布尔值（字符串 true 或 false）。

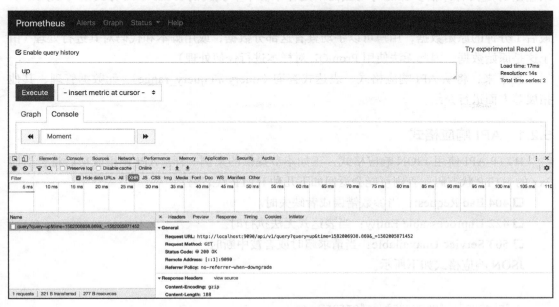

图 5-3　PromQL graph 页面浏览器调试

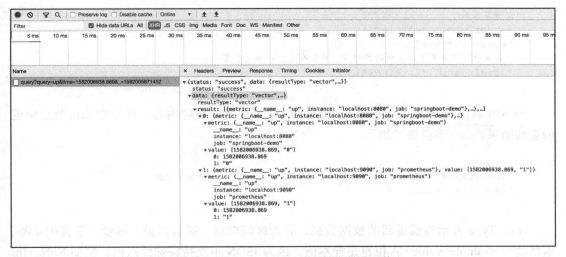

图 5-4　PromQL graph 页面浏览器返回值

通过本案例，大家可以了解到与 HTTP API 相关的信息。HTTP API 一方面允许用户访问 PromQL，另一方面也会开放给诸如 Grafana 等仪表盘工具或定制化报表脚本使用。除了支持 PromQL 的功能以外，HTTP API 还可以支持查找、删除时间序列的元数据管理功能。

query 函数非常适合绘图，但是不会暴露原始样本。query_range 函数可以通过在每个步骤中评估 PromQL 来工作，因此，如果在步骤之间存在多个样本，可能会丢失样本，导致输出的是具有评估步骤的时间戳而不是样本。本节提到的 HTTP API 方式还可以用于从 Prometheus 中获取原始样本，访问 http://api/v1/query?query=up[1m] 将返回 up 时间序列的最后 1 分钟的原始数据，用户可以手动查看这部分数据，或用脚本和代码对其进行处理（由于这是原始数据，因此无法使用 PromQL 对样本进行任何处理）。

接下来，将从 API 响应格式、表达式查询（query 和 query_range）、元数据管理、其他拓展等方面进行介绍。

5.2.1 API 响应格式

HTTP API 使用 JSON 响应格式，正如本节提供的案例一样。API 调用成功后将会返回 2xx 的 HTTP 状态码，否则可能会返回如下几种 HTTP 状态码。

- 404 Bad Request：当参数错误或者缺失时。
- 422 Unprocessable Entity：当表达式无法执行时。
- 503 Service Unavailable：当请求超时或者被中断时。

JSON 响应格式如下所示。

```
{
  "status": "success" | "error",
  "data": <data>,

  // 错误信息
  "errorType": "<string>",
  "error": "<string>",
  // 如果存在不会阻止请求执行的错误，可能会返回一系列告警
  "warnings": ["<string>"]
}
```

当 API 调用成功后，Prometheus 会返回 JSON 格式的响应内容，并且在 data 节点中返回查询结果。data 节点格式如下。

```
{
"resultType": "matrix" | "vector" | "scalar" | "string",
"result": <value>
}
```

resultType 表示当前返回的数据类型，分为区间向量、瞬时向量、标量、字符串 4 种。返回值中 <sample_value> 占位符是样本值。因为 JSON 不支持特殊浮点值，例如 NaN、Inf

和 -Inf,所以样本值将会作为字符串(而不是原始数值)来传输。

1. 区间向量

当返回的数据类型 resultType 为 matrix 时,result 响应格式如下。

```
[
{
"metric": { "<label_name>": "<label_value>", ... },
"values": [ [ <unix_time>, "<sample_value>" ], ... ]
},
...
]
```

其中,metrics 表示当前时间序列的特征维度,values 包含当前事件序列的一组样本。

2. 瞬时向量

当返回的数据类型 resultType 为 vector 时,result 响应格式如下。

```
[
{
"metric": { "<label_name>": "<label_value>", ... },
"value": [ <unix_time>, "<sample_value>" ]
},
...
]
```

其中,metric 表示当前时间序列的特征维度,value 包含当前事件序列的一组样本。本节开头的案例返回的就是一个瞬时向量。

3. 标量

当返回的数据类型 resultType 为 scalar 时,result 响应格式如下。

```
[ <unix_time>, "<scalar_value>" ]
```

由于标量不存在时间序列,因此 result 表示为一个当前系统时间的标量值。

4. 字符串

当返回的数据类型 resultType 为 string 时,result 响应格式如下。

```
[ <unix_time>, "<string_value>" ]
```

字符串类型的响应内容格式和标量的响应内容格式相同。

5.2.2 表达式查询

HTTP API 的表达式查询分为 query 和 query_range 两种,可以分别通过 /api/v1/query 和 /api/v1/query_range 查询 PromQL 表达式当前或者一定时间范围内的计算结果。

1. query（瞬时数据查询）

使用 query API 可以查询 PromQL 在特定时间点下的计算结果。

```
GET /api/v1/query
POST /api/v1/query
```

URL 请求参数如下。

- query=<string>：PromQL 表达式。
- time=<rfc3339 | unix_timestamp>：用于指定计算 PromQL 的时间戳。可选参数，默认情况下使用当前系统时间。
- timeout=<duration>：超时设置。可选参数，默认情况下设置全局参数 -query.timeout。

 注意　如果使用 POST 方法，那么需要设置 Content-Type: application/x-www-form-urlencoded，并通过 header 直接在请求正文中对相关参数进行 URL 编码。当指定可能违反服务器端 URL 字符限制的大型查询时，此功能很有用。

2. query_range（区间数据查询）

query_range API 可以直接用于查询 PromQL 表达式在一段时间内返回的计算结果。

```
GET /api/v1/query_range
POST /api/v1/query_range
```

URL 请求参数如下。

- query=<string>：PromQL 表达式。
- start=<rfc3339 | unix_timestamp>：起始时间戳。
- end=<rfc3339 | unix_timestamp>：结束时间戳。
- step=<duration | float>：查询时间步长。
- timeout=<duration>：超时设置。可选参数，默认情况下设置全局参数 -query.timeout。

注意　1）在 query_range API 中 PromQL 只能使用瞬时向量选择器类型的表达式。
2）当使用 query_range API 查询 PromQL 表达式时，返回结果一定是一个区间向量。在使用 query_range 时，为了不跳过数据，一般要保证查询区间比步长更大一些，比如至少大于 1 个刮擦间隔。

query_range 的时间步长超过 11 000，Prometheus 将会直接返回异常，拒绝本次请求。这样的设计是为了防止一些极端情况下向 Prometheus 发送大型查询请求。

5.2.3　元数据管理

HTTP API 的元数据管理主要由 3 部分构成，分别是通过标签选择器查找时间序列、获取标签名称和查询标签值 3 种。

1. 通过标签选择器查找时间序列

下面的表达式返回与特定标签集匹配的时间序列的列表。

```
GET /api/v1/query
POST /api/v1/query
```

URL 请求参数如下。

- match[]=<series_selector>：表示标签选择器是 series_selector，必须至少提供一个 match[] 参数。
- start=<rfc3339 | unix_timestamp>：起始时间戳。
- end=<rfc3339 | unix_timestamp>：结束时间戳。

返回结果的 data 部分，是由 key-value 键值对的对象列表组成的。

2. 获取标签名称

下面的表达式返回标签名称的列表。

```
GET /api/v1/labels
POST /api/v1/labels
```

返回结果的 data 部分是字符串标签名称的列表。

3. 查询标签值

下面的表达式返回提供的标签名称的标签值列表。

```
GET /api/v1/label/<label_name>/values
```

返回结果的 data 部分是一个标签值列表。

5.2.4 其他拓展

HTTP API 还有很多其他用法，接下来会通过案例的形式逐一介绍。

1. state 查询参数

下面的表达式返回 Prometheus 目标发现的当前状态的概述。

```
GET /api/v1/targets
```

默认情况下，活动着的目标和已删除目标都是响应的一部分。返回值中的 labels 表示重新贴标签后的标签集，discoveredLabels 表示重新标记发生之前在服务发现期间检索到的未修改标签。state 查询参数有 state=active、state=dropped、state=any 这 3 种选项。注意，对于已滤除的目标，仍然返回空数组。其他值将被忽略。下面的案例就是一个使用 state 查询参数的方式。

```
curl 'http://localhost:9090/api/v1/targets?state=active'
```

2. /rules

/rules API 返回告警和记录当前加载规则的列表。此外，它还返回由每个告警规则的 Prometheus 实例触发的当前活动告警。

 注意 由于 /rules 端点是在 v/ 版本以后开发的，因此它没有与总体 API v1 相同的稳定性保证。

```
GET /api/v1/rules
```

查询参数 -type=alert|record 表示仅返回告警规则（例如 type=alert）或记录规则（例如 type=record）。如果该参数不存在或为空，不执行任何过滤。

3. /alerts

/alerts API 返回所有活动告警的列表。

 注意 由于 /rules 端点是相当新的，因此它没有与总体 API v1 相同的稳定性保证。

```
GET /api/v1/alerts
```

4. /alertmanagers

/alertmanagers 告警 API 返回所有活动告警的列表。

```
GET /api/v1/alertmanagers
```

5. 查询目标元数据

这是一个试验性的功能，将来可能会改变。它返回有关当前从目标中抓取的指标的元数据。

```
GET /api/v1/targets/metadata
```

URL 请求参数如下。

- match_target=<label_selectors>：通过标签集匹配目标的标签选择器。为空则默认匹配所有目标。
- metric=<string>：检索元数据的指标名称。如果为空，检索所有度量标准元数据。
- limit=<number>：要匹配的最大目标数。

返回的查询结果的 data 部分包含度量元数据和对象的标签列表，比如 target 列表等信息，一般 target 下会有 instance 和 job 信息。match_target 可以直接指定具体的 target，如下所示。

```
curl -G http://localhost:9091/api/v1/targets/metadata \ --data-urlencode
  'match_target={instance="127.0.0.1:9090"}'
```

6. 查询指标元数据

这也是一个试验性的功能，将来可能会改变。它返回有关当前从目标中删除的指标的元数据。

```
GET /api/v1/metadata
```

URL 请求参数如下。

- limit=<number>：要返回的最大指标数量。
- metric=<string>：指标名称，用于过滤元数据。如果为空，检索所有度量标准元数据。

7. /status

/status 主要返回 Prometheus 当前的配置，比如下面的例子。

```
// 当前加载的配置文件
GET /api/v1/status/config
```

它会返回 Prometheus 当前 YAML 的信息，由于 YAML 库的限制，返回的信息中不包括 YAML 注释，如下所示。

```
{"status":"success","data":{"yaml":"global:\n  scrape_interval: 15s\n
  scrape_timeout: 10s\n  evaluation_interval: 15s\nalerting:\n
  alertmanagers:\n  - static_configs:\n    - targets:\n      - localhost:9093\n
  scheme: http\n    timeout: 10s\n    api_version: v1\nrule_files:\n-
  alertmanager_rules.yml\n- prometheus_rules.yml\n- rule.yml\nscrape_configs:\n-
  job_name: prometheus\n  honor_timestamps: true\n  scrape_interval: 15s\n
  scrape_timeout: 10s\n  metrics_path: /metrics\n  scheme: http\n  static_configs:\n
  - targets:\n    - localhost:9090\n- job_name: springboot-demo\n
  honor_timestamps: true\n  scrape_interval: 15s\n  scrape_timeout: 10s\n
  metrics_path: /actuator/prometheus\n  scheme: http\n  static_configs:\n
  - targets:\n    - localhost:8080\n"}}
```

其他主要用法如下所示。

```
// Prometheus 的标志值，返回结果类型均为 String，2.2 版本的新功能
GET /api/v1/status/flags
```

```
// Prometheus 服务器运行时的各种信息属性，2.14 版本的新功能
GET /api/v1/status/runtimeinfo
```

```
// Prometheus 服务器的各种构建信息，在各个版本之间，返回的确切构建属性可能会有所更改
```

```
GET /api/v1/status/buildinfo

// Prometheus TSDB 的各种基数统计信息，2.14 版本的新功能
// 1. seriesCountByMetricName 提供指标名称及其系列计数的列表
// 2. labelValueCountByLabelName 提供标签名称及其值计数的列表
// 3. memoryInBytesByLabelName 提供标签名称和以字节为单位的内存使用列表
// 内存使用量是将给定标签名称的所有值的长度相加得出的
// 4. seriesCountByLabelPair 提供标签值对及其系列计数的列表
GET /api/v1/status/tsdb
```

8. TSDB 管理员 API

这个功能对于很多运维和开发人员来说非常实用。作为高级功能，它给用户开放了时序数据库 TSDB 的权限。该功能必须进行 --web.enable-admin-api 设置，否则默认不会启用此 API。

1）快照：快照功能将所有当前数据的快照创建在 snapshots/<datetime>-<rand>TSDB 的数据目录下，并将该目录作为响应返回。它可以选择跳过仅存在于 head 块中并且尚未压缩到磁盘的快照数据。

```
POST /api/v1/admin/tsdb/snapshot
PUT  /api/v1/admin/tsdb/snapshot
```

如上 API 的参数只有一个可选参数，skip_head=<bool> 表示跳过起始块中存在的数据。返回结果中的 data 值，比如 XXX，代表快照现在位于 <data-dir>/snapshots/XXX 中。快照是 2.1 版本中的新增功能，并支持 2.9 版本中的 PUT。

Prometheus 并不希望持久地存储数据（这就是远程存储的用途），但某些用户可能仍希望对其数据进行备份。下面的例子演示了获取快照的方式。

```
# 第一步，运行 Prometheus 时启用 Admin API 端点
$ ./prometheus --storage.tsdb.path=data/ --web.enable-admin-api
# 第二步，使用简单的 HTTP POST 请求来获取快照
$ curl -XPOST http://localhost:9090/api/v1/admin/tsdb/snapshot
{"status":"success","data":{"name":"20180119T172548Z-78ec94e1b5003cb"}}
```

几秒后，它以 JSON 格式返回了新快照的名称。当查看 snapshots 目录下的 data 目录时，用户将看到以下快照。

```
$ cd data/snapshots
$ ls
20180119T172548Z-78ec94e1b5003cb
```

用户可以将该快照复制到需要的地方进行备份。用户如果要使用快照，可以使用 --storage.tsdb.path 指向快照路径。

2）删除序列：删除一个时间范围内选定序列的数据，实际数据仍然存在于磁盘上，并

在以后的压缩中进行清理,或者可以通过单击 Clean Tombstones 端点进行显式清理。

```
POST /api/v1/admin/tsdb/delete_series
PUT /api/v1/admin/tsdb/delete_series
```

如上命令,如果成功则返回 204。它是 2.1 版本中的新增功能,并支持 2.9 版本中的 PUT。请求返回后,将不可再访问数据,下次压缩时将释放磁盘上的存储空间。

URL 请求参数如下。

- match[]=<series_selector>:重复标签匹配器参数,用于选择要删除的系列。match[] 必须至少提供一个参数。
- start=<rfc3339 | unix_timestamp>:开始时间戳。可选参数,默认为最短时间。
- end=<rfc3339 | unix_timestamp>:结束时间戳。可选参数,默认为最长可能的时间。

如果不设置开始和结束时间戳,将清除数据库中匹配序列的所有数据。下面就是一个删除数据的案例,用户可以在这个例子上通过 start 和 end 参数来限制受影响的时间段,默认情况下它在所有时间内都有效。

```
curl -X POST -g 'http://localhost:9090/api/v1/admin/tsdb/delete_
   series?match[]=a_bad_metric&match[]={region="mistake"}'
```

Clean Tombstones 表示从磁盘上删除已删除的数据,并清理现有的逻辑删除。删除序列数据后可以使用它来释放空间。

```
POST /api/v1/admin/tsdb/clean_tombstones
PUT /api/v1/admin/tsdb/clean_tombstones
```

它没有 URL 参数,如果成功,返回 204。它也是 2.1 版本中新增的功能,并支持 2.9 版本中的 PUT。

5.3 两种可定期执行的规则

Prometheus 中可以定期执行的两种规则为记录规则(Recording Rules)和告警规则(Alerting Rules)。这两者和 PromQL 是息息相关的。

5.3.1 记录规则

记录规则使用户可以预先计算经常需要或计算量大的表达式,并将结果保存为一组新的时间序列,由此实现对复杂查询的 PromQL 语句的性能优化并提高查询效率。查询预计算的结果通常在速率上比每次执行原始表达式要快得多。这对于仪表板特别有用,仪表板每次刷新时都需要重复查询相同的表达式。

1. 配置记录规则

记录规则存储在 Prometheus 服务器上。记录规则的自动计算频率由 prometheus.yml 配置文件中 global 块中的 evaluation_interval 参数配置（默认值是 15 秒），也可以使用 interval 子句在规则组中覆盖（prometheus.yml 中的 rule_files 字段指定）。

一般来说，可以在 prometheus.yml 文件的同一路径下创建一个名为 rules 的子文件夹，用于保存记录规则。然后在 rules 子文件夹中创建规则文件 A_rules.yml，再将 prometheus.yml 中的 rule_files 字段设置为规则文件 A_rules.yml 的路径地址，如下所示。

```
rule_files:
  - "rules/A_rules.yml"
```

这些规则文件可以通过 Prometheus 服务器发送 sign up 信号，实时重载记录规则。如果所有的记录规则都有正确的格式和语法，这些变化就能够生效。

> **注意** YAML 规则在 Prometheus 2.0 版本中更新了，早期版本使用了不同的结构，这导致一些旧的规则文件在 Prometheus 2.0 及以后版本中会失效。
>
> 推荐使用 promtool[⊖] 来升级旧规则文件，它也可以用来在不启动 Prometheus 服务器的情况下快速检查规则文件在语法上是否正确。
>
> 如果记录规则文件是有效的，命令行会打印出从解析到规则的文本表示，并以返回值 0 退出程序。如果有任何语法错误，命令行会打印出一个错误信息，并以返回值 1 退出程序。若输入参数无效，则以返回值 2 退出程序。

2. 添加记录规则

在 prometheus.yml 文件中配置完记录规则（上节介绍的案例 A_rules.yml），接下来我们添加记录规则。

记录规则在规则组中定义，规则组的名称在服务器上必须是唯一的。规则文件的语法如下。

```
groups:
  [ - <rule_group> ]
```

下面是一个简单的规则文件案例。

```
groups:
 - name: example
   interval: 10s
   rules:
   - record: job:http_inprogress_requests:sum
     expr: sum(http_inprogress_requests) by (job)
```

上述案例中的 interval 覆盖 prometheus.yml 配置文件中 global 块中的 evaluation_interval，

⊖ YAML 版本升级过程参考博客文章：https://www.robustperception.io/converting-rules-to-the-prometheus-2-0-format/。

规则组内的规则会按照固定的间隔顺序执行。

规则组内按规则顺序执行，表示可以在后续规则中使用之前创建的规则，即可以根据规则创建指标，并在后面的规则中重用这些指标。这就意味着可以将记录规则设置为参数，比如创建一个含阈值的规则，该阈值就可以重复使用。这个特性仅仅在规则组内使用，并不适用于并行关系的规则组之间。

规则文件可以继续拆分为 <rule_group> 和 <rule> 两个部分。<rule_group> 的语法如下。

```
# 规则组名必须是唯一的
name: <string>

# 规则评估间隔时间
  [ interval: <duration> | default = global.evaluation_interval ]

rules:
  [ - <rule> ... ]
```

rule 块的内容包含本组的记录规则。<rule> 的语法如下。

```
# 输出的时间序列名称，必须是一个有效的 metric 名称
record: <string>

# 要计算的 PromQL 表达式，每个评估周期都是在当前时间进行评估的，结果记录为一组新的时间序列，
# metrics 名称由 record 设置
expr: <string>

# 添加或者覆盖的标签
labels:
  [ <labelname>: <labelvalue> ]
```

对上述代码的解释如下。

- record 部分进行规则的命名，一般推荐的格式是 level:metric:operations，它可以快速定位新指标。level 代表规则输出的聚合级别和规则输出的标签；operations 是应用于指标的操作列表，最新操作具有最高优先级。比如 CPU 查询可以命名为 instance:node_cpu:avg_rate5m。
- expr 部分保存生成新时间序列的查询。
- labels 块用来向新时间序列添加或者覆盖新标签。

根据规则中的定义，Prometheus 会在后台完成 expr 中定义的 PromQL 表达式计算，并且将计算结果保存到新的时间序列 record 中，同时还可以通过 labels 块为这些样本添加额外的标签。

在 Prometheus 1.x 中，记录规则都是同时运行的。这意味着一个规则依赖另一条规则并不安全，因为用户可能会看到先前评估的结果或当前评估的结果。这些竞争条件意味着规则之间的依赖关系存在风险，最好避免。

对于 Prometheus 2.0，情况不再如此，因为规则组中的规则是按顺序执行的。因此，在

2.x 版本中用户可以放心使用规则组，如下就是一个规则组的案例。

```
groups:
- name: node_rules
  rules:
  - record: instance_mode:node_cpu:rate5m
    expr: sum without(cpu)(rate(node_cpu{job="node"}[5m]))
  - record: mode:node_cpu:rate5m
    expr: sum without(instance)(instance_mode:node_cpu:rate5m{job="node"})
```

在上述案例中，首先汇总计算机的每个实例的每个模式的 CPU 使用率，然后在 Prometheus 服务器的所有 Node Exporters 中获取每个模式的 CPU 使用率。这样的方式是更有效的，因为它节省了多次读取 rate() 函数的时间。

3. 最佳实践

评估 Prometheus 的整体响应时间，可以用这个默认指标。

```
prometheus_engine_query_duration_seconds{}
```

一般可以通过减少关联查询、减小查询范围区间、使用记录规则等方式进行慢查询的优化。记录规则对复杂查询的 PromQL 表达式的性能优化、提高查询效率有着非常重要的作用。比如在成千上万的容器环境中，想要每 5 分钟统计一次海量 Kubernetes 节点之间 CPU 和内存的实际使用率，Prometheus 就很难快速查询。这时就可以使用记录规则，具体语法表达如下所示。

```
groups:
  - name: K8S.rules
    rules:
    - expr: |
        sum(rate(container_cpu_usage_seconds_total{image!="", container!=""}[5m]))
          by (namespace)
      record: namespace:container_cpu_usage_seconds_total:sum_rate
    - expr: |
        sum(container_memory_usage_bytes{image!="", container!=""}) by (namespace)
      record: namespace:container_memory_usage_bytes:sum
```

这两个规则可以连续执行 CPU 和内存的实际使用率的查询，并以很小的时间序列将结果存储起来。优化后的 CPU 和内存的实际使用率的查询方式如下所示。

```
# CPU
sum(namespace:container_cpu_usage_seconds_total:sum_rate) /
  avg_over_time(sum(kube_node_status_allocatable_cpu_cores)[5m:5m])

# 内存
sum(namespace:container_memory_usage_bytes:sum) /
  avg_over_time(sum(kube_node_status_allocatable_memory_bytes)[5m:5m])
```

另外，使用记录规则时，一定要遵循这个原则：记录规则一步到位，直接算出需要的值，避免算出一个中间结果再去做聚合。

最后，对于聚合很复杂的告警，可以先写一条规则，再针对该规则产生的新指标来建告警，这种方式可以帮助我们更高效地建立分级告警机制（不同阈值对应不同的紧急程度）。

5.3.2 告警规则

介绍完记录规则，我们再来看告警规则。在记录规则的基础上，建议新增 _alerts.yml 结尾的文件作为告警规则，如下所示。

```
rule_files:
  - "rules/*_rules.yml"
  - "rules/*_alerts.yml"
```

告警规则可以基于 PromQL 表达式定义告警条件，并将有关触发告警的通知发送到外部服务器。只要告警表达式在给定的时间点生成一个或多个矢量元素，告警就被这些元素的标签集视为处于活动状态。告警规则的语法如下所示。

```
alert: <string>

expr: <string>

[ for: <duration> | default = 0s ]

labels:
  [ <labelname>: <tmpl_string> ]

annotations:
  [ <labelname>: <tmpl_string> ]
```

下面是官方提供的告警规则示例。

```
groups:
- name: example
  rules:
  - alert: HighRequestLatency
    expr: job:request_latency_seconds:mean5m{job="myjob"} > 0.5
    for: 10m
    labels:
      severity: page
    annotations:
      summary: High request latency
```

在上述例子中，组名为 example，该组中的规则包含在 rules 块中。每个规则都有唯一的名称，在 alert 子句中指定，这里的名字为 HighRequestLatency。

可选项 for 子句，控制在触发告警之前测试表达式必须为 true 的时间长度。Prometheus 在每次发出告警之前检查告警在 10 分钟内是否继续处于活动状态。上例中的代码表示 job:request_latency_seconds:mean5m{job="myjob"} 指标需要在触发告警之前的 10 分钟内大于 0.5。

labels 子句允许指定一组附加标签并附加到告警。任何现有的冲突标签都将被覆盖。标签值可以模板化。

annotations 子句指定了一组信息标签，可用于存储更长的附加信息，例如告警说明或运行手册链接。

从 Prometheus 2.1 版本开始，可以在规则 UI 中查看告警的评估时间，如图 5-5 所示。

图 5-5　识别昂贵的告警规则

在上述 Prometheus 页面中，可以不用每个规则都调试一遍，就能以可视化形式查出哪些告警规则相对昂贵。

5.4　指标的抓取与存储

在复杂的环境中，为了统一规范化所有监控资源的监控数据，可以通过重新标记（relabel）的方式，控制、管理并标准化环境中的指标。在 Prometheus 的运行过程中，有两个阶段可以进行重新标记，分别是抓取之前和抓取之后。

抓取前主要依赖服务发现，通过 relabel_configs 的方式自动对服务发现的目标进行重新标记，抓取后主要指标保存在存储系统之前，依赖作业内的 metrics_relabel_configs 实现。

5.4.1　用 relabel_configs 抓取指标

relabel_configs[⊖]（重新标记）是一个功能强大的工具，可以在目标的标签集被抓取之前重写它。每个采集配置可以配置多个重写标签，并按照配置的顺序应用于每个目标的标签集。重写标签之后，以 __ 开头的标签将被从标签集中删除。如果只需要临时存储的标签，可以使用 _tmp 作为前缀标识。在实际生产中，relabel_configs 不但可以分组收集数据，也可以降低内存。

这种发生在采集样本数据之前、对 target 实例标签进行重写的机制，在 Prometheus 中称为 Relabeling 行为机制。可以通过配置文件中的 relabel_configs 字段自定义重写标签，除了修改标签，还可以为采集的指标添加新标签。

⊖　relabel_config 官网地址，https://prometheus.io/docs/prometheus/latest/configuration/configuration/#。

Relabeling 最基本的应用场景就是基于 Target 实例中包含的 metadata 标签，动态地添加或者覆盖标签。在 http://localhost:9090/targets 页面，当鼠标悬停在标签之上时，会看到一组 Before Relabeling 的默认 Metadata 标签信息，如图 5-6 所示。

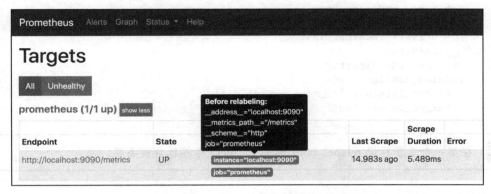

图 5-6　Target 默认标签

完整的 relabel_config 配置如下所示。
- __address__：当前目标实例的访问地址 <host>:<port>。
- __scheme__：采集目标服务访问地址的 HTTP Scheme、HTTP 或者 HTTPS。
- __metrics_path__：采集目标服务访问地址的访问路径。
- __param_<name>：采集任务目标服务中包含的请求参数。

在图 5-6 中，instance 标签内容与 __address__ 相对应，其实这里发生了一次标签重写处理。

在使用 consul 等做服务发现时，还会包含以下 Metadata 标签信息。
- __meta_consul_address：consul 地址。
- __meta_consul_dc：consul 中服务所在的数据中心。
- __meta_consulmetadata：服务的 metadata。
- __meta_consul_node：服务所在 consul 节点的信息。
- __meta_consul_service_address：服务访问地址。
- __meta_consul_service_id：服务 ID。
- __meta_consul_service_port：服务端口。
- __meta_consul_service：服务名称。
- __meta_consul_tags：服务包含的标签信息。

> 注意　Prometheus 官方文档还提供了很多元数据信息，除了 consul，还有 Azure、DNS、EC2、OpenStack、GCE、Kubernetes、Marathon、Serverset 等，详细内容参见 https://prometheus.io/docs/prometheus/latest/configuration/configuration/#kubernetes_sd_config。

在这个案例上，可以根据 Consul 提供的元数据的 __meta_consul_dc 来做 relabel_configs，添加该样本所属的数据中心，配置如下所示。

```
scrape_configs:
  - job_name: node_exporter
    consul_sd_configs:
      - server: localhost:8500
        services:
          - node_exporter
    relabel_configs:
    - source_labels: ["__meta_consul_dc"]
      target_label: "dc"
```

> **注意** 在第一个重新标记 relabel_configs 后，_meta 标签就会被丢弃。

完整的 relabel_config 配置如下所示。

```
# 配置指定了参与该 relabel 操作的标签名，如果指定多个 label name，按照逗号分割
[ source_labels: '[' <labelname> [, ...] ']' ]

# 多个 source_label 的值会按照 separator 进行拼接
[ separator: <string> | default = ; ]

# 经过该 relabel 操作的 Label Value 值会被写入 target_label 的指定 Label 中
[ target_label: <labelname> ]

# Label Value 符合 regex 指定的正则规范
[ regex: <regex> | default = (.*) ]

# modulus 的值作为系数，对 source_labels 值进行散列运算
[ modulus: <uint64> ]

# $1 为原 Label Value；如果有多个匹配组，可以使用 ${1}, ${2} 确定写入的内容
[ replacement: <string> | default = $1 ]

# action 定义了当前 relabel_config 对 Metadata 标签的处理方式，默认的 action 为 replace
[ action: <relabel_action> | default = replace ]
```

relabel 常见的 action 类型主要有如下 7 种。

- replace：默认值。replace 会根据 regex 的配置匹配 source_labels 标签的值（多个 source_label 的值会按照 separator 进行拼接），并且将匹配到的值写入 target_label 中。如果有多个匹配组，可以使用 ${1}, ${2} 确定写入的内容；如果没匹配到任何内容，不对 target_label 进行重写。
- keep：用于选择，丢弃 source_labels 的值中没有匹配到 regex 正则表达式内容的 target 实例。

- drop：用于排除，丢弃 source_labels 的值匹配到 regex 正则表达式内容的 target 实例。
- hashmod：这种情况下，以 modulus 的值作为系数，计算 source_labels 的散列值。
- labelmap：根据 regex 的定义去匹配 target 实例所有标签的名称，并且以匹配到的内容作为新的标签名称，其值作为新标签的值。
- labeldrop：删除正则相匹配的目标 source_labels。
- labelkeep：删除正则不匹配的目标 source_labels，它和 labeldrop 相反。

> **注意**
> 1）重新标记的默认操作是 replace，这是最常用的操作。
> 2）drop 和 keep 可以视为过滤器。请记住，对于除 drop 和 keep 之外的所有 relabel 操作，无论 regex 是否匹配，处理都将继续进行。
> - 在 relabel_configs 中，会导致目标不被刮擦。
> - 在 metric_relabel_configs 中，会导致时间序列不被采集。
> - 在 alert_relabel_configs 中，会导致告警不发送到 alertmanager。
> - 在 write_relabel_configs 中，会导致时间序列不发送到远程写入端点。

结合 action 选项，继续扩展前面的案例，采集数据中心 dc1 中的 Node Exporter 实例的样本数据配置如下所示。

```
scrape_configs:
  - job_name: node_exporter
    consul_sd_configs:
      - server: localhost:8500
        services:
          - node_exporter
    relabel_configs:
    - source_labels: ["__meta_consul_dc"]
      regex: "dc1"
      action: keep
```

5.4.2　用 metric_relabel_configs 存储指标

Prometheus 从数据源拉取数据后，会对原始数据进行编辑，metric_relabel_configs[一]是作业 job 内的配置，Prometheus 在保存数据前会重新编辑标签。它很重要的使用场景就是，将监控不需要的数据直接丢掉，不在 Prometheus 中保存。一条简单的经验法则：relabel_config 发生在刮擦之前，metric_relabel_configs 发生在刮擦之后；如果其中一个不起作用，用户可以随时尝试另一个。

metric_relabel_configs 的 action 和 5.4.1 节提到的 relabel_configs 是类似的，我们结合

一　关于 metric_relabel_configs 的信息，也可以参考官方文档，链接地址：https://prometheus.io/docs/prometheus/latest/configuration/configuration/#metric_relabel_configs。

案例来学习一下 metric_relabel_configs。

案例一：在数据存储之前删除指标。这里使用了 drop 操作，如果使用 keep，就会保留与正则表达式匹配的指标并删除所有其他指标。

```
metric_relabel_configs:
  - source_labels: [__name__]
    regex: 'DEMO.*'
    action: drop
```

案例二：删除多个标签的指标。

```
metric_relabel_configs:
  - source_labels: [__name__]
    separator: ','
    regex: '(AAA|BBB)'
    action: drop
```

多个标签通过分隔符连接在一起，默认分隔符为"；"，也可以使用 separator 参数覆盖分隔符配置。上面的（AAA|BBB）将根据正则表达式匹配并捕获 AAA 和 BBB 两个指标。上述案例的 __name__ 标签值会使用"，"进行分隔。

如果指定了多个源标签，将使用分隔符"；"隔开每个正则表达式，即 AAA;BBB;CCC。

案例三：替换标签值。这实际上是根据已有标签生成一个新的标签，比如下面的案例。

```
metric_relabel_configs:
  - source_labels: [id]
    regex: '/.*'
    replacement: '$1'
    target_label: container_id
```

许多 cAdvisor 指标都有一个 ID 标签，其中包含正在运行的进程的名称。上述案例对进程 id 重新定义一个标签，放入 container_id。

案例四：结合 topk 函数，使用 Prometheus 在抓取时间删除最大的指标。

首先，可以在 Prometheus 上的表达式浏览器（即 Graph 页面）中执行如下 PromQL 语句。

```
topk(20, count by (__name__, job)({__name__=~".+"}))
```

这将按指标名称和任务返回最大的 20 个时间序列，假设最大的有问题的指标叫作 my_too_large_metric，可以在 metric_relabel_configs 中配置抓取时对其进行删除，代码如下所示。

```
scrape_configs:
  - job_name: 'my_job'
    static_configs:
      - targets:
        - my_target:1234
    metric_relabel_configs:
```

```
      - source_labels: [__name__]
        regex: 'my_too_large_metric'
        action: drop
```

案例五：从旧度量标准名称中提取标签。

假设用户所使用的旧系统为 JVM 内存生成指标，如下所示。

```
memory_pools_PS_Eden_Space_committed
memory_pools_PS_Eden_Space_max
memory_pools_PS_Eden_Space_used
memory_pools_PS_Old_Gen_committed
memory_pools_PS_Old_Gen_max
memory_pools_PS_Old_Gen_used
memory_pools_PS_Survivor_Space_committed
memory_pools_PS_Survivor_Space_max
memory_pools_PS_Survivor_Space_used
```

这些指标中，PS_Eden_Space、PS_Old_Gen 和 PS_Survivor_Space 其实可以制作成非常有意义的标签，这可以通过 metric_relabel_configs 进行如下改造。

```
scrape_configs:
  job_name: my_job
    # Usual fields go here to specify targets.
    metric_relabel_configs:
    - source_labels: [__name__]
      regex: '(memory_pools)_(.*)_(\w+)'
      replacement: '${2}'
      target_label: pool
    - source_labels: [__name__]
      regex: '(memory_pools)_(.*)_(\w+)'
      replacement: '${1}_${3}_bytes'
      target_label: __name__
```

如上所示，__name__ 是包含度量标准名称的特殊标签[⊖]，如果我们知道这些指标的单位是字节，也可以添加字节，这将创建如下新指标，而这些指标更适用于企业采集和分类标准化管理。

```
memory_pools_committed_bytes{pool="PS_Eden_Space"}
memory_pools_max_bytes{pool="PS_Eden_Space"}
memory_pools_used_bytes{pool="PS_Eden_Space"}
memory_pools_committed_bytes{pool="PS_Old_Gen"}
memory_pools_max_bytes{pool="PS_Old_Gen"}
memory_pools_used_bytes{pool="PS_Old_Gen"}
memory_pools_committed_bytes{pool="PS_Survivor_Space"}
memory_pools_max_bytes{pool="PS_Survivor_Space"}
memory_pools_used_bytes{pool="PS_Survivor_Space"}
```

⊖ 经过处理以后，之前的指标不再有意义，PromQL 也不知道哪个名称有意义，因此删除了度量名称（包含在 __name__ 标签中）。

5.5 通过调优解决 PromQL 耗尽资源问题

尽管 Prometheus 通过许多功能来限制昂贵的 PromQL 查询对用户的监控产生的影响，但是在实际工作中还是可能会出现这些功能没有涵盖到的一些异常问题。

从 Prometheus 2.12.0 版本开始，Prometheus 关闭时正在运行的任何查询都将在下次启动时打印。所以当发生 OOM 等系统崩溃情况时，下次启动时日志中会出现 These queries didn't finish in prometheus' last run:"(上次运行的 PromQL 表达式)" 等信息，如下所示。

```
level=info ts=2019-08-28T14:30:09.143Z caller=query_logger.go:74
    component=activeQueryTracker msg="These queries didn't finish in prometheus'
    last run:" queries="[{\"query\":\"changes(changes(prometheus_http_request_
    duration_seconds_bucket[1h:1s])[1h:1s])\",\"timestamp_sec\":1567002604}]"
level=info ts=2019-08-28T14:30:09.144Z caller=main.go:654 msg="Starting
    TSDB ..."level=info
```

这样的 PromQL 可能就是耗尽 Prometheus 资源的罪魁祸首，可以进行优化等处理工作。当然，如果是别的原因导致 Prometheus 触发了终止，那么可以丢弃坏的 PromQL 表达式，或者通过调整一些参数来优化 PromQL，比如 --query.max-concurrency、--query.max-samples 和 --query.timeout 3 个参数可以分别用来查询最大并发、查询最大样本数和查询超时的配置调整。

5.6 本章小结

本章是关于 PromQL 的高级实战部分，是对第 4 章内容的延展和提升。

在本章中，我们首先介绍了 PromQL 内置函数，它们可以归类为 10 种函数类型，分别是动态标签、数学运算、类型转换、时间和日期、多对多逻辑运算、排序、Counter、Gauge、Histogram、时间聚合。内置函数大多是结合案例进行介绍的，并且给出了很多生产实践中的建议和问题规避方法。

紧接着，本章介绍了 HTTP API，它对于很多从事开发、运维工作的同学进行 Prometheus 实战有着非常重要的作用，可以用在信息的获取、脚本的编写、可视化监控的配置、时序数据库的管理等方面。

然后，本章介绍了 Prometheus 中的两种规则，记录规则和告警规则。它们和 PromQL 息息相关，尤其是记录规则，它对复杂查询的 PromQL 语句的性能优化、提高查询效率有着非常重要的作用。但是记录规则在实战中也存在一些坑，比如当它与 increase、sum 等函数碰到一起的时候，就容易出现顺序性问题。因此，使用记录规则时，一定要遵循这个原则：规则一步到位，直接算出需要的值，避免算出一个中间结果再去做聚合。

最后，本章介绍了 PromQL 关于重新标记的两个阶段和对应的方式：抓取前使用服务发现提供的 relabel_configs 方法，抓取后使用作业内的 metrics_relabel_configs 方法。

第 6 章 Chapter 6

Prometheus 告警机制深度解析

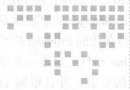

Prometheus 告警管理功能并没有划分到 Prometheus 服务器中，而是独立于 Alertmanager[一] 项目存在。Prometheus 服务器定义告警规则，这些规则首先会触发事件通过 notifier 模块向 Alertmanager 集群发送告警；Alertmanager 再根据相关配置及当前的告警状态决定如何处理相应的告警，包括分组、过滤、抑制等问题，以及邮件、钉钉、PagerDuty 等方式。

本章主要围绕 Alertmanager 告警的架构、原理、集群以及告警触发的流程等内容展开。

6.1 Alertmanager 架构解析

图 6-1 所示是 Alertmanager 官网给出的架构，我们来对各个模块的功能进行简要介绍。

- **API 组件**：该模块位于左上角，用于接收 Prometheus 服务端的 HTTP 请求，主要是告警相关的内容。API 当前的版本是 v2（很长一段时间是 v1），API 是由 OpenAPI 项目[二]和 Go Swagger[三]生成的，API 规范可以在 https://github.com/prometheus/alertmanager/blob/master/api/v2/openapi.yaml 中找到。默认配置的情况下，在 v1 和 v2 版本中，用户可以通过 /api/v1 或 /api/v2 前缀访问端点。其中，v2 版本的 /status 端点是 /api/v2/status，如果设置了 --web.route-prefix，那么 --web.route-prefix=/alertmanager/ 会映射到 /alertmanager/api/v2/status。关于最新的版本用户可以关注 GitHub。v1 版本相对比较稳定，v2 版本目前仍然在开发中，未来可能会发生变化。

⊖ https://github.com/prometheus/alertmanager。
⊜ https://github.com/OAI/OpenAPI-Specification/blob/master/versions/2.0.md。
⊜ https://github.com/go-swagger/go-swagger/。

- Alert Provider 组件：API 层将来自 Prometheus 服务端的告警信息存储到 Alert Provider 上。Alertmanager 的原理就是内置了一个 Map，放在本机内存中，这样可以很容易扩展其他持久化的 Provider 实现，如 MySQL、ElasticSearch 等。
- Dispatcher 组件：这是一个单独的 goroutine，不断地通过订阅的方式从 Alert Provider 获取新的告警，并且根据 YAML 配置的 Routing Tree 将告警通过 Label 路由到不同的分组中，以实现告警信息的分组处理。
- Notification Pipeline 组件：顾名思义，这是一个责任链模式的组件，它通过一系列逻辑（如抑制、静默、去重等）来优化告警质量。在源码中，它是通过一个个实现 Stage 接口的具有不同功能的实例串联起来得到的。
- Silence Provider 组件：API 层将来自 Prometheus 服务端的告警信息存储到 Silence Provider 上，然后由这个组件实现去重逻辑处理。静默规则用来关闭部分告警的通知。
- Notify Provider 组件：它是 Silence Provider 组件的下游，会在本地记录日志，并通过图 6-1 中 Peers 的方式将日志广播给集群中的其他节点，判断当前节点自身或其他节点是否已经发送过了，避免告警通知在集群中重复出现。

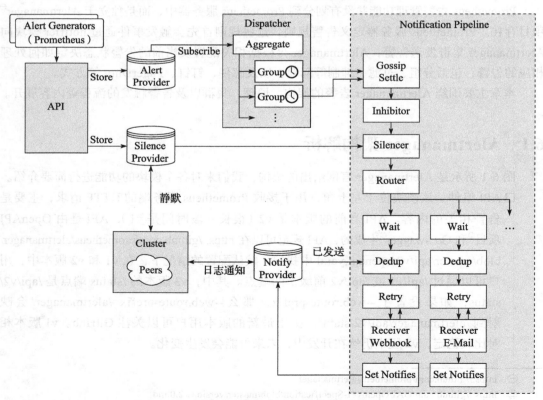

图 6-1　Alertmanager 架构

6.2 AMTool 的安装与用法

AMTool 是用于与 Alertmanager 架构中的 API 组件进行交互的 CLI 工具。它与 Alertmanager 捆绑在一起，可以通过如下命令安装。

```
go get github.com/prometheus/alertmanager/cmd/amtool
```

以下是 AMTool 的常见用法。

查看所有当前触发的告警。

```
$ amtool alert
Alertname         Starts At                  Summary
Test_Alert        2017-08-02 18:30:18 UTC    This is a testing alert!
Test_Alert        2017-08-02 18:30:18 UTC    This is a testing alert!
Check_Foo_Fails   2017-08-02 18:30:18 UTC    This is a testing alert!
Check_Foo_Fails   2017-08-02 18:30:18 UTC    This is a testing alert!
```

查看具有扩展输出的所有当前触发告警。

```
$ amtool -o extended alert
Labels                                                    Annotations
Starts At              Ends At
                       Generator URL
alertname="Test_Alert" instance="node0"    link="https://example.com"
  summary="This is a testing alert!"  2017-08-02 18:31:24 UTC   0001-01-01
  00:00:00 UTC    http://my.testing.script.local
alertname="Test_Alert" instance="node1"    link="https://example.com"
  summary="This is a testing alert!"  2017-08-02 18:31:24 UTC   0001-01-01
  00:00:00 UTC    http://my.testing.script.local
alertname="Check_Foo_Fails" instance="node0"   link="https://example.com"
  summary="This is a testing alert!"  2017-08-02 18:31:24 UTC   0001-01-01
  00:00:00 UTC    http://my.testing.script.local
alertname="Check_Foo_Fails" instance="node1"   link="https://example.com"
  summary="This is a testing alert!"  2017-08-02 18:31:24 UTC   0001-01-01
  00:00:00 UTC    http://my.testing.script.local
```

除了上述查看告警的方法，还可以使用 Alertmanager 提供的查询语法进行告警的查看。

```
$ amtool -o extended alert query alertname="Test_Alert"
Labels                                         Annotations
                                               Starts At                  Ends At
                       Generator URL
alertname="Test_Alert" instance="node0"    link="https://example.com"
  summary="This is a testing alert!"  2017-08-02 18:31:24 UTC   0001-01-01
  00:00:00 UTC    http://my.testing.script.local
alertname="Test_Alert" instance="node1"    link="https://example.com"
  summary="This is a testing alert!"  2017-08-02 18:31:24 UTC   0001-01-01
  00:00:00 UTC    http://my.testing.script.local

$ amtool -o extended alert query instance=~".+1"
```

```
Labels                                          Annotations
                                             Starts At                 Ends At
                  Generator URL
alertname="Test_Alert" instance="node1"     link="https://example.com"
   summary="This is a testing alert!"   2017-08-02 18:31:24 UTC    0001-01-01
   00:00:00 UTC    http://my.testing.script.local
alertname="Check_Foo_Fails" instance="node1"   link="https://example.com"
   summary="This is a testing alert!"   2017-08-02 18:31:24 UTC    0001-01-01
   00:00:00 UTC    http://my.testing.script.local

$ amtool -o extended alert query alertname=~"Test.*" instance=~".+1"
Labels                                          Annotations
                                             Starts At                 Ends At
                  Generator URL
alertname="Test_Alert" instance="node1"     link="https://example.com"
   summary="This is a testing alert!"   2017-08-02 18:31:24 UTC    0001-01-01
   00:00:00 UTC    http://my.testing.script.local
```

使告警静默。

```
$ amtool silence add alertname=Test_Alert
b3ede22e-ca14-4aa0-932c-ca2f3445f926

$ amtool silence add alertname="Test_Alert" instance=~".+0"
e48cb58a-0b17-49ba-b734-3585139b1d25
```

> **注意** 使用 AMTool 创建的 Silence 一般在 1h 后自动过期，可使用 --expires 和 --expire-on 参数来指定更长的时间或者窗口。

查看静默，这个查到的 ID 在后续操作中会用到。

```
$ amtool silence query
ID                                      Matchers                Ends At
             Created By   Comment
b3ede22e-ca14-4aa0-932c-ca2f3445f926   alertname=Test_Alert   2017-08-02
   19:54:50 UTC   kellel

$ amtool silence query instance=~".+0"
ID                                      Matchers
  Ends At                 Created By   Comment
e48cb58a-0b17-49ba-b734-3585139b1d25   alertname=Test_Alert instance=~.+0
   2017-08-02 22:41:39 UTC   kellel
```

通过 ID 使特定的 Silence 过期。

```
$ amtool silence expire b3ede22e-ca14-4aa0-932c-ca2f3445f926
```

通过查询条件使 Silence 过期。

```
$ amtool silence expire $(amtool silence query -q)
```

使用正则表达式匹配所有的 Silence。

```
$ amtool silence query instance=~".+0"
ID                                          Matchers
  Ends At                          Created By  Comment
e48cb58a-0b17-49ba-b734-3585139b1d25   alertname=Test_Alert instance=~.+0
  2017-08-02 22:41:39 UTC    kellel

$ amtool silence expire $(amtool silence -q query instance=~".+0")

$ amtool silence query instance=~".+0"
```

> **注意** 可以通过 --help 查看命令行参数的完整列表，也可以通过 amtool silence -help 获得特定子命令的帮助。

6.3 配置文件的编写与解读

Alertmanager 通过命令行和一个配置文件进行配置。命令行可以配置不可变的系统参数，而配置文件定义的限制规则用于通知路由和接收者。

在安装 Alertmanager 以后，如通过二进制文件进行安装，可以使用如下命令运行。

```
./alertmanager --config.file=alertmanager.yml
```

--config.file 参数用于指定要加载的配置文件。alertmanager -h 用于查看所有命令。表 6-1 所示是常见的 Alertmanager 选项说明。

表 6-1　Alertmanager 的常见配置选项及说明

选项	说明
--config.file	指定 alertmanager.yml 配置文件路径
--web.listen-address	监听 Web 接口和 API 的地址端口
--web.external-url	用于返回 Alertmanager 的相对和绝对链接地址，可以在后续告警通知中直接点击链接地址访问 Alertmanager Web UI。格式是：http://{ip 或者域名 }:9090
--data.retention	历史数据最大保留时间，默认为 120h
--storage.path	数据存储路径

> **注意** 如果是在 Kubernetes 集群中，需要使用 Docker 镜像进行安装，指定配置文件需要使用一个 kind 为 ConfigMap 的资源对象。具体后续操作参见官方文档。

Alertmanager 的配置文件是使用 YAML 格式编写的，如下所示。

- \<duration\>：与正则表达式匹配的持续时间，其格式为 [A] + (B)，其中 A 表示数值，取值范围是 0～9；B 表示单位，可以为 ms、s、m、h、d、w、y。
- \<labeltime\>：与正则表达式匹配的字符串，其格式为 [A] [B]*，其中 A 的取值范围是

a～z 及 A～Z；B 的取值范围是 a～z、A～Z 及 0～9；* 表示任务其他字符或字符串。
- <filepath>：当前工作目录下的有效路径。
- <boolean>：布尔值，结果为 false 或者 true。
- <string>：常规字符串。
- <tmpl_string>：一个在使用前被模板扩展的字符串。

如下是一个 YML 格式文件的样例，其中重要的部分已经通过注释的形式做了解释。

```
global:
# 配置邮件发送信息
smtp_smarthost: 'localhost:25'
smtp_from: 'alertmanager@example.org'
smtp_auth_username: 'XXX'  # 用户名
smtp_auth_password: 'YYY'  # 密码
smtp_hello: '163.com'  # 邮箱
smtp_require_tls: false

# 每个告警信息进入的根路由，用于设置告警的分发策略
route:
  # 根路由不能有任何匹配器，因为它是所有告警的入口点。它需要配置一个接收器，以便将不匹配任何
  # 子路由的告警发送出去。receiver 的默认值为 default，如果某条告警没有被一个 route 匹配，
  # 则发送给默认的接收器
  receiver: 'team-X-mails'

  # 将多个告警批量聚合到单个组中，这将完全禁用聚合，按原样传递所有告警。例如, group_by: [...]
  group_by: ['alertname', 'cluster']

  # 当一个新的告警组被创建时，至少要等待 'group_wait' 时间来发送初始通知。通过这种方式，
  # 可以确保有足够多的时间为同一分组获取多条告警，然后一起触发这些告警信息
  group_wait: 30s

  # 在发送完第一条告警以后，等待 group_interval 时间来发送一组新的告警信息
  group_interval: 5m

  # 如果告警已成功发送，则等待 'repeat_interval' 时间重新发送它们
  repeat_interval: 3h

  # 所有上述属性是根路由的内容，由所有子路由继承，并且可以覆盖每个子路由
  routes:
  # 此路由对告警标签执行正则表达式匹配，以捕获与服务列表相关的告警
  - match_re:
      service: ^(foo1|foo2|baz)$
    receiver: team-X-mails

    # 该服务有一个用于紧急告警的子路由，任何不匹配的告警，例如 != severity: critical,
    # 都会退回到父节点并发送到"team- x -mail"
    routes:
    - match:
        severity: critical
      receiver: team-X-pager
```

```
    - match:
        service: files
      receiver: team-Y-mails

      routes:
      - match:
          severity: critical
        receiver: team-Y-pager

  # 此路由处理来自数据库服务的所有告警。如果没有团队来处理它，则默认由 DB 团队处理
  - match:
      service: database

    receiver: team-DB-pager
    # 还可以根据受影响的数据库对告警进行分组
    group_by: [alertname, cluster, database]

    routes:
    - match:
        owner: team-X
      receiver: team-X-pager

    - match:
        owner: team-Y
      receiver: team-Y-pager


# 根据抑制规则，如果另一个告警正在发出，则允许对一组告警进行静默处理。
# 如果相同的告警已经处于紧急状态，我们将使用它来静默任何告警级别的通知
inhibit_rules:
- source_match:
    severity: 'critical'
  target_match:
    severity: 'warning'
  # Apply inhibition if the alertname is the same.
  equal: ['alertname']


receivers:
- name: 'team-X-mails'
  email_configs:
  - to: 'team-X+alerts@example.org, team-Y+alerts@example.org'

- name: 'team-X-pager'
  email_configs:
  - to: 'team-X+alerts-critical@example.org'
  pagerduty_configs:
  - routing_key: <team-X-key>

- name: 'team-Y-mails'
  email_configs:
```

```yaml
    - to: 'team-Y+alerts@example.org'

- name: 'team-Y-pager'
  pagerduty_configs:
  - routing_key: <team-Y-key>

- name: 'team-DB-pager'
  pagerduty_configs:
  - routing_key: <team-DB-key>
```

上述案例中，Alertmanager 配置主要分为 5 个部分，分别是全局配置（global）、告警路由（route）、抑制规则（inhibit_rules）、接收者（receivers）、模板（templates），如下所示。

```yaml
global:
# resolve_timeout 是在未更新告警的情况下解析告警的时间
[ resolve_timeout: <duration> | default = 5m ]

# SMTP 相关配置
[ smtp_from: <tmpl_string> ]
[ smtp_smarthost: <string> ]
[ smtp_auth_username: <string> ]
[ smtp_auth_password: <string> ]
[ smtp_auth_secret: <string> ]
[ smtp_require_tls: <bool> | default = true ]

# 用于 Slack 等通知方式的 API URL
[ slack_api_url: <string> ]
[ pagerduty_url: <string> | default = "https://events.pagerduty.com/
  generic/2010-04-15/create_event.json" ]
[ opsgenie_api_host: <string> | default = "https://api.opsgenie.com/" ]
[ hipchat_url: <string> | default = "https://api.hipchat.com/" ]
[ hipchat_auth_token: <string> ]

# template 块保存告警模板的目录列表
# 从其中读取自定义通知模板定义的文件。最后一个组件可以使用通配符匹配器，例如 'templates/*.tmpl'
templates:
  [ - <filepath> ... ]

# routing tree 根节点
route: <route>

# 接收者列表
receivers:
  - <receiver> ...

# 抑制规则列表
inhibit_rules:
  [ - <inhibit_rule> ... ]
```

- 全局配置（global）：用于定义一些全局的公共参数，如全局的 SMTP 配置、Slack 配置等。

- 模板（templates）：用于定义告警通知时的模板，如 HTML 模板、邮件模板等。
- 告警路由（route）：根据标签匹配，确定当前告警应该如何处理。
- 接收者（receivers）：接收者是一个抽象的概念，它可以是一个邮箱，也可以是微信、Slack 或者 Webhook 等。接收者一般配合告警路由使用。
- 抑制规则（inhibit_rules）：合理设置抑制规则可以减少垃圾告警的产生。

route 路由模块中定义了路由树及其子节点。如果不设置，子节点的可选配置参数将继承父节点的值。每个告警在已配置路由树的顶部节点上必须匹配所有告警，然后遍历所有的子节点。如果 continue 设置成 false，当匹配到第一个孩子时，它会停止下来；如果 continue 设置成 true，告警将继续匹配后续的兄弟节点。如果一个告警不匹配一个节点的任何孩子，将会基于当前节点的配置参数来处理这个告警。

```
[ receiver: <string> ]
[ group_by: '[' <labelname>, ... ']' ]

# 告警是否应该继续匹配后续的兄弟节点
[ continue: <boolean> | default = false ]

# 告警必须满足用一组相等匹配器来匹配节点
match:
  [ <labelname>: <labelvalue>, ... ]

# 告警必须满足用一组 regex-matchers 来匹配节点
match_re:
  [ <labelname>: <regex>, ... ]

# 发送一组告警通知的初始等待时间。允许等待一个抑制告警到达或收集属于同一组的更多初始告警
# （通常是 0 到数分钟）
[ group_wait: <duration> ]

# 在发送关于新告警的通知之前，需要等待多长时间。新告警将被添加到已经发送了初始通知的告警组中
# （一般在 5 分钟或以上）
[ group_interval: <duration> ]

# 如果已经成功发送了告警，再次发送通知需要等待多长时间（一般至少为 3 小时）
[ repeat_interval: <duration> ]

# 0 个或者多个子路由
routes:
  [ - <route> ... ]
```

当告警（源）存在并与另一组匹配器匹配时，抑制规则会破坏与一组匹配器匹配的告警（目标）。对于 equal 列表中的标签名，目标和源告警必须具有相同的标签值。

从语义上讲，有缺失的标签和带有空值的标签是一样的。因此，如果源告警和目标告警中都缺少 equal 中列出的所有标签名称，就使用抑制规则。

为了防止告警本身受到抑制，如果告警与规则的目标和源都匹配，就不能通过告警（包

括告警本身)来抑制告警。但是,我们建议在选择目标匹配器和源匹配器时,不要同时发出告警。

```
# 必须在告警中完成的匹配器被静默
target_match:
  [ <labelname>: <labelvalue>, ... ]
target_match_re:
  [ <labelname>: <regex>, ... ]

# 必须存在一个或多个告警才能使抑制生效的匹配器
source_match:
  [ <labelname>: <labelvalue>, ... ]
source_match_re:
  [ <labelname>: <regex>, ... ]

# 必须在源告警和目标告警中具有相等值的标签才能使抑制生效
[ equal: '[' <labelname>, ... ']' ]
```

http_config 允许配置 HTTP 客户端接收器使用基于 HTTP 的 API 服务进行通信。

```
# 注意 "basic_auth" "bearer_token" 和 "bearer_token_file" 选项是互斥的
# 使用配置的用户名和密码设置 "Authorization" 标头
# password 和 password_file 是互斥的
basic_auth:
  [ username: <string> ]
  [ password: <secret> ]
  [ password_file: <string> ]

# 设置 `Authorization` header
[ bearer_token: <secret> ]

# 设置 `Authorization` header
[ bearer_token_file: <filepath> ]

# 配置 TLS
tls_config:
  [ <tls_config> ]

# 可选的代理 URL
[ proxy_url: <string> ]
```

tls_config 允许配置 TLS 连接。

```
# 用于验证服务器证书的 CA 证书
[ ca_file: <filepath> ]

# 客户端证书和密钥文件认证到服务器
[ cert_file: <filepath> ]
[ key_file: <filepath> ]

# ServerName 扩展名,指示服务器的名称
```

```
# http://tools.ietf.org/html/rfc4366#section-3.1
[ server_name: <string> ]

# 禁用服务器证书的验证
[ insecure_skip_verify: <boolean> | default = false]
```

Receiver 是一个或多个通知集成的命名配置，也就是告警的目的地。官方推荐通过 Webhook 接收器实现自定义通知集成。关于 <email_config>、<hipchat_config>、<pagerduty_config>、<image_config>、<link_config>、<pushover_config>、<slack_config>、<opsgenie_config>、<victorops_config>、<webhook_config>、<wechat_config> 的具体配置方式，可以参见 Prometheus 官方文档的配置手册[⊖]。

```
# 接收者唯一名称
name: <string>

# 常见通知集成的配置
email_configs:
  [ - <email_config>, ... ]
hipchat_configs:
  [ - <hipchat_config>, ... ]
pagerduty_configs:
  [ - <pagerduty_config>, ... ]
pushover_configs:
  [ - <pushover_config>, ... ]
slack_configs:
  [ - <slack_config>, ... ]
opsgenie_configs:
  [ - <opsgenie_config>, ... ]
webhook_configs:
  [ - <webhook_config>, ... ]
victorops_configs:
  [ - <victorops_config>, ... ]
wechat_configs:
  [ - <wechat_config>, ... ]
```

6.4 告警规则的定义

之前介绍过，Prometheus 中有两种规则，分别是记录规则和告警规则。告警规则也是 YAML 格式的文件。告警规则允许用户基于 Prometheus 表达式定义告警条件，并在触发告警时发送通知给外部的接收者。每当告警表达式在给定时间点产生一个或者多个向量元素时，这个告警规则将统计活跃元素的标签集。

为了能够让 Prometheus 启用定义的告警规则，需要在 Prometheus 全局配置文件中通过 rule_files 指定一组告警规则文件的访问路径。Prometheus 启动后会自动扫描这些路径下规

⊖ https://prometheus.io/docs/alerting/configuration/。

则文件中定义的内容，并且根据这些规则计算是否向外部发送通知。

```
rule_files:
  [ - <filepath_glob> ... ]
```

告警规则的定义遵循下面的风格。

```
ALERT <alert name>
  IF <expression>
    [ FOR <duration> ]
      [ LABELS <label set> ]
        [ ANNOTATIONS <label set> ]
```

在告警规则文件中，我们可以将一组相关的规则定义在一个 group 下。在每一个 group 中，我们可以定义多个告警规则。如下是一个告警规则的例子。

```
groups:
- name: example
  rules:
  - alert: HighRequestLatency
    expr: job:request_latency_seconds:mean5m{job="myjob"} > 0.5
    for: 10m
    labels:
      severity: page
    annotations:
      summary: High request latency
```

- alert：告警规则的名称。
- for：指定 Prometheus 服务等待的时间。该元素是活跃的且尚未触发，表示其正处于挂起状态。该参数用于表示只有当触发条件持续一段时间后才发送告警。在等待期间，新产生的告警的状态为 pending。
- labels：允许指定额外的标签列表，并把它们附加在告警上。任何已存在的冲突标签都会被重写。这个标签值能够被模板化。自定义标签允许用户指定要附加到告警上的一组附加标签。
- annotations：指定另一组标签，不被当作告警实例的身份来标识。该参数经常用于存储额外的信息，例如告警描述。这个注释值能够被模板化。这组附加信息，比如用于描述告警详细信息的文字等，在告警产生时会一同作为参数发送到 Alertmanager。
- expr：基于 PromQL 表达式的告警触发条件，用于计算是否有时间序列满足该条件。

在告警中可以使用模板，它是一种在告警中使用时间序列数据的标签和值的方法，用于注解标签。模板使用标准的 Go 语法，并暴露一些包含时间序列的标签和值的变量。标签以变量 $labels 形式表示，指标以变量 $value 形式表示。比如，summary 注解中可以通过 {{$labels.<labelname>}} 和 {{$value}} 分别引用 instance 标签和时间序列的值。

可以在 Alertmanager 的配置文件中使用模板字符串，如下所示。

```
receivers:
- name: 'slack-notifications'
  slack_configs:
  - channel: '#alerts'
    text: 'https://internal.myorg.net/wiki/alerts/{{ .GroupLabels.app }}/
      {{ .GroupLabels.alertname }}'
```

也可以自定义可复用的模板文件。例如，可以创建自定义模板文件 custom-template.tmpl，如下所示。

```
{{ define "slack.myorg.text" }}https://internal.myorg.net/wiki/alerts/
  {{ .GroupLabels.app }}/{{ .GroupLabels.alertname }}{{ end }}
```

通过在 Alertmanager 的全局设置中定义 templates 配置来指定自定义模板的访问路径。

```
templates:
  [ - <filepath> ... ]
```

在设置了自定义模板的访问路径后，用户就可以直接在配置中使用该模板。

```
  receivers:
- name: 'slack-notifications'
  slack_configs:
  - channel: '#alerts'
    text: '{{ template "slack.myorg.text" . }}'
templates:
- '/etc/alertmanager/templates/myorg.tmpl'
```

如下是一个模板的案例，这个案例提供了两条告警，分别是作业已经宕机并超过 5 分钟和请求延迟中位数高于 1s 的场景。

```
ALERT InstanceDown
  IF up == 0
    FOR 5m
      LABELS { severity = "page" }
        ANNOTATIONS {
                summary = "Instance {{ $labels.instance }} down",
                    description = "{{ $labels.instance }} of job {{ $labels.
                       job }} has been down for more than 5 minutes.",
                }

ALERT APIHighRequestLatency
  IF api_http_request_latencies_second{quantile="0.5"} > 1
    FOR 1m
      ANNOTATIONS {
              summary = "High request latency on {{ $labels.instance }}",
```

```
      description = "{{ $labels.instance }} has a median request
        latency above 1s (current value: {{ $value }}s)",
      }
```

6.5 关于告警的高级应用与问题处理

本节主要结合实践过程中会遇到的场景和问题（如告警分组、抑制、静默、延迟等）展开介绍，目的是提高读者理论联系实际的能力。

6.5.1 Prometheus 告警失灵

很多技术人员在运维 Prometheus 的时候，都有如下问题。

- 为什么该告警的时候却不告警？
- 为什么不该告警的时候偏偏告警了？

其实，解决上述问题的关键还是需要厘清 Prometheus 的告警原理，如 6.4 节提供的告警规则。

```
groups:
- name: example
  rules:
  - alert: HighRequestLatency
    expr: job:request_latency_seconds:mean5m{job="myjob"} > 0.5
    for: 10m
    labels:
      severity: page
    annotations:
      summary: High request latency
```

for 语句用于表示只有当触发条件持续一段时间后才发送告警。在等待期间，新产生的告警的状态为 pending。这个参数最主要的作用就是降噪，因为很多指标都是有波动的，上述案例只有持续满足 expr 条件 10 分钟，才会触发告警。

> **注意** 如果配置中不设置 for 或者将其设置为 0，那么 pending 状态会被直接跳过，立即变为 firing 状态，同时发送相关告警信息给 Alertmanager。

这意味着：

- 如果 10 分钟以内有 100 个指标，即使有 50% 的指标超出规则条件，也不会触发告警；
- 只有采集到的指标满足条件，且持续 10 分钟，才会进行告警。

Prometheus 以 scrape_interval（默认为 1 分钟）规则为周期，从监控目标上收集信息后将监控信息持久存储在本地存储上；Prometheus 以 evaluation_interval（默认为 1 分钟）规则为周期，对告警规则做定期计算。下面所示分别是 Prometheus 和 Alertmanager 的关键配置。

```
# Prometheus
scrape_interval          # 服务端抓取数据的时间间隔，默认 1 分钟
scrape_timeout           # 数据抓取的超时时间，默认 10 秒
evaluation_interval      # 评估告警规则的时间间隔，默认 1 分钟

# Alertmanager
group_wait               # 发送一组新的告警的初始等待时间，也就是初次发告警的延时，
                         # 通常是 0 至几分钟，默认 30 秒
group_interval           # 初始告警组如果已经发送，需要等待多长时间再发送同组新产生的
                         # 其他告警，通常是 5 分钟或者更长，默认 5 分钟
repeat_interval          # 如果告警已经成功发送，间隔多长时间再重复发送，通常是 3 小时或者
                         # 更长，默认 4 小时
```

由于告警规则计算得到的只是稀疏的采样点，因此告警规则中的告警持续时间和 for 指定的 expr 条件是由这些稀疏采样点决定的。从上述默认配置来看，整体的流程如下所示。

1）Prometheus 以 scrape_interval（如 15 秒）为一个采集周期，然后根据采集到的状态以 evaluation_interval 评估周期（如 10 秒）为计算表达式的计算周期（默认 1 分钟，定期对告警规则进行评估）。

2）当采集对象出现问题的时候，Prometheus 会持续尝试获取数据，直到 scrape_timeout 时间后停止尝试。

3）表达式如果为真，告警状态切换到 pending。

4）如果持续时间超过 for 语句指定的时间（如 10 分钟），告警状态变更为 active，并将告警从 Prometheus 发送给 Alertmanager。

5）下个计算周期若表达式仍为真，且持续时间超过 for 语句指定的时间（如 10 秒），则持续发送告警给 Alertmanager。

6）直到某个计算周期表达式为假，告警状态变更为 inactive，发送一个 resolve 给 Alertmanager，说明此告警已解决。

7）Alertmanager 收到告警数据后，会将告警信息进行分组，然后根据 Alertmanager 配置的 group_wait 时间先等待，在 wait 时间过后再发送告警信息。

8）属于同一个告警组的告警，在等待的过程中可能产生新的告警，如果之前的告警已经成功发出，那么等待 group_interval 时间后再重新发送告警信息。

9）如果告警组里的告警一直没发生变化并且已经成功发送，等待 repeat_interval 时间后再重复发送相同的告警；如果之前的告警没有成功发送，需要等待 group_interval 时间后重复发送。

> **注意**
> 1）group_wait 如果设置过大，会导致告警发出有延迟；设置过小，会导致告警轰炸。建议根据不同告警的重要性进行相关配置。
> 2）3 种告警状态如下。

❑ inactive:没有触发阈值。
❑ pending:已触发阈值但未满足告警持续时间。
❑ firing:已触发阈值且满足告警持续时间。

因此,不能通过 Grafana 展示的趋势图来直接匹配告警的情况,因为它们的数据源不一致。Grafana 的数据源来自向 Prometheus API 发出的 Range Query 等查询,而告警的数据源则是稀疏采样点。因为数据具有不一致性,所以告警的数据源往往可能跳过一些原始数据。

这意味着在 for 告警计算过程中,如果原始指标已经下降到正常范围,而告警模块跳过了,那么达到持续时间就可能触发这次告警。这就导致不该告警的时候偏偏告警了。建议将监控指标做成记录规则,然后针对这个新指标做阈值告警。kube-prometheus 的告警规则中就大量采用了这种技术。

除此以外,告警分组、抑制、静默、延迟等问题也可能导致告警丢失或者延迟,这部分内容属于 Alertmanager 告警治理,下文会详细介绍。

6.5.2 出现告警轰炸的问题

在运维 Prometheus 的时候,会出现告警轰炸的问题。本小节就来介绍告警过程中合理收敛的管控方式。

1. 分组

分组(Grouping)机制是指 Alertmanager 将同类型的告警进行分组,合并多条告警到一个通知中。分组可以聚合同类告警以减少告警数量,通过精简的方式帮助分析问题。比如可以将 A 机房和 B 机房的告警拆分为两组,分别聚合成一个告警(邮件、钉钉等方式)并发送。

分组将性质类似的告警分成一个通知类。不同分组之间互相独立、互不影响。当许多系统同时出现故障时,这种方式尤其有用。

例如,当出现网络分区时,数十到数百个服务实例正在集群中运行。若出现故障,则多半服务实例暂时无法访问数据库。如果服务实例不能和数据库通信,已经配置好告警规则的 Prometheus 服务将会给每个服务实例发送一个告警。这样会有数百个告警发送到 Alertmanager。

如果用户仅想看到一个页面,这个页面上的数据可精确地表示哪个服务实例受影响了,那么 Alertmanager 可通过集群和告警名称分组,然后发送一个单独受影响的通知。

告警分组、分组通知的时间和通知的接收者是在配置文件中由一个路由树配置的。

分组中还有一个很重要的概念,就是告警延迟。合理地配置分组延时,才能避免告警不及时的问题,同时避免告警轰炸的问题。

延时参数主要作用在图 6-1 所示的 Aletrmanager 架构中的 Dedup 部分。这个阶段有如下 4 个重要的参数用于进行监控调整。
- group_by：分组参数。
- group_wait：最初发送通知之前等待缓冲同一组告警的时间。这使 Alertmanager 可以等待禁止告警到达或为同一组收集更多初始告警。它实际上缓冲了从 Prometheus 发送到 Alertmanager 的告警，这些告警按相同的标签分组。它虽然减少了嘈杂的告警，并为接收告警的用户避免了一些麻烦，但可能导致接收告警通知的时间更长。
- group_interval：发送添加到已有告警通知的组的告警之前，要等待多长时间。
- repeat_interval：重新发送已在告警通知中的给定告警之前需要等待的时间。比如告警如果一直满足告警条件，那么每隔 repeat_interval 时间就会收到一则告警信息。

在上述参数中，group_wait 比较重要，如一个分组内同时有 A、B 两个告警集，先到达的 A 在 group_wait 的间隔时间到达后会再等待 5 秒，在 B 触发以后，再在 5 秒后将 A 和 B 合并成一个分组，并发送一个告警消息。如果 A、B 持续未完成上述操作，分组内又有新告警 C 出现，在 group_interval 时间内，由于同组的状态发生变化，A、B、C 会在 group_interval 内快速告警，并不会被收敛在 repeat_interval 时间内。如果 A、B、C 持续无变化，就会在 repeat_interval 周期内间隔发送告警信息。

2. 抑制

Alertmanager 的抑制（Inhibition）是指：当某告警已经发出时，停止重复发送由此告警引发的其他异常或者故障。

告警抑制主要用于消除冗余的告警。举个例子，如果机器 A 挂了，那么机器 A 上的 MySQL、Redis 等海量告警还有触发的意义吗？这时可以进行告警的抑制，来消除冗余的告警，帮助系统第一时间掌握最核心的告警信息。

如果其他告警已经触发，那么对于某些告警，抑制机制是一种抑制通知的方法。

例如当一个告警已经触发，并且正在通知整个集群时，Alertmanager 可以配置成关于这个集群的其他告警无效。这可以防止与实际问题无关的数百或数千个告警的触发。

在 Alertmanager 配置文件中，可使用 inhibit_rules 定义一组告警的抑制规则。

3. 静默

告警静默（Silence）提供了一个简单的机制，可以根据标签快速对告警进行静默处理。对传入的告警进行匹配检查，如果接收到的告警符合静默的配置，Alertmanager 则不会发送告警通知。管理员可以直接在 Alertmanager 的 Web 界面中临时屏蔽指定的告警通知。

静默用于阻止发送可预期的告警。这有点像起床时的闹钟，通过静默，可以在给定的时间内简单地将告警静音，同时可调查引起告警的问题。静默机制既能使用户承认告警的存在，也可以防止维护机器时产生不必要的告警，还可以用在夜间运行的批处理作业场景中，因为这种场景会对 QPS、CPU 等造成一定的压力，因此可以静默这样的告警。

静默是一个非常简单的方法，可以在给定时间内简单地忽略所有告警。静默基于 matchers 配置实现，类似于路由树，对到来的告警进行检查，判断它们是否和活跃的静默相同或者与其正则表达式匹配。如果匹配成功，就不会将这些告警发送给接收者。

告警静默在 Alertmanager 的 Web 页面中配置。

6.6 构建高可用告警集群

Alertmanager 包含由 HashiCorp Memberlist 库⊖提供的集群功能。为了避免单节点问题，通常会对多个 Alertmanager 进行集群部署。Alertmanager 之间通过 Gossip 机制进行集群成员管理和成员故障检测，以确保在多个 Alertmanager 分别接收到相同告警信息的情况下，只有一个告警通知被发送给接收者。Alertmanager 集群架构如图 6-2 所示。

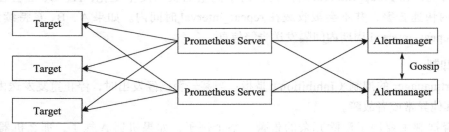

图 6-2　Alertmanager 集群架构

需要注意的是，所有的 Alertmanager 应该使用完全一样的配置。如果配置不一样，集群实际上是不可用的。

Alertmanager 的高可用性已被许多公司选择使用，并且默认情况下处于启用状态。

> **注意**　Alertmanager 0.15 及更高版本中都需要 UDP 和 TCP 才能使集群正常工作。

要创建 Alertmanager 的高可用性集群，需要将实例配置为彼此之间可通信，可使用 --cluster.* 标志进行配置。常见的配置参数如下。

- --cluster.listen-address string：当前实例集群服务监听地址（默认为 0.0.0.0:9094，空字符串将禁用高可用性模式）。

⊖ https://github.com/hashcorp/memberlist。

- --cluster.advertise-address string：集群发布地址。
- --cluster.peer value：初始化时关联的其他实例的集群服务地址（每个其他对等方的重复标志）。
- --cluster.peer-timeout value：对等超时时间（默认为 15s）。
- --cluster.gossip-interval value：集群消息传播时间（默认为 200ms）。
- --cluster.pushpull-interval value：较低的值将增加带宽的收敛时间（默认为 10ms）。
- --cluster.settle-timeout value：评估通知之前等待集群连接建立的最长时间。
- --cluster.tcp-timeout value：TCP 连接的超时值，可读写（默认为 10s）。
- --cluster.probe-timeout value：在标记节点不正常之前等待确认的时间（默认为 500ms）。
- --cluster.probe-interval value：随机节点探测之间的间隔（默认为 1s）。
- --cluster.reconnect-interval value：尝试重新连接到丢失的对等设备之间的间隔时间（默认为 10s）。
- --cluster.reconnect-timeout value：尝试重新连接到丢失的对等设备的间隔时间（默认为 6h）。

其中，cluster.listen-address 标志中选择的端口是 cluster.peer 在其他对等方的标志中指定的端口。如果实例的 IP 地址不属于 RFC 6980 的默认路由，那么 cluster.advertise-address 标志是必需的。

接下来，我们看一个实际搭建 Alertmanager 集群的案例。

首先，在一台主机上安装 Alertmanager，用来启动集群。

```
alertmanager --cluster.listen-address="127.0.0.1:8001" --config.file=
  /prometheus/alertmanager.yml  --storage.path=/data/alertmanager/
```

然后，在其他两台主机上运行 Alertmanager，监听本地 IP 地址，并引用集群节点的 IP 地址和端口。

```
alertmanager --cluster.listen-address="127.0.0.2:8001" --config.file=/prometheus/
  alertmanager.yml  --storage.path=/data/alertmanager/ --cluster.peer="127.0.0.1:8001"
alertmanager --cluster.listen-address="127.0.0.3:8001" --config.file=/prometheus/
  alertmanager.yml  --storage.path=/data/alertmanager/ --cluster.peer="127.0.0.1:8001"
```

> **注意** 如果未指定集群监听地址，默认为 0.0.0.0 的 9094 端口。

最后，将 Prometheus 指向多个 Alertmanager，在 prometheus.yml 配置文件中对其进行配置，这样就创建好了一个 Alertmanager 集群环境，如下所示。

```
alerting:
alertmanagers:
- static_configs:
```

```
    - targets:
      - alertmanager1:9093
      - alertmanager2:9093
      - alertmanager3:9093
```

6.7 本章小结

本章介绍了 Alertmanager 的架构、AMTool、配置文件、告警规则等基础内容，辅以官方文档供读者参考使用。根据本章介绍的知识，读者可进行 Alertmanager 告警管理的配置。

本章还在告警的基础上拓展了告警分组、抑制、静默、延迟等知识，从而帮助读者理解一条告警是怎么触发的，并对告警轰炸、告警不准确等常见问题进行分析、定位、解决。

第 7 章 Chapter 7

Prometheus 独孤九剑：
通过定制 Exporter 监控一切

Prometheus Exporter 的定义是，将监控数据采集的端点通过 HTTP 服务的形式暴露给 Prometheus Server。目前很多系统、中间件都拥有了 Prometheus 的 Exporter，这些 Exporter 可以将不支持 Prometheus 指标的软件（如 MySQL、Redis、HAProxy、Linux system stats 等）收集的指标，通过 HTTP 接口导出为 Prometheus 可识别的指标，从而达到监控给定系统的目的。

7.1 Exporter 概述

官方提供的 Exporter[⊖] 主要涵盖数据库、硬件、问题跟踪及持续集成、消息系统、存储、HTTP、API、日志、监控系统等，如表 7-1 所示。

表 7-1 Prometheus 官方提供的 Exporter

官方 Exporter 类型	官方 Exporter 列表
数据库	Aerospike Exporter、ClickHouse Exporter、Consul Exporter、Couchbase Exporter、CouchDB Exporter、ElasticSearch Exporter、EventStore Exporter、Memcached Exporter、MongoDB Exporter、MSSQL server Exporter、MySQL router Exporter、MySQL server Exporter、OpenTSDB Exporter、Oracle DB Exporter、PgBouncer Exporter、PostgreSQL Exporter、Presto Exporter、ProxySQL Exporter、RavenDB Exporter、Redis Exporter、RethinkDB Exporter、SQL Exporter、Tarantool metric library、Twemproxy 等

⊖ Prometheus 官方提供的 Exporter：https://prometheus.io/docs/instrumenting/Exporters/。

（续）

官方 Exporter 类型	官方 Exporter 列表
硬件	apcupsd Exporter、BIG-IP Exporter、Collins Exporter、Dell Hardware OMSA Exporter、IBM Z HMC Exporter、IoT Edison Exporter、IPMI Exporter、knxd Exporter、Modbus Exporter、Netgear Cable Modem Exporter、Netgear Router Exporter、Node/system metrics Exporter、NVIDIA GPU Exporter、ProSAFE Exporter、Ubiquiti UniFi Exporter 等
问题跟踪及持续集成	Bamboo Exporter、Bitbucket Exporter、Confluence Exporter、Jenkins Exporter、JIRA Exporter 等
消息系统	Beanstalkd Exporter、EMQ Exporter、Gearman Exporter、IBM MQ Exporter、Kafka Exporter、NATS Exporter、NSQ Exporter、Mirth Connect Exporter、MQTT blackbox Exporter、RabbitMQ Exporter、RabbitMQ Management Plugin Exporter、RocketMQ Exporter、Solace Exporter 等
存储	Ceph Exporter、Ceph RADOSGW Exporter、Gluster Exporter、Hadoop HDFS FSImage Exporter、Lustre Exporter、ScaleIO Exporter 等
HTTP	Apache Exporter、HAProxy Exporter、Nginx metric library、Nginx VTS Exporter、Passenger Exporter、Squid Exporter、Tinyproxy Exporter、Varnish Exporter、WebDriver Exporter
API	AWS ECS Exporter、AWS Health Exporter、AWS SQS Exporter、Azure Health Exporter、Cloudflare Exporter、DigitalOcean Exporter、Docker Cloud Exporter、Docker Hub Exporter、GitHub Exporter、InstaClustr Exporter、Mozilla Observatory Exporter、OpenWeatherMap Exporter、Pagespeed Exporter、Rancher Exporter、Speedtest Exporter、Tankerkönig API Exporter 等
日志	Fluentd exporte、Google's mtail log data extractor、Grok Exporter 等
监控系统	Akamai Cloudmonitor Exporter、Alibaba Cloudmonitor Exporter、AWS CloudWatch Exporter、Azure Monitor Exporter、Cloud Foundry Firehose Exporter、Collectd Exporter、Google Stackdriver Exporter、Graphite Exporter、Heka dashboard Exporter、Heka Exporter、Huawei Cloudeye Exporter、InfluxDB Exporter、JavaMelody Exporter、JMX Exporter、Munin Exporter Nagios / Naemon Exporter、New Relic Exporter、NRPE Exporter、Osquery Exporter、OTC CloudEye Exporter、Pingdom Exporter、scollector Exporter、Sensu Exporter、SNMP Exporter、StatsD Exporter、TencentCloud monitor Exporter、ThousandEyes Exporter 等
其他	ACT Fibernet Exporter、BIND Exporter、Bitcoind Exporter、Blackbox Exporter、BOSH Exporter、cAdvisor、Cachet Exporter、ccache Exporter、Dovecot Exporter、Dnsmasq Exporter、eBPF Exporter、Ethereum Client Exporter、JFrog Artifactory Exporter、Hostapd Exporter、Linux HA ClusterLabs Exporter、JMeter plugin Kannel Exporter、Kemp LoadBalancer Exporter、Kibana Exporter、kube-state-metrics、Locust Exporter、Meteor JS web framework Exporter、Minecraft Exporter module、OpenStack Exporter、OpenStack blackbox Exporter、oVirt Exporter、Pact Broker Exporter、PHP-FPM Exporter、PowerDNS Exporter、Process Exporter、rTorrent Exporter、SABnzbd Exporter、Script Exporter、Shield Exporter、Smokeping prober、SMTP/Maildir MDA blackbox prober、SoftEther Exporter、Transmission Exporter、Unbound Exporter、WireGuard Exporter、Xen Exporter 等

如果你的应用程序、中间件、系统等无法直接通过 Prometheus 进行监控，且没有上述现成的 Exporter 支持，那么可以尝试自己打造定制 Exporter。因此，可以说 Prometheus 是监控领域的独孤九剑，它可以监控一切，即使 Prometheus 的列表里没有现成的监控方案，用户也可以自己定制合适的 Exporter。打造定制化 Exporter 的主要步骤如下。

1）首先看看 GitHub 上有没有一些不错的 Exporter，比如 Loki Exporter[⊖]，虽然它的星比较少，但是可以借鉴一下思路。

2）梳理清楚现有系统的文档、源码中需要被监控的指标。

3）编写现有系统 Exporter 的代码。

2020 年，Apache 先后推出一系列生态项目，如 Exporter 项目[⊖]、Operator 项目[⊖]、Golang 客户端[®]等，它们实际上都在 Prometheus 技术体系范围内，可见 Exporter 技术在开源项目中越来越受欢迎。

接下来的内容将会围绕定制化 Exporter 展开，为大家介绍定制化 Exporter 过程中的数据规范、编写方法，以及常见 Exporter 实现原理解析、Exporter 定制化最佳实践等内容。

拓　　展

一些第三方软件在设计与实现的时候就会以 Prometheus 的格式公开指标，因此不需要额外开发单独的 Exporter，在中间件的设计之初就可以将 Prometheus 监控的需求考虑进去。这些软件主要有（其中标有 direct 的软件也可以直接用 Prometheus 客户端库进行检测）：App Connect Enterprise、Ballerina、BFE、Ceph、CockroachDB、Collectd、Concourse、CRG Roller Derby Scoreboard (direct)、Diffusion、Docker Daemon、Doorman (direct)、Envoy、Etcd (direct)、Flink、FreeBSD Kernel、Grafana、JavaMelody、Kong、Kubernetes (direct)、Linkerd、mgmt、MidoNet、midonet-kubernetes (direct)、Minio、Netdata、Pretix、Quobyte (direct)、RabbitMQ、RobustIRC、ScyllaDB、Skipper、SkyDNS (direct)、Telegraf、Traefik、VerneMQ、Weave Flux、Xandikos (direct)、Zipkin 等。

7.2　Exporter 的数据规范

在 Prometheus 监控环境中，所有返回监控样本数据的 Exporter 都需要遵守数据规范，即基于文本的数据格式，这样可使其具有更好的跨平台能力和可读性。早期版本的 Prometheus 还支持 Protocol Buffers 格式，但是从 2.0 版本开始，Prometheus 全部采用文本格式。

⊖ https://github.com/ricoberger/loki_Exporter。
⊖ https://github.com/apache/rocketmq-Exporter/issues/12。
⊖ https://github.com/apache/rocketmq-operator/issues/20。
® https://github.com/apache/rocketmq-client-go/issues/423。

在安装并启动 Prometheus 后，访问 http://localhost:9090/metrics，可以看到如下信息。

```
# HELP go_gc_duration_seconds A summary of the GC invocation durations.
# TYPE go_gc_duration_seconds summary
go_gc_duration_seconds{quantile="0"} 1.164e-05
go_gc_duration_seconds{quantile="0.25"} 2.4274e-05
go_gc_duration_seconds{quantile="0.5"} 3.8803e-05
go_gc_duration_seconds{quantile="0.75"} 5.7456e-05
go_gc_duration_seconds{quantile="1"} 0.004184229
go_gc_duration_seconds_sum 0.09206741
go_gc_duration_seconds_count 1707
# HELP go_goroutines Number of goroutines that currently exist.
# TYPE go_goroutines gauge
go_goroutines 42
# HELP go_info Information about the Go environment.
# TYPE go_info gauge
go_info{version="go1.13.5"} 1
# HELP go_memstats_alloc_bytes Number of bytes allocated and still in use.
# TYPE go_memstats_alloc_bytes gauge
go_memstats_alloc_bytes 2.147076e+07
```

这些信息有一个共同点，就是采用了不同于 JSON 或者 Protocol Buffers 的数据组织形式——文本形式。在文本形式中，每个指标都占用一行，# HELP 代表指标的注释信息，#TYPE 用于定义样本的类型注释信息，紧随其后的语句就是具体的监控指标（即样本）。

HELP 的内容格式如下所示，需要填入指标名称及相应的说明信息。

```
# HELP <metrics_name> <doc_string>
```

TYPE 的内容格式如下所示，需要填入指标名称和指标类型（如果没有明确的指标类型，需要返回 untyped）。

```
# TYPE <metrics_name> <metrics_type>
```

监控样本部分需要满足如下格式规范。

```
metric_name [ "{" label_name "=" `"` label_value `"` { "," label_name "=" `"`
  label_value `"` } [ "," ] "}" ] value [ timestamp ]
```

其中，metric_name 和 label_name 必须遵循 PromQL 的格式规范。value 是一个 float 格式的数据，timestamp 的类型为 int64（从 1970-01-01 00:00:00 开始至今的总毫秒数），可设置其默认为当前时间。具有相同 metric_name 的样本必须按照一个组的形式排列，并且每一行必须是唯一的指标名称和标签键值对组合。

需要特别注意的是，对于 Histogram 和 Summary 类型的样本，需要按照以下约定返回样本数据。

❑ 类型为 Summary 或者 Histogram 的指标 x 的所有样本的值的总和，需要使用一个单独的 x_sum 指标表示。

- 类型为 Summary 或者 Histogram 的指标 x 的所有样本的总数，需要使用一个单独的 x_count 指标表示。
- 类型为 Summary 的指标 x 的不同分位数 quantile 所代表的样本，需要使用单独的 x{quantile="y"} 表示。
- 类型为 Histogram 的指标 x，为了表示其样本的分布情况，每一个分布都需要使用 x_bucket{le="y"} 表示，其中 y 为当前分布的上位数，x_bucket{le="+Inf"} 是一个值必须和 x_count 相同的样本。

对于 Histogram 和 Summary 的样本，必须按照分位数 quantile 和分布 le 的值的递增顺序排序。

广义上讲，所有可以向 Prometheus 提供监控样本数据的程序都可以被称为一个 Exporter，Exporter 的一个实例被称为 target，Prometheus 会通过轮询的形式定期从这些 target 中获取样本数据。

> **注意** Prometheus 2.0 之前的版本还支持 Protocol buffer 规范，Prometheus 2.0 及之后的版本已经不再支持 Protocol buffer。相比于 Protocol buffer，文本具有更好的可读性和跨平台性。

7.3 Exporter 数据采集方式

根据 Exporter 的定义，其使用方式可以分为独立和集成到应用中两种。集成到应用中是指直接在代码中集成 Prometheus 的 Client Library 的方式，直接将应用程序内部的运行状态暴露给 Prometheus，这种方式与我们前文提到的 Spring Boot 通过 Micrometer 集成 Prometheus 的方式相同。但是受到安全性、稳定性及代码耦合等因素的影响，一些软件并不愿意将监控代码以这种强侵入的方式集成到现有代码中。

本节着重讨论的是 Exporter 零侵入、独立使用的方式。独立 Exporter 类似一个代理层，原理如图 7-1 所示。

图 7-1 Exporter 原理

首先 Exporter 代理层会从目标系统获取监控数据，然后通过上一节介绍的 Exporter 数据规范将监控数据转换为 Prometheus 支持的形式，最后 Prometheus 会以 HTTP 轮询的形式从 Exporter 代理层获取加工后的符合 Prometheus 格式的数据。

常见的 Exporter 数据采集方式如下。

- **文件方式**。例如 Node Exporter 通过读取 Linux 操作系统的 proc 下的各个目录中的文件，计算得出操作系统的状态，如 /proc/meminfo 中记录的内存信息和 /proc/stat 中记录的 CPU 信息。
- **命令方式**。这种方式也可以称为 TCP 方式，比如 Redis 需要通过 INFO 命令获取监控信息，MySQL 也是通过监控相关的表获取监控信息的。
- **HTTP/HTTPS 方式**。例如 RabbitMQ 可以通过 HTTP 接口获取监控数据。
- **SNMP 协议**。例如路由器等硬件的监控信息需要通过 SNMP 协议获取。
- **IPMI 协议**。例如 IPMI 通过 IPMI 协议获取硬件相关的信息。
- **其他**。例如通过物联网协议或者其他方式，都可以获取与各种应用相关的监控数据。

基于 Exporter 的数据采集方式，Prometheus 提供了各种语言的依赖库以支持开发者进行 Exporter 的研发工作，其中推荐使用 Go[⊖]、Python[⊖]、Ruby[⊜]这 3 种语言进行 Exporter 的开发工作，当然也可以使用 C++、Erlang、Node.js、PHP、Perl、Rust 等语言的开源库去实现。

以下是官方推荐的与各种语言相关的第三方开源库，它们都对 Prometheus 的监控开发工作有帮助。

- **Go 语言相关**：go-metrics instrumentation library、gokit、prombolt。
- **Java 语言相关**：EclipseLink metrics collector、Hystrix metrics publisher、Jersey metrics collector、Micrometer Prometheus Registry。
- **Python 语言相关**：django-prometheus。
- **Node.js 语言相关**：swagger-stats。
- **Clojure 语言相关**：iapetos。

7.4 一个最简单的 Exporter 示例

以 Go 语言为例，可以编写一个最简单的 Exporter，代码如下所示。

```
package main
import (
  "log"
  "net/http"
```

⊖ Go 依赖库：https://github.com/prometheus/client_golang。
⊖ Python 依赖库：https://github.com/prometheus/client_python。
⊜ Ruby 依赖库：https://github.com/prometheus/client_ruby。

```
    "github.com/prometheus/client_golang/prometheus/promhttp"
)

func main() {
    http.Handle("/metrics", promhttp.Handler())
    log.Fatal(http.ListenAndServe(":8080", nil))
}
```

执行 go build 进行编译，然后访问 http://127.0.0.1:8080/metrics，就可以看到采集到的指标数据。这段代码仅通过 HTTP 模块指定了一个路径 /metrics，并将 client_golang 库中的 promhttp.Handler() 作为处理函数传递进去，之后就可以获取指标数据了。这个最简单的 Exporter 内部其实使用了一个默认的收集器 NewGoCollector 采集当前 Go 运行时的相关信息，比如 Go 栈使用信息、goroutine 数据等。

不论是 Java、Go 还是其他语言，Exporter 主要提供 Prometheus 的 4 种客户端数据类型指标，分别是 Counter、Gauge、Summary 和 Histogram。

以 Counter 类型为例，增加 Counter 类型后的改进版 Go 客户端源码如下所示，这个 Exporter 实现了计数器每 10 秒加 1 的功能。

```
package main

import (
  "log"
  "net/http"
  "time"
  "github.com/prometheus/client_golang/prometheus/promhttp"
  "github.com/prometheus/client_golang/prometheus"
)

var (
    demoCounter := Prometheus.NewCounter(prometehues.CounterOpts) {
        Namespace : "AAA",
        SubSystem : "BBB",
        Name : "CCC",
        Help : "DDD",
    })
)

    // 注册指标
    func init() {
      // prometheus.MustRegister 是将数据直接注册到 Default Registry
      Prometheus.MustRegister(demoCounter);
    }

func main() {

    go func() {
        for {
```

```
        demoCounter.Inc();
        time.Sleep(time.Second * 10);
      }
    }()

    http.Handle("/metrics", promhttp.Handler())
    log.Fatal(http.ListenAndServe(":8080", nil))
}
```

代码中引入的依赖库 http://github.com/prometheus/client_golang/prometheus 主要是为了定义指标数据。

```
go get github.com/prometheus/client_golang/prometheus
```

Prometheus.NewCounter、Prometheus.NewGauge、Prometheus.NewSummary 和 Prometheus.NewHistogram 都是基于上述这个依赖库的。

在通过 go build -o test 命令编译以后运行 ./test 启动上述这个 Exporter，就可以通过访问 http://127.0.0.1:8080/metrics 获取监控数据，内容输出可能如下所示。

```
# HELP AAA_BBB_CCC_DDD
# TYPE AAA_BBB_CCC counter
AAA_BBB_CCC 0
```

关于 Counter 类型，有一个相关函数——NewCounterVec，可以通过 Vec 类型的指标为其他指标添加标签，比如如下代码可以增加一个 version 版本号。

```
demoVecCounter := Prometheus.NewCounterVec(pretehues.CounterOpts){
    Namespace : "AAA",
    SubSystem : "BBB",
    Name : "CCC",
    Help : "DDD",
},
[]String{"verison"})
```

在 main 函数部分为指标赋值的时候需要添加与标签相对应的 value。

```
demoVecCounter.With(prometheus.Labels{"version":"HuaWei P10-plus"}).Inc()
```

上述代码将产生带有 version = "HuaWei P10-plus" 标签的指标，如下所示。

```
# HELP AAA_BBB_CCC_DDD
# TYPE AAA_BBB_CCC counter
AAA_BBB_CCC{version = "HuaWei P10-plus"} 0
```

> **注意**：以上是使用 Prometheus.NewCounter 针对 Counter 类型编写的一个非常简单的 Exporter。如果针对 Gauge、Summary 和 Histogram 类型进行编写，可以分别采用 Prometheus.NewGauge、Prometheus.NewSummary 和 Prometheus.NewHistogram。需要注意的是，

对于 Summary 类型，需要提供分位点 Objectives；对于 Histogram 类型，需要提供 Bucket 的大小 Buckets。Counter 与 Gauge 的使用方法基本一致，唯一的区别在于 Counter 实例中只包含一个 inc() 方法，用作计数器；而 Gauge 指标可增可减，Add 方法可以接受负值，负值表示指标下降。

这只是入门案例，在 main 函数里通过 for 循环对数据进行了改变。但是如果希望持续性采集数据，希望程序自动抓取指标，则需要实现一个自定义的且满足采集器（Collector）接口的结构体，后文即将介绍的 Node Exporter 的设计与实现就是这个方面的代表。

7.5 自己动手编写一个 Exporter

一般来说，绝大多数 Exporter 都是基于 Go 语言编写的，一小部分是基于 Python 语言编写的，还有很小一部分是使用 Java 语言编写的。比如官方提供的 Consul Metrics 自定义采集器 Exporter，如果是在 Go 语言的运行环境下，需要按照如下所示代码运行这个 Exporter。

```
go get -d -u github.com/hashicorp/consul/api
go get -d -u github.com/prometheus/client_golang/prometheus
go run consul_metrics.go
```

这时，如果访问 http://localhost:8080/metrics 端口会获得如下指标。

```
# HELP consul_autopilot_failure_tolerance Consul metric
  consul.autopilot.failure_tolerance
# TYPE consul_autopilot_failure_tolerance gauge
consul_autopilot_failure_tolerance 0
# HELP consul_raft_apply_total Consul metric consul.raft.apply
# TYPE consul_raft_apply_total counter
consul_raft_apply_total 1
# HELP consul_fsm_coordinate_batch_update_seconds_count Consul metric
  consul.fsm.coordinate.batch-update
# TYPE consul_fsm_coordinate_batch_update_seconds_count counter
consul_fsm_coordinate_batch_update_seconds_count 1
# HELP consul_fsm_coordinate_batch_update_seconds_sum Consul metric
  consul.fsm.coordinate.batch-update
# TYPE consul_fsm_coordinate_batch_update_seconds_sum counter
consul_fsm_coordinate_batch_update_seconds_sum 1.31567999720557343e-01"
```

根据官方的用例，我们也来一步一步写一个简单的自定义采集器的 Exporter，这个 Exporter 的作用是采集某个集群中进程重启的次数。集群的结构体如下所示，Zone 代表集群的名称，ProcessCountDesc 代表采集的指标。如果有多个指标，可以扩展此结构体。

```
type ClusterManager struct {
```

```
    Zone              string
    ProcessCountDesc  *prometheus.Desc
}
```

首先，采集器必须实现 prometheus.Collector 接口，也必须实现 Describe 和 Collect 方法。实现接口的代码如下所示。

```
type Collector interface {
    // 用于传递所有可能指标的定义描述符
    // 可以在程序运行期间添加新的描述，收集新的指标信息
    // 重复的描述符将被忽略。两个不同的 Collector 不要设置相同的描述符
    Describe(chan<- *Desc)

    // Prometheus 的注册器调用 Collect 来抓取参数
    // 将收集的数据传递到 Channel 中并返回
    // 收集的指标信息来自 Describe，可以并发地执行抓取工作，但是必须要保证线程的安全
    Collect(chan<- Metric)
}
```

我们根据上述接口分别实现 Describe 和 Collect 方法，以及采集函数 SystemState，相关代码如下所示。

```
func (c *ClusterManager) SystemState() (processCountByHost map[string]int ) {
    processCountByHost = map[string]int{
        "192.168.1.1": int(rand.Int31n(1000)),
        "192.168.1.2": int(rand.Int31n(1000)),
        "192.168.1.3": int(rand.Int31n(1000)),
    }
    return
}

// 传递指标描述符到 channel
func (c *ClusterManager) Describe(ch chan<- *prometheus.Desc) {
    ch <- c.ProcessCountDesc
}

// Collect 函数执行抓取操作并返回相关数据，返回的数据传递到 channel 中，
// 在传递的同时绑定原先的指标描述符
func (c *ClusterManager) Collect(ch chan<- prometheus.Metric) {
    processCountByHost := c.SystemState()
    for host, processCount := range processCountByHost {
        ch <- prometheus.MustNewConstMetric(
            c.ProcessCountDesc,                    // 绑定原先的指标描述符
            prometheus.CounterValue,
            float64(processCount),
            host,
        )
    }
}
```

如上所示，Describe 注册指标的描述信息、说明，并接收 *prometheus.Desc；Collect 采

集指标数据,并接收 prometheus.Metric。Collect 方法是核心,它会抓取你需要的所有数据,根据需求对其进行分析,然后将指标发送回客户端库。

接下来,通过 NewClusterManager 方法创建结构体及对应的指标信息,代码如下所示。

```
func NewClusterManager(zone string) *ClusterManager {
  return &ClusterManager{
    Zone: zone,
    ProcessCountDesc: prometheus.NewDesc(
      "clustermanager_process_crashes_total",   //指标名称
      "Number of Process crashes.",             //帮助信息,显示在指标上作为注释
      []string{"host"},                         //定义的标签名称数组
      prometheus.Labels{"zone": zone},          //定义的标签
    ),
  }
}
```

最后,在 main 函数中执行主程序即可,代码如下所示。

```
func main() {
  workerA := NewClusterManager("demoA")
  reg := prometheus.NewPedanticRegistry()
  reg.MustRegister(workerA)

  // prometheus.Gatherers 用来定义一个采集数据的收集器集合,
  // 可以合并多个不同的采集数据到一个结果集合
  // 传递默认的 DefaultGatherer,所以其在输出中也会包含 Go 运行时的指标信息。
  // 同时包含 reg(我们之前生成的一个注册对象),其被用来自定义采集数据
  gatherers := prometheus.Gatherers{ prometheus.DefaultGatherer, reg, }

  // HandlerFor 函数传递之前的 Gatherers 对象,并返回一个 httpHandler 对象,
  // 这个 httpHandler 对象可以调用其自身的 ServHTTP 函数来接收 HTTP 请求,并返回响应
  h := promhttp.HandlerFor(gatherers,
        promhttp.HandlerOpts{
          ErrorLog:        log.NewErrorLogger(),
          ErrorHandling: promhttp.ContinueOnError,
          // promhttp.HandlerOpts 定义了采集过程中发生错误时继续采集其他数据
        })
  http.HandleFunc("/metrics", func(w http.ResponseWriter, r *http.Request) {
      h.ServeHTTP(w, r)
  })

  http.Handle("/metrics", promhttp.Handler())
  log.Fatal(http.ListenAndServe(":8000", nil))
}
```

建 议

编写 Exporter 脚本比编写 Pushgateway 脚本要复杂得多。编写 Exporter 的过程中还需要注意各种文件句柄等资源的回收,一旦实际生产环境发生 Exporter 资源泄露问题,

后果是非常严重的。如果社区的 Exporter 不能满足需求，但监控客户端的规范非常严格，并且团队编程能力够强，可以考虑编写 Exporter。

一般来说，企业中只需要安装 Node Exporter 等几个核心 Exporter，而其他监控项在生产中倾向于使用 Pushgateway。Pushgateway 存在两个问题：第一个问题是单点瓶颈，规避方法是尽量保证 Pushgateway 不宕机，且接收监控数据的速率不要超出单位时间内的流量；第二个问题是 Pushgateway 不能对接收的数据进行智能判断，在写监控脚本时应细心点，多次测试才可保证不出错。

7.6 高质量 Exporter 的编写原则与方法

关于"如何编写高质量的 Exporter"的问题，Prometheus 的官方文档[1]中解答得非常全面，编写 Exporter 之前一定要通读一遍该文档。本节会通过几个重要的原则和方向，来介绍如何编写高质量的 Exporter。

7.6.1 分配合理的端口号

一台服务器或者容器上可能会有许多 Exporter 和 Prometheus 组件，它们都有自己的端口号。因此，在写 Exporter 和发布 Exporter 之前，需要检查新添加的端口是否已经被使用[2]，建议使用默认端口分配范围之外的端口。

9090 区段的核心组件端口如表 7-2 所示。

表 7-2 9090 区段的核心组件端口

端口	组件
9090	Prometheus Server
9091	Pushgateway
9092	UNALLOCATED（避免与 Kafka 冲突等）
9093	Alertmanager
9094	Alertmanager 集群

大多数 Exporter 的端口在 9100 区段，当添加一个新端口时，建议查看它是否在已有列表中，如果是开源项目，建议将新端口添加到 GitHub 上的 Exporter 官方端口列表中。对部分 9100 区段的 Exporter 端口进行梳理后，得到表 7-3，完整版本请查阅附录 D。

---

[1] 如何编写好 Exporter：https://prometheus.io/docs/instrumenting/writing_Exporters/。
[2] Exporter 端口列表：https://github.com/prometheus/prometheus/wiki/Default-port-allocations。

表 7-3 9100 区段开始的 Exporter 端口

端口	组件
9100	Node Exporter
9101	HAProxy Exporter
9102	HAProxy Exporter
9103	Collectd Exporter
9104	MySQLd Exporter
9105	Mesos Exporter
9106	CloudWatch Exporter
9107	Consul Exporter
9108	Graphite Exporter: Metrics
9109	Graphite Exporter: Ingestion
9110	Blackbox Exporter
9111	Expvar Exporter
9112	promacct: pcap-based network traffic accounting
9113	Nginx Exporter [alternative]
9114	Elasticsearch Exporter
9115	Blackbox Exporter
9116	SNMP Exporter
9117	Apache Exporter
9118	Jenkins Exporter
9119	BIND Exporter
9120	PowerDNS Exporter
9121	Redis Exporter
9122	InfluxDB Exporter
9123	RethinkDB Exporter
9124	FreeBSD sysctl Exporter

当然，还有一些在标准端口范围之外的 Exporter，如表 7-4 所示。

表 7-4 标准端口之外的 Exporter 端口

端口	组件
3903	Node Exporter
7300	HAProxy Exporter
8080	HAProxy Exporter
8082	Collectd Exporter
8088	MySQLd Exporter
8089	Mesos Exporter
8292	Phabricator Webhook for Alertmanager
8404	HAProxy (V2.0+)

（续）

端口	组件
9087	Telegram bot for Alertmanager
9097	JIRAlert
9098	Alert2Log
9099	SNMP Trapper
9876	Sachet
9913	Nginx VTS Exporter
9547	Kea Exporter
9665	Juniper Junos Exporter
9901	Envoy proxy（1.7.0 以后版本）
9980	Login Exporter
9943	FileStat Exporter
9983	Sia Exporter
9984	CouchDB Exporter
9987	NetApp Solidfire Exporter
9999	Exporter Exporter
16995	Storidge Exporter
19091	Transmission Exporter
19999	Netdata
24231	Fluent Plugin for Prometheus
42004	ProxySQL Exporter
44323	PCP Exporter
61091	DCOS Exporter

因为端口区段是有限的，所以在写 Exporter 源码时，最好不要硬指定端口，应采用如下方式进行端口的自定义。

```
# 自定义端口
var addr = flag.String("listen-address",":8080","The address to listen on for
    HTTP requests. ")

http.Handle("/metrics", promhttp.Handler())
log.Fatal(http.ListenAndServe(*addr,nil))
```

这样可以通过 go build -o test 命令进行编译后运行 ./test -listen-address=:8888 以启动这个 Exporter，这样就覆盖了之前默认的 8080 端口。通过命令行的形式我们就将端口改变到 8888 了，通过浏览器访问 http://127.0.0.1:8888/metrics 就可以获取输出。

需要注意的是，Spring Boot 的默认端口是 8080，而 HAProxy Exporter（V2.0 has native StatsD Exporter: Metricsupport）的默认端口也是 8080，所以在结合使用时，要考虑进行端口的调整以防止冲突。

阿里巴巴的消息中间件 RocketMQ Exporter①提供的默认开启指标说明中包含了端口号，如表 7-5 所示。

表 7-5　Node Exporter 默认开启的指标

名称	默认值	描述
rocketmq.config.namesrvAddr	127.0.0.1:9876/	代理集群的名称，服务器地址
rocketmq.config.webTelemetryPath	/metrics	公开指标路径
server.port	5557	端口号
rocketmq.config.rocketmqVersion	V4_3_2	RocketMQ 版本号

上表所示选项既可以在下载代码后在配置文件中更改，又可以通过命令行来设置。

7.6.2　设计落地页

在访问 Exporter 的主页（即 http://yourExporter/ 这样的根路径）时，它会返回一个简单的页面，这就是 Exporter 的落地页（Landing Page）。如图 7-2 所示，这是 Blackbox Exporter（允许通过 HTTP、HTTPS、DNS、TCP 和 ICMP 来探测端点）的落地页。

落地页中可以放文档和帮助信息，包括监控指标项的说明。落地页上还包括最近执行的检查列表、列表的状态以及调试信息，这对故障排查非常有帮助。

图 7-2　Exporter 落地页

7.6.3　将软件版本信息提供给 Prometheus 的正确方法

首先明确一个原则，就是不建议将软件版本信息作为目标的标签，也不应该将它以标签的形式显示在服务器中所有的指标上，因为这会给指标相关的采集、存储、查询等工作增加负担。那么版本信息如何处理？

可以通过 Prometheus 自身提供的时间序列 prometheus_build_info 解决上述问题，如下所示。

```
prometheus_build_info{branch="HEAD",goversion="go1.6.2",
revision="16d70a8b6bd90f0ff793813405e84d5724a9ba65",version="1.0.1"} 1
```

在编写 Prometheus 相关 Exporter 的时候，也推荐使用单独的时间序列，这个时间序列包含用户所需的所有标签，值恒为 1。比如使用 Python 语言时，可以通过如下方式设置。

```
build_info = Gauge('prometheus_build_info', 'Build information',
  ['branch', 'goversion', 'revision', 'version'])
build_info.labels('HEAD', 'go1.6.2',
  '16d70a8b6bd90f0ff793813405e84d5724a9ba65', '1.0.1').set(1)
```

---

① RocketMQ Exporter 地址：https://github.com/apache/rocketmq-Exporter。

根据版本信息，使用 PromQL 语言可以更好地进行切片和聚合。

可以使用 and 运算符来选择带有特定标签的所有实例，如果右侧的标签中含有匹配的标签，该操作将返回左侧的标签。显示所有运行 Prometheus 1.0.1 版本服务器的时间序列数的代码如下所示。

```
    prometheus_local_storage_memory_series{job="prometheus"}
and on (instance, job)
    prometheus_build_info{job="prometheus",version="1.0.1"}
```

如果要将 version 标签添加到时间序列，可以执行如下 PromQL 语句。

```
prometheus_local_storage_memory_series{job="prometheus"}
* on (instance, job) group_left(version)
    prometheus_build_info{job="prometheus"}
```

要找到每个 Prometheus 版本的平均时间序列数，可以执行如下 PromQL 语句。

```
avg by (version)(
    prometheus_local_storage_memory_series{job="prometheus"}
 * on (instance, job) group_left(version)
    prometheus_build_info{job="prometheus"}
)
```

7.6.4 必备指标的梳理

我们应该根据业务类型设计好指标的 # HELP # TYPE 的格式。这些指标往往是可配置的，包括默认开启的指标和默认关闭的指标。这是因为大部分指标并不会真正被用到，设计过多的指标不仅会消耗不必要的资源，还会影响整体的性能。

下面以 Node Exporter[⊖] 为例进行介绍。这是一款用 Go 语言编写的可以用于收集各种主机指标数据（CPU、内存和磁盘）的 Exporter，它还有一个 textfile 收集器，允许导出静态指标。

Node Exporter 默认开启的指标如表 7-6 所示。

表 7-6 Node Exporter 默认开启的指标

名称	说明	系统
arp	从 /proc/net/arp 中收集 ARP 统计信息	Linux
conntrack	从 /proc/sys/net/netfilter/ 中收集 conntrack 统计信息	Linux
cpu	收集 CPU 统计信息	Darwin、Dragonfly、FreeBSD、Linux
diskstats	从 /proc/diskstats 中收集磁盘 I/O 统计信息	Linux
edac	错误检测与纠正统计信息	Linux
entropy	可用内核熵信息	Linux
exec	execution 统计信息	Dragonfly、FreeBSD

⊖ https://github.com/prometheus/node_Exporter。

（续）

名称	说明	系统
filefd	从 /proc/sys/fs/file-nr 中收集文件描述符统计信息	Linux
filesystem	文件系统统计信息，例如磁盘已使用空间	Darwin、Dragonfly、FreeBSD、Linux、OpenBSD
hwmon	从 /sys/class/hwmon/ 中收集监控器或传感器数据信息	Linux
infiniband	从 InfiniBand 配置中收集网络统计信息	Linux
loadavg	收集系统负载信息	Darwin、Dragonfly、FreeBSD、Linux、NetBSD、OpenBSD、Solaris
mdadm	从 /proc/mdstat 中获取设备统计信息	Linux
meminfo	内存统计信息	Darwin、Dragonfly、FreeBSD、Linux
netdev	网口流量统计信息，单位为字节	Darwin、Dragonfly、FreeBSD、Linux、OpenBSD
netstat	从 /proc/net/netstat 收集网络统计数据，等同于 netstat -s	Linux
sockstat	从 /proc/net/sockstat 中收集 socket 统计信息	Linux
stat	从 /proc/stat 中收集各种统计信息，包含系统启动时间、forks、中断等	Linux
textfile	通过 --collector.textfile.directory 参数指定本地文本收集路径，收集文本信息	所有
time	系统当前时间	所有
uname	通过 uname 系统调用获取系统信息	所有
vmstat	从 /proc/vmstat 中收集统计信息	Linux
wifi	收集 Wi-Fi 设备相关统计数据	Linux
xfs	收集 xfs 运行时统计信息	Linux（kernel 4.4+）
zfs	收集 zfs 性能统计信息	Linux

Node Exporter 默认关闭的指标如表 7-7 所示。

表 7-7 Node Exporter 默认关闭的指标

名称	说明	系统
bonding	收集系统配置以及激活的绑定网卡数量	Linux
buddyinfo	从 /proc/buddyinfo 中收集内存碎片统计信息	Linux
devstat	收集设备统计信息	Dragonfly、FreeBSD
drbd	收集远程镜像块设备（DRBD）统计信息	Linux
interrupts	收集更具体的中断统计信息	Linux、OpenBSD
ipvs	从 /proc/net/ip_vs 中收集 IPVS 状态信息，从 /proc/net/ip_vs_stats 获取统计信息	Linux
ksmd	从 /sys/kernel/mm/ksm 中获取内核和系统统计信息	Linux
logind	从 logind 中收集会话统计信息	Linux
meminfo_numa	从 /proc/meminfo_numa 中收集内存统计信息	Linux

(续)

名称	说明	系统
mountstats	从 /proc/self/mountstat 中收集文件系统统计信息，包括 NFS 客户端统计信息	Linux
nfs	从 /proc/net/rpc/nfs 中收集 NFS 统计信息，等同于 nfsstat -c	Linux
qdisc	收集队列推定统计信息	Linux
runit	收集 runit 状态信息	所有
supervisord	收集 supervisord 状态信息	所有
systemd	从 systemd 中收集设备系统状态信息	Linux
tcpstat	从 /proc/net/tcp 和 /proc/net/tcp6 中收集 TCP 连接状态信息	Linux

可以使用 --collector.\<name> 标志启用收集器指定的指标，使用 --no-collector.\<name> 标志禁用收集器指定的指标。

阿里巴巴消息中间件 RocketMQ Exporter 也提供了相关的指标，对于业务场景而言，它的指标主要分为 Broker、Topic、Consumer 部分，如表 7-8 所示。

表 7-8 RocketMQ Exporter 监控指标

指标名称	含义
rocketmq_broker_tps	broker 每秒生产的消息数量
rocketmq_broker_qps	broker 每秒消费的消息数量
rocketmq_producer_tps	某个 topic 每秒生产的消息数量
rocketmq_producer_put_size	某个 topic 每秒生产的消息大小（字节）
rocketmq_producer_offset	某个 topic 生产消息的进度
rocketmq_consumer_tps	某个消费组每秒消费的消息数量
rocketmq_consumer_get_size	某个消费组每秒消费的消息大小（字节）
rocketmq_consumer_offset	某个消费组消费消息的进度
rocketmq_group_get_latency_by_storetime	某个消费组的消费延时
rocketmq_message_accumulation（rocketmq_producer_offset-rocketmq_consumer_offset）	消息堆积量（生产进度 – 消费进度）

其中，rocketmq_message_accumulation 是一个聚合指标，需要根据其他上报指标聚合生成。

基于上述监控指标，还可以制定 RocketMQ Exporter 这款中间件的告警指标，如表 7-9 所示。

表 7-9 RocketMQ Exporter 告警指标

指标名称	含义
sum(rocketmq_producer_tps) by (cluster) >= 10	集群发送 tps 太高
sum(rocketmq_producer_tps) by (cluster) < 1	集群发送 tps 太低
sum(rocketmq_consumer_tps) by (cluster) >= 10	集群消费 tps 太高

（续）

指标名称	含义
sum(rocketmq_consumer_tps) by (cluster) < 1	集群消费 tps 太低
rocketmq_group_get_latency_by_storetime > 1000	集群消费延时告警
rocketmq_message_accumulation > value	消费堆积告警

消费堆积告警指标也是一个聚合指标，它根据消费堆积的聚合指标生成，value 这个阈值对每个消费者来说都是不固定的，当前是根据过去 5 分钟生产者生产的消息数量来定的，用户也可以根据实际情况自行设定该阈值。消费堆积告警指标在 Prometheus 中可以通过如下 PromQL 语句来实现。

```
(sum(rocketmq_producer_offset) by (topic) - on(topic) group_right
sum(rocketmq_consumer_offset) by (group,topic)) - ignoring(group) group_left
sum (avg_over_time(rocketmq_producer_tps[5m]))
  by (topic)*5*60 > 0
```

RocketMQ Exporter 产生的指标样例如下。

```
// Broker 部分

# HELP rocketmq_broker_tps BrokerPutNums
# TYPE rocketmq_broker_tps gauge
rocketmq_broker_tps{cluster="MQCluster",broker="broker-a",} 7.0
rocketmq_broker_tps{cluster="MQCluster",broker="broker-b",} 7.0
# HELP rocketmq_broker_qps BrokerGetNums
# TYPE rocketmq_broker_qps gauge
rocketmq_broker_qps{cluster="MQCluster",broker="broker-a",} 8.0
rocketmq_broker_qps{cluster="MQCluster",broker="broker-b",} 8.0


// Topics 部分
# HELP rocketmq_producer_tps TopicPutNums
# TYPE rocketmq_producer_tps gauge
rocketmq_producer_tps{cluster="MQCluster",broker="broker-a",
  topic="DEV_TID_topic_tfq",} 7.0
rocketmq_producer_tps{cluster="MQCluster",broker="broker-b",
  topic="DEV_TID_topic_tfq",} 7.0
# HELP rocketmq_producer_message_size TopicPutMessageSize
# TYPE rocketmq_producer_message_size gauge
rocketmq_producer_message_size{cluster="MQCluster",
  broker="broker-a",topic="DEV_TID_topic_tfq",} 1642.0
rocketmq_producer_message_size{cluster="MQCluster",
  broker="broker-b",topic="DEV_TID_topic_tfq",} 1638.0
# HELP rocketmq_producer_offset TopicOffset
# TYPE rocketmq_producer_offset counter
rocketmq_producer_offset{cluster="MQCluster",broker="broker-a",topic="TBW102",} 0.0
rocketmq_producer_offset{cluster="MQCluster",broker="broker-b",
  topic="DEV_TID_tfq",} 1878633.0
```

```
    rocketmq_producer_offset{cluster="MQCluster",broker="broker-a",
      topic="DEV_TID_tfq",} 3843787.0
    rocketmq_producer_offset{cluster="MQCluster",broker="broker-b",
      topic="DEV_TID_20190304",} 0.0
    rocketmq_producer_offset{cluster="MQCluster",broker="broker-a",
      topic="BenchmarkTest",} 0.0
    rocketmq_producer_offset{cluster="MQCluster",broker="broker-b",
      topic="DEV_TID_20190305",} 0.0
    rocketmq_producer_offset{cluster="MQCluster",broker="broker-b",
      topic="MQCluster",} 0.0
    rocketmq_producer_offset{cluster="MQCluster",broker="broker-a",
      topic="DEV_TID_topic_tfq",} 2798195.0
    rocketmq_producer_offset{cluster="MQCluster",broker="broker-b",
      topic="BenchmarkTest",} 0.0
    rocketmq_producer_offset{cluster="MQCluster",broker="broker-b",
      topic="DEV_TID_topic_tfq",} 1459666.0
    rocketmq_producer_offset{cluster="MQCluster",broker="broker-a",
      topic="MQCluster",} 0.0
    rocketmq_producer_offset{cluster="MQCluster",broker="broker-a",
      topic="SELF_TEST_TOPIC",} 0.0
    rocketmq_producer_offset{cluster="MQCluster",broker="broker-a",
      topic="OFFSET_MOVED_EVENT",} 0.0
    rocketmq_producer_offset{cluster="MQCluster",broker="broker-b",
      topic="broker-b",} 0.0
    rocketmq_producer_offset{cluster="MQCluster",broker="broker-a",
      topic="broker-a",} 0.0
    rocketmq_producer_offset{cluster="MQCluster",broker="broker-b",
      topic="SELF_TEST_TOPIC",} 0.0
    rocketmq_producer_offset{cluster="MQCluster",broker="broker-b",
      topic="RMQ_SYS_TRANS_HALF_TOPIC",} 0.0
    rocketmq_producer_offset{cluster="MQCluster",broker="broker-a",
      topic="DEV_TID_20190305",} 0.0
    rocketmq_producer_offset{cluster="MQCluster",broker="broker-b",
      topic="OFFSET_MOVED_EVENT",} 0.0
    rocketmq_producer_offset{cluster="MQCluster",broker="broker-a",
      topic="RMQ_SYS_TRANS_HALF_TOPIC",} 0.0
    rocketmq_producer_offset{cluster="MQCluster",broker="broker-b",
      topic="TBW102",} 0.0
    rocketmq_producer_offset{cluster="MQCluster",broker="broker-a",
      topic="DEV_TID_20190304",} 0.0


// Consumer 部分
# HELP rocketmq_consumer_tps GroupGetNums
# TYPE rocketmq_consumer_tps gauge
rocketmq_consumer_tps{cluster="MQCluster",broker="broker-b",
  topic="DEV_TID_topic_tfq",group="DEV_CID_consumer_cfq",} 7.0
rocketmq_consumer_tps{cluster="MQCluster",broker="broker-a",
  topic="DEV_TID_topic_tfq",group="DEV_CID_consumer_cfq",} 7.0
# HELP rocketmq_consumer_message_size GroupGetMessageSize
```

```
# TYPE rocketmq_consumer_message_size gauge
rocketmq_consumer_message_size{cluster="MQCluster",broker="broker-b",
  topic="DEV_TID_topic_tfq",group="DEV_CID_consumer_cfq",} 1638.0
rocketmq_consumer_message_size{cluster="MQCluster",broker="broker-a",
  topic="DEV_TID_topic_tfq",group="DEV_CID_consumer_cfq",} 1642.0
# HELP rocketmq_consumer_offset GroupOffset
# TYPE rocketmq_consumer_offset counter
rocketmq_consumer_offset{cluster="MQCluster",broker="broker-b",
  topic="DEV_TID_topic_tfq",group="DEV_CID_consumer_cfq",} 1462030.0
rocketmq_consumer_offset{cluster="MQCluster",broker="broker-a",
  topic="DEV_TID_tfq",group="DEV_CID_cfq",} 3843787.0
rocketmq_consumer_offset{cluster="MQCluster",broker="broker-a",
  topic="DEV_TID_topic_tfq",group="DEV_CID_consumer_cfq",} 2800569.0
rocketmq_consumer_offset{cluster="MQCluster",broker="broker-b",
  topic="DEV_TID_tfq",group="DEV_CID_cfq",} 1878633.0
# HELP rocketmq_group_get_latency GroupGetLatency
# TYPE rocketmq_group_get_latency gauge
rocketmq_group_get_latency{cluster="MQCluster",broker="broker-b",
  topic="DEV_TID_topic_tfq",group="DEV_CID_consumer_cfq",queueid="0",} 0.05
rocketmq_group_get_latency{cluster="MQCluster",broker="broker-b",
  topic="DEV_TID_topic_tfq",group="DEV_CID_consumer_cfq",queueid="1",} 0.0
rocketmq_group_get_latency{cluster="MQCluster",broker="broker-a",
  topic="DEV_TID_topic_tfq",group="DEV_CID_consumer_cfq",queueid="7",} 0.05
rocketmq_group_get_latency{cluster="MQCluster",broker="broker-b",
  topic="DEV_TID_topic_tfq",group="DEV_CID_consumer_cfq",queueid="6",} 0.01
rocketmq_group_get_latency{cluster="MQCluster",broker="broker-a",
  topic="DEV_TID_topic_tfq",group="DEV_CID_consumer_cfq",queueid="3",} 0.0
rocketmq_group_get_latency{cluster="MQCluster",broker="broker-b",
  topic="DEV_TID_topic_tfq",group="DEV_CID_consumer_cfq",queueid="7",} 0.03
rocketmq_group_get_latency{cluster="MQCluster",broker="broker-a",
  topic="DEV_TID_topic_tfq",group="DEV_CID_consumer_cfq",queueid="4",} 0.0
rocketmq_group_get_latency{cluster="MQCluster",broker="broker-a",
  topic="DEV_TID_topic_tfq",group="DEV_CID_consumer_cfq",queueid="5",} 0.03
rocketmq_group_get_latency{cluster="MQCluster",broker="broker-a",
  topic="DEV_TID_topic_tfq",group="DEV_CID_consumer_cfq",queueid="6",} 0.01
rocketmq_group_get_latency{cluster="MQCluster",broker="broker-b",
  topic="DEV_TID_topic_tfq",group="DEV_CID_consumer_cfq",queueid="2",} 0.0
rocketmq_group_get_latency{cluster="MQCluster",broker="broker-b",
  topic="DEV_TID_topic_tfq",group="DEV_CID_consumer_cfq",queueid="3",} 0.0
rocketmq_group_get_latency{cluster="MQCluster",broker="broker-a",
  topic="DEV_TID_topic_tfq",group="DEV_CID_consumer_cfq",queueid="0",} 0.0
rocketmq_group_get_latency{cluster="MQCluster",broker="broker-b",
  topic="DEV_TID_topic_tfq",group="DEV_CID_consumer_cfq",queueid="4",} 0.0
rocketmq_group_get_latency{cluster="MQCluster",broker="broker-a",
  topic="DEV_TID_topic_tfq",group="DEV_CID_consumer_cfq",queueid="1",} 0.03
rocketmq_group_get_latency{cluster="MQCluster",broker="broker-b",
  topic="DEV_TID_topic_tfq",group="DEV_CID_consumer_cfq",queueid="5",} 0.0
rocketmq_group_get_latency{cluster="MQCluster",broker="broker-a",
  topic="DEV_TID_topic_tfq",group="DEV_CID_consumer_cfq",queueid="2",} 0.0
# HELP rocketmq_group_get_latency_by_storetime GroupGetLatencyByStoreTime
```

```
# TYPE rocketmq_group_get_latency_by_storetime gauge
rocketmq_group_get_latency_by_storetime{cluster="MQCluster",broker="broker-b",
  topic="DEV_TID_topic_tfq",group="DEV_CID_consumer_cfq",} 3215.0
rocketmq_group_get_latency_by_storetime{cluster="MQCluster",broker="broker-a",
  topic="DEV_TID_tfq",group="DEV_CID_cfq",} 0.0
rocketmq_group_get_latency_by_storetime{cluster="MQCluster",broker="broker-a",
  topic="DEV_TID_topic_tfq",group="DEV_CID_consumer_cfq",} 3232.0
rocketmq_group_get_latency_by_storetime{cluster="MQCluster",broker="broker-b",
  topic="DEV_TID_tfq",group="DEV_CID_cfq",} 0.0
```

Redis Exporter[⊖]主要通过 Redis 原生的命令获取 Redis 所有的信息，它支持 2.x、3.x、4.x、5.x 和 6.x 版本。在源码中，可以看到多处使用了 doRedisCmd 方法发送命令以获取性能指标，代码如下所示。

```
if values, err := redis.Values(doRedisCmd(c, "SLOWLOG", "GET", "1"))
if reply, err := redis.Values(doRedisCmd(c, "LATENCY", "LATEST"))
if reply, err := redis.String(doRedisCmd(c, "CLIENT", "LIST"))
```

使用 Redis Exporter 后，结合 Prometheus 和 Grafana 所得结果如图 7-3 和图 7-4 所示。

图 7-3　Redis Exporter 效果图案例（1）

Redis 关注的指标主要包括与服务端、客户端、内存信息、持久化、状态、副本、CPU 等相关的信息。

MySQL Exporter[⊖]作为 Prometheus 的官方项目，主要是基于 MySQL 两个库中的数据，对 information_schema 库中的系统信息和 performance_schema 库中的性能信息进行监控。

⊖ Redis Exporter 地址：https://github.com/oliver006/redis_Exporter。
⊖ MysQLD_Exporter：https://github.com/prometheus/mysqld_Exporter。

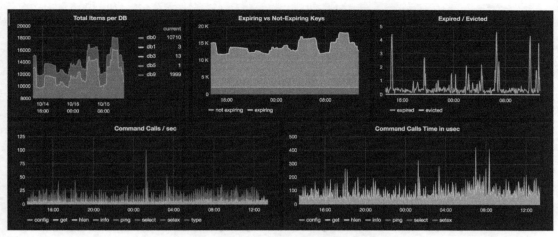

图 7-4 Redis Exporter 效果图案例（2）

但是，很多读者在使用 Prometheus 的 MySQL Exporter 监控 MySQL 时，觉得效果不理想，其实这是正常现象。对于 MySQL、Kubernetes 这些成熟的软件，没有必要"硬造轮子"使用 Prometheus 监控，因为它们都有配套的满足业务需求的现成监控软件。推荐的做法是，针对 MySQL，可以去询问资深的 DBA 都用什么样的监控软件；针对 Kubernetes，可以去询问资深的运维工程师都用什么监控软件。Prometheus 是新兴云原生产品，其覆盖面较广，但不代表它能对所有监控领域进行绝对专业的监控，也不代表它能绝对取代其他所有监控。闻道有先后，术业有专攻，如是而已。

综上所述，无论是硬件相关的 Node Exporter，还是中间件相关的 RocketMQ Exporter、Redis Exporter、MySQL Exporter，都有结合它们自身特性对指标进行梳理的过程，这在打造定制化 Exporter 的过程中是非常重要的。

7.6.5 编写高质量 Exporter 的其他注意事项

对于如何写高质量 Exporter，除了合理分配端口号、设计落地页、梳理指标这 3 个方面外，还有一些其他的原则。

- 记录 Exporter 本身的运行状态指标。
- 可配置化进行功能的启用和关闭。
- 推荐使用 YAML 作为配置格式。
- 遵循度量标准命名的最佳实践[一]，特别是 _count、_sum、_total、_bucket 和 info 等问题。
- 为度量提供正确的单位。
- 标签的唯一性、可读性及必要的冗余信息设计。

㊀ 标准命名最佳实践：https://prometheus.io/docs/practices/naming。

- 通过 Docker 等方式一键配置 Exporter。
- 尽量使用 Collectors 方式收集指标，如 Go 语言中的 MustNewConstMetric。
- 提供 scrapes 刮擦失败的错误设计，这有助于性能调试。
- 尽量不要重复提供已有的指标，如 Node Exporter 已经提供的 CPU、磁盘等信息。
- 向 Prometheus 公开原始的度量数据，不建议自行计算，Exporter 的核心是采集原始指标。

7.7 Node Exporter 源码解析

在本章中，读者可以发现开源领域有着不计其数的 Exporter，阿里巴巴开源的 Exporter 就有 RocketMQ Exporter、Sentinel Exporter、Sentry Exporter、Alibaba Cloud Exporter 等多种。编写 Exporter 和编写 Spring Boot Starter 一样，可以多参考其他优秀的开源软件的代码。本节就来简单分析一下运维工作中使用最多的 Node Exporter 源码。

在使用 Node Exporter 时，可以通过 node_exporter --help 命令查看完整的参数列表。默认情况下，它在端口 9100 上运行，并在路径 /metrics 上暴露指标。可以通过 --web.listen-addres 和 --web.telemetry-path 命令来设置端口和路径，代码如下所示。

```
$ node_exporter -web.listen-address=":8888" -web.telemetry-path="/node_metrics"
```

上述代码将修改 Node Exporter 绑定到端口 8888 并在路径 /node_metrics 上暴露指标。这个逻辑是在源码 node_Exporter.go 中实现的，代码如下所示。

```
func main() {
    var (
// 定义监听端口
        listenAddress = kingpin.Flag(
            "web.listen-address",
            "Address on which to expose metrics and web interface.",
        ).Default(":9100").String()
// 定义指标的访问路径
        metricsPath = kingpin.Flag(
            "web.telemetry-path",
            "Path under which to expose metrics.",
        ).Default("/metrics").String()
        disableExporterMetrics = kingpin.Flag(
            "web.disable-Exporter-metrics",
            "Exclude metrics about the Exporter itself (promhttp_*, process_*, go_*).",
        ).Bool()
        maxRequests = kingpin.Flag(
            "web.max-requests",
            "Maximum number of parallel scrape requests. Use 0 to disable.",
        ).Default("40").Int()
        disableDefaultCollectors = kingpin.Flag(
```

```go
    "collector.disable-defaults",
    "Set all collectors to disabled by default.",
).Default("false").Bool()
configFile = kingpin.Flag(
    "web.config",
    "[EXPERIMENTAL] Path to config yaml file that can enable TLS or authentication.",
).Default("").String()
)

promlogConfig := &promlog.Config{}
flag.AddFlags(kingpin.CommandLine, promlogConfig)
kingpin.Version(version.Print("node_Exporter"))
kingpin.HelpFlag.Short('h')
kingpin.Parse()
logger := promlog.New(promlogConfig)

if *disableDefaultCollectors {
    collector.DisableDefaultCollectors()
}
level.Info(logger).Log("msg", "Starting node_Exporter", "version", version.Info())
level.Info(logger).Log("msg", "Build context", "build_context", version.BuildContext())

// 注册路由
http.Handle(*metricsPath, newHandler(!*disableExporterMetrics, *maxRequests, logger))
http.HandleFunc("/", func(w http.ResponseWriter, r *http.Request) {
    w.Write([]byte(`<html>
      <head><title>Node Exporter</title></head>
      <body>
      <h1>Node Exporter</h1>
      <p><a href="` + *metricsPath + `">Metrics</a></p>
      </body>
      </html>`))
})

// 启动服务
level.Info(logger).Log("msg", "Listening on", "address", *listenAddress)
server := &http.Server{Addr: *listenAddress}
if err := https.Listen(server, *configFile); err != nil {
    level.Error(logger).Log("err", err)
    os.Exit(1)
}
}
```

从上述代码中可以看到，不但可以设置端口和路径，还可以进行 web.max-requests、collector、YAML 格式配置文件的加载。

对于 Exporter 而言，它的功能主要就是将数据周期性地从监控对象中取出来进行加工，然后将数据规范化后通过端点暴露给 Prometheus，所以主要包含如下 3 个功能。

❑ 封装功能模块获取监控系统内部的统计信息。

- 将返回数据进行规范化映射，使其成为符合 Prometheus 要求的格式化数据。
- Collect 模块负责存储规范化后的数据，最后当 Prometheus 定时从 Exporter 提取数据时，Exporter 就将 Collector 收集的数据通过 HTTP 的形式在 /metrics 端点进行暴露。

对 Node Exporter 的源码来说也是一样的，如图 7-5 所示，在 Node Exporter 源码的 Collector 文件夹下，分门别类存放着大量针对各个版本操作系统关于 CPU、文件系统等进行监控的代码。

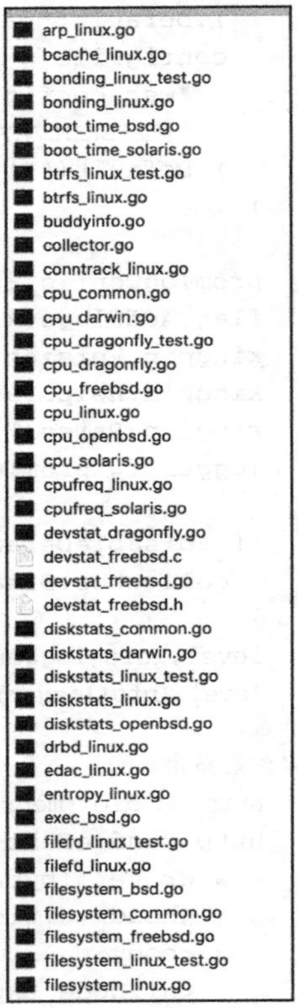

以 loadavg.go 源码为例，它的主要目的是获取系统的平均负荷，源代码如下所示。

```
package collector

import (
  "fmt"

  "github.com/go-kit/kit/log"
  "github.com/go-kit/kit/log/level"
  "github.com/prometheus/client_golang/prometheus"
)

type loadavgCollector struct {
  metric []typedDesc
  logger log.Logger
}
```

图 7-5 Node Exporter Collector 文件夹目录

```
func init() {
  registerCollector("loadavg", defaultEnabled, NewLoadavgCollector)
}
func NewLoadavgCollector(logger log.Logger) (Collector, error) {
  return &loadavgCollector{
    metric: []typedDesc{
      {prometheus.NewDesc(namespace+"_load1", "1m load average.", nil, nil),
        prometheus.GaugeValue},
      {prometheus.NewDesc(namespace+"_load5", "5m load average.", nil, nil),
        prometheus.GaugeValue},
      {prometheus.NewDesc(namespace+"_load15", "15m load average.", nil, nil),
        prometheus.GaugeValue},
    },
    logger: logger,
  }, nil
}

func (c *loadavgCollector) Update(ch chan<- prometheus.Metric) error {
```

```
  loads, err := getLoad()
  if err != nil {
    return fmt.Errorf("couldn't get load: %s", err)
  }
  for i, load := range loads {
    level.Debug(c.logger).Log("msg", "return load", "index", i, "load", load)
    ch <- c.metric[i].mustNewConstMetric(load)
  }
  return err
}
```

除 loadavg.go 之外，还有 loadavg_bsd.go、loadavg_linux.go、loadavg_solaris.go 等针对不同的操作系统获取各种运行指标的代码实现。Update 方法会被周期性地调用，通过 getLoad 方法可获取内存信息。

Update 方法在 init() 方法中将 loadavg 注册到采集器中，其他各种类型的 Node Exporter 监控采集都会将自身注册到这个来自 collector.go 源码中的采集器集合 NodeCollector 中。

```
type NodeCollector struct {
  Collectors map[string]Collector
  logger     log.Logger
}
```

NodeCollector 实现了 Prometheus.Collector 接口，接下来需要实现 Describe 和 Collect 方法，代码如下所示。

```
func (n NodeCollector) Describe(ch chan<- *prometheus.Desc) {
  ch <- scrapeDurationDesc
  ch <- scrapeSuccessDesc
}

func (n NodeCollector) Collect(ch chan<- prometheus.Metric) {
  wg := sync.WaitGroup{}
  wg.Add(len(n.Collectors))
  for name, c := range n.Collectors {
    go func(name string, c Collector) {
      execute(name, c, ch, n.logger)// 执行采集动作
      wg.Done()
    }(name, c)
  }
  wg.Wait()
}
```

execute 方法会执行采集动作，实际上调用的就是 Update 方法进行数据采集。Collect 方法会被 Prometheus 的客户端调用，在 Collect 中遍历每个 Collector。

针对 Node Exporter 中其他信息，如 CPU、内存、ARP 等，采集部分的源码实现逻辑与上面的相同。

7.8 Exporter 高级应用：开启 TSL 连接和 Basic Auth 认证

在 Prometheus 的监控体系中，大多数 /metrics 接口都是直接暴露出来的，指标不包含过于私密的信息，官方文档也没有与安全措施相关的信息。但随着 Prometheus 在生产中的大量应用，安全问题变得更加重要。

安全问题，一般可以通过启用 Prometheus 与监控目标之间的 TLS 连接来解决。但是由于各类 Exporter 并不原生支持 TLS 连接，所以通常情况下用户会选择用反向代理[一]来实现。这种方法可以满足需求，但是实施相对复杂。近期，Prometheus 对其安全模型做了修改，从 Node Exporter 开始到后续其他的组件，都将支持 TLS 和 Basic Auth，同时也列出了最新的安全基准（默认情况下都支持 TLS v1.2 及以上版本）。以 Node Exporter 为例，从 v1.0.0 开始，其重点工作主要放在一直被人诟病的安全性方面，具体而言就是利用 TLS 和 Basic Auth 提升其安全性。接下来，在 Prometheus 官方提供的基础组件中，都将逐步推进对这类安全性的支持，包括 Prometheus、Alertmanager、Pushgateway 和官方 Exporter 等。

接下来，我们以 v1.0.0 的 Node Exporter 为例，看看如何配置 TLS 和 Basic Auth。

7.8.1 准备证书

首先，需要生成 node_Exporter.crt 和 node_Exporter.key 两个证书文件，命令如下所示。

```
mkdir -p prometheus-tls
cd prometheus-tls
prometheus-tls openssl req -new -newkey rsa:2048 -days 365 -nodes -x509 -keyout
  node_Exporter.key -out node_Exporter.crt -subj "/C=CN/ST=Beijing/L=Beijing/
  o=demo.info/CN=localhost" Generating a RSA private key
```

通过上述命令生成证书文件后要记得保存好，用户可以将命令中的 "/C=CN/ST=Beijing/L=Beijing/O=demo.info/CN=localhost" 替换为自己的实际路径。

7.8.2 支持 TLS 的配置方法

在 v1.0.0 及以上版本的 Node Exporter 上，复制前面生成的 node_Exporter.crt 和 node_Exporter.key 这两个文件到当前目录下。创建配置文件，保存为 config.yaml/，文件内容如下。

```
tls_server_config:
  cert_file: node_Exporter.crt
  key_file: node_Exporter.key
```

接下来使用 --web.config 命令启动支持 TLS 连接的 Node Exporter，启动后，Node Exporter 不再支持 curl 请求，需要通过 -cacert 参数将证书传递过去，或者通过 -k 参数来忽略证书检查。

⊖ https://prometheus.io/docs/guides/tls-encryption/。

```
node_Exporter-1.0.0.linux-amd64 ./node_Exporter --web.config=config.yaml
prometheus-tls curl -s  --cacert node_Exporter.crt https://localhost:9100/metrics
    |grep node_Exporter_build_info
prometheus-tls curl -s  -k https://localhost:9100/metrics
    |grep node_Exporter_build_info
```

Prometheus 也需要随着 Exporter 一起支持 TLS。首先，还是需要将上文中签发的证书复制到当前 Prometheus 目录中；然后，修改配置文件让 Prometheus 可以抓取 Node Exporter 暴露的指标。

```
global:
  scrape_interval:     15s
  evaluation_interval: 15s

scrape_configs:
  - job_name: 'prometheus'
    static_configs:
    - targets: ['localhost:9090']

  - job_name: 'node_Exporter'
    scheme: https
    tls_config:
       ca_file: node_Exporter.crt
    static_configs:
    - targets: ['localhost:9100']
```

上述配置中额外增加了 scheme: https，其表示通过 HTTPS 建立连接，在 tls_config 中指定了所用的证书文件[一]。重启 Prometheus 后，Prometheus 和 Node Exporter 就都已经支持 TLS 连接。

7.8.3 支持 Basic Auth 的配置方法

首先需要通过 htpasswd 来生成 bcrypt 密码并进行 Hash 运算。如下所示是一个没有用户名，仅有散列密码的生成方式。

```
    prometheus-tls htpasswd -nBC 12 '' | tr -d ':\n'
New password:
Re-type new password:
$2y$12$WLw2sYa.NYZoBVoCOE84qe3xNm7kbSoKVIBXP.PvqNDna60vnZhEW
```

对 Node Exporter 所用的配置文件进行修改，所得样例如下。

```
tls_server_config:
  cert_file: node_Exporter.crt
  key_file: node_Exporter.key
basic_auth_users:
```

[一] 完整的配置可以参考官方文档中对 tls_config 的说明（https://prometheus.io/docs/prometheus/latest/configuration/configuration/#tls_config）。

```
# 当前设置的用户名为 prometheus，可以设置多个
prometheus: $2y$12$WLw2sYa.NYZoBVoCOE84qe3xNm7kbSoKVIBXP.PvqNDna60vnZhEW
```

Prometheus 的配置文件也需要增加 basic_auth 的配置项并重新加载配置文件，如下所示。

```
global:
  scrape_interval:     15s
  evaluation_interval: 15s

scrape_configs:
  - job_name: 'prometheus'
    static_configs:
    - targets: ['localhost:9090']

  - job_name: 'node_Exporter'
    scheme: https
    tls_config:
      ca_file: node_Exporter.crt
    basic_auth:
      username: prometheus
      password: moelove.info
    static_configs:
    - targets: ['localhost:9100']
```

7.9 本章小结

本章介绍了 Exporter 的概念。Exporter 的来源主要有两个：一个是社区提供的，一个是用户自定义的。

在实际生产中，官方提供的 Exporter 主要涵盖数据库、硬件、问题跟踪及持续集成、消息系统、存储、HTTP、API、日志、其他监控系统等，这些已有的 Exporter 可以满足绝大多数开发人员及运维人员的需求。

对于系统、软件没有 Exporter 的情况，本章也从数据规范、数据采集方式、代码案例撰写等方面带领读者体验了 Exporter 的设计与实践，一步步指导读者打造定制化 Exporter。

为了帮助读者形成良好的代码风格并能够真正编写高质量 Exporter，本章还给出了编写高质量 Exporter 的建议，并结合 Node Exporter、Redis Exporter、MySQL Exporter、RocketMQ Exporter 等原理进行了实战解析。

通过对本章的学习，读者可以掌握使用和定制 Exporter 的能力。

第 8 章　Spring Boot 高级监控实战

在企业级实战中，Spring Boot 集成 Prometheus 还有很多高级问题值得探讨，比如 Dubbo 应用如何通过 Prometheus 进行中间件监控、Micrometer 和 Spring Boot Actuator 的工作原理，以及 Prometheus 接入 Spring Boot 2.x 时存在的问题等。

本章将围绕 Spring Boot 集成 Prometheus 的实战及原理，解决那些实际工作中容易遇到的问题。

8.1　Controller 监控实战

Spring Boot 一般来说是 RESTful 风格的，通过 RestController 提供 HTTP 服务。如果想要统计计数、请求耗时等，该如何处理呢？对于这样的需求，可以使用 Micrometer 注解的方式来做，案例代码如下：

```
@RestController
@Timed // 针对整个 Controller Class 注解，Controller 下的 API 都会生效
public class MyController {

@GetMapping("/api/people")
@Timed(value = "all.people", extraTags = { "region", "us-east-1" }, longTask = true)
// 单个方法定制
public List<Person> listPeople() { ... }

}
```

Micrometer 除了有 @Timed 注解外，还有 @Counted、@TimedSet、@Incubating 这三

个注解。这些注解的功能范围非常有限，仅针对 Controller，不针对具体的功能业务。如果应用方想要监控的目标业务具有通用性，就可以自定义注解，利用 AOP 方式完成监控。

注意，Micrometer 类注解仅针对 Controller，用于监控 API 的通用指标，比如计数、请求耗时等，不针对具体的功能业务。

再来拓展两种监控方式——注解方式和硬编码方式，这两种方式都是可行的。案例代码如下所示。

```
// 方式一
@Timed(value = "aws.scrape", longTask = true)
@Scheduled(fixedDelay = 360000)
void scrapeResources() {
  // 查找实例、卷、自动缩放群组等
}

// 方式二
LongTaskTimer scrapeTimer = registry.more().longTaskTimer("scrape");
void scrapeResources() {
  scrapeTimer.record(() => {
    // 查找实例、卷、自动缩放群组等
  });
}
```

需要注意的是，Timer 记录的是次数；LongTaskTimer 记录的是任务时长和任务数，即跟踪所有正在运行且运算时间较长的任务的总持续时间和此类任务的数量。

8.2 业务代码监控实战

不同于 Controller 层，Prometheus 监控业务主要涉及内部 Service 层，比如统计支付系统中创建成功的订单数量和支付成功的订单数量。那么如果想要统计 Service 层的监控数据，又该如何处理呢？

对于这样的需求，可以自定义一个工具类 MicrometerTools，merchant_code 代表商户唯一码、shop_code 代表店铺唯一码、device_code 代表设备唯一码，工具类代码如下所示。

```
import io.micrometer.core.annotation.Timed;
import io.micrometer.core.instrument.MeterRegistry;
import org.apache.commons.lang3.StringUtils;
import org.slf4j.Logger;
import org.slf4j.LoggerFactory;
import org.springframework.beans.factory.annotation.Autowired;
import org.springframework.stereotype.Component;


@Component
public class MicrometerTools {
```

```java
private static final Logger LOGGER = LoggerFactory.getLogger(MicrometerTools.class);

@Autowired
private MeterRegistry meterRegistry;

/**
 * Micrometer 埋点
 * 指标：订单创建成功
 * 指标类型：计数
 *
 * @param orderDO
 */
@Timed
public void countOrderCreateSuccess(OrderDO orderDO) {
    if (null == orderDO) {
        return;
    }
    try {
        // 整个系统维度计数
        meterRegistry.counter("rpc.order.create.success").increment();
        // 商户维度计数
        meterRegistry.counter("rpc.merchant.order.create.success", "merchant_code",
            orderDO.getMerchantCode()).increment();
        // 店铺维度计数
        meterRegistry.counter("rpc.shop.order.create.success", "merchant_code",
            orderDO.getMerchantCode(), "shop_code", orderDO.getShopCode()).increment();
        if (StringUtils.isNoneBlank(orderDO.getDeviceCode())) {
            // 设备维度计数
            meterRegistry.counter("rpc.device.order.create.success", "merchant_code",
                orderDO.getMerchantCode(), "shop_code", orderDO.getShopCode(),
                "device_code", orderDO.getDeviceCode()).increment();
        }
    } catch (Exception e) {
        LOGGER.error("countOrderCreateSuccess(): failed.", e);
        return;
    }
}

/**
 * Micrometer 埋点
 * 指标：订单支付成功
 * 指标类型：计数
 *
 * @param orderDO
 */
public void countOrderPaySuccess(OrderDO orderDO) {
    if (null == orderDO) {
        return;
    }
```

```java
// 具体的业务埋点中，建议捕获异常，避免埋点导致异常并抛到上层业务，影响主流程
try {
    // 整个系统维度计数
    meterRegistry.counter("rpc.order.pay.success").increment();
    // 商户维度计数
    meterRegistry.counter("rpc.merchant.order.pay.success", "merchant_code",
        orderDO.getMerchantCode()).increment();
    // 店铺维度计数
    meterRegistry.counter("rpc.shop.order.pay.success", "merchant_code",
        orderDO.getMerchantCode(), "shop_code", orderDO.getShopCode()).increment();
    if (StringUtils.isNoneBlank(orderDO.getDeviceCode())) {
        // 设备维度计数
        meterRegistry.counter("rpc.device.order.pay.success", "merchant_code",
            orderDO.getMerchantCode(), "shop_code", orderDO.getShopCode(),
            "device_code", orderDO.getDeviceCode()).increment();
    }
} catch (Exception e) {
    LOGGER.error("countOrderPaySuccess(): failed.", e);
    return;
}
```

在上述工具类中，将 private meterRegistry 直接注入就可以使用，因为 Spring Boot 2.x 版本的 Actuator 已经自动完成了相应的 MeterRegistry，无须重复造轮子。然后在真正的服务层加载这个工具类，如在订单创建成功和支付成功时进行自定义代码的记录，伪代码如下所示。

```java
@Dubbo(version = "1.0.0")
@Service
@Transactional
public class BusinessOrderFacadeServiceImpl implements BusinessOrderFacadeService {

    @Autowired
    private MicrometerTools micrometerTools;

    // 下单
    @Override
    public Result<BusinessOrderResDTO> createBusinessOrder(CreateBusinessOrderReq
        orderReq) throws Exception {
    // 省略业务代码
    micrometerTools.countOrderCreateSuccess(orderDO);
    }

    // 支付
    @Override
    public Result<PayOrderResDTO> createOrderPay(CreateBusinessOrderReq orderReq)
        throws Exception {
    // 省略业务代码
```

```
        micrometerTools.countOrderPaySuccess(orderDO);
    }
}
```

通过上述代码就可以获得下单和支付的数据，并且可以在 Grafana 监控大盘中配置订单支付监控大盘。上述代码的监控大盘可以由 3 个维度的 9 个图表构成。

- **商户维度**：实时订单曲线、实时支付成功订单曲线、累计待支付订单曲线。
- **店铺维度**：实时订单曲线、实时支付成功订单曲线、累计待支付订单曲线。
- **设备维度**：实时订单曲线、实时支付成功订单曲线、累计待支付订单曲线。

本案例中的 MicrometerTools 只是一个示例，在实际业务场景中，建议使用统一的工具类管理业务埋点。

8.3　通过注解进行监控的设置与实战

在上一节了解硬编码的过程中，很多读者会觉得硬编码不够灵活、封装度不够高。那么如果想通过注解的方式支持监控，该怎么处理呢？

Prometheus 支持通过注解拦截的方法进行监控，可以传入描述信息和 Tag（Tag 初步设置为两个）信息。针对这个需求，可以利用 Java 反射的特性先编写如下 MethodMetrics.java 接口文件。

```java
import java.lang.annotation.Documented;
import java.lang.annotation.ElementType;
import java.lang.annotation.Retention;
import java.lang.annotation.RetentionPolicy;
import java.lang.annotation.Target;

@Documented
@Retention(RetentionPolicy.RUNTIME)
@Target(ElementType.METHOD)
public @interface MethodMetrics {

    String name() default "";
    String des() default "";
    String[] tags() default {};
}
```

接着通过 @Aspect 注解写一个基于 Aspect 的 AOP 进行监控拦截，并将 MethodMetrics.java 的所在路径传入其中。

```java
import io.micrometer.core.instrument.MeterRegistry;
import io.micrometer.core.instrument.Timer;
import org.aspectj.lang.ProceedingJoinPoint;
import org.aspectj.lang.annotation.Around;
```

```java
import org.aspectj.lang.annotation.Aspect;
import org.aspectj.lang.annotation.Pointcut;
import org.aspectj.lang.reflect.MethodSignature;
import org.springframework.beans.factory.annotation.Autowired;
import org.springframework.stereotype.Component;
import org.springframework.util.ClassUtils;
import org.springframework.util.StringUtils;

import java.lang.reflect.Method;

@Aspect
@Component
public class HttpMethodMetricsAspect {

  @Autowired
  private MeterRegistry meterRegistry;

  // 此处需要传入
  @Pointcut("@annotation(org.XXX.MethodMetrics)")
  public void pointcut() {
  }

  @Around(value = "pointcut()")
  public Object process(ProceedingJoinPoint joinPoint) throws Throwable {
    Method targetMethod = ((MethodSignature) joinPoint.getSignature()).getMethod();
    Method currentMethod = ClassUtils.getUserClass(joinPoint.getTarget().getClass())
        .getDeclaredMethod(targetMethod.getName(), targetMethod.getParameterTypes());
    if (currentMethod.isAnnotationPresent(MethodMetrics.class)) {
      MethodMetrics methodMetrics = currentMethod.getAnnotation(MethodMetrics.class);
      return processMetric(joinPoint, currentMethod, methodMetrics);
    } else {
      return joinPoint.proceed();
    }
  }

  private Object processMetric(ProceedingJoinPoint joinPoint, Method currentMethod,
              MethodMetrics methodMetrics) throws Throwable {
    String name = methodMetrics.name();
    if (!StringUtils.hasText(name)) {
      name = currentMethod.getName();
    }
    String desc = methodMetrics.des();
    if (!StringUtils.hasText(desc)) {
      desc = name;
    }
    String[] tags = methodMetrics.tags();
    if (tags.length == 0) {//这里是模拟两个tag的代码,该实现并不是生产级,仅用于演示
      tags = new String[2];
      tags[0] = name;
      tags[1] = name;
    }
```

```
        Timer timer = Timer.builder(name).tags(tags)
            .description(desc)
            .register(meterRegistry);
        return timer.record(() -> {
          try {
            return joinPoint.proceed();
          } catch (Throwable throwable) {
            throw new IllegalStateException(throwable);
          }
        });
    }
}
```

在主函数中，可以通过使用这个注解进行监控的统一拦截，代码如下所示。

```
@MethodMetrics(des = "http metrics test",tags = {"good","friend"})
  @GetMapping(value = "/hello")
  public String hello(@RequestParam(name = "name", required = false,
    defaultValue = "hahaha") String name) {
    return String.format("%s say hello!", name);
  }
```

这个例子仅作为演示使用，它的框架实现了对方法的拦截。实际应用中，读者可以根据自己的实际需求进行扩展和再加工。

8.4 Dubbo 监控实战

Prometheus 支持用注解拦截的方法进行监控、支持基于 SPI 的 Dubbo 服务进行整体拦截，拦截项包含每个 RPC 服务的 serviceName 服务名、methodName 方法名、duration 调用时间和异常信息。我们可以通过 Dubbo SPI 机制实现这个功能，首先在 resources 文件夹下的 META-INF.dubbo 目录下创建 com.alibaba.dubbo.rpc.Filter 文件，该文件指向 Prometheus 的 Dubbo 拦截器，代码如下。

```
# 填写你的包名
prometheusProviderFilter=org.XXX.PrometheusProviderFilter
```

PrometheusProviderFilter.java 主要拦截 Dubbo 的请求，包含每个 RPC 服务的 serviceName 服务名、methodName 方法名、duration 调用时间和异常信息，代码如下所示。

```
import com.alibaba.dubbo.common.Constants;
import com.alibaba.dubbo.common.extension.Activate;
import com.alibaba.dubbo.config.spring.ServiceBean;
import com.alibaba.dubbo.rpc.*;
import com.alibaba.dubbo.rpc.support.RpcUtils;
import org.slf4j.Logger;
import org.slf4j.LoggerFactory;
```

```java
import java.time.Duration;
import java.time.Instant;

// 该注解主要对 Dubbo PROVIDER 进行拦截
@Activate(group = {Constants.PROVIDER})
public class PrometheusProviderFilter implements Filter {

  private Logger logger = LoggerFactory.getLogger(PrometheusProviderFilter.class);

  // invoke 方法对 Dubbo 服务调用的信息进行拦截和监控处理工作
  @Override
  public Result invoke(Invoker<?> invoker, Invocation invocation) throws RpcException {

    logger.info("----------------prometheus metrics filter--------------");

    RpcContext context = RpcContext.getContext();
    boolean isProvider = context.isProviderSide();// 是否是服务提供者
    String serviceName = invoker.getInterface().getName(); // 获取服务名
    String methodName = RpcUtils.getMethodName(invocation);// 获取方法名
    Instant first = Instant.now();

    PrometheusDubboCollector requestTimeCollector = (PrometheusDubboCollector)
      ServiceBean.getSpringContext().
        getBean("prometheusDubboCollector");

    try {
      Result result = invoker.invoke(invocation);
      Instant second = Instant.now();
      String status = "success";
      if (result.getException() != null) {
        status = result.getException().getClass().getSimpleName();
      }
      requestTimeCollector.metricsDubboTimer("Timer-"+serviceName,methodName,
        status,Duration.between(first, second));// Prometheus Dubbo 埋点

      requestTimeCollector.metricsDubboCounter("Counter-"+serviceName,
        methodName,status);
      return result;
    } catch (RpcException e) {// RPC 异常信息处理
      Instant second = Instant.now();
      String result = "error";
      if(e.isBiz()) {// 是否是业务异常
        result = "BIZ_EXCEPTION";
      }else if(e.isForbidded()) {// 是否被屏蔽
        result = "FORBIDDEN_EXCEPTION";
      }else if(e.isNetwork()) {// 是否是网络问题
        result = "NETWORK_EXCEPTION";
      }else if(e.isSerialization()){// 是否是序列化异常
        result = "SERIALIZATION_EXCEPTION";
      }else if(e.isTimeout()){// 是否超时
```

```
        result = "TIMEOUT_EXCEPTION";
    }
    requestTimeCollector.metricsDubboTimer(serviceName,methodName,result,
      Duration.between(first, second));
    requestTimeCollector.metricsDubboCounter(serviceName,methodName,result);
    throw e;
  }
}
```

上述代码中引入的 PrometheusDubboCollector.java 用于注册 Prometheus 的采集器和进行监控数据的埋点工作。PrometheusDubboCollector 注册了 MeterRegistry，相关实现代码如下所示。

```
import io.micrometer.core.instrument.MeterRegistry;
import java.time.Duration;

public class PrometheusDubboCollector {

  private MeterRegistry meterRegistry;

  public PrometheusDubboCollector(MeterRegistry meterRegistry){
    this.meterRegistry = meterRegistry;
  }

  // 注册 timer 类型的监控采集器
  public void metricsDubboTimer(String serviceName, String methodName,
    String status, Duration duration) {
    meterRegistry.timer(serviceName,methodName,status).record(duration);
  }

  // 注册 counter 类型的监控采集器
  public void metricsDubboCounter(String serviceName, String methodName,
    String status) {
    meterRegistry.counter(serviceName,methodName,status).increment();
  }
}
```

8.5　SPI 机制原理解析

为了实现在模块装配时可以不在程序里动态指明装配内容，而是通过配置文件的方式进行模块动态装配，将装配的控制权移到程序之外，这需要一种服务发现机制。SPI（Service Provider Interface）就是一个 JDK 内置的服务发现机制——为某个接口寻找服务实现的机制。Dubbo 基于 SPI 机制提供了很多扩展功能，实现了微内核＋插件的体系。

在面向对象的设计里，我们一般推荐模块之间基于接口编程，模块之间不对实现类进行硬编码。一旦代码里涉及具体的实现类，就违反了可拔插的原则，此时如果需要替换一种实现，就需要修改代码。于是就有了 SPI 这种服务发现机制。

在 Java 中根据一个子类获取其父类或接口的信息非常方便，但是根据一个接口获取该接口的所有实现类却没那么容易。一种比较笨的实现办法就是扫描 classpath 下所有的 class 与 jar 包中的 class，接着用 ClassLoader 将其加载进来，再判断其是否是给定接口的子类。但是这种方法的代价太大，实际工作中一般不会采用。

根据这个问题，Java 推出了 ServiceLoader 类来提供服务发现机制，以动态地为某个接口寻找服务实现。当服务的提供者提供了服务接口的实现之后，必须根据 SPI 约定在 META-INF/services/ 目录里创建一个以服务接口命名的文件，该文件里写的就是实现该服务接口的具体实现类。当程序调用 ServiceLoader 的 load 方法时，ServiceLoader 能够通过约定的目录找到指定的文件，并装载实例化，完成服务的发现。

Apache 最早提供的日志的门面接口是 common-logging，这就是一个服务发现的例子。

common-logging 只有接口没有实现，具体实现方案由各提供商完成。发现日志提供商是通过扫描 META-INF/services/org.apache.commons.logging.LogFactory 配置文件，通过读取该文件的内容找到日志提供商实现类。只要我们的日志实现里包含了这个文件，并在文件里指定 LogFactory 工厂接口的实现类即可。

Hadoop FileSystem 也通过这个服务发现机制来根据不同文件的 scheme 返回不同的 FileSystem。FileSystem 会把所有的 FileSystem 实现都以 scheme 和 class 形式存入缓存，之后就从这个 cache 中取相应的值。因此，以后可以通过 ServiceLoader 来实现一些类似的功能，而不用依赖像 Spring 这样的第三方框架。

```java
private static void loadFileSystems() {
  synchronized(FileSystem.class){
    if(!FILE_SYSTEMS_LOADED) {
      ServiceLoader<FileSystem> serviceLoader = ServiceLoader.load(FileSystem.class);
      for(FileSystem fs : serviceLoader) {
        SERVICE_FILE_SYSTEMS.put(fs.getScheme(),fs.getClass());
      }
      FILE_SYSTEMS_LOADED= true;
    }
  }
}
```

对应的配置文件如下所示。

```
org.apache.hadoop.fs.LocalFileSystem
org.apache.hadoop.fs.viewfs.ViewFileSystem
org.apache.hadoop.fs.s3.S3FileSystem
org.apache.hadoop.fs.s3native.NativeS3FileSystem
org.apache.hadoop.fs.kfs.KosmosFileSystem
org.apache.hadoop.fs.ftp.FTPFileSystem
org.apache.hadoop.fs.HarFileSystem
```

JDBC4.0 之后，只需要一行代码，就可以轻松创建连接。

```
Connection conn = DriverManager.getConnection(URL,USER,PASSWORD);
```

我们通过一个例子来加深大家对于 SPI 的理解。项目文件托管在 GitHub 上，感兴趣的读者可以自行下载，地址是 https://github.com/CharlesMaster/SPIDemo。工程结构如图 8-1 所示。

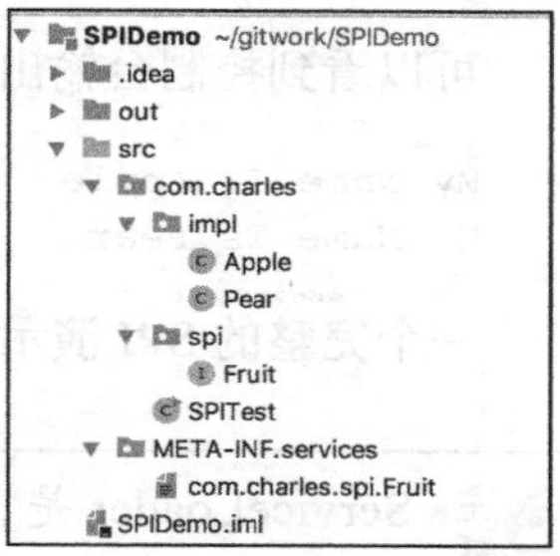

首先，我们定义一个接口类 Fruit 和它的两个实现类 Apple 和 Pear，它们分别在 com.charles.spi 和 com.charles.impl 包路径下。水果接口的代码如下所示。

图 8-1　SPI demo 目录结构图

```
package com.charles.spi;
public interface Fruit {//水果接口
  public String getName();
}
```

苹果类的代码如下所示，它实现了水果接口，在 getName 中表明"我的名字是苹果"。

```
public class Apple implements Fruit {//苹果实现类
  @Override
  public String getName() {
    return "My Name Is Apple";
  }
}
```

梨类的代码如下所示，它同样实现了水果接口，在 getName 中表明"我的名字是梨"。

```
public class Pear implements Fruit {//梨实现类
  @Override
  public String getName() {
    return "My Name Is Pear";
  }
}
```

然后在 classpath 下创建文件夹 META-INF/services，在文件夹中新建一个文件 com.charles.spi.Fruit，并在文件中写入具体的实现类。

```
com.charles.impl.Apple
com.charles.impl.Pear
```

接着，我们编写如下测试代码，看看输出结果。

```
public class SPITest {
  public static void main(String[] args) {
    ServiceLoader<Fruit> loader = ServiceLoader.load(Fruit.class);
    Iterator<Fruit> iterator = loader.iterator();
    while (iterator.hasNext()){
      Fruit fruit = iterator.next();
```

```
            System.out.println(fruit.getName());// 输出期望内容
        }
    }
}
```

可以看到控制台输出了如下期望内容，分别对苹果和梨的内容做了输出。

```
My Name Is Apple
My Name Is Pear
```

一个完整的 SPI 演示案例到此结束。

> **注意** ServiceLoader 是 JDK 6 引进的一个特性，它主要用来装载一系列的 service provider，ServiceLoader 可以通过 service provider 的配置文件来装载指定的 service provider，因此可以说这是一种依赖注入的简单实现。我们通过配置文件可以为程序提供一些特定的类。当然，这里针对 ServiceLoader 还有一个特定的限制，就是我们提供的这些具体实现类必须提供无参数的构造函数，否则 ServiceLoader 就会报错。
>
> 除了可以工作在同一个工程里，ServiceLoader 还具有跨不同工程的动态添加的优点。比如有一组接口，有的是本工程的，有的是第三方在运行时加入的。开发人员事先不清楚第三方的实现是哪个具体的类型，在 ServiceLoader 里，可以不把具体实现引用到代码里，而是在配置文件里指定。
>
> ServiceLoader 是一个可以实现动态加载具体实现类的机制，通过它可以实现代码的解耦，也可以实现类似于 IOC 的效果。在 JDBC 的 DriverManager 里，就使用了 ServiceLoader 的特性。灵活运用这种特性可以简化实现代码。

8.6 SPI 高级实战：基于 Dubbo 的分布式日志链路 TraceID 追踪

前面介绍过 Dubbo 基于 SPI 监控 Prometheus 的方式，在基于日志 ELK 的监控方案里，我的另一本书《HikariCP 数据库连接池实战》中也提到了通过 SPI 基于 Dubbo 进行分布式日志链路 TraceID 追踪的方法。

在微服务的分布式业务系统中，用户可能会被大量的日志搞得眼花缭乱。一次业务方的请求，会经过多个系统。以电商为例，会经过商品、商户、订单、支付等。那么我们如何实现这样的需求呢？从 Web 页面到穿透 Dubbo，每个请求都有一个 TraceID 信息，这个请求贯穿整个微服务的链路。结合 ELK 功能，就可以直接根据这个 TraceID 实现跨应用查询，在每一次请求中都可以清晰地看出它在每一个业务关键节点记录的日志信息，这些信息会串联起来，以方便人们在线上快速、精准地定位问题，通过完整的日志链路清晰地进行信息定位。对于这个需求，我们同样可以使用 JDBC 的 SPI 方式去实现。

Dubbo 框架中也大量使用了 SPI。Dubbo 中有很多组件，每个组件都是以接口的形式抽象出来的，用户按需配置来完成接口的实现。但是和 JDK 的 ServiceLoader 的 SPI 实现方式不太一样，Dubbo 采用的是 ExtensionLoader，但是两者的原理还是比较接近的。我们来看一下基于 Dubbo 的分布式日志链路 TraceID 进行追踪该如何在工作中使用。

首先需要在 resources 目录下创建 META-INF 文件夹（如果没有的话），然后创建一个 dubbo 文件夹，接着创建一个 com.alibaba.dubbo.rpc.Filter 文件，文件的内容如下。

```
traceIdFilter=com.hikari.dubbo.trace.TraceIDFilter
```

接下来在代码里编写 com.hikari.dubbo.trace.TraceIDFilter 类，具体代码如下。

```
package com.hikari.dubbo.trace;
import com.alibaba.dubbo.common.extension.Activate;
import com.alibaba.dubbo.rpc.*;
import org.slf4j.MDC;

@Activate()
public class TraceIDFilter implements Filter {
  private static final String TRACE_ID = "TRACE_ID";

  public Result invoke(Invoker<?> invoker, Invocation inv)
      throws RpcException {
    if (inv.getAttachment(TRACE_ID) != null) {//如果当前传递了 TraceId
      TraceIDUtils.setTraceId(inv.getAttachment(TRACE_ID));//向工具包中设置 TraceId
      String mdcData = String.format("[TraceID:%s]", inv.getAttachment(TRACE_ID));
      MDC.put("mdcData", mdcData);                       // 设置 MDC 数据
    } else if (TraceIDUtils.getTraceId() != null) {
      inv.getAttachments().put(TRACE_ID, TraceIDUtils.getTraceId());
    }
    return invoker.invoke(inv);                          // 继续进行 RPC 请求
  }
}
```

在上述代码中，我们提到了 MDC 的概念，它来自于 2016 年的一篇文章 " Spring Boot: Enhance your logging"[○]，MDC 可以打印出如下日志。

```
2016-08-16 22:17:34.408 [userId:tux | requestId:3e21b7f3-3ba9-49b9-8390-
    4ab8987f995f] INFO 30158 --- [o-auto-1-exec-1] com.moelholm.GreetingController :
    Request received. PathVariable is: [duke]
2016-08-16 22:17:34.409 [userId:tux | requestId:3e21b7f3-3ba9-49b9-8390-
    4ab8987f995f] INFO 30158 --- [o-auto-1-exec-1] com.moelholm.GreetingRepository :
    Retrieving standard greeting from the "datastore"
2016-08-16 22:17:34.409 [userId:tux | requestId:3e21b7f3-3ba9-49b9-8390-
    4ab8987f995f] INFO 30158 --- [o-auto-1-exec-1] com.moelholm.GreetingService :
    Formatting greeting for [duke]
```

在这里可以看到，3 行日志信息来自于同一个请求 3e21b7f3-3ba9-49b9-8390-4ab8987f995f 以及同一个用户 ID（tux）。当然，在业务场景下，订单 ID、URL、Session ID、IP address 等都是

○ https://moelholm.com/2016/08/16/spring-boot-enhance-your-logging/。

可以放在这个日志里的。这就是 MDC（Mapped Diagnostic Context），一种全局的记录数据的解决方案。MDC 支持现代 Java 日志框架具有的绝大多数功能，例如 Log4j、Log4j2、Logback 等。

在 Spring Boot 中，需要在 src/main/resources/application.properties 中增加下面的配置代码来渲染 MDC。

```
logging.pattern.level=%X{mdcData}%5p
```

上述代码告诉 Spring Boot，在日志输出中的优先级字段之前呈现 MDC 数据变量 mdcData，优先级字段是日志记录级别（DEBUG、INFO 等）。如下所示是一个配置例子。

```
@Component
public class RequestFilter implements Filter {

  @Override
  public void doFilter(ServletRequest request, ServletResponse response,
    FilterChain chain) throws IOException, ServletException {
    try {
      // 设置 mdcData
      String mdcData = String.format("[userId:%s | requestId:%s ", user(), requestId());
      MDC.put("mdcData", mdcData);           chain.doFilter(request, response);
    } finally {
      // 清理 mdcData，这是非常重要的，如有必要，还需要清理 ThreadLocal 等数据
      MDC.clear();
    }
  }
}
```

接下来，在 Web 应用入口的源头继承 OncePerRequestFilter 并实现 org.springframework.core.Ordered 接口，核心代码如下。

```
protected void doFilterInternal(HttpServletRequest request, HttpServletResponse
  response, FilterChain filterChain)
      throws ServletException, IOException {
      TraceIDUtils.setTraceId(UUID.randomUUID().toString());
      String mdcData = String.format("[TraceID:%s]", TraceIDUtils.getTraceId());
      MDC.put("mdcData", mdcData);                    // 拦截请求，设置 mdcData
    try{
    filterChain.doFilter(request, response);    // 责任链
    }catch (Exception e){
    …….
    }finally{
      MDC.remove("mdcData");                         // 最终清理 mdcData
    }
}
```

当然，org.springframework.web.servlet.handler.HandlerInterceptorAdapter 的特性也可以实现 MDC 的清理，如下是另一种清理思路。

```
@Component
```

```java
public class TraceInterceptor extends HandlerInterceptorAdapter {

    private static final Logger LOGGER = LoggerFactory.getLogger(TraceInterceptor.class);

    @Override
    public void afterCompletion(HttpServletRequest request, HttpServletResponse
      response, Object handler, Exception ex) throws Exception {
        super.afterCompletion(request, response, handler, ex);

        // LOGGER.info("--------------------begin remove traceId:-----------"+
            TraceIDUtils.getTraceId());
        TraceIDUtils.removeTraceId();
        MDC.clear();
    }
}
```

最后，在 Dubbo 服务的生产者上，需要增加我们之前定义的 traceIdFilter 注解，代码如下所示。

```
@com.alibaba.dubbo.config.annotation.Service(
    version = "1.0.0",
    interfaceClass = IotEquipmentFacadeService.class,
    loadbalance = "random",
    delay = -1,
    retries = 2,
    timeout = 3000,
    filter="traceIdFilter")
```

在消费者上，也需要增加对应的 Dubbo 注解，代码如下所示。

```
@Reference(filter = "traceIdFilter")
```

通过这个实战案例可以看到，JDBC 的 SPI 理念在实际的生产研发中还是非常重要的，同样适用于 Dubbo 等架构。学习一门技术需要举一反三、触类旁通。

8.7 集成 Spring Boot 时的常见问题及其解决方案

在实际生产中，复杂的 Spring Boot 应用接入 Prometheus 可能会出现如下异常。

```
java.lang.NullPointerException org.apache.catalina.authenticator.
  AuthenticatorBase.getJaspicProvider(AuthenticatorBase.java:1192)
```

在集成复杂的支付系统的过程中，比如 K8S 集群，部署测试环境报了如下错误。

```
<!DOCTYPE html><html><head><title>Apache Tomcat/8.5.11 - Error report</title>
  <style type="text/css">h1 {font-family:Tahoma,Arial,sans-serif;color:white;
  background-color:#525D76;font-size:22px;} h2 {font-family:Tahoma,Arial,
  sans-serif;color:white;background-color:#525D76;font-size:16px;} h3 {font-
  family:Tahoma,Arial,sans-serif;color:white;background-color:#525D76;
  font-size:14px;} body {font-family:Tahoma,Arial,sans-serif;color:black;
  background-color:white;} b {font-family:Tahoma,Arial,sans-serif;color:white;
```

```
background-color:#525D76;} p {font-family:Tahoma,Arial,sans-serif;background:
white;color:black;font-size:12px;} a {color:black;} a.name {color:black;}
.line {height:1px;background-color:#525D76;border:none;}</style> </head>
<body><h1>HTTP Status 500 - </h1><div class="line"></div><p><b>type</b>
Exception report</p><p><b>message</b> <u></u></p><p><b>description</b>
<u>The server encountered an internal error that prevented it from fulfilling
this request.</u></p><p><b>exception</b></p><pre>java.lang.NullPointerException
    org.apache.catalina.authenticator.AuthenticatorBase.getJaspicProvider
        (AuthenticatorBase.java:1192)
    org.apache.catalina.authenticator.AuthenticatorBase.invoke
        (AuthenticatorBase.java:465)
    org.apache.skywalking.apm.agent.core.plugin.interceptor.enhance.
        InstMethodsInter.intercept(InstMethodsInter.java:93)
    org.apache.catalina.valves.ErrorReportValve.invoke(ErrorReportValve.java:79)
    org.apache.catalina.connector.CoyoteAdapter.service(CoyoteAdapter.java:349)
    org.apache.coyote.http11.Http11Processor.service(Http11Processor.java:783)
    org.apache.coyote.AbstractProcessorLight.process(AbstractProcessorLight.java:66)
    org.apache.coyote.AbstractProtocol$ConnectionHandler.process
        (AbstractProtocol.java:798)
    org.apache.tomcat.util.net.NioEndpoint$SocketProcessor.doRun(NioEndpoint.
        java:1434)
    org.apache.tomcat.util.net.SocketProcessorBase.run(SocketProcessorBase.
        java:49)
    java.util.concurrent.ThreadPoolExecutor.runWorker(ThreadPoolExecutor.
        java:1142)
    java.util.concurrent.ThreadPoolExecutor$Worker.run(ThreadPoolExecutor.
        java:617)
    org.apache.tomcat.util.threads.TaskThread$WrappingRunnable.run(TaskThread.
        java:61)
    java.lang.Thread.run(Thread.java:748)
</pre><p><b>note</b> <u>The full stack trace of the root cause is available in
    the Apache Tomcat/8.5.11 logs.</u></p><hr class="line"><h3>Apache Tomcat/
    8.5.11</h3></body></html>
```

从上述异常堆中可以看到 SkyWalking 的信息，为了摆脱 SkyWalking 的影响，在不启动 SkyWdalking 的情况下重启了支付应用，结果是报了不一样的错误。

```
<!DOCTYPE html><html><head><title>Apache Tomcat/8.5.11 - Error report</title>
    <style type="text/css">h1
    {font-family:Tahoma,Arial,sans-serif;color:white;
    background-color:#525D76;font-size:22px;} h2
    {font-family:Tahoma,Arial,
    sans-serif;color:white;background-color:#525D76;font-size:16px;} h3
    {font-family:Tahoma,Arial,sans-serif;color:white;background-color:#525D76;
    font-size:14px;}
    body {font-family:Tahoma,Arial,sans-serif;color:black;
    background-color:white;} b
    {font-family:Tahoma,Arial,sans-serif;color:white;
    background-color:#525D76;} p
    {font-family:Tahoma,Arial,sans-serif;background:
```

```
white;color:black;font-size:12px;} a
{color:black;} a.name {color:black;}
.line {height:1px;background-color:#525D76;border:none;}</style> </head>
<body><h1>HTTP Status 500 - </h1><div class="line"></div><p><b>type</b>
Exception report</p><p><b>message</b> <u></u></p><p><b>description</b>
<u>The server encountered an internal error that prevented it from fulfilling
this request.</u></p><p><b>exception</b></p><pre>java.lang.NullPointerException
    org.apache.catalina.authenticator.AuthenticatorBase.getJaspicProvider
      (AuthenticatorBase.java:1192)
    org.apache.catalina.authenticator.AuthenticatorBase.invoke
      (AuthenticatorBase.java:465)
    org.apache.catalina.valves.ErrorReportValve.invoke(ErrorReportValve.java:79)
    org.apache.catalina.connector.CoyoteAdapter.service(CoyoteAdapter.java:349)
    org.apache.coyote.http11.Http11Processor.service(Http11Processor.java:783)
    org.apache.coyote.AbstractProcessorLight.process(AbstractProcessorLight.
      java:66)
    org.apache.coyote.AbstractProtocol$ConnectionHandler.process
      (AbstractProtocol.java:798)
    org.apache.tomcat.util.net.NioEndpoint$SocketProcessor.doRun(NioEndpoint.
      java:1434)
    org.apache.tomcat.util.net.SocketProcessorBase.run(SocketProcessorBase.java:49)
    java.util.concurrent.ThreadPoolExecutor.runWorker(ThreadPoolExecutor.java:1142)
    java.util.concurrent.ThreadPoolExecutor$Worker.run(ThreadPoolExecutor.java:617)
    org.apache.tomcat.util.threads.TaskThread$WrappingRunnable.run(TaskThread.
      java:61)
    java.lang.Thread.run(Thread.java:748)
</pre><p><b>note</b> <u>The full stack trace of the root cause is available in
  the Apache Tomcat/8.5.11 logs.</u></p><hr class="line"><h3>Apache
  Tomcat/8.5.11</h3></body></html>
```

上述错误是在 K8S 环境和排除 SkyWalking 环境以后产生的，出现原因从堆信息中就可以看出，其实都是 org.apache.catalina.authenticator.AuthenticatorBase.getJaspicProvider (AuthenticatorBase.java:1192) 导致的。从这个问题的表象中可以看出，Tomcat 在加载一些资源文件时可能发现了类加载失败的问题，通常情况下这是依赖冲突导致的。

其实解决方案很简单，只需要删除 Maven 依赖中的 javee-api 即可，代码如下所示。

```
<dependency>
  <groupId>javax</groupId>
  <artifactId>javaee-api</artifactId>
</dependency>
```

这个问题可以参看 Stack Overflow 上的问题讨论和分析[⊖]，解决方案主要有 3 种。

方法一：将 authConfigFactory 设置为 Tomcat 8.5 使用的默认的 authConfigFactory 实现（示例基本已实现），代码如下。

⊖ https://stackoverflow.com/questions/38802437/upgrading-spring-boot-from-1-3-7-to-1-4-0-causing-nullpointerexception-in-authen.

```java
package com.example;

import org.apache.catalina.authenticator.jaspic.AuthConfigFactoryImpl;
import org.springframework.boot.SpringApplication;
import org.springframework.boot.autoconfigure.SpringBootApplication;

import javax.security.auth.message.config.AuthConfigFactory;

@SpringBootApplication
public class DemoApplication {

  public static void main(String[] args) {
    if (AuthConfigFactory.getFactory() == null) {
      AuthConfigFactory.setFactory(new AuthConfigFactoryImpl());
    }
    SpringApplication.run(DemoApplication.class, args);
  }
}
```

方法二：从类路径中删除重复的 AuthConfigFactory 类。在下面的例子中，同一个类有两种不同的实现方式，代码如下。

```
org.apache.tomcat.embed/tomcat-embed-core/8.5.4/tomcat-embed-core-8.5.4.jar!/
    javax/security/auth/message/config/AuthConfigFactory.classjavax/javaee-
    api/7.0/javaee-api-7.0.jar!/javax/security/auth/message/config/
    AuthConfigFactory.class
```

javaee-api-7.0.jar 有它自己的 AuthConfigFactory，其实现不完全兼容 Tomcat 8.5，因此导致产生空指针（Tomcat 版本中用常数定义默认 jaspic 实现类），此时删除 javaee-api 依赖即可，这也是我们采用的方法。

方法三：将 Tomcat 降级到 8.0 或者 7.0。这个问题可能与 Tomcat 升级（从 8.0 到 8.5.x）有关，与 Spring Boot 从 1.3.x 升级到 1.4.x 也有关系。原因是 Tomcat 8.5 引入了 jaspic 支持（https://tomcat.apache.org/tomcat-8.5-doc/config/jaspic.html），并提供了自己的 AuthConfigFactory 实现。这个实现定义了默认的 jaspic 认证工厂实现，代码如下。

```java
private static final String DEFAULT_JASPI_AUTHCONFIGFACTORYIMPL =
        "org.apache.catalina.authenticator.jaspic.AuthConfigFactoryImpl";
```

但是在其他实现中没有定义 jaspic 认证工厂实现（例如，javaee-api-7.0），因为没有实例化 AuthConfigFactory，这就导致了 NullPointerException 问题。

8.8 关于 Micrometer 的两个常见问题及其解决方案

大家使用开源软件时一定要小心谨慎。如果有时间、有精力，建议搞清楚原理，知其然也知其所以然；如果没有时间和精力，建议抱着"防御性编程"的态度对待引入的外部工具。

8.8.1 极大值 BUG 问题

一个运维过 200 多个微服务应用的工程师给我分享了 Micrometer 的问题，这也是 spring-boot-actuator 的问题。由于 Spring Boot 2.x 的 actuator 默认用的就是 Micrometer，他怀疑存在一个 BUG：应用出现 fgc 会导致指标中的 counter 等数据重复计算。比如，当应用出现 fgc（full gc）的时候，如何计算一个请求的处理时长？他认为 Micrometer 中的 fgc monitor 内部会计算 fgc 的时长，然后再将这个时长减掉。

这个问题可以通过压测的方式复现，某个 API 会随机产生大量数据，导致 fgc。压测一下就会看到指标数据不正常，实际产生的数据比压测的量要大很多。这是 Micrometer 自身的问题，和我们后文要介绍的 backend 没有太大关系（无论采用 push 模式还是采用 pull 模式），backend 只是一种 format 的适配而已，这个问题出现的原因在于 Micrometer 的计算模式不正确。

Spring Boot 直接采用了 Micrometer，甚至 Spring Boot 官方文档直接照搬 Micrometer。这里可能是因为 Spring Boot 并不了解 Micrometer 是怎样实现的，Micrometer 的 BUG 产生的原因也不在于 Spring Boot，而在于 Micrometer 依赖的另外一个 jar —— micrometer-core。

虽然 Prometheus 能保证监控趋势正确，但并不能保证绝对正确。虽然这个问题只会在极端条件下的某些业务中出现，但是一旦出现这个 BUG，对于该业务来说就是大事，而且业务量一大就很容易误报！

当然，也有一些公司规避了这个问题，它们的做法是通过 JMX Exporter 等转移了 Micrometer 部分的监控业务。比如大数据的业务，需要通过消费者进行中转，并用大数据 Java 暴露数据（mbean 的推荐形式），这时 JMX Exporter 会与 Java agent 放入同一个进程，采集服务用 Kafka 缓冲，其会转化数据并提交给 Pushgateway。这是一种改造成本较低的做法。注意，JMX 数据也曾经出现 GC 极大值的情况。这个问题已经被提交到 Micrometer 官方 GitHub，https://github.com/micrometer-metrics/micrometer/issues/844。

根据上述内容可知，在用户设置了 registry.config().pauseDetector(new NoPauseDetector()) 后依然会发生图 8-2 所示的问题。

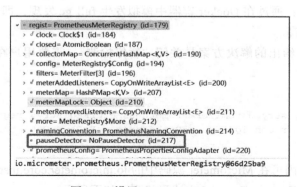

图 8-2　设置 NoPauseDetector

系统暂停后，发现极大值问题有时常发生的迹象，用户提供的现场监控可视化图如图 8-3 所示。

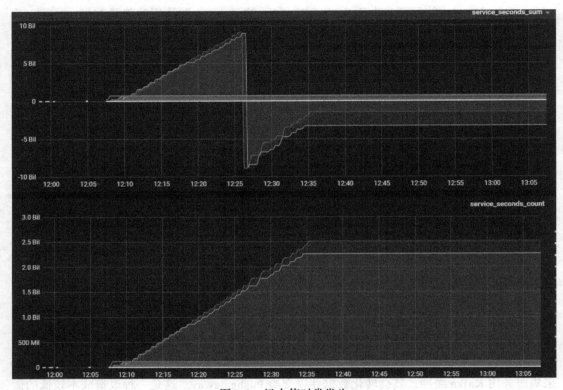

图 8-3 极大值时常发生

用户继续描述了这个问题重现的情况：它是在系统暂停时发生的，比如 fullgc 时。当 PauseDetector 通过 AbstractTimer#recordValueWithExpectedInterval() 进行暂停检测和补偿延时时，会将 time 与 count 一起进行计算。

该用户还补充道：通过在 Docker 容器中模拟发生 full gc 发现，即使没有传入请求也会持续造成监控趋势走高。

在这个案例中，给出的解决方案是关闭"暂停检测"，需要用户在 Spring Boot 中新增如下的代码片段。

```
@Bean
public MeterRegistryCustomizer<PrometheusMeterRegistry> registryConfig() {
    return r -> r.config().pauseDetector(new NoPauseDetector());
}
```

此问题出现的原因可在 Micrometer 源码中的 io.micrometer.core.instrument.AbstractTimer 类的 recordValueWithExpectedInterval 方法里找到，如下所示。

```
private void recordValueWithExpectedInterval(long nanoValue,
  long expectedIntervalBetweenValueSamples) {
    record(nanoValue, TimeUnit.NANOSECONDS);
    if (expectedIntervalBetweenValueSamples <= 0)
      return;
    for (long missingValue = nanoValue - expectedIntervalBetweenValueSamples;
      missingValue >= expectedIntervalBetweenValueSamples;
      missingValue -= expectedIntervalBetweenValueSamples) {
      record(missingValue, TimeUnit.NANOSECONDS);
    }
}
```

在这个 for 循环中，当暂停时间较长时，循环操作会直接导致 recordValueWithExpected-Interval 递减，因为在 #record 方法中估计器 estimator 将记录间隔作为正常记录一起进行计算。

比如在一个捕获的延迟补偿期间，nanoValue 是 6301897087，expectedIntervalBetweenValueSamples 是 193，由于前者比后者大，按照代码逻辑，需要循环执行 6301897087/193 次。得到的结果数量远远高于请求数量。

变通的解决方案可以是，自定义 PrometheusMeterRegistry，创建自定义计时器，仅在暂停发生时补偿时间，如图 8-4 所示。

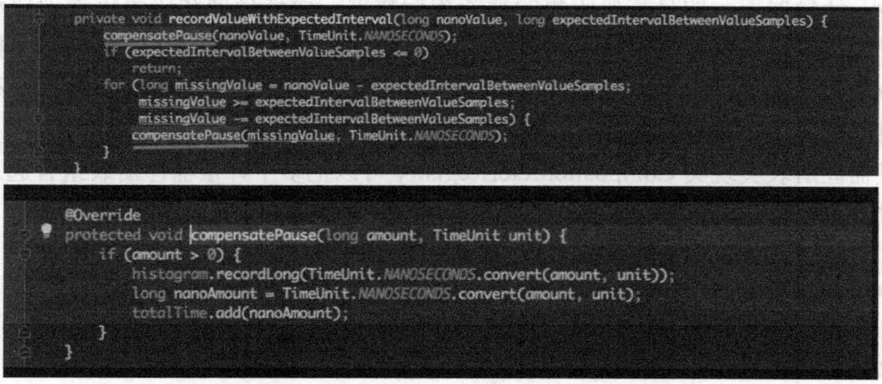

图 8-4 变通解决方案

通过本节提供的案例可以了解到，自 Spring Boot 2.x 版本以后，Actuator 应该是直接套用了 Micrometer，而且是在没有精通 Micrometer 源码的情况下运用了"拿来主义"。笔者猜测，目前业界，尤其是国外，将 Spring Boot Actuator + Prometheus + K8S 大规模应用于超大规模业务场景的并不是很多（至少京东没全上 K8S），国外开发者可能更多使用 JMX 等传统监控方式，否则这样的极大值问题应该早就爆发了。

8.8.2 Actuator 内存溢出问题

spring-boot-starter-actuator 的 Maven 依赖树如下所示。

```
[INFO] +- org.springframework.boot:spring-boot-starter-actuator:jar:2.1.6.
   RELEASE:compile
[INFO] |  +- org.springframework.boot:spring-boot-actuator-autoconfigure:
   jar:2.1.6.RELEASE:compile
[INFO] |  |  +- org.springframework.boot:spring-boot-actuator:jar:2.1.6.
   RELEASE:compile
[INFO] |  |  +- com.fasterxml.jackson.core:jackson-databind:jar:2.9.9:compile
[INFO] |  |  |  +- com.fasterxml.jackson.core:jackson-annotations:jar:
   2.9.0:compile
[INFO] |  |  |  \- com.fasterxml.jackson.core:jackson-core:jar:2.9.9:compile
[INFO] |  |  \- com.fasterxml.jackson.datatype:jackson-datatype-jsr310:
   jar:2.9.9:compile
[INFO] |  \- io.micrometer:micrometer-core:jar:1.1.5:compile
[INFO] |     +- org.hdrhistogram:HdrHistogram:jar:2.1.9:compile
[INFO] |     \- org.latencyutils:LatencyUtils:jar:2.0.3:compile
```

在上述依赖树中我们可以看到，spring-boot-starter-actuator 直接依赖了 micrometer-core（包含数据收集 SPI 和基于内存的实现的核心模块），而 micrometer-core 则由 HdrHistogram 和 LatencyUtils（延迟测量和报告的工具类）构成。

Micrometer 中有两个最核心的概念，分别是计量器（Meter）和计量器注册表（MeterRegistry）。计量器表示的是需要收集的性能指标数据，而计量器注册表负责创建和维护计量器。每个监控系统都有自己独有的计量器注册表实现。模块 micrometer-core 中提供的类 SimpleMeterRegistry 是一个基于内存的计量器注册表实现。SimpleMeterRegistry 不支持导出数据到监控系统，主要用来进行本地开发和测试。

计量器注册表实现类 CompositeMeterRegistry 可以把多个计量器注册表组合起来，从而允许同时发布数据到多个监控系统。在 Spring Boot 的官网中有下面这么一段话。

Micrometer 附带一个简单的内存后端，如果没有配置其他注册表，该后端将自动用作备份。这允许用户查看在 Metrics 端点中收集了哪些指标。

一旦使用任何其他可用后端，内存后端就会禁用自己。用户也可以显式禁用它：

```
management.metrics.export.simple.enabled = false
```

这段话说明，Micrometer 自带一个统计内存，在 fallback 应急场景下可以使用。但是如果在高并发的情况下，这个内存的值会很大，甚至可能造成内存泄漏，所以可以通过上述设置来禁用 Actuator 的 Metrics 统计。本节我们就来通过源码，一起了解一下如果不配置 management.metrics.export.simple.enabled = false 就容易产生内存泄漏的原因。

在 spring-boot-actuator 包中有一个请求过滤器 MetricsWebFilter，它作为一个过滤器会进行请求的拦截和监控记录动作。该请求过滤器源码如下。

```
@Order(Ordered.HIGHEST_PRECEDENCE + 1)
```

```java
public class MetricsWebFilter implements WebFilter {

    private final MeterRegistry registry;
    private final WebFluxTagsProvider tagsProvider;
    private final String metricName;
    private final AutoTimer autoTimer;

    @Deprecated
    public MetricsWebFilter(MeterRegistry registry, WebFluxTagsProvider
        tagsProvider, String metricName,
            boolean autoTimeRequests) {
        this(registry, tagsProvider, metricName, AutoTimer.ENABLED);
    }

    public MetricsWebFilter(MeterRegistry registry, WebFluxTagsProvider
        tagsProvider, String metricName,
            AutoTimer autoTimer) {
        this.registry = registry;
        this.tagsProvider = tagsProvider;
        this.metricName = metricName;
        this.autoTimer = (autoTimer != null) ? autoTimer : AutoTimer.DISABLED;
    }

    @Override
    public Mono<Void> filter(ServerWebExchange exchange, WebFilterChain chain) {
        if (!this.autoTimer.isEnabled()) {
            return chain.filter(exchange);
        }
        return chain.filter(exchange).compose((call) -> filter(exchange, call));
    }

    private Publisher<Void> filter(ServerWebExchange exchange, Mono<Void> call) {
        long start = System.nanoTime();
        return call.doOnSuccess((done) -> onSuccess(exchange, start))
            .doOnError((cause) -> onError(exchange, start, cause));
    }

    private void onSuccess(ServerWebExchange exchange, long start) {
        record(exchange, start, null);
    }

    private void onError(ServerWebExchange exchange, long start, Throwable cause) {
        ServerHttpResponse response = exchange.getResponse();
        if (response.isCommitted()) {
            record(exchange, start, cause);
        }
        else {
            response.beforeCommit(() -> {
                record(exchange, start, cause);
                return Mono.empty();
```

```
        });
    }
}

private void record(ServerWebExchange exchange, long start, Throwable cause) {
    Iterable<Tag> tags = this.tagsProvider.httpRequestTags(exchange, cause);
    this.autoTimer.builder(this.metricName).tags(tags).register(this.
      registry).record(System.nanoTime() - start,
        TimeUnit.NANOSECONDS);
}
```

无论请求是成功还是失败，都会打上 tag。在 record 方法中 register 方法会将 tag 信息继续传递下去，变成 Meter.Id 的一个属性。

```
this.autoTimer.builder(this.metricName).tags(tags).register(this.registry).
    record(System.nanoTime() - start, TimeUnit.NANOSECONDS);
```

要想更深入理解 Meter.Id，可以参见 io.micrometer.core.instrument.Timer 的源码，限于篇幅这里不再展开。Meter.Id 通过 equals 方法进行重写操作时，需要提前判断 name 和 tags 是否完全相等，只有两者完全相等才会执行重写操作，例如下面的代码。

```
public Timer register(MeterRegistry registry) {
    return registry.timer(new Meter.Id(name, tags, null, description,
      Type.TIMER), distributionConfigBuilder.build(),
        pauseDetector == null ? registry.config().pauseDetector() : pauseDetector);
}
```

在 io.micrometer.core.instrument.MeterRegistry 包中，获取 Meter 指标的代码如下。我们可以看到，如果内存中已经缓存了 Meter 指标信息就会直接返回，如果内存中没有 Meter 指标信息则创建 Meter。如果我们关闭了内存获取功能，就可以直接获取最新的内存，这样就可以规避并发时的内存溢出问题。

```
private Meter getOrCreateMeter(@Nullable DistributionStatisticConfig config,
                BiFunction<Id, /*Nullable Generic*/ DistributionStatisticConfig,
                  ? extends Meter> builder,
                Id originalId, Id mappedId, Function<Meter.Id, ? extends
                  Meter> noopBuilder) {
    Meter m = meterMap.get(mappedId);

    if (m == null) {
      if (isClosed()) {
        return noopBuilder.apply(mappedId);
      }

      synchronized (meterMapLock) {
```

```java
        m = meterMap.get(mappedId);

        if (m == null) {
          if (!accept(originalId)) {
            // noinspection unchecked
            return noopBuilder.apply(mappedId);
          }

          if (config != null) {
            for (MeterFilter filter : filters) {
              DistributionStatisticConfig filteredConfig = filter.
                configure(mappedId, config);
              if (filteredConfig != null) {
                config = filteredConfig;
              }
            }
          }

          m = builder.apply(mappedId, config);
          meterMap = meterMap.plus(mappedId, m);

          Id synAssoc = originalId.syntheticAssociation();
          if (synAssoc != null) {
            PSet<Id> existingSynthetics = syntheticAssociations.
              getOrDefault(synAssoc, HashTreePSet.empty());
            syntheticAssociations = syntheticAssociations.plus(synAssoc,
              existingSynthetics.plus(originalId));
          }

          for (Consumer<Meter> onAdd : meterAddedListeners) {
            onAdd.accept(m);
          }
        }
      }
    }

    return m;
  }
```

在本节前面介绍 Maven 依赖时，我们还提到了一个工具包 org.latencyutils:LatencyUtils，它是一个延迟测量和报告的工具类。要深入理解 LatencyUtils，可以参见 LatencyUtils、LatencyStats、AtomicHistogram 等的源码，限于篇幅这里不再展开。LatencyStats 的主要成员函数如下所示。

```java
public class LatencyStats {
  private static LatencyStats.Builder defaultBuilder = new LatencyStats.Builder();
  private static final ScheduledExecutor latencyStatsScheduledExecutor = new
    ScheduledExecutor();
```

```
    private static PauseDetector defaultPauseDetector;
    private final long lowestTrackableLatency;
    private final long highestTrackableLatency;
    private final int numberOfSignificantValueDigits;
    private volatile AtomicHistogram activeRecordingHistogram;
    private Histogram activePauseCorrectionsHistogram;
    private AtomicHistogram inactiveRawDataHistogram;
    private Histogram inactivePauseCorrectionsHistogram;
    private final WriterReaderPhaser recordingPhaser;
    private final LatencyStats.PauseTracker pauseTracker;
    private final IntervalEstimator intervalEstimator;
    private final PauseDetector pauseDetector;
```

每次参数变动都会生成 LatencyStats，LatencyStats 会常驻内存，高并发有造成内存溢出的可能性。而 LatencyStats 内部的源码（比如 AtomicHistogram 等对象）如下所示。

```
public class AtomicHistogram extends Histogram {
    static final AtomicLongFieldUpdater<AtomicHistogram> totalCountUpdater =
        AtomicLongFieldUpdater.newUpdater(AtomicHistogram.class, "totalCount");
    volatile long totalCount;
    volatile AtomicLongArray counts;
```

8.9 micrometer-spring-legacy 源码解析

从 spring-boot-actuator 的源码依赖中可以看到，spring-boot-actuator 直接集成了 Micrometer。也就是说 Spring Boot 2.x 在 spring-boot-actuator 中引入了 Micrometer，对 1.x 版本的指标进行了重构，随着 Micrometer 的引入，对接的监控系统更加丰富，比如有 Atlas、Datadog、Ganglia、Graphite、Influx、JMX、NewRelic、Prometheus、SignalFx、StatsD、Wavefront。这是一个很重要的信号，标志着老一代的 statsd、graphite 逐渐让步于支持 tag 的 Influx 以及 Prometheus。

在 2018 年 3 月份的 spring.io 的 blog 文章⊖中，就提及了 Spring Boot 2.x 的自动装配都提供了哪些指标，如表 8-1 所示。

表 8-1 Spring Boot 2.x 自动装配提供的指标

名 称	含 义
JVM	报告利用率，涉及各种内存和缓冲池、与垃圾收集有关的统计、线程利用率、加载 / 未加载的类数
CPU usage	CPU 使用率
Spring MVC and WebFlux request latencies	Spring MVC 和 WebFlux 请求延迟
RestTemplate latencies	RestTemplate 延迟
Cache utilization	缓存利用率

⊖ https://spring.io/blog/2018/03/16/micrometer-spring-boot-2-s-new-application-metrics-collector。

（续）

名 称	含 义
Datasource utilization, including HikariCP pool metrics	数据源利用率，包括 HikariCP 连接池指标
RabbitMQ connection factories	RabbitMQ 连接工厂
File descriptor usage	文件描述符
Logback	记录每个级别 Logback 的事件数
Uptime	正常运行时间：报告正常运行时间表和表示应用程序绝对启动时间的固定计量表
Tomcat usage	Tomcat 利用率

具体支持的指标还是要以 docs.spring.io 最新版本[①]为主，从图 8-5 所示可以看到，Kafka、Log4j2 及 Spring Integration Metrics（Spring 集成指标）等信息也已经被支持。

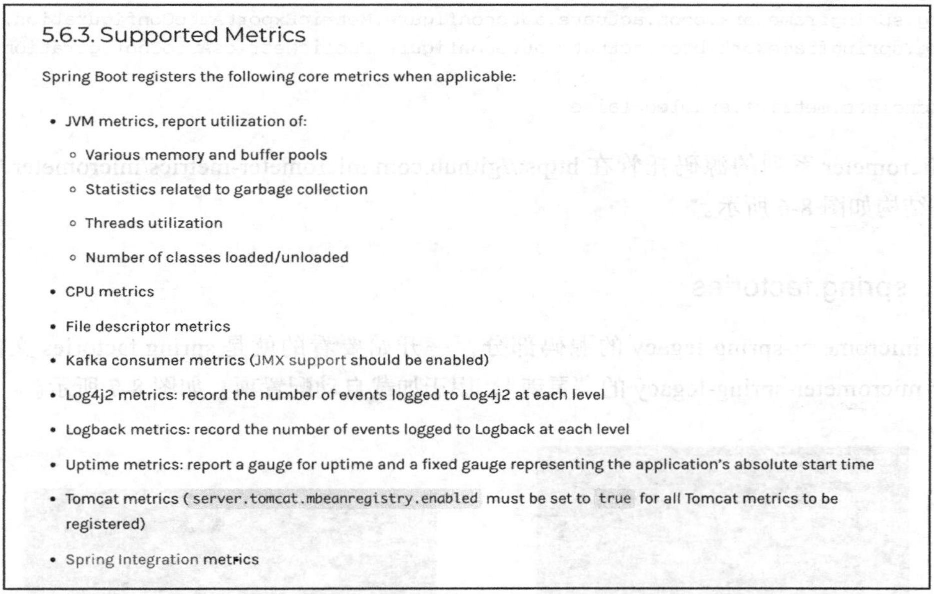

```
5.6.3. Supported Metrics
Spring Boot registers the following core metrics when applicable:

• JVM metrics, report utilization of:
    ○ Various memory and buffer pools
    ○ Statistics related to garbage collection
    ○ Threads utilization
    ○ Number of classes loaded/unloaded
• CPU metrics
• File descriptor metrics
• Kafka consumer metrics (JMX support should be enabled)
• Log4j2 metrics: record the number of events logged to Log4j2 at each level
• Logback metrics: record the number of events logged to Logback at each level
• Uptime metrics: report a gauge for uptime and a fixed gauge representing the application's absolute start time
• Tomcat metrics (server.tomcat.mbeanregistry.enabled must be set to true for all Tomcat metrics to be registered)
• Spring Integration metrics
```

图 8-5 Spring Boot 官网最新文档支持的指标

图 8-5 所示的最后的 Spring 集成指标主要有 Spring MVC Metrics、Spring WebFlux Metrics、Jersey Server Metrics、HTTP Client Metrics、Cache Metrics、DataSource Metrics、Hibernate Metrics、RabbitMQ Metrics 等，当然你也可以自定义一些指标。

Spring Boot 2.x 提供的指标非常强大，但是 1.5.x 版本的 Spring Boot 需要使用 micrometer-spring-legacy 进行兼容。

---

① https://docs.spring.io/spring-boot/docs/current/reference/htmlsingle/#production-ready-metrics。

> **注意**：在 Spring Boot 1.5、1.4 和 1.3 等版本，也可以通过 micrometer-spring-legacy 进行移植。
> Spring Boot 1.5.x 需要使用 micrometer-spring-legacy 集成 Micrometer（并不需要 spring-boot-starter-actuator）。
> Spring Boot 2.x 需要使用 spring-boot-starter-actuator 来集成 Micrometer。

对于 Spring Boot 1.5.x 而言，不建议使用 spring-boot-starter-actuator。如果使用了，就需要禁用 Spring Boot Actuator 的度量支持，此时可添加以下属性。

```
spring.autoconfigure.exclude=\
org.springframework.boot.actuate.autoconfigure.MetricFilterAutoConfiguration,\
org.springframework.boot.actuate.autoconfigure.MetricRepositoryAutoConfiguration,\
org.springframework.boot.actuate.autoconfigure.MetricsDropwizardAutoConfiguration,\
org.springframework.boot.actuate.autoconfigure.MetricsChannelAutoConfiguration,\
org.springframework.boot.actuate.autoconfigure.MetricExportAutoConfiguration,\
org.springframework.boot.actuate.autoconfigure.PublicMetricsAutoConfiguration

endpoints.metrics.enabled=false
```

Micrometer 系列的源码托管在 https://github.com/micrometer-metrics/micrometer 中，核心代码结构如图 8-6 所示。

8.9.1 spring.factories

在 micrometer-spring-legacy 的源码部分，一开始要看的就是 spring.factories 文件，它是整个 micrometer-spring-legacy 的"灵魂"，用于加载自动配置项，如图 8-7 所示。

图 8-6　Micrometer 源码结构

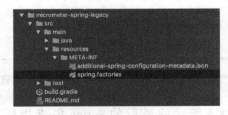

图 8-7　spring.factories

Micrometer 中 spring.factories 文件的内容如下所示。下面的代码主要用于加载 Micrometer 中的各种自动配置项，如 JvmMetricsAutoConfiguration、Log4J2MetricsAutoConfiguration、LogbackMetricsAutoConfiguration 等。

```
org.springframework.boot.env.EnvironmentPostProcessor=\
io.micrometer.spring.MetricsEnvironmentPostProcessor
```

```
org.springframework.boot.autoconfigure.EnableAutoConfiguration=\
io.micrometer.spring.autoconfigure.CompositeMeterRegistryAutoConfiguration,\
io.micrometer.spring.autoconfigure.JvmMetricsAutoConfiguration,\
io.micrometer.spring.autoconfigure.Log4J2MetricsAutoConfiguration,\
io.micrometer.spring.autoconfigure.LogbackMetricsAutoConfiguration,\
io.micrometer.spring.autoconfigure.MetricsAutoConfiguration,\
io.micrometer.spring.autoconfigure.SystemMetricsAutoConfiguration,\
io.micrometer.spring.autoconfigure.cache.CacheMetricsAutoConfiguration,\
io.micrometer.spring.autoconfigure.export.appoptics.
    AppOpticsMetricsExportAutoConfiguration,\
io.micrometer.spring.autoconfigure.export.atlas.AtlasMetricsExportAutoConfiguration,\
io.micrometer.spring.autoconfigure.export.azuremonitor.
    AzureMonitorMetricsExportAutoConfiguration,\
io.micrometer.spring.autoconfigure.export.datadog.
    DatadogMetricsExportAutoConfiguration,\
io.micrometer.spring.autoconfigure.export.dynatrace.
    DynatraceMetricsExportAutoConfiguration,\
io.micrometer.spring.autoconfigure.export.elastic.
    ElasticMetricsExportAutoConfiguration,\
io.micrometer.spring.autoconfigure.export.ganglia.
    GangliaMetricsExportAutoConfiguration,\
io.micrometer.spring.autoconfigure.export.graphite.
    GraphiteMetricsExportAutoConfiguration,\
io.micrometer.spring.autoconfigure.export.humio.HumioMetricsExportAutoConfiguration,\
io.micrometer.spring.autoconfigure.export.influx.InfluxMetricsExportAutoConfiguration,\
io.micrometer.spring.autoconfigure.export.jmx.JmxMetricsExportAutoConfiguration,\
io.micrometer.spring.autoconfigure.export.kairos.KairosMetricsExportAutoConfiguration,\
io.micrometer.spring.autoconfigure.export.logging.
    LoggingMetricsExportAutoConfiguration,\
io.micrometer.spring.autoconfigure.export.newrelic.
    NewRelicMetricsExportAutoConfiguration,\
io.micrometer.spring.autoconfigure.export.prometheus.
    PrometheusMetricsExportAutoConfiguration,\
io.micrometer.spring.autoconfigure.export.signalfx.
    SignalFxMetricsExportAutoConfiguration,\
io.micrometer.spring.autoconfigure.export.simple.SimpleMetricsExportAutoConfiguration,\
io.micrometer.spring.autoconfigure.export.stackdriver.
    StackdriverMetricsExportAutoConfiguration,\
io.micrometer.spring.autoconfigure.export.statsd.
    StatsdMetricsExportAutoConfiguration,\
io.micrometer.spring.autoconfigure.export.wavefront.
    WavefrontMetricsExportAutoConfiguration,\
io.micrometer.spring.autoconfigure.jdbc.DataSourcePoolMetricsAutoConfiguration,\
io.micrometer.spring.autoconfigure.jersey.JerseyServerMetricsAutoConfiguration,\
io.micrometer.spring.autoconfigure.kafka.consumer.KafkaMetricsAutoConfiguration,\
io.micrometer.spring.autoconfigure.orm.jpa.HibernateMetricsAutoConfiguration,\
io.micrometer.spring.autoconfigure.web.client.RestTemplateMetricsAutoConfiguration,\
io.micrometer.spring.autoconfigure.web.jetty.JettyMetricsAutoConfiguration,\
io.micrometer.spring.autoconfigure.web.servlet.WebMvcMetricsAutoConfiguration,\
io.micrometer.spring.autoconfigure.web.tomcat.TomcatMetricsAutoConfiguration
```

上述代码中的第一行的 MetricsEnvironmentPostProcessor 实现了 Spring Boot 动态管理配置文件中留下的扩展接口 org.springframework.boot.env.EnvironmentPostProcessor。EnvironmentPostProcessor，使用这个接口进行配置文件的集中管理，不需要每个项目都加载配置文件。

```java
public class MetricsEnvironmentPostProcessor implements EnvironmentPostProcessor {

    private static final Log log = LogFactory.getLog(MetricsEnvironmentPostProcessor.class);

    @Override
    public void postProcessEnvironment(ConfigurableEnvironment environment,
                                        SpringApplication application) {
        // 默认Spring AOP为目标类，这样就可以定制RestTemplates
        log.debug("Setting 'spring.aop.proxyTargetClass=true' to make spring AOP
            default to target class so RestTemplates can be customized");
        addDefaultProperty(environment, "spring.aop.proxyTargetClass", "true");
    }

    private void addDefaultProperty(ConfigurableEnvironment environment, String name,
                                     String value) {
        MutablePropertySources sources = environment.getPropertySources();
        Map<String, Object> map = null;
        if (sources.contains("defaultProperties")) {
            PropertySource<?> source = sources.get("defaultProperties");
            if (source instanceof MapPropertySource) {
                map = ((MapPropertySource) source).getSource();
            }
        } else {
            map = new LinkedHashMap<>();
            sources.addLast(new MapPropertySource("defaultProperties", map));
        }
        if (map != null) {
            map.put(name, value);
        }
    }
}
```

EnvironmentPostProcessor 接口，允许定制应用上下文的环境在应用的上下文之前被刷新（意思就是在 Spring 上下文构建之前可以设置一些系统配置）。EnvironmentPostProcessor 的实现类必须要在 META-INF/spring.factories 文件中注册，并且注册的是全类名。鼓励 EnvironmentPostProcessor 处理器检测 Org.springframework.core.Ordered 注解，这样相应的实例也会按照 @Order 注解的顺序被调用。

8.9.2　CompositeMeterRegistryAutoConfiguration

spring.factories 文件中的 org.springframework.boot.autoconfigure.EnableAutoConfiguration

的第一行代码是 io.micrometer.spring.autoconfigure.CompositeMeterRegistryAutoConfiguration，其实现代码如下所示。

```
@Import({ NoOpMeterRegistryConfiguration.class,
    CompositeMeterRegistryConfiguration.class })
@ConditionalOnClass(CompositeMeterRegistry.class)
public class CompositeMeterRegistryAutoConfiguration {
}
```

上述代码会直接导入 CompositeMeterRegistryConfiguration，micrometer-spring-legacy 会首先加载 CompositMeterRegistry（CompositeMeterRegistry 继承自 MeterRegistry）。

如果有多个 micrometer-registry-xx 监控接入，如 micrometer-registry-prometheus、micrometer-registry-influx 等，则这些监控系统的 MeterRegistry 都会直接注册到 CompositMeterRegistry。可以参见 CompositeMeterRegistryConfiguration 部分的源码。

```
@Conditional(CompositeMeterRegistryConfiguration.
    MultipleNonPrimaryMeterRegistriesCondition.class)
class CompositeMeterRegistryConfiguration {

    @Bean
    @Primary
    public CompositeMeterRegistry compositeMeterRegistry(Clock clock, List
      <MeterRegistry> registries) {
      return new CompositeMeterRegistry(clock, registries);
    }

    static class MultipleNonPrimaryMeterRegistriesCondition extends NoneNestedConditions {

      MultipleNonPrimaryMeterRegistriesCondition() {
         super(ConfigurationPhase.REGISTER_BEAN);
      }

      @ConditionalOnMissingBean(MeterRegistry.class)
      static class NoMeterRegistryCondition {

      }

      @ConditionalOnSingleCandidate(MeterRegistry.class)
      static class SingleInjectableMeterRegistry {

      }
    }
}
```

通过 @Primary 注解可以看到 micrometer-spring-legacy 是优先注册到 CompositMeterRegistry 的（这和 Spring Boot 多数据源配置异曲同工），而 List<MeterRegistry> registries 则会加载所有的 registries。

8.9.3 XX-MeterRegistry 的注册

本节我们来了解一下 influxdbMeterRegistry、prometheusMeterRegistry 等 XX-MeterRegistry 格式的监控系统是如何注册到 Micrometer 中的。

依然以 spring.factories 为例。io.micrometer.spring.autoconfigure.export.prometheus.PrometheusMetricsExportAutoConfiguration 和 io.micrometer.spring.autoconfigure.export.prometheus.PrometheusMetricsExportAutoConfiguration 的实现其实都是通过自动化配置类来初始化对应的 MeterRegistry 的，这些 MeterRegistry 会注册到上一节中提到的 micrometer-spring-legacy 中，当然首先会加载到 CompositMeterRegistry 中，如图 8-8 所示。

Micrometer 支持 Atlas、Datadog、Ganglia、Graphite、Influx、JMX、NewRelic、Prometheus、SignalFx、StatsD、Wavefront 等多种监控系统。那么它是如何实现的呢？以 InfluxDB 举例，它是通过 InfluxMetricsExportAutoConfiguration 配置类初始化 InfluxMeterRegistry 对象的。

图 8-8 Micrometer 源码中对多种监控的门面列表

```
@Configuration
@AutoConfigureBefore({CompositeMeterRegistryAutoConfiguration.class,
    SimpleMetricsExportAutoConfiguration.class})
@AutoConfigureAfter(MetricsAutoConfiguration.class)
@ConditionalOnBean(Clock.class)
@ConditionalOnClass(InfluxMeterRegistry.class)
@ConditionalOnProperty(prefix = "management.metrics.export.influx", name =
    "enabled", havingValue = "true", matchIfMissing = true)
@EnableConfigurationProperties(InfluxProperties.class)
@Import(StringToDurationConverter.class)
public class InfluxMetricsExportAutoConfiguration {

  @Bean
  @ConditionalOnMissingBean(InfluxConfig.class)
  public InfluxConfig influxConfig(InfluxProperties props) {
    return new InfluxPropertiesConfigAdapter(props);
  }

  @Bean
  @ConditionalOnMissingBean
  public InfluxMeterRegistry influxMeterRegistry(InfluxConfig config, Clock clock) {
    return new InfluxMeterRegistry(config, clock);
  }
}
```

InfluxMeterRegistry 对象的核心功能就是定时发送指标数据到 InfluxDB，它在初始化时，会启动线程并发送 HTTP 数据到 InfluxDB。如果要修改上报数据的信息，可以在 InfluxMeterRegistry 方法中完成。

和 Influx 类似，Prometheus 则是通过 PrometheusMetricsExportAutoConfiguration 配置类初始化 PrometheusMeterRegistry 对象的。不难推出，这些监控系统大多数是通过 XXMetrics InfluxMeterRegistry 的形式注册到 Micrometer 中的，这就是 Micrometer 成为众多监控系统门面的实现秘诀。

8.9.4　WebMvcMetricsFilter 过滤器

WebMvcMetricsFilter 是 micrometer-spring-legacy 的核心类，它继承自 OncePerRequestFilter，大家可以参见 WebMvcMetricsFilter 的源码，限于篇幅这里不再展开。

何谓 OncePerRequestFilter？顾名思义，它能够确保一次请求只需要一次 filter 操作，而不需要重复执行。大家可能认为，一次请求本来就只需要进行一次 filter 操作，为什么还要有此特别限定呢？往往我们的常识和实际的实现并不一样，其实此方法是为了兼容不同的 Web container，也就是说并不是所有的 container 都如我们期望的一样只过滤一次，servlet 版本不同，其执行过程也不同。因此，为了兼容各种不同运行环境和版本，filter 默认继承 OncePerRequestFilter 是一个比较稳妥的选择。

在 WebMvcMetricsFilter 初始化的过程中初始了 MeterRegistry registry 和 WebMVCTagsProvider tagsProvider 对象，类关系如图 8-9 所示。

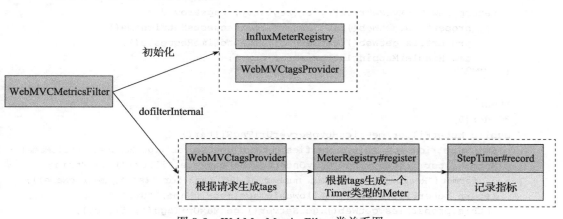

图 8-9　WebMvcMetricsFilter 类关系图

WebMvcMetricsFilter 的注册也是来源于 spring.factories 文件中的 io.micrometer.spring. autoconfigure.web.servlet.WebMvcMetricsAutoConfiguration。WebMvcMetricsFilter 的 record 方法用来记录操作指标，WebMvcTagsProvider 则用来生成 tags。

WebMvcMetricsFilter 的初始化部分如下所示。

```
@Configuration
```

```java
@AutoConfigureAfter({ MetricsAutoConfiguration.class,
    SimpleMetricsExportAutoConfiguration.class })
@ConditionalOnWebApplication
@ConditionalOnClass(DispatcherServlet.class)
@ConditionalOnBean(MeterRegistry.class)
@EnableConfigurationProperties(MetricsProperties.class)
public class WebMvcMetricsAutoConfiguration {

  private final MetricsProperties properties;

  public WebMvcMetricsAutoConfiguration(MetricsProperties properties) {
    this.properties = properties;
  }

  @Bean
  @ConditionalOnMissingBean(WebMvcTagsProvider.class)
  public DefaultWebMvcTagsProvider servletTagsProvider() {
    return new DefaultWebMvcTagsProvider();
  }

  @SuppressWarnings("deprecation")
  @Bean
  public WebMvcMetricsFilter webMetricsFilter(MeterRegistry registry,
                                              WebMvcTagsProvider tagsProvider,
                                              WebApplicationContext ctx) {
    return new WebMvcMetricsFilter(registry, tagsProvider,
        properties.getWeb().getServer().getRequestsMetricName(),
        properties.getWeb().getServer().isAutoTimeRequests(),
        new HandlerMappingIntrospector(ctx));
  }

  @Bean
  @Order(0)
  public MeterFilter metricsHttpServerUriTagFilter() {
    String metricName = this.properties.getWeb().getServer().getRequestsMetricName();
    MeterFilter filter = new OnlyOnceLoggingDenyMeterFilter(() -> String
      .format("Reached the maximum number of URI tags for '%s'.", metricName));
    return MeterFilter.maximumAllowableTags(metricName, "uri",
      this.properties.getWeb().getServer().getMaxUriTags(), filter);
  }

}
```

8.9.5 其他

micrometer-spring-legacy 源码中，还有与 HTTP Request、Tomcat、JVM、DataSource、System 等相关的信息的采集。Tomcat 部分可以参见 TomcatMetricsAutoConfiguration 类。

micrometer-spring-legacy 源码中还有很多细节可以研究，本部分介绍的是 micrometer-spring-legacy 源码中最核心的部分。感兴趣的读者可以根据个人实际需求在此基础之上自行研究其他内容。

8.10 本章小结

同样是介绍 Spring Boot 集成 Prometheus，本章相对于第 3 章来说更聚焦于源码、原理、高级实战。

本章从 Prometheus 监控 Controller、Prometheus 监控业务代码、Prometheus 通过注解进行监控的方法、Prometheus 监控 Dubbo 这 4 个实际工作中常遇到的场景出发，给出了源码级的指导方案。通过 Prometheus 监控 Dubbo 方案又引出了 SPI 机制，通过 SPI 的技术知识点又为读者介绍了基于 Dubbo 的分布式日志链路 TraceID 追踪的源码实现方法。

本章还针对 Prometheus 集成 Spring Boot 的过程中可能产生的问题，如空指针、极大值、内存溢出等做了分析解答；针对 micrometer-spring-legacy 源码进行了解析。这些内容从源码级提升了读者对 Prometheus 集成 Spring Boot 的认知。

通过对本章的学习，读者可以了解 Prometheus 集成 Spring Boot 的原理、源码、问题分析方法和解决方案，提升读者对 Prometheus 技术的实操能力。限于篇幅，本章没有介绍 spring-boot-actuator 2.x 源码，感兴趣的读者可以尝试阅读，它和 Micrometer 也是息息相关的。

第 9 章

Prometheus 集群实战

前面章节介绍的内容中，Prometheus 都以单个服务器形式运行，或者在本地 Mac 环境中运行，仅包含一个 Alertmanager。但是在实际生产中，要考虑采集能力、存储能力等，以及可靠性、可扩展性、健壮性、容错性等，这就需要采用集群的方式。

通常来说，InfluxDB 在集群方面的表现更佳，但是 InfluxDB 的单机版本免费，而集群版本是收费的，因此国内诸如网易、腾讯等大规模采用 InfluxDB 的公司会针对 InfluxDB 源码进行自研以支持集群功能（据说 InfluxDB 早期开源的某个版本支持集群功能）。

Prometheus 的单个服务器形式是不可靠的，但是在实际生产中，构建 Prometheus 架构集群所需的投入以及维护集群节点之间数据一致性的成本比较高，有着很多的问题和挑战。

本章会围绕 Prometheus 集群架构问题，讨论多种集群解决方案的理念、方法及优化手段，探究如何构建更具有扩展性和可靠性的集群。

9.1 校时

在安装 Prometheus 之前，必须对服务器与时间源做同步，比如 NTP 服务器。这是因为 Prometheus 是基于时间序列的存储及监控系统，对系统时间的准确性要求很高，必须保证本机时间实时同步。

在计算机的世界里，时间非常重要。例如对于火箭发射这种科研活动，对时间的统一性和准确性要求非常高。NTP 就是用来解决这个问题的。NTP 全称 Network Time Protocol，它是用来同步网络中各个计算机时间的协议，可以使计算机基于其服务器或时钟源（如石英钟、GPS 等）进行同步，可以提供高准度的时间校正（在 LAN 上的时间与标准时间相差小于1毫秒，而在WAN上只有几十毫秒），且可通过加密确认的方式来防止恶意的协议攻击。

NTP的时间是从原子钟、天文台、卫星等获取的国际标准时间UTC（Universal Time Coordinated，世界协调时），准确且可靠。例如1999年在美国启用的原子钟（Atomic Clock）NIST F-1，它所产生的时间每两千年只差一秒。需要注意的是，格林尼治时间GMT（Greenwich Mean Time）已经不再被作为标准时间使用了。地球自转一圈是360°，而地球被分为24个时区，每个时区15°，这就是经典的、大家熟知的格林尼治时间，它是以地球自转为基础的时间计量系统。但是地球的自转不是绝对规则化的（在格林尼治以东的区域比较快，而在以西的地方较慢，地球的自转轨道和公转轨道并非正圆），而且正在缓慢加速。

有了准确而可靠的时间源后，这个时间该如何传播呢？根据NTP的定义，时间是按照服务器的等级传播的，按照离外部UTC源远近将所有的服务器归入不同的Stratum（层）中。例如把通过GPS（Global Positioning System，全球定位系统）取得标准时间的服务器叫Stratum-1的NTP服务器，而Stratum-2从Stratum-1获取时间，Stratum-3从Stratum-2获取时间，以此类推，但Stratum层的总数限制在15以内。所有这些服务器在逻辑上以阶梯式的架构相互连接，而Stratum-1的时间服务器是整个系统的基础，这种阶梯式的架构示意如图9-1所示（来自于百度百科）。计算机主机一般同多个时间服务器连接，利用统计学的算法过滤来自不同服务器的时间，以选择最佳的路径和来源来校正主机时间。即使主机长时间无法与某一时间服务器相联系，NTP服务依然可以有效运转。

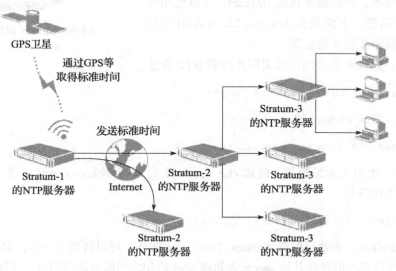

图9-1　NTP阶梯式架构图

Linux系统通常采用从1970/01/01 00:00:00开始计数的系统时间和BIOS记载的硬件时间这两种时间表示形式。Linux可以通过网络进行校时，最常见的网络校时方案就是使用NTP服务器，其采用的是UDP协议，占用的端口是123，NTP服务器的连接状态可以使用

ntpstat 及 ntpq-p 等进行查询。世界上有非常多的 NTP 服务器，几乎所有的基础设施提供商都有 NTP 服务器，比如亚马逊 AWSEC2 的官方文档就给出了配置 NTP 服务器的方式。

Linux 设置 NTP 服务器并不难，这里推荐使用更加简单的 Chrony 来设置服务器集群的同步时间。Chrony 是一个开源软件，在 CentOS 7 的或基于 RHEL 7 的操作系统上是默认安装的，默认配置文件在 /etc/chrony.conf 中。它能保持系统时间与 NTP 同步，从而始终保持时间同步。如果是 CentOS 7 以下没有自带 Chrony 的版本，执行 yum-y install chrony，一键即可完成 Chrony 的安装。Chrony 由 chronyd 和 chronyc 两个程序组成：chronyd 作为后台运行的守护进程，可调整内核中运行的系统时钟使其与时钟服务器同步；chronyc 则用于呈现用户界面，监控性能并进行多样化的配置。

接下来，我们通过亚马逊官方文档 AWSEC2 提供的实际案例，一起来看看如何在亚马逊的 Linux 服务器上设置实例的时间，如图 9-2 所示。

亚马逊提供亚马逊时间同步服务，用户可以从实例访问该服务。该服务在每个区域使用一组卫星和原子参考时钟，通过 NTP 提供协调世界时（UTC）全球标准的准确当前时间读数。亚马逊时间同步服务可通过 NTP 在 IP 地址 169.254.169.123 处获得，这是局域网时间同步服务，如果需要访问 Internet，可以使用外部的 NTP 时间源。下面是在 Amazon Linux AMI 中配置亚马逊时间同步服务的步骤。

图 9-2　Linux 设置时间同步

第一步：连接并登录用户的实例并卸载 NTP 服务。

```
[ec2-user ~]$ sudo yum erase 'ntp*'
```

第二步：安装 Chrony 包。

```
[ec2-user ~]$ sudo yum install chrony
```

第三步：使用文本编辑器（例如 vim 或 nano）打开 /etc/chrony.conf 文件，验证该文件是否包含以下代码行。

```
server 169.254.169.123 prefer iburst;
```

该行代码存在，表明已配置 Amazon Time Sync 服务，可以转到下一步；如果不存在，那么应在文件中已存在的任何其他 server 语句或 pool 语句之后添加该代码行，并保存更改。

第四步：启动 Chrony 守护进程（chronyd）。

```
[ec2-user ~]$ sudo service chronyd start
Starting chronyd: [ OK ]
```

第五步：使用 chkconfig 命令配置在每次系统引导时启动 chronyd。

```
[ec2-user ~]$ sudo chkconfig chronyd on
```

第六步：验证 Chrony 是否正在使用 169.254.169.123 地址来同步时间。

```
[ec2-user ~]$ chronyc sources -v
210 Number of sources = 7
  .-- Source mode  '^' = server, '=' = peer, '#' = local clock.
 / .- Source state '*' = current synced, '+' = combined , '-' = not combined,
| /   '?' = unreachable, 'x' = time may be in error, '~' = time too variable.
||                                                 .- xxxx [ yyyy ] +/- zzzz
||      Reachability register (octal) -.           | xxxx = adjusted offset,
||      Log2(Polling interval) --.      |          | yyyy = measured offset,
||                                \     |          | zzzz = estimated error.
||                                 \    |           \
MS Name/IP address            Stratum Poll Reach LastRx Last sample
===============================================================================
^* 169.254.169.123                  3    6    17     43   -30us[ -226us] +/-  287us
^- ec2-12-34-231-12.eu-west>        2    6    17     43  -388us[ -388us] +/-   11ms
^- tshirt.heanet.ie                 1    6    17     44  +178us[  +25us] +/- 1959us
^? tbag.heanet.ie                   0    6     0      -    +0ns[   +0ns] +/-    0ns
^? bray.walcz.net                   0    6     0      -    +0ns[   +0ns] +/-    0ns
^? 2a05:d018:c43:e312:ce77:>        0    6     0      -    +0ns[   +0ns] +/-    0ns
^? 2a05:d018:dab:2701:b70:b>        0    6     0      -    +0ns[   +0ns] +/-    0ns
```

在返回的输出中，^* 表示首选时间源。

第七步：确认 Chrony 是否上报了时间同步指标。

```
Reference ID    : A9FEA97B (169.254.169.123)
Stratum         : 4
Ref time (UTC)  : Wed Nov 22 13:18:34 2017
System time     : 0.000000626 seconds slow of NTP time
Last offset     : +0.002852759 seconds
RMS offset      : 0.002852759 seconds
Frequency       : 1.187 ppm fast
Residual freq   : +0.020 ppm
Skew            : 24.388 ppm
Root delay      : 0.000504752 seconds
Root dispersion : 0.001112565 seconds
Update interval : 64.4 seconds
Leap status     : Normal
```

进行完校时后，就可以正式搭建 Prometheus 集群架构了。

9.2 Prometheus 的 3 种常见 HA 架构方案

单体架构并不是高可用集群，存在发生单点故障的可能性；而且随着监控规模的扩展，大量数据的读写也很容易让单体架构响应变慢，过度消耗系统资源。因此，在企业实际生产中，非常有必要构建Prometheus的高可用集群HA（High Available）的架构。Prometheus中有3种常见的HA架构，分别是简单HA、基本HA+远程存储、基本HA+远程存储+联邦集群，使用方需要根据自己的实际业务场景进行架构部署。

9.2.1 简单HA

简单HA示意如图9-3所示。Nginx是一款轻量级的反向代理服务器，其高并发响应性能非常好，它可以为Prometheus集群提供负载均衡功能；Prometheus Alertmanager是Prometheus自带的告警管理模块，监控应用系统时可以配置告警、预警等规则。在这种简单的HA架构下，由于Prometheus拉模式的特性，用户只需要部署多套Prometheus实例，并采集相同的Target（如Exporter）即可。图中两个Prometheus的配置是完全相同的，Nginx可以路由到其中任何一台Prometheus机器上，即使一台Prometheus机器挂掉，另一台还是可以正常工作的。

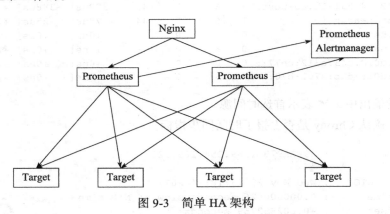

图9-3 简单HA架构

但是这种架构存在多套Prometheus实例之间数据一致性的问题，因为Prometheus采用的是拉模式，即使多个实例抓取的是相同的监控指标，也不能保证抓取过来的值就是一致的，实际使用过程中还会存在网络延迟问题；而且这种方案中的数据丢失以后无法恢复，如果Prometheus实例经常迁移或者动态扩展，这种架构会显得灵活性不足。另外因为没有远程存储，所以不能保存海量或长期的监控数据。因此，这种架构方案适合监控规模不大且只须保存短期监控数据的场景。

总结一下，这种方案在一致性、存储容灾、迁移、动态扩展、远程存储方面都存在问题。

9.2.2 简单HA+远程存储

简单HA+远程存储架构只是在简单HA架构方案的基础上增加了远程存储的方式，可以通过Prometheus自带的远程读写的接口扩展点去对接诸如InfluxDB、OpenTSDB的远程存储。Prometheus存储以及查询数据在合并本地数据后再进行远程数据的处理，就解决了简单 HA 架构存在的数据一致性、持久化、迁移性、扩展性等问题。基本 HA+远程存储架构示意如图 9-4 所示。

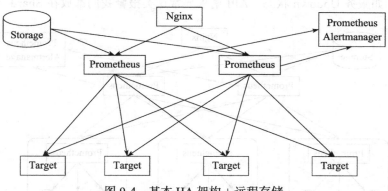

图 9-4　基本 HA 架构 + 远程存储

需要注意的是，开启远程存储后，所需内存可能会飙升 3～4 倍。Prometheus 的 Commiter 认为 25%～35% 的内存占用是比较正常的，有人建议将最大 Shard 数量减少到 50 来降低内存占用率。这是因为远程存储往往需要先把 WAL 中的数据写完，一般来说 WAL 会保存大约 2 小时内产生的数据，所以会启动很多进程，因此需要进行限制。

这种方式能够满足中小型企业的监控需求，短期（如 15 天）内的监控数据可以从本地读取，长期的数据可以从远程存储中获取。因为有了远程存储，Prometheus 的服务器也可以很好地进行迁移，当 Prometheus 的服务器出现宕机或者数据丢失的情况时也可以快速进行恢复。

但是这个方法也存在一些问题，主要就是当监控规模较大的时候，Prometheus 有限的服务器节点在采集能力上有着明显的瓶颈。

海量的数据，对于远程存储模块来说也有着巨大的挑战。Prometheus 远程存储比本地存储会占用更多的内存和 CPU，此时可以通过减少 Label 和采集间隔以降低资源占用，或者增大 Prometheus 的资源限制。关于远程存储的内容，本章后续和第 11 章会具体介绍。

9.2.3　简单 HA+ 远程存储 + 联邦集群

简单 HA+ 远程存储 + 联邦集群是在上一节介绍的架构的基础上扩展而来的，如图 9-5 所示，主要是为了解决单台 Prometheus 无法处理大量的采集任务的问题，联邦集群可以将监控采集任务以分治法的形式划分给不同的 Prometheus 实例分别进行处理，以实现功能分区，这种架构有利于水平扩展。

这种联邦集群的架构方式大大提高了单个 Prometheus 的采集能力和存储能力，图 9-5 所示的最下面一级的 Prometheus 可以分别在不同的区域、机房进行数据采集，上一级的 Prometheus 作为联邦节点，负责定时从下级 Prometheus 节点获取数据并汇总。多个联邦节点大大保证了高可用性。需要注意的是,部分敏感报警尽量不要通过 Global 节点触发,毕竟从 Shard 节点到 Global 节点传输链路的稳定性会影响数据到达的效率,进而导致报警实效性降低。例如服务 Updown 状态、API 请求异常这类报警我们都放在 Shard 节点进行。

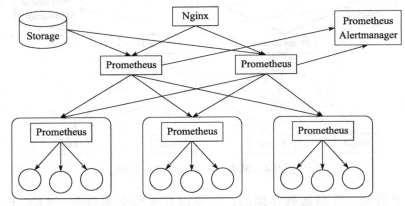

图 9-5　基本 HA 架构 + 远程存储 + 联邦集群

这种方案,在降低单个 Prometheus 采集负载、通过联邦节点汇聚核心数据、降低本地存储压力、避免单点故障时都体现出不错的优势。但是它也存在一些问题。

- 每个集群都部署一套独立的 Prometheus,再通过 Grafana 之类的展现工具查看每个集群的资源,就会造成缺少全局统一视图的问题。
- 配置比较复杂。
- 需要完整的数据备份方案和历史数据存储方案以保证监控存储的高可用性。
- 缺少对历史数据的降准、采样能力。
- 面对海量监控数据洪峰,也要进行一系列的优化改造。
- 数据的一致性和正确性可能降低。工作节点会根据设定的间隔抓取目标,而主节点要抓取工作节点上的数据。这会导致到达主节点的结果出现延迟,并可能导致数据倾斜或告警延迟。
- 在实际使用过程中,根据经验,联邦对采集点大约会有 5% 的额外内存开销,实际使用过程中需要认真评估。

联邦集群可以实现 Prometheus 监控 Prometheus,但需要遵循以下两点原则。

- 采用网格模式,在同一个数据中心,每个 Prometheus 都可监控其他的 Prometheus。
- 采用上下级模式,上一级的 Prometheus 监控数据中心级别的 Prometheus。

为了避免下一级 Prometheus 的单点故障,可以部署多套 Prometheus 节点,但是在效率上会差很多,每个监控对象都会被重复采集,数据也会被重复保存。

在联邦集群的主备架构中,通常采用 keepalived 的方式来实现主备切换。Master 节点获取各个采集层的 Prometheus 的数据,Slave 节点不去查询数据;如果 Master 节点宕机了,会关闭本机的 keepalived，VIP 自动切换到 Slave 节点，同时去除 Master 节点中采集 Target 的相关设置，开启 Slave 节点中采集 Target 的相关设置。

这个方案适用于中大型企业，尤其是单数据中心、大数据量的采集任务以及多数据中心的场景。针对这些问题，Improbable 开源的 Prometheus 高可用解决方案 Thanos 更为精妙，后续章节中会详细介绍。

近几年，随着微服务、容器化、云原生等新的架构思想涌入，企业 IT 架构逐渐从物理服务器迁移到以虚拟机为主的 IaaS 和 PaaS 平台，这给监控系统带来了越来越多的挑战和要求。2019 年淘宝"双十一"活动中，订单创建峰值达到 54.4 万笔/秒，单日数据处理量达到 970PB，面对世界级流量洪峰，阿里巴巴交出了一份亮眼的云原生技术成绩单，阿里云上万个 Kubernetes 集群全球跨数据中心的可观测性就是基于 Prometheus Federation 实现的。

在阿里巴巴 2019 年出版的电子书《不一样的双十一技术：阿里巴巴经济体云原生实践》中，提到容器服务已经支持全球 20 个地域，提供了完全自动化的部署、发布、容灾和可观测性能力。如何在纷繁复杂的网络环境下高效、合理、安全、可扩展地采集各个数据中心中目标集群的实时状态指标，是可观测性设计的关键与核心。阿里的方案兼顾区域化数据中心、单元化集群范围内可观测性数据的收集，以及全局视图的可观测性和可视化。基于这种设计理念和客观需求，全球化可观测性必须使用多级联合方式，也就是边缘层的可观测性实现应下沉到需要观测的集群内部，中间层的可观测性用于在若干区域内实现监控数据的汇聚，中心层可观测性应进行汇聚并形成全局化视图以及告警。这样设计的好处在于：可以灵活地在每一级内进行扩展和调整；在集群规模不断增长时，其他级别调整参数即可；层次结构清晰；网络结构简单；可以实现内网数据穿透到公网并汇聚。

上述架构设计理念是在全球范围内将各个数据中心的数据实时收集并聚合，实现全局视图查看和数据可视化，以及故障定位、告警通知等功能。针对每个集群，主要采集的指标如表 9-1 所示。

表 9-1　Prometheus 联邦集群架构下每个集群采集的指标

指标	举例
OS 指标	节点资源（CPU、内存、磁盘等）及网络吞吐
元集群以及用户集群 K8S Master 指标	kube-apiserver、kube-controller-manager、kube-scheduler 等指标
K8S 组件	通过 kubernetes-state-metrics、cadvisor 等采集的关于 K8S 集群的状态
etcd 指标	etcd 写磁盘时间、DB 大小、Peer 之间的吞吐量等

为了合理地将监控压力负担分到多个层次的 Prometheus 并实现全局聚合，阿里使用了联邦功能。在联邦集群中，每个数据中心部署的单独 Prometheus 都可用于采集当前数据中心监控数据，并由一个中心的 Prometheus 负责聚合多个数据中心的监控数据。基于联邦功能设计的全局监控架构图如图 9-6 所示，其中包括监控体系、告警体系和展示体系。

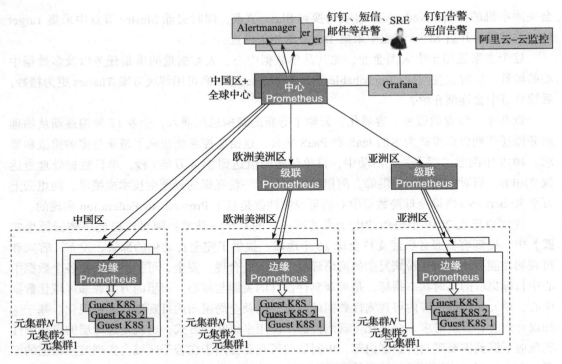

图 9-6 基于 Prometheus Federation 的全球多级别监控架构

站在从元集群监控向中心监控汇聚的角度看，监控体系呈现为树形结构，并可以分为 3 层。

- **边缘 Prometheus**：为了有效监控元集群 K8S 和用户集群 K8S 的指标，避免网络配置的复杂性，将 Prometheus 下沉到每个元集群内。
- **级联 Prometheus**：级联 Prometheus 的作用在于汇聚多个区域的监控数据。级联 Prometheus 存于每个大区域，例如欧洲区、美洲区、亚洲区。每个大区域内包含若干个具体的区域，例如北京、上海、东京等。随着每个大区域内集群规模的增长，大区域可以拆分成多个新的大区域，并始终维持每个大区域内有一个级联 Prometheus，通过这种策略可以灵活扩展和演进架构。
- **中心 Prometheus**：中心 Prometheus 用于连接所有的级联 Prometheus，实现最终的数据聚合、全局视图和告警。为提高可靠性，中心 Prometheus 使用双活架构，也就是在不同可用区布置两个 Prometheus 中心节点，且都连接相同的下一级 Prometheus。

Prometheus 是一款优秀的开源的监控系统，除了阿里这样的巨型互联网公司之外，京东、宜信等主流的互联网公司也都采用它作为监控系统。联邦集群的架构方案是阿里采用的，京东采用的是以 Thanos 为主的架构方案，对此后面也会详细介绍。

9.2.4 联邦集群配置方式

针对以上 3 种 Prometheus 集群架构方式的关注点的不同，可以梳理出表 9-2。

表 9-2　Prometheus 的 3 种集群架构的区别

架构方式	采集能力	数据持久化	水平扩展
简单 HA	低	低	低
简单 HA+ 远程存储	低	高	低
简单 HA+ 远程存储 + 联邦集群	高	中（需要备份方案）	高

联邦集群比较适合用于公司业务规模大、团队智能分工明确、多机房、多服务、多层次等需要分组的场景，可以通过联邦的形式分开单独采集数据，再让上层抓取单独的数据之后做聚合、展示。

在 Prometheus 服务器中，/federate 节点允许获取服务中被选中的时间序列集合的值。至少一个 match[] URL 参数必须被指定为要暴露的序列。每个 match[] 变量需要被指定为一个不变的维度选择器，比如 up 或者 {job="api-server"}。如果有多个 match[] 参数，那么所有符合要求的时序数据的集合都会被选择。

从一个 Prometheus 服务器联邦到另一个 Prometheus 服务器，配置目标 Prometheus 服务器从源服务器的 /federate 节点抓取指标数据，同时使用 honor_lables 抓取选项（不重写源 Prometheus 服务暴露的标签）并且传递需要的 match[] 参数。

如下所示的 scrape_configs 联邦了 source-prometheus-{1, 2, 3}: 9090 三台 Prometheus 服务器，上级 Prometheus 抓取并汇总它们暴露的所有带 job="prometheus" 标签的序列或名称中以 job: 开头的指标。

```
scrape_configs:
  - job_name: 'federate'
    scrape_interval: 15s

    honor_labels: true
    metrics_path: '/federate'

    params:
      'match[]':
      - '{job="prometheus"}'
      - '{__name__=~"job:.*"}'

    static_configs:
      - targets:
        - 'source-prometheus-1:9090'
        - 'source-prometheus-2:9090'
        - 'source-prometheus-3:9090'
```

为了有效减少不必要的时间序列，通过 params 参数可以指定只获取某些时间序列的样本数据，具体代码如下。

```
"http://192.168.77.11:9090/federate?match[]={job%3D"prometheus"}&match[]={
    __name__%3D~"job%3A.*"}&match[]={__name__%3D~"node.*"}"
```

通过 URL 中的 match[] 参数，可以指定需要获取的时间序列。match[] 参数必须是一个瞬时向量选择器，例如 up 或者 {job="api-server"}。配置多个 match[] 参数，用于获取多组时间序列的监控数据。

将 honbor_labels 设置为 true 可以确保当采集到的监控指标有冲突时，能够自动忽略冲突的监控数据。如果设置为 false，Prometheus 会自动将冲突的标签替换为 exported_ 的形式。

9.2.5 功能分区配置方式

当单个采集任务的 Target 数目非常庞大时，如果简单通过联邦集群无法有效处理，可以考虑继续在实例级别进行功能划分。

可以按照任务的不同实例进行划分，通过 Prometheus 的 relabel 功能，通过 Hash 取模的方式确保当前 Prometheus 只采集当前任务的一部分实例的监控指标。相关代码如下。

```
global:
  external_labels:
    slave: 1   # 这是第二个备用服务，可以防止备用服务之间的冲突
scrape_configs:
  - job_name: some_job
    relabel_configs:
    - source_labels: [__address__]
      modulus:       4
      target_label:  __tmp_hash
      action:        hashmod
    - source_labels: [__tmp_hash]
      regex:         ^1$
      action:        keep
```

通过当前数据中心的一个中心 Prometheus Server 将监控数据聚合到任务级别。相关代码如下。

```
crape_config:
  - job_name: slaves
    honor_labels: true
    metrics_path: /federate
    params:
      match[]:
        - '{__name__=~"^slave:.*"}'   # 请求所有备用服务的时间序列
    static_configs:
      - targets:
        - slave0:9090
        - slave1:9090
        - slave3:9090
        - slave4:9090
```

9.2.6 K8S 单点故障引发的 POD 漂移问题

为了避免 Prometheus 单机出现单点故障而引发的问题，往往会采用集群的形式提供主备切换，以提高可靠性。故障切换的时长是主备切换的时间（如 5 ～ 30 秒）加上漂移到数据开始上报的时间（如 15 ～ 60 秒）。但是在利用 K8S 进行切换、POD 漂移到另一个节点之后，之前节点存储在数据库的指标数据是无法被查询到的，尤其是在双实例的情况下，因为多个节点的指标数据虽然存放在数据库中，但是无法共享。这就是单点故障引发的 POD 漂移问题。

针对这种问题，首先要进行健康检查，当单机 Prometheus 出现故障时，通过 K8S 进行 POD 漂移。我们要第一时间确认 POD 漂移时间，通过对接到远端存储实现数据共享。默认情况下，Prometheus 会将本地存储块的开始时间与查询时间区域的左边界进行比较，如果本地存储块的时间比查询的左边界时间还要小，Prometheus 会认为本地有数据，此时不会从远程拉取。这种情况可以通过将 read_recent 选项设为 true，强制每次查询从数据库（如 TSDB）拉取。

还有一种轻量级的解决方式——通过 NFS 文件目录共享持久化数据。

9.3 Prometheus 集群架构采集优化方案

对于简单的应用程序，如缓存几乎没有逻辑且只能做一件事，一般期望大约为 100 个时间序列。Prometheus 中的 Pushgateway，除了客户端库和依赖项提供的各种指标之外，通常会添加少量指标（大约是 120 个时间序列）。对于具有许多活动部件的复杂应用程序，一般期望可以达到 1000 个时间序列，如 Prometheus 服务器本身会公开约 700 个时间序列，具体数量取决于所使用的版本和功能。当应用程序公开的内容过多时，比如上升到 10 000 个时间序列，就很有可能出现指标过多的问题，从而引发其他问题。

Prometheus 采集的是数据，有一个很重要的原则就是：尽早去除维度过高的坏指标。这就意味着，并不是业务方所有的指标都可以直接放入 Label。可以通过如下告警规则找出维度过高的坏指标，相关代码如下所示。

```
# 统计每个指标的时间序列数，超出 10000 就报警
count by (__name__)({__name__=~".+"}) > 10000
```

然后在 Scrape 配置里用 metric_relabel_config 的 drop 操作删掉有问题的 Label（比如 userId、Email 这些一看就有问题）。

在以 Prometheus 为代表的指标监控系统中，有一个很重要的概念——Cardinality 基数，它代表 Label 的可能取值。监控指标同样遵循二八原则，即 80% 的指标对开发者来说是不重要的，而 20% 的指标往往会导致监控系统崩溃，因此合理地设置监控指标非常重要。每新增一个 Label 值就等于在存储时创建了一个时间序列，所以如果 Label 值过多，一方面

对存储会造成压力，另一方面在聚合时会影响计算性能。正常来说，单实例的 Cardinality 基数值应该在 10 个以内。Email 地址、用户地址、IP 地址、HTTP Path 等都不适合作为 Label，因为海量的请求会导致存储中产生大量的时间序列。

举个反面例子，如果在网关上对 HTTP Path 进行埋点，那么大量的 HTTP 请求地址会导致 Prometheus 相关系统变得缓慢甚至发生宕机。因此，**除了减少基数的数量，还需要避免使用任何因其标签值的增长而使 /metrics 的基数可能超过 10 的度量标准**。因为如果当前每个类型指标都已经增长到 10 个，那么一年后可能会达到 15 个。

因此对于被监控的系统，一定要关注你最需要关注的 20 个以内的指标。如果你有高 Cardinality 基数需求，推荐使用 Log 日志的架构方案。千万不要对所有指标都进行采集，因为这一定会对系统造成很大影响。

就像之前介绍的一样，阿里巴巴全球可观察性 Prometheus 针对每个集群，对主要采集的指标进行梳理，可以得到表 9-3。

表 9-3　Prometheus 联邦集群架构下每个集群采集的指标

指标	举例
OS 指标	节点资源（CPU、内存、磁盘等）及网络吞吐
元集群以及用户集群 K8S master 指标	kube-apiserver、kube-controller-manager、kube-scheduler 等指标
K8S 组件	kubernetes-state-metrics、cadvisor 等采集的关于 K8S 集群的状态
etcd 指标	etcd 写磁盘时间、数据库大小、Peer 之间吞吐量等

我对一个 Kubernetes 集群上的 Spring Boot 微服务指标进行梳理后得到表 9-4 ~ 表 9-7，其中所示的分别是 Prometheus 自身的信息（这部分内容请查阅附录 D，这些指标对于排查线上 Prometheus 内部问题很有帮助）、Kubernetes 集群的指标、M3DB 的指标、微服务的指标等。

表 9-4　Prometheus 自身的信息

指标	说明及数目
Go 自身的信息	如 Go 自身的 GC 信息、Go 汇总信息、Go 线程信息，30 个指标左右
网络追踪模块的信息	与 net_conntrack 相关，6 个左右
Prometheus 自身指标	up 关键指标（1 个指标），如果节点挂掉就启用
	TSDB 相关指标，62 个左右，默认 14 天，线上 3 集群，目前调整为 7 天
	自动发现，50 个指标左右
	rule 规则相关指标，14 个左右
	scrape 及 up 相关指标，4 个左右
	notify 和 alert 相关指标，11 个左右
	Prometheus HTTP 指标，6 个左右
	engine 及 metrics 等相关指标，11 个左右

表 9-5 Kubernetes 集群的指标

指标	数目
apiserver 指标	45 个左右（admission/audit/request/response/storage）
container 指标	57 个左右（cpu/file/fs/memory/network/spec）
coredns 指标	27 个左右
etcd 指标	7 个左右
node 指标	300 个左右（cpu/disk/file/load/memeory/netstat/network/nfs/sockstat/timex/vmstat）
kube 指标	120 个左右（configmap/deamonset/deployment/endpoint/ingress/job/namespace/nod/pod/persistentvolumeclaim/secret/service/statefulset/cgroup/container/docker/http_requests/network_plugin/pleg/runtime/volume_stats）

表 9-6 M3DB 的指标

指标	说明及数目
coordinator 指标	50 个，协调上游系统和 M3DB 之间的读写操作，长期存储其他监控系统的多 DC（数据库集群）设置

表 9-7 微服务的指标

指标	说明及数目
JVM 信息 &Tomcat	40 个左右
业务指标	业务自定制

上面几个表所示的信息很全，但是并不代表我们全部都需要采集。如果上述信息全部采集，那对 Prometheus 服务器来说压力会过大。某个指标究竟有没有必要采集，开发人员可以根据自身的业务场景和需求进行分析。

降低采集指标的数目，是对 Prometheus 集群部署时进行的最佳优化，可以大大减少 Prometheus 相关服务器的数量，节约成本。

以下指标是推荐配置和不推荐配置的指标。

已被占用或保留的标签（不建议配置）如下。

- instance：实例信息标签。
- prometheus prometheus：数据源标签。
- job prometheus：抓取数据的任务名。
- kubernetes_namespace：Kubernetes 的命名空间。
- cluster：集群信息标签。

某些指标的特定标签（不可被使用），建议配置。

- group：分组信息标签。
- type：服务类型标签。

当出现一些 PromQL 强烈不推荐的做法，如将带有用户 ID 或电子邮件地址的标签添加到指标中时，就会由于产生大量的指标导致 Prometheus 的性能问题。为了防止应用程序指标在基数上爆炸，可以使用 sample_limit 参数。sample_limit 属于 prometheus.yml 文件中 scrape config 的配置，默认是禁用的，返回的时间序列数量超过给定的数量将导致 scrape 失败。如下是关于 sample_limit 的案例。

```
scrape_configs:
  - job_name: 'my_job'
    sample_limit: 5000
    static_configs:
      - targets:
        - my_target:1234
```

上述代码所示功能旨在设置紧急情况下的阈值，以防止基数的突然增加。如果开启了 sample_limit 功能，scrape_samples_scraped 和 scrape_samples_post_metric_relabeling 两个指标可以用来分析处理基数问题，它们分别表示刮除的样本数和重新标记后剩下的样本数（和 sample_limit 值相同）。

9.4 在企业中从零推广 Prometheus 架构

要想在企业中从零开始推广 Prometheus 架构，首先需要得到企业的认可，参与团队主要有研发团队、运维团队、测试团队。每个团队需要合理分工、紧密配合，按照时间点、里程碑拿结果。以下通过一个中小型企业接入 Prometheus 的案例，来给读者展示这项工作该如何推进。

9.4.1 研发团队

中间件团队的分工如下所示。
- 实现并完成接入文档"Prometheus 支持 Spring Boot 1.5.x"；
- 实现并完成接入文档"Prometheus 支持 Spring Boot 2.x"；
- 实现并完成接入文档"Prometheus 支持 micrometer-jvm-extras"；
- 实现并完成含监控告警方法的文档"基于 Prometheus 搭建 Spring Cloud 全方位立体监控体系"，其中主要包含 Spring Boot 代码的接入方式、可视化大盘的配置方式、告警的设置方式等；
- 梳理需要监控的中间件在全公司上线的标配，如 Dubbo、DB、MQ、Redis 等信息；
- 大数据架构，梳理 Flink、ClickHouse、Presto、HBase 等技术接入 Prometheus 监控的文档；
- 梳理可以高配的中间件监控可选列表（含 Exporter），方便应用上线使用；
- 针对公司的核心系统，定制相应的 Exporter。

中间件团队的职责是跟着业务走，以结果为导向，相应业务团队的有序推进是其最终目标。可以以订单支付团队的应用为开端，再辅以三四个业务项目进行首批接入。

业务团队的分工如下所示。

- 订单支付团队的开发人员和测试人员一起梳理订单、支付需要埋点的核心场景，如实时订单曲线（商户维度、店铺维度、设备维度）、实时订单支付成功曲线（商户维度、店铺维度、设备维度）、累计待支付订单曲线（商户维度、店铺维度、设备维度）告警，以及个别商户累计待支付订单数达到 5 笔；
- 用于订单支付的 Spring Boot 应用接入 Prometheus、micrometer-jvm-extras，并配置好 Grafana JVM 监控大盘；
- 订单、支付业务场景按照规范配置好 Prometheus 埋点（含 HTTP 和 RPC 接入方式）；
- 测试订单支付主流程并上线；
- 对于其他可以配合测试的业务应用，可像订单支付一样梳理业务指标，接入 Prometheus 并配置监控大盘及告警，按照项目时间点上线。

9.4.2 运维团队

运维团队的工作包括环境搭建、数据治理、监控告警及优化工作等。

1）要搭建的环境：
- Prometheus 的交叉集群 HA；
- Prometheus 的远程存储 M3DB；
- Prometheus 的高可用 Thanos 或联邦（二选一）；
- Prometheus 的监控告警，Alertmanager 环境集群；
- 除了 Grafana 监控告警以外，Prometheus 自身还要支持邮件和钉钉告警；
- Prometheus 支持基于 K8S 的服务发现；
- Alertmanager 支持 HA，通过 deadman's switch 方式定义一条永远会触发的告警，即其可不断发出通知，假如哪天这条通知停了，那么就说明告警链路出问题了；
- 多个环境 pro\test\pre 数据标签分组隔离（订单、支付为主）。

2）数据治理：
- 采集时就过滤掉 K8S 无效指标（labelkeep 或 labeldrop），在生产过程中很多指标都是可以省去的，譬如 K8S 中的 Sandbox 容器的指标；
- 和中间件团队一起制定基于 K8S 指标的采集规范和采集需求；
- 梳理及安装运维监控标配软件（Node Exporter 采集主机数据）；
- 通过 Relabeling 获取 Target 默认标签数据等方式做运维专属数据监控大盘。

3）监控告警：
- Grafana 告警，业务告警，运维人员配合业务人员按需进行相关配置；
- Prometheus 告警，运维告警，使用分组、抑制和静默等手段避免集群告警轰炸的出现，节点的告警可以抑制因节点崩溃导致的一系列系统、中间件告警问题；
- 绘制 K8S 指标的 Prometheus 监控大盘。

4）其他：
- Prometheus Operator 管理 Prometheus（Rancher 自带）；
- Prometheus 占用内存很大，45 万个指标大概要占用 8GB 左右的内存，故经常出现 Prometheus 容器 OOM，数据指标如果确实比较大可以考虑 Prometheus 的散列采集，分摊压力；
- 安装 Prometheus Pushgateway（如 Flink 接入必须安装 Pushgateway）。

9.4.3 借助 K8S 一起推进上线

Prometheus 和 Kubernetes 是密不可分的，推广 Prometheus 的工作可以借助 K8S 进行。在企业云中应用 K8S 时，公司一般会给各个部门制定进度表，分批、有序安排相关工作。这时运维部门可以提前准备好 Prometheus 环境，中间件部门可以准备好通用的监控软件和接入文档。对于试点业务项目，可以优先配置并上线定制化监控大盘；对于其他无特定需求的项目，可以先完成针对基本中间件、系统等指标的采集，等待后续业务方有特定需求后再协助指导搭建业务并定制 Grafana 监控大盘。

9.5 搭建基于 M3DB 的简单 HA+ 远程存储 Prometheus K8S 集群

本节要介绍的是一个简单的可以支持上百个微服务的 Prometheus 集群架构，这个案例来自和我一起从事 Prometheus 集群搭建的运维朋友，他的公众号是"devops 运维先行者"。

9.5.1 架构说明

目标环境为 K8S 环境，每个 K8S 环境中都伴有一个 Prometheus 集群，由一个外部 Prometheus 系统通过 Federate（联邦）采集 Prometheus 数据，并将数据写入远端 TSDB 数据库——M3DB，通过外部 Grafana 系统查询 Prometheus 数据，Alertmanager 采用 Gossip 协议部署高可用双节点，Pushgateway 负责接收端节点的 Exporter 数据，如图 9-7 所示。

每个架构都不是十全十美的，上述架构有一个明显的瓶颈，就是在外部 Prometheus 上当出现资源不足时，会造成数据采集异常；M3DB 的 Coordinator IO 资源不足容易造成数据读写堵塞。目前可以优化的是，K8S Prometheus 集群采用 Operator 方式，利用 K8S Sidecar 模式，将 Prometheus 的数据写入 TSDB 数据库，这将会大大减少单点故障的影响，并且 Thanos 支持更多的功能特性。关于 Thanos，本书的最后一章会有详细介绍。出于 Thanos 现不支持 aliyun oss 的考虑，暂不采用图 9-8 所示的架构方式。

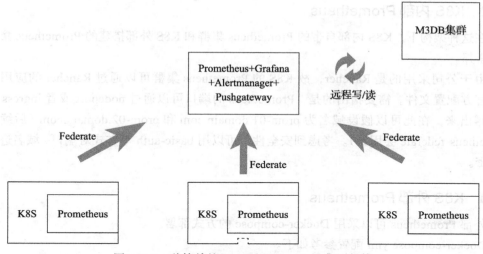

图 9-7　一种简单的 K8S 下 Prometheus 集群架构

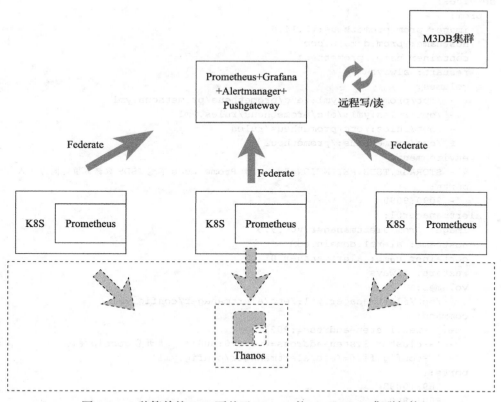

图 9-8　一种简单的 K8S 下基于 Thanos 的 Prometheus 集群架构

9.5.2 K8S 内部 Prometheus

在这种架构下，K8S 内部自带的 Prometheus 集群和 K8S 外部搭建的 Prometheus 集群会进行联邦。

由于公司采用的是 Rancher，故 K8S 的 Prometheus 集群可以通过 Rancher 的应用商店下载官方配置文件。需要指出的是，Prometheus 的端口可以通过 nodeport 或者 ingress 的方式暴露出来，在此可以假设域名为 prom-01.domain.com 和 prom-02.domain.com（后续外部 Prometheus federate 会用到）。考虑到安全性，可以用 basic-auth 等方式对端口 / 域名进行访问加密。

9.5.3 K8S 外部 Prometheus

外部 Prometheus 可以采用 Docker-compose 的方式部署。

Docker-compose.yml 配置参考如下。

```
version: "3"
services:
  prom:
    image: prom/prometheus:v2.14.0
    hostname: prom.domain.com
    container_name: prometheus
    restart: always
    volumes:
      - /opt/prometheus.yml:/etc/prometheus/prometheus.yml
      - /opt/rules.yml:/etc/prometheus/rules.yml
      - /opt/rules:/etc/prometheus/rules
      - /opt/prometheus:/prometheus
    environment:
      - STORAGE.TSDB.RETENTION=7d      # Prometheus 本地 TSDB 数据保留时间为 7 天
    ports:
      - 9090:9090
  alertmanager01:
    image: prom/alertmanager:v0.19.0
    hostname: alert1.domain.com
    container_name: alertmanager_01
    restart: always
    volumes:
      - /opt/alertmanager.yml:/etc/alertmanager/config.yml
    command:
      - '--web.listen-address=:9093'
      - '--cluster.listen-address=0.0.0.0:8001'     # 开启 gossip 协议
      - '--config.file=/etc/alertmanager/config.yml'
    ports:
      - 9093:9093
      - 8001:8001
  alertmanager02:
    image: prom/alertmanager:v0.19.0
```

```yaml
      hostname: alert2.domain.com
      container_name: alertmanager_02
      restart: always
      depends_on:
        - alertmanager01
      volumes:
        - /opt/alertmanager.yml:/etc/alertmanager/config.yml
      command:
        - '--web.listen-address=:9094'
        - '--cluster.listen-address=0.0.0.0:8002'
        - '--cluster.peer=172.16.18.6:8001'      #slave 监听
        - '--config.file=/etc/alertmanager/config.yml'
      ports:
        - 9094:9094
        - 8002:8002
    pushgateway:
      image: prom/pushgateway:v1.0.0
      container_name: pushgateway
      restart: always
      ports:
        - 9091:9091
    grafana:
      image: grafana/grafana:6.4.4
      hostname: grafana.domain.com
      container_name: grafana
      restart: always
      volumes:
        - /opt/grafana-storage:/var/lib/grafana
      ports:
        - 3000:3000
      environment:
        - GF_SECURITY_ADMIN_PASSWORD=xxxxxx
        - GF_SMTP_ENABLED=true
        - GF_SMTP_HOST=smtp.qiye.aliyun.com:465
        - GF_SMTP_USER=xxxxxxx
        - GF_SMTP_PASSWORD=xxxxxx
        - GF_SMTP_FROM_ADDRESS=xxxxxxxx
        - GF_SERVER_ROOT_URL=http://grafana.domain.com
```

prometheus.yml 配置文件的参考设置如下。

```yaml
    global:                      # 全局设置
      scrape_interval:     60s    # Pushgateway 采集数据的频率
      evaluation_interval: 30s    # 表示规则计算的频率
      external_labels:
      cid: '1'

alerting:
  alertmanagers:
  - static_configs:
    - targets: ['172.16.18.6:9093','172.16.18.6:9094']    #Alertmanager 主从节点
```

```yaml
rule_files:
  - /etc/prometheus/rules.yml
  - /etc/prometheus/rules/*.rules

remote_write:
  - url: "http://172.16.10.12:7201/api/v1/prom/remote/write"    # M3DB 远程写
    queue_config:
      batch_send_deadline: 60s
      capacity: 40000
      max_backoff: 600ms
      max_samples_per_send: 8000
      max_shards: 10
      min_backoff: 50ms
      min_shards: 6
      remote_timeout: 30s
    write_relabel_configs:
    - source_labels: [__name__]
      regex: go_.*
      action: drop
    - source_labels: [__name__]
      regex: http_.*
      action: drop
    - source_labels: [__name__]
      regex: prometheus_.*
      action: drop
    - source_labels: [__name__]
      regex: scrape_.*
      action: drop
    - source_labels: [__name__]
      regex: go_.*
      action: drop
    - source_labels: [__name__]
      regex: net_.*
      action: drop
    - source_labels: ["kubernetes_name"]
      regex: prometheus-node-Exporter
      action: drop
    - source_labels: [__name__]
      regex: rpc_.*
      action: keep
    - source_labels: [__name__]
      regex: jvm_.*
      action: keep
    - source_labels: [__name__]
      regex: net_.*
      action: drop
    - source_labels: [__name__]
      regex: crd.*
      action: drop
```

```yaml
      - source_labels: [__name__]
        regex: kube_.*
        action: drop
      - source_labels: [__name__]
        regex: etcd_.*
        action: drop
      - source_labels: [__name__]
        regex: coredns_.*
        action: drop
      - source_labels: [__name__]
        regex: apiserver_.*
        action: drop
      - source_labels: [__name__]
        regex: admission_.*
        action: drop
      - source_labels: [__name__]
        regex: DiscoveryController_.*
        action: drop
      - source_labels: ["job"]
        regex: kubernetes-apiservers
        action: drop
      - source_labels: [__name__]
        regex: container_.*
        action: drop

remote_read:
  - url: "http://172.16.7.172:7201/api/v1/prom/remote/read"  # M3DB 远程读
    read_recent: true

scrape_configs:

# 基于 consul 的服务发现
# - job_name: 'consul-prometheus'
#   metrics_path: /metrics
#   scheme: http
#   consul_sd_configs:
#   - server: '172.16.18.6:8500'
#     scheme: http
#     services: ['ops']
#     refresh_interval: 1m

# 基于文件的服务发现
  - job_name: 'file_ds'
    file_sd_configs:
    - refresh_interval: 30s
      files:
      - /prometheus/*.json

# - job_name: 'm3db'
```

```
# static_configs:
# - targets: ['172.16.10.12:7203']

  - job_name: 'federate'
    scrape_interval: 15s
    honor_labels: true
    metrics_path: '/federate'
    params:
        'match[]':
        - '{job=~"kubernetes-.*"}'
    static_configs:
    - targets:
      - 'prom-01.domain.com'
      - 'prom-02.domain.com'    # K8S Prometheus 域名或者 ip:port
    basic_auth:
      username: xxxx
      password: xxxxxxx
    relabel_configs:
    - source_labels: [__name__]
      regex: http_.*
      action: drop
    - source_labels: [__name__]
      regex: prometheus_.*
      action: drop
    - source_labels: [__name__]
      regex: scrape_.*
      action: drop
    - source_labels: [__name__]
      regex: go_.*
      action: drop
```

Alertmanager.yml 配置文件参考如下。

```
# 全局配置项
global:
  resolve_timeout: 5m            # 处理超时时间，默认为 5min
  smtp_smarthost: 'smtp.qq.com:587'
  smtp_from: 'xxxxxxx@qq.com'
  smtp_auth_username: 'xxxxxxxxx@qq.com'
  smtp_auth_password: 'xxxxxxxxxx'
  smtp_require_tls: true

# 定义路由树信息
route:
  group_by: ['alertname']         # 定义分组规则标签
  group_wait: 30s                 # 定义在多长时间内等待接收新的告警
  group_interval: 1m              # 定义相同 Group 之间发送告警通知的时间间隔
  repeat_interval: 1h             # 发送通知后的静默等待时间
  receiver: 'bz'                  # 发送警报的接收者的名称，即以下的 receivers name 的名称

  routes:
```

```
  - receiver: bz
    match:
      severity: red|yellow    # 与 rules.yml 里的 labels 对应
# 定义警报接收者的信息
receivers:
  - name: 'bz'
    email_configs:
      - to: "xiayun@domain.com"
        send_resolved: true
    webhook_configs:
      - send_resolved: true
        url: http://172.16.18.6:8060/dingtalk/webhook1/send

# inhibition 规则是一个在与另一组匹配器匹配的警报存在的条件下，使匹配一组匹配器的警报失效的
# 规则。两个警报必须具有一组相同的标签
inhibit_rules:
  - source_match:
      alertname: InstanceDown
      severity: red
    target_match:
      severity: yellow
    equal: ['instance']
```

rule.yml 配置文件参考如下。

```
  groups:
- name: hostStatsAlert
  rules:
#####server pod down
  - alert: InstanceDown
    expr: up{job=~"prometheus"} != 1
    for: 1m
    labels:
      severity: red
      warn: high
      apps: prometheus
    annotations:
      summary: "Instance {{$labels.instance}} down"
      description: "{{$labels.instance}} of job {{$labels.job}} has been down for
        more than 1 minutes."
  - alert: CPULoad5High
    expr: node_load5 > 10 for: 1m
    labels:
      severity: yellow
    annotations:
      summary: "Instance {{$labels.instance}} CPU load-5m High"
      description: "{{$labels.instance}} of job {{$labels.job}} CPU load-5m was greater
        than 10 for more than 1 minutes (current value: {{ $value }})."
  - alert: FilesystemFree
    expr: node_filesystem_free_bytes{fstype!~"nsfs|rootfs|selinuxfs|autofs|rpc_
      pipefs|tmpfs|udev|none|devpts|sysfs|debugfs|fuse.*"} / node_filesystem_
```

```
      size_bytes{fstype!~"nsfs|rootfs|selinuxfs|autofs|rpc_pipefs|tmpfs|udev|none|
      devpts|sysfs|debugfs|fuse.*"} < 0.05
  for: 1m
  labels:
  severity: yellow
  annotations:
  summary: "Instance {{$labels.instance}} filesystem bytes was less than 5%"
   description: "{{$labels.instance}} of job {{$labels.job}} filesystem bytes
      usage above 95% (current value: {{ $value }}"

- name: K8S-prom
  rules:
  - alert: K8SPrometheusDown
    expr: up{job=~"prometheus"} != 1
    for: 1m
    labels:
    severity: red
    warn: high
    apps: prometheus
    annotations:
    summary: "Prometheus {{$labels.instance}} down"
    description: "{{$labels.instance}} of job {{$labels.job}} has been down for
        more than 1 minutes."

  - alert: K8SNodeDown
    expr: up{job=~"kubernetes-nodes"} != 1
    for: 1m
    labels:
    severity: red
    warn: high
    apps: node
    annotations:
    summary: "K8S node {{$labels.instance}} down"
    description: "{{$labels.instance}} of job {{$labels.job}} has been down for
        more than 1 minutes."
```

9.5.4 M3DB

为什么选择 M3DB？选择 M3DB 之前，我尝试过 timescaleDB 与 InfluxDB，但因为 timescaleDB 依赖 PG（PostgreSQL），数据库学习成本较大，而 InfluxDB 分片功能是收费的，所以最终选择了 M3DB。M3DB 开源时间不长，文档相对很少，相对于其他 TSDB，数据压缩比还算不错。

M3 于 2015 年发布，目前拥有超过 66 亿个时间序列。M3 每秒聚合 5 亿个指标，并在全球范围内（使用 M3DB）每秒持续存储 2000 万个度量指标，批量写入，并将每个指标持久保存到区域中的 3 个副本。它还允许工程师编写度量策略，比如设置保留时间（2 天、1 个月、6 个月、1 年、3 年、5 年等）和特定的粒度（1 秒、10 秒、1 分钟、10 分钟等）。这允许工程师和数据科学家使用与定义的存储策略匹配的度量标签（标签），在精细和粗粒度范围内智能地存储不同保留的时间序列。例如，工程师可以选择存储"应用程序"并将其标记为"mobile_api"，将"端点"标记为"注册"的所有度量标准，这些标记在 10 秒粒度下为 30 天，在一小时粒度下为 5 年。

M3DB 集群管理建立在 etcd 之上，所以需要一个 etcd 集群，具体可参见官网。

部署完 M3DB 集群以后，Prometheus 的读写接口配置文件如下所示。

```
remote_read:
  - url: "http://XXX:7201/api/v1/prom/remote/read"  # M3DB 集群地址
    read_recent: true
remote_write:
  - url: "http://XXX:7201/api/v1/prom/remote/write" # M3DB 集群地址
    queue_config:
      batch_send_deadline: 60s
      capacity: 40000
      max_backoff: 600ms
      max_samples_per_send: 8000
      max_shards: 10
      min_backoff: 50ms
      min_shards: 6
    remote_timeout: 30s
```

Remote write/read 的对象是 M3 Coordinator，由于 M3DB 集群资源有限，除了对 M3DB 进行优化外，还需要对 Prometheus 进行优化。这里对 remote write 进行优化，详细介绍可参考官方文档。当 Prometheus 采集的数据越来越大、查询效率越来越低，且本地存储已经满足不了需求时，本节介绍的案例可为你提供解决思路。

9.6 多租户、可横向扩展的 Prometheus 即服务——Cortex

除了上文介绍的 M3DB，Prometheus 在集群上还有一些竞品方案，比如 Prometheus+InfluxDB、Prometheus+Thanos、多副本全局视图的 Timbala 以及本节即将介绍的 Cortex 等。

Prometheus 并没有提供成熟的服务平台功能，例如多租户、身份验证、授权以及内置的长期存储。2018 年 9 月，Cortex 作为沙箱项目加入 CNCF，这是一个开源的 Prometheus 即服务平台，提供了完整、安全、多租户的 Prometheus 体验。

在 2018 年的 KubeCon 大会上，有人提到，可不直接运行 Prometheus，而是结合使用 Cortex。这么做的原因主要有如下几点。

1）**支持多租户，作为服务的 Cortex 可提供鉴权和访问控制等功能**。Prometheus 本身没有租户的概念，这意味着，它无法对特定租户的数据访问和资源使用配额等提供任何形式的细粒度控制。而通过 Cortex 将所有 Prometheus 指标与特定租户相关联，实现资源按租户进行隔离。从本质上讲，每个租户都有自己的系统"视图"，其自身以 Prometheus 为中心。

如果以单租户的方式使用 Cortex，租户群可以随时扩展到无限大。

2）**数据永久保留，状态能够被管理**。Cortex 支持 4 种开箱即用的长期存储系统——AWS DynamoDB、AWS S3、Apache Cassandra 和 Google Cloud Bigtable。通过 Prometheus 远程写入 API 将采集到的数据持久化到 Cortex 中，从而实现跨节点复制和自动修复等功能。

3）**高可用、伸缩性**。通过服务实例的水平扩展、联邦集群等方式最大化利用 Prometheus。

4）**提供更好的查询效率及全局视图，尤其是长查询**。通过自身的长期存储，极大地方便了通过 PromQL 用于分析，从而实现了时间序列数据的单一且一致的"全局"视图。

Cortex 具有基于服务的设计功能，其基本功能由多个单用途组件组成，每个组件都可以独立扩展和管理，这是 Cortex 实现可扩展性和高可运营性的关键。Cortex 和 Prometheus 混合部署的架构示意如图 9-9 所示。

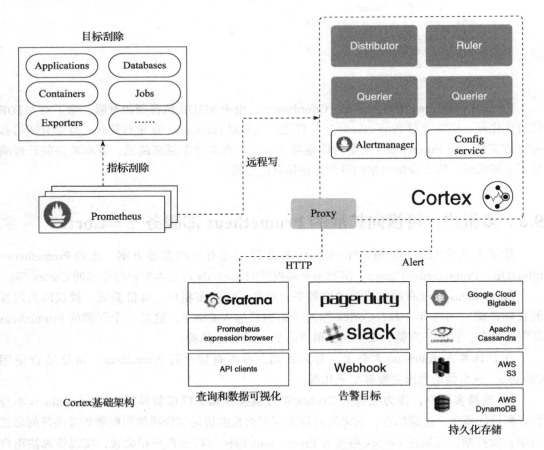

图 9-9 Cortex 和 Prometheus 混合部署架构图

图 9-9 所示各组件的功能介绍如下。
- Distributor：使用 Prometheus 的远程写入 API 处理由 Prometheus 实例写入 Cortex 的时间序列数据。传入数据会自动复制和分片，并且会并行发送到多个 Cortex Ingester。
- Ingester：从 Distributor 节点接收时间序列数据，然后将该数据写入长期存储后端，压缩数据到 Prometheus 块以提高效率。
- Ruler：执行规则并生成警报，将警报发送到 Alertmanager（Cortex 安装包中包含 Alertmanager）。
- Querier：处理来自客户端（包括 Grafana 仪表板）的 PromQL 查询，对短期时间序列数据和长期存储中的样本进行抽象。

在实际生产中，可以使用如下的部署架构实现 Cortex 的水平自适应扩展，如图 9-10 所示。

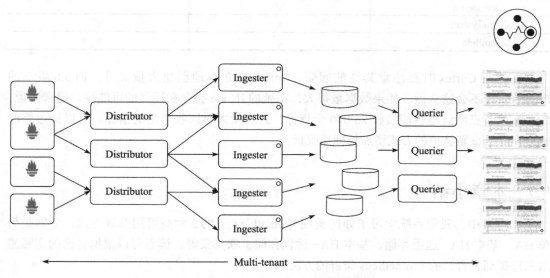

图 9-10 Cortex 水平自适应扩展架构

如图 9-10 所示，在高可用上，Cortex 通过集群的方式部署多个 Prometheus 实例，每个 Prometheus 可以采集某类指标，从而实现横向扩展的目的。随着节点规模的增加，可以增加 Prometheus 的实例。Cortex 底层通过 Consul 实现数据一致性，即一个实例写入，每个实例均可以查询；如果一个实例出现异常，其他实例不受影响。不同 Prometheus 实例将同样目标的数据上报给 Cortex，Cortex 进行去重等操作，Grafana 等可视化系统直接对接 Cortex 进行数据读取。集群中的 Cortex 可以实现数据的共享，任意一个 Cortex 实例都可以查询到其他 Cortex 写入的数据。

Cortex 当前主要支持两个存储引擎来存储和查询时间序列。

- Chunks（大块存储），默认的存储引擎，比较稳定。
- Blocks（块存储），试验性，这个存储方式类似于 HDFS 中的 Block 存储。

针对第一项，当前 Cortex 对 Chunks 数据和 Index 数据支持的数据库类型如表 9-8 所示。

表 9-8 Cortex 中 Index 数据、Chunks 数据，支持的数据库类型

数据库类型	Index 数据	Chunks 数据
Inmemory	√	√
AWS	√	√
S3	√	√
gcp	√	√
gcp-columnkey	√	√
bigtable	√	√
bigtable-hashed	√	√
gcs	×	√
cassandra	√	√
filesystem	×	√
boltdb	√	×

在使用 Cortex 时要注意其性能问题，Cortex 会在本地创建大量文件，而 3.0 版本的 Prometheus 不会这么做。如果数据量很大，系统的 iNode 会存在耗尽的可能性。通常来说，Cortex 单节点默认每秒能接收 25 000 个指标，并发量大时回收超出的指标。可以通过修改 ingestion_rate 默认值的方式增加指标接收量。

9.7 本章小结

在本章中，我们系统学习了如何实现 Prometheus 下的 3 种高可用部署方式，分别是简单 HA、基本 HA+ 远程存储、基本 HA+ 远程存储 + 联邦集群，读者可以根据自己的实际需求来选择部署自己的 Prometheus 集群的方法。

本章是实战章节，在采集指标、推广 Prometheus 在企业部署等细节问题上都给出了指导。最后，本章给出一个基于 M3DB 的简单 HA+ 远程存储 Prometheus K8S 集群搭建的真实案例，除了介绍了实现步骤，还给出了配置文件样例的形式，相信读者可以跟着本案例根据自己的实际需求来选择部署自己的 Prometheus 集群的方式。

本章还有一些关于集群的遗留知识，如 Thanos、M3DB 等，因为它们属于 Prometheus 的相关技术或者第三方工具，我们放在后面介绍。

第 10 章 Chapter 10

Prometheus 存储原理与问题分析

Prometheus 不但是一个监控系统，还是一个存储系统。

Prometheus 存储从借助第三方数据库 LevelDB 到自己研发时序数据库，经历过多个版本的迭代：V1.0（2012 年）、V2.0（2015 年）、V3.0（2017 年）。从 2012 年开始，在起初的两年时间里，即 Prometheus 1.0 版本，数据存在重度依赖性且保存在 LevelDB 里（类似于 LSM-Tree 的存储），故 1.0 版本的性能不高，每秒只能接收 50 000 个样本[⊖]；自 2015 年起，2.0 版本充分借鉴了 Facebook Gorilla 的压缩算法[⊖]，虽然还是借助 LevelDB，但是能够将 16 字节的数据点平均压缩到 1.37 字节，将每个时序数据以单个文件的方式保存，将性能提高到了每秒存储 80 000 个样本。2.0 版本的升级让 Prometheus 具有了时序数据的特点。

- 相邻数据点时间戳的差值相对固定，即使有变化，也仅在一个很小的范围内浮动。
- 相邻数据点的值变化幅度很小，甚至无变化。
- 对热数据的查询频率远远高于对非热数据的查询频率，并且数据离当前时间越近，热度越高。

但是 Prometheus 2.0 版本的存储设计存在很大的问题。

- 每个序列都对应一个文件并且文件有 10MB，这样会耗尽文件系统的索引节点，并且同时随机读写如此多的文件，磁盘的性能会大大降低，对 SSD 来说还会存在写放大的问题。

⊖ 这意味着，如果每台机器有 1000 个指标且采集周期为 10 秒，单台 Prometheus 最多采集 500 台机器的数据。

⊖ Prometheus TSDB，以 delta-of-delta 方式压缩时序点的时间戳，以 XOR 方式压缩时序点的值。

- 被监控对象越来越多且不断更新，这会导致内存压力过大。
- 无法预测容量，如果发生时序流失[⊖]，内存的消耗就会增加；如果要查询已经存储到磁盘的历史数据，会再次将相关数据全部加载到内存中，很容易发生 OOM 内存溢出。

从 Prometheus 2.0 版本开始引入由 Febian 主导开发的时序数据库的 3.0 版本，并成立了 Prometheus TSDB[⊜]开源项目，该版本在单机上提高到每秒处理百万个样本，CPU 使用率降低了 70% 左右，磁盘 I/O 降低了 90% 左右。3.0 版本保留了 2.0 版本高压缩比的分块保存方式，并将多个分块保存到一个文件中，通过创建一个索引文件，避免产生大量的小文件；同时为了防止数据丢失，引入了 WAL 机制；每个文件的分块最大支持 512MB，可避免 SSD 写效率问题；在删除数据时直接删除分区即可；查询历史数据时，因为已经按照时间排序，所以可以将内存数据和此磁盘数据合并，通过懒加载的方式载入数据，而不需要将所有磁盘数据加载到内存，从而避免了 OOM 问题。

本章将主要围绕 Prometheus 3.0 版本存储的原理，即 Prometheus 2.0 版本之后的 Prometheus TSDB 的本地存储，从存储文件的格式、存储的原理、chunk、索引、block、WAL 日志、tombstones、Checkpoint 等相关知识点展开，揭开 Prometheus 存储的神秘面纱。

10.1 本地存储文件结构解析

以 Mac 系统为例，正常来说，下载 Prometheus 2.x 版本的安装文件解压以后会有 2 个文件夹（console_libraries 和 consoles）、2 个文本文件（LICENSE 和 NOTICE）、3 个可执行文件（Prometheus、promtool 和 TSDB）以及 1 个 YAML 配置文件（prometheus.yml）。

> **注意** 从 2.13.0 版本开始，TSDB 工具已包含在 Prometheus 版本中，在将来的版本中，它将成为 Promtool 的一部分。TSDB 工具包可以用于分析和监测 churn（搅动）和 cardinality（基数），它可以在 Prometheus 使用的 block 上运行。更多资料参见 https://www.robustperception.io/using-tsdb-analyze-to-investigate-churn-and-cardinality。

在运行 Prometheus 采集数据以后，会产生一个 data 文件夹，通过 tree data 命令可以看到如下文件内容。

```
data
├── 01E18N1J01QG8N6VDBE4A3DJHE
│   ├── chunks
```

⊖ 例如在 Kubernetes 容器监控方面，容器的生命周期比较短，指标不停变化，会造成时序流失。
⊜ https://github.com/Prometheus/tsdb

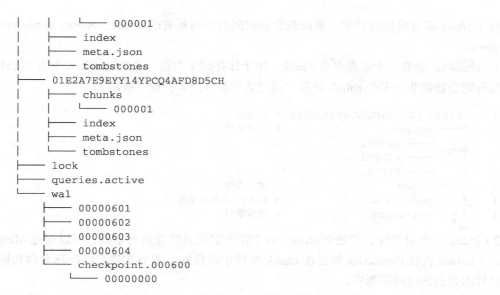

在上述文件中，首先需要介绍的是 TSDB 的一个核心内容 block。在 Prometheus 中每 2 个小时为 1 个时间窗口，即将 2 小时内产生的数据存储在一个 block 中，这样的 block 会有很多，监控数据会以时间段的形式被拆分成不同的 block。

block 会压缩、合并历史数据块，随着压缩合并会减少 block 的个数，这与 LSM 树的机制类似。压缩过程中主要完成 3 项工作，分别是定期执行压缩、合并小 block 到大 block 以及清理过期 block。

block 的大小并不固定，一般按照设定的步长成倍数递增。默认最小的 block 保存 2 小时的监控数据，如果步长为 4，那么 block 对应的时间依次为 2h、8h、24h、72h。block 的格式如下所示。

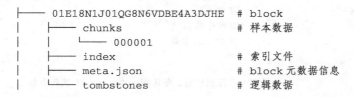

每个 block 都拥有全局唯一的名称，如上述案例中展示的 01E18N1J01QG8N6VDBE4A3DJHE、01E2A7E9EYY14YPCQ4AFD8D5CH，这是通过 ULID 原理生成的。ULID 即全局字典 ID。ULID 总长度为 128 位（16 字节），前 48 位（6 字节）是时间戳，后 80 位（10 字节）为随机数。Prometheus 通过 Base32 算法将 16 字节的 ULID 转换为 26 字节的可排序字符串，01E18N1J01QG8N6 VDBE4A3DJHE 的前 10 字节就是由 ULID 的前 6 字节时间戳转换而来的。通过这样的命名方式，可以通过 block 文件名确认 block 的创建时间，这对连续 block 的排序、查询都有着非常重要的作用。

每个 block 都有单独的目录，里面包含该时间窗口内所有的 chunk、index、tombstones、meta.json。

1）chunks：会有一个或者多个 chunk，用于保存时序数据。每个 chunk 大小为 512MB，超过部分则会被截断为多个 chunk 保存，通过数字编号命名，如下所示。

```
├── 01E18N1J01QG8N6VDBE4A3DJHE    # block
│   ├── chunks                    # 样本数据
│   │   └── 000001
│   │   └── 000002
│   │   └── 000003
│   ├── index                     # 索引文件
│   ├── meta.json                 # block 元数据信息
│   └── tombstones                # 逻辑数据
```

2）index：索引文件，它是 Prometheus TSDB 实现高效查询的基础，可以通过 Metrics Name 和 Labels 查找 timeseries 数据在 chunk 文件中的位置。索引文件会将指标名称和标签索引到样本数据的时间序列中。

3）tombstones：用于对数据进行软删除，Prometheus TSDB 采用了"标记删除"的策略来降低删除操作的成本。如果通过 API 删除时间序列，删除记录会保存在单独的逻辑文件 tombstones 中；读取时序数据时，也会根据 tombstones 文件的删除记录来过滤已删除的部分。

4）meta.json：block 的元数据信息，这些元数据的信息对 block 的合并、删除等非常有帮助，如下所示是一个 meta.json 的示例。

```
{
    "ulid": "01E18N1J01QG8N6VDBE4A3DJHE",    // 根据当前 block 的 ULID 算法生成的唯一名称
    "minTime": 1581832800000,                // block 最小时间
    "maxTime": 1581897600000,                // block 最大时间
    "stats": {
        "numSamples": 710560,                // 样本数
        "numSeries": 460,                    // 时序数
        "numChunks": 6419                    // chunk 个数
    },
    "compaction": {
        "level": 3,                          // 压缩级别，每压缩一次，level 值就会加 1
        "sources": [                         // 以下都是压缩时参与的 block 唯一名称
            "01E16KKN3RM4TG9FWKKT9752FV",
            "01E16TP0SJ95R5092PJES404M4",
            "01E171B48WGDD14VRHSVXDRJH4",
            "01E178701X38S39Y818K1NK338",
            "01E17S0HVE43A4X4VBBNE5EMYQ",
            "01E17S0PBZ1S1QN3HWH4XYEJ7T",
            "01E17X89B07VDAYXMCPP4F5NTW",
            "01E1845PG2ZGCFVVG6F9CV31AQ",
            "01E18AMBPRTJWFZGN4KZXPECC3"
        ],
```

```
    "parents": [
      {
        "ulid": "01E1787182BYZ2PYT76VWSWR09",
        "minTime": 1581832800000,
        "maxTime": 1581854400000
      },
      {
        "ulid": "01E17X8AJY6TWGWXCBRK927K5F",
        "minTime": 1581854400000,
        "maxTime": 1581876000000
      },
      {
        "ulid": "01E18N1H1HA3K2AA343Y0B6EAS",
        "minTime": 1581876000000,
        "maxTime": 1581897600000
      }
    ]
  },
  "version": 1
}
```

5）WAL（Write-Ahead Logging）：它的关键点就是先写日志再写磁盘，这也是 MySQL、HBase 等数据库中常用的技术。使用 WAL 技术可以方便地进行回滚、重试数据等操作，保证数据可靠性。WAL 被分割为默认大小为 128MB 的文件段，如上所示的 0000601、0000602、0000603、0000604 等。WAL 文件包括还没有被压缩的原始数据，所以比常规的 block 文件大得多。一般情况下，Prometheus 会保留 3 个 WAL 文件，但如果有些高负载服务器需要保存 2 小时以上的原始数据，WAL 文件的数量就会大于 3 个。

拓 展

MySQL 中，本地事务的回滚日志（undo log）用于保证事务的原子性，重做日志（redo log）用于保证事务的持久性。

redo log 使 InnoDB 可以保证即使数据库发生异常重启，之前提交的记录都不会丢失，这个能力称为 crash-safe。

redo log 用于保证 crash-safe 能力。将 innodb_flush_log_at_trx_commit 这个参数设置成 1 时，表示每次事务的 redo log 都直接持久化到磁盘，这样可以保证 MySQL 异常重启之后数据不丢失。

将 sync_binlog 这个参数设置成 1 时，表示每次事务的 binlog 都持久化到磁盘。这个参数建议设置成 1，这样可以保证 MySQL 异常重启之后 binlog 不丢失。

6）Checkpoint：它位于 WAL 文件夹下，用于对 WAL 日志的数量进行控制。checkpoint file 同步写入磁盘，当发生系统崩溃时，先从 checkpoint file 恢复数据。它用于日志定期压缩和清理，目的是减少宕机后恢复的时长、降低磁盘占用率。

本地存储模块中 WAL 和 Checkpoint 部分的格式如下所示。

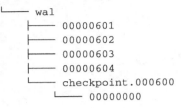

> **拓　展**
>
> 大多数存储会使用 Checkpoint 的方式清理 WAL 日志，这种方式只在服务器上保留 Checkpoint 之后的 WAL 日志，Checkpoint 之前的日志会被清除。因为随着时序数据的不断写入，Prometheus TSDB 中 WAL 日志的数据量也会不断增加。

10.2　存储原理解析

介绍完文件结构，我们一起来看一下 Prometheus 存储的原理。

在 Prometheus 中按照时间顺序生成多个 block 文件，其中第一个 block 文件称为 head block，它存储在内存中且允许被修改，其他 block 文件则以只读的方式持久化在磁盘上。

抓取数据时，Prometheus 周期性地将监控数据以 chunk 的形式首先添加到 head block（即内存）中，这些数据并不会马上写入磁盘，而是按照 2 小时一个 block 的速率进行存储，即达到 2 小时后写入磁盘。为了防止程序崩溃导致数据丢失，崩溃后再次启动时会以写入日志（WAL）的方式来实现重播，从而恢复数据。这些 2 小时的 block 会在后台压缩成更大的 block，数据被压缩合并成更高级别的 block 文件后删除低级别的 block 文件，压缩过程中还会清理过期的 block 目录。这个和 leveldb、rocksdb 等 LSM 树的思路一致。

> **注意**　时序数据库的特性是时间距离现在越近的数据，读写越频繁，近期读写的时序数据放入内存的 Head 窗口中。

Prometheus 存储原理如图 10-1 所示，mutable 表示可变，Immutable 表示不可变，Prometheus 会以一定时间间隔（比如 2h）作为时间块存储数据，mutable 用于存储当前的指标（即 head block），随着 2 小时间隔的时间推移依次产生 t0、t1、t2 这样的时间块，每一块的内容如下所示。

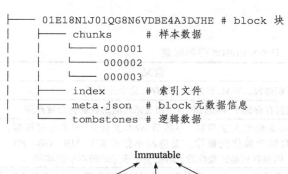

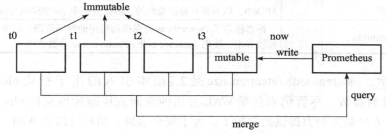

图 10-1　Prometheus 存储原理

Prometheus 删除文件时并不会真正马上删除文件，而是将要删除的文件记录在 tombstones 中，后台由定期作业进行删除操作。比如图 10-1 所示的 t1 被标注为要被删除了，那么 t1 就会在作业中全部删除；如果 t1 中有些部分删除有些部分不删除，那么 t1 将会被保留，读取时序数据时，根据 tombstones 文件的删除记录来过滤已删除的部分。

> **注意**　如果本地存储出现故障，最好的办法是停止运行 Prometheus 并删除整个存储目录。因为 Prometheus 的本地存储不支持非 POSIX 兼容的文件系统，文件一旦发生损坏，将无法恢复。NFS 只有小部分兼容 POSIX。
> 　　除了删除整个目录之外，也可以尝试删除个别块目录来解决问题。删除一个块目录将会丢失大约 2 小时时间窗口的样本数据。所以，Prometheus 的本地存储并不能实现长期持久化存储。

PromQL 查询语句有一个时间参数，它会根据起始时间定位到时间区间内的 block，如 t1、t2、t3 部分，根据多块的查询做完 merge 就将结果返回给应用端。

以上就是 Prometheus 的存储原理。

10.3　存储配置方法

Prometheus 将时间序列及其样本存储在磁盘上，鉴于磁盘空间是有限的资源，使用 Prometheus 磁盘空间时会有一些限制。Prometheus 提供了几个参数来修改本地存储的配置，最主要的参数如表 10-1 所示。

表 10-1 Prometheus 存储配置

启动参数	默认值	含义
--storage.tsdb.path	/data	数据存储路径，WAL 日志也会保存在这个路径下
--storage.tsdb.retention.time	15d	样本数据在存储中保存的时间。超过该时间的数据就会被删除
--storage.tsdb.retention.size	0	每个 block 的最大字节数（不包括 WAL 文件）。如果超过限制，最早的样本数据会被优先删除。支持的单位有 KB、MB、GB、PB，例如 512MB。该参数只是试验性的，可能会在未来的版本中被移除
--storage.tsdb.retention		标志指定了 Prometheus 将保持的可用的时间范围。该参数从 2.7 版本开始被弃用，使用 --storage.tsdb.retention.time 参数替代

如上所示，--storage.tsdb.retention.size 是 2.7 版本引入的用于指定 block 使用的最大磁盘空间量的参数，尽管仍未包括 WAL 占用的空间或压缩所填充的 block，但已经是 Prometheus 官方尽最大努力提供的参数了。为了安全起见，用户可以为 WAL 文件和一个最大的 block 预留空间。

随着 --storage.tsdb.retention.size、--storage.tsdb.retention.time（取代 --storage.tsdb.retention）设计的出现，2.x 版本存储参数协同工作配置方式如表 10-2 所示。

表 10-2 Prometheus 2.x 存储配置方法

--storage.tsdb.retention.size	--storage.tsdb.retention.time	--storage.tsdb.retention	结果
不设置	不设置	不设置	默认保留 15d
不设置	20d	不设置	20d
不设置	不设置	10d	10d
不设置	20d	10d	20d
1TB	不设置	不设置	1TB、无时间限制
1TB	20d	不设置	1TB、20d
1TB	20d	10d	1TB、20d

Prometheus 还有一个关于 chunk 的参数[一]-storage.local.chunk-encoding-version，其有效值是 0、1、2。版本 0 的编码一般在老版本 Prometheus 上使用，新版本已经不再建议使用。版本 0 的结构如图 10-2 所示。

版本 1 是当前版本默认提供的编码方式，它相对于版本 0 有较好的压缩能力，而且在一个 block 内，有较高的访问速度，当然版本 0 的编码速度是最快的，但是相对于版本 1，速度优势不是特别明显，版本 1 的结构如图 10-3 所示。

[一] 参见 Prometheus 官方 PPT：https://files.cnblogs.com/files/vovlie/copyofprometheusstorage1-160127133731.pdf%20%E3%80%82。

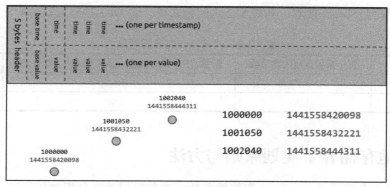

图 10-2　chunk 版本 0 结构

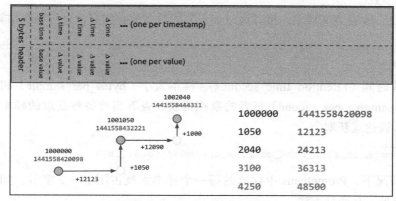

图 10-3　chunk 版本 1 结构

版本 2 提供了一个更高的压缩比例，但编码和解码需要耗更多的 CPU，当然，这取决于查询的数据集有多大。通常如果是较少的查询，仅用于存档的数据，可以使用这种编码。版本 2 的结构如图 10-4 所示。

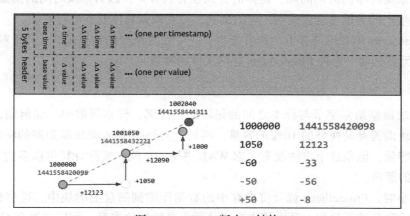

图 10-4　chunk 版本 2 结构

正常来说我们只有在版本 1 和版本 2 之间做选择。表 10-3 是官方给的对比数据。

表 10-3 v1 和 v2 的数据对比

chunk 版本号	每个采样点所占字节数	所需 CPU 核心数量（仅用于对比，非整数）	块编码耗时
1	3.3	1.6	2.9s
2	1.3	2.4	4.9s

10.4 本地存储容量规划原则与方法

上一节我们介绍了 Prometheus 存储的参数，本节我们就来分析如何设置 --storage.tsdb.retention.size 参数。

在 Prometheus 官方文档上，推荐通过如下公式对本地存储容量进行粗略估算。

```
needed_disk_space = retention_time_seconds * ingested_samples_per_second * bytes_per_sample
```

它由保留时间（retention_time_seconds）、样本大小（bytes_per_sample）和秒获取样本数（ingested_samples_per_second）三者的乘积构成。查看当前每秒获取的样本数可以通过如下 PromQL 表达式获取。

```
rate(prometheus_tsdb_head_samples_appended_total[1h])
```

在一般情况下，Prometheus 中存储的每一个样本大概占用 1～2 字节，如果想要减少本地磁盘的容量，有两种方法。

- 减少时间序列的数量。因为 Prometheus 会对时间序列进行压缩，故减少时间序列数量的效果更明显。我们在实际生产中做指标数量规范时常采用这种方法，第 9 章中对相关细节已详细描述了，这里不再重复。
- 增加采集样本的时间间隔。这样的方式也有利有弊，因为采集时间的刮擦间隔拉长，线上生产的灵敏度也会受到一定的影响，需要根据具体业务进行评估。

在 Prometheus 作者的博客上，作者提出了一个更为保守的估算公式（基于对块、索引、逻辑删除、元数据等一系列 Prometheus 存储文件的考量）：

```
bytes per sample * ingestion rate * retention time * 1.2
```

这个算法根据给定字节与样本之间的每块所占比例、样本摄取率、保留期，为允许跨越保留期的块而需要的额外的 10% 的容量，再加上另外的 10% 的压缩期间的临时空间，来计算块存储容量。但是这个方法没有考虑 WAL 占用的空间，实际计算可以多估一些。以下是这个算法的逻辑。

每隔 2 小时，Prometheus 就会将内存中的数据压缩到磁盘上的块中。这将包括块、索引、逻辑删除和各种元数据。其中的主要部分通常是数据块本身，可以通过在 Grafana 上绘制图形来查看每个样本平均占用多少空间。

```
    rate(prometheus_tsdb_compaction_chunk_size_bytes_sum[1h])
/
    rate(prometheus_tsdb_compaction_chunk_samples_sum[1h])
```

结合 rate（prometheus_tsdb_head_samples_appended_total[1h]）可以知道在一定的时间窗口下需要如何设置 --storage.tsdb.retention.size 参数来保留磁盘空间。

索引也需要考虑，因为如果指标波动很大，那么最终可能会占用大量的空间。可以在 Prometheus 数据目录的每个块中的 meta.json 上使用 jq 工具，以更好地了解摄入样本和最终存储成本之间的比例。

```
$ for i in */meta.json; do jq '.stats.numBytes / .stats.numSamples' $i; done
1.77514661111566343
1.76674227948180908
```

此外还会有多个额外的 2 小时块将被压缩成更大的块，时间可能长达数周（或 10% 保留，以较小者为准）。这可能会导致索引变小，但是减去因逻辑删除而删除的所有样本后，块的大小将是相同的。这样做的一个效果是，如果您使用基于时间的保留策略，且一个块包含的样本仍然在时间范围内，那么整个块将被保留，直到它被完整挤到保留窗口之外。

10.5 RAM 容量规划原则与方法

一般来说，如果标签数量比较少，且无复杂的标签，在 50% 内存利用率的情况下，1GB 的 RAM 可以支持 20 万指标。如果样本数量超过 200 万，建议不要使用单实例，而是采用分片的方式。查询时尽量避免大范围查询；尽量避免关联查询，通过 Relabel 的方式给原始数据多加几个标签进行优化。

RAM（Random Access Memory）即随机存储器，是与 CPU 直接交换数据的内部存储器，又称主存（内存）。它可以随时读写，而且速度很快，通常作为操作系统或其他正在运行中的程序的临时数据存储媒介。当电源关闭时，RAM 不能保留数据（掉电会导致数据消失），如果需要保存数据，就必须把它们写入一个支持长期存储的设备中（例如硬盘）。

ROM（Read-Only Memory）即只读存储器，ROM 所存数据一般是装入整机前事先写好的，整机工作过程中只能读出，而不像 RAM 那样能快速、方便地加以改写。ROM 所存数据稳定，断电后所存数据不会改变。

RAM 和 ROM 相比，两者的最大区别是 RAM 在断电以后保存在上面的数据会消失，而 ROM 不会消失，可以长时间保存。

Prometheus 2.x 的采集系统与 1.x[①]完全不同，在性能上 2.x 也进行了许多改进。但是

[①] 1.x 版本 RAM 的评估参见：https://www.robustperception.io/how-much-ram-does-my-prometheus-need-for-ingestion。

Prometheus 2.x 没有内存控制选项，所以需要用户自行估算一个稳定的 Limit 内存限制值。Prometheus 的作者在他的博客上做过一次分析，感兴趣的读者可以详细阅读博客中的分析过程[⊖]。这里直接给出博客中的结论，如图 10-5 所示。在最坏的假设因素下，如 100 万个的时间序列、15 秒左右的刮擦间隔（Scrape Interval）、50% 的开销、每个样本均为典型字节数及至少需要 3 小时的数据（考虑 head block 压缩的工作原理）等，Prometheus 2.x 版本大约需要 2GB 的 RAM。

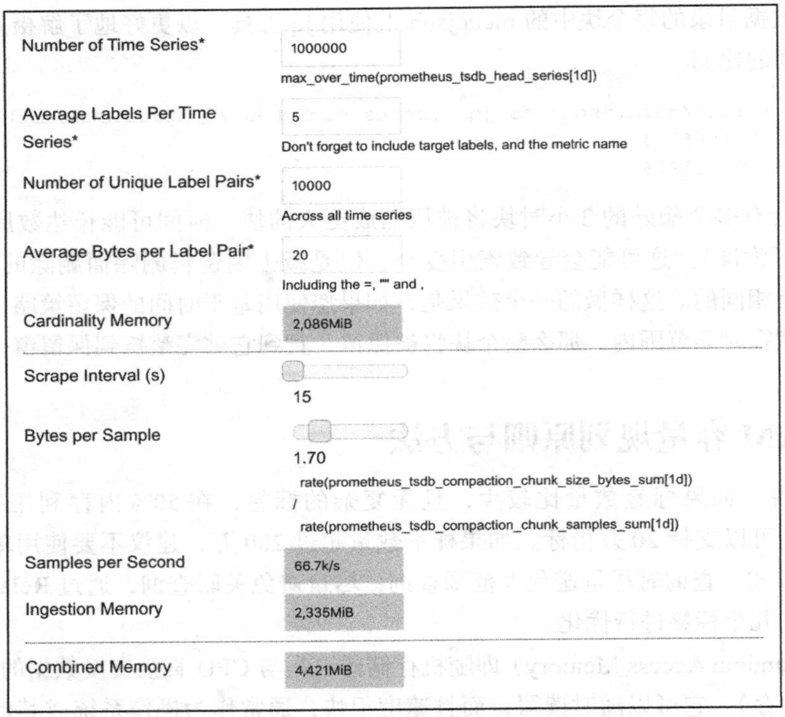

Number of Time Series*	1000000
	max_over_time(prometheus_tsdb_head_series[1d])
Average Labels Per Time Series*	5
	Don't forget to include target labels, and the metric name
Number of Unique Label Pairs*	10000
	Across all time series
Average Bytes per Label Pair*	20
	Including the =, "" and ,
Cardinality Memory	2,086MiB
Scrape Interval (s)	15
Bytes per Sample	1.70
	rate(prometheus_tsdb_compaction_chunk_size_bytes_sum[1d]) / rate(prometheus_tsdb_compaction_chunk_samples_sum[1d])
Samples per Second	66.7k/s
Ingestion Memory	2,335MiB
Combined Memory	4,421MiB

图 10-5　Prometheus RAM 容量评估

图 10-5 所示算法的估算公式如下。

1) 总内存开销（长稳状态下的 rss 开销）：Cardinality Memory+Ingestion Memory。

2) Cardinality Memory：（${Number of Time Series} × (732+${Average Labels Per Time Series} × 32+${Average Labels Per Time Series} × ${Average Bytes per Label Pair} × 2) + 120 × ${Number of Unique Label Pairs}) × 放大乘数 /1024/1024[⊖]。

3) Ingestion Memory：${Number of Time Series} × ${Bytes per Sample}/${Scrape

---

⊖　https://www.robustperception.io/how-much-ram-does-prometheus-2-x-need-for-cardinality-and-ingestion

⊖　Prometheus 需要一定的 cache 来支撑 I/O，当 rss/（rss+cache）过高时，Docker 可能会出现频繁重启的情况，该值一般需要控制在 75% 左右。因此这个公式最后除以 0.75 就是 Cardinality Memory 的最高限制值。

Interval（s）} × 3600 × 3 × 放大乘数 /1024/1024

对该公式中各个参数解释如下。

1）${Number of Time Series}：指标数。

2）${Average Labels Per Time Series}：每个指标的平均标签数。

3）${Average Bytes per Label Pair}：Label 的平均长度。

4）${Number of Unique Label Pairs}：Label 总数。

5）${Bytes per Sample}：样本的平均数据量，反映了指标本身的线性关系。如果指标随着时间的变化其变化幅度较小，该值一般接近 1；如果指标具有高随机性，该值会接近 3。Facebook 论文的经验值是 1.3，根据实际经验，K8S 全量指标在 1.13 左右。

6）${Scrape Interval（s）}：采集间隔。

7）放大乘数：因为以上公式是根据使用中的空间 inuse_space 反推的，而 inuse_space 只是实际 RSS 的一部分（GO 每 2 分钟会执行一次 GC。如果某个片段持续 5 分钟都没有被使用，回收器会将其释放），因此可以根据 GO 任务的特点得出任务 inuse 大概在 50% 左右，故放大乘数为 2，如 Prometheus 汇聚端。但是在实际生产中，这个值在采集端的 Prometheus 上要更大一些，可能在 3～4 之间，因为 Prometheus 在采集层会执行更多的操作，如额外打标签。

拓　展

介绍完 Prometheus 的存储、RAM 评估方式后，如何分析内存呢？可以将 Prometheus 与 pprof 相连，pprof 是一款 Go 分析工具，可以方便地查看 CPU 和内存的使用情况。通过 pprof，可以查到当前最大的"内存用户"等内存信息。关于对 Prometheus 进行内存分析有一些重要的度量指标要考虑，如 process_resident_memory_bytes 是 Prometheus 进程从内核使用的内存量，而 go_memstats_alloc_bytes 是 Go 从内核使用的内存量，这两者之间的巨大差异可能意味着内存碎片问题。

10.6　本地存储及时性和时序性问题分析

在一次技术交流中，一名技术人员咨询过我这样一个问题：为什么重启 Prometheus 时经常出现"Error on ingesting samples that are too old or are too far into the future"错误？

这个问题出现的原因是将指标放到 Prometheus 源码的结构体 scrapeCache 中进行合法性检查时报错了。

Prometheus 分析指标在存储前会进行合法性校验。在指标采集的源码 scrapeManager 中，scrapeLoop 结构体包含 scrapeCache，通过调用 scrapeLoop.append 方法处理指标存储。

在方法 append 中，把每个指标放到结构体 scrapeCache 对应的方法中进行合法性验证、过滤和存储。

如下就是 Prometheus 在指标缓存层导致此异常出现的源码逻辑。

```
if numOutOfOrder > 0 {
    level.Warn(sl.l).Log("msg", "Error on ingesting out-of-order samples", "num_
        dropped", numOutOfOrder)
}
if numDuplicates > 0 {
    level.Warn(sl.l).Log("msg", "Error on ingesting samples with different value
        but same timestamp", "num_dropped", numDuplicates)
}
if numOutOfBounds > 0 {
    level.Warn(sl.l).Log("msg", "Error on ingesting samples that are too old or
        are too far into the future", "num_dropped", numOutOfBounds)
}
```

对于这种问题，把 TSDB 全部都删除（可以按照第 5 章中提供的 HTTP API 的方式）就可以解决。这是因为 Prometheus 的这段代码体现了 Prometheus 的及时采集的特性，即若自定义时间戳，Prometheus 采集时会比较自定义的时间戳与当前时间，如两者之间差别太大（如大于 1 小时），指标不被采集，且报"Error on ingesting samples that are too old or are too far into the future"错误。

在上述代码中，Prometheus 还有时序性的采集特性，即若自定义时间戳，Prometheus 采集指标时会将采集的时间戳与待插入时间序列中的时间戳进行比较，若采集的时间戳小于待插入时间序列的当前时间戳（插入老数据），Prometheus 会报"Error on ingesting out-of-order samples"错误。

通过这个例子我们可以得到这样的一个结论：如果本地存储由于某些原因失效了，最直接的方式就是停止 Prometheus 并且删除 data 目录中的所有数据。当然也可以尝试删除那些失效的块目录，这就意味着用户会丢失该块中保存的 2 小时的监控数据。

10.7 本章小结

本章简洁地介绍了 Prometheus 本地存储的原理，从存储文件结构、存储配置、容量规划等几个方面进行了展开。通过本章的介绍，读者对于 Prometheus 的原理会有比较清晰的认识。

本章没有介绍关于 Prometheus 远程存储的内容，因为这部分内容在前面都做了实战性介绍，而相关基础知识读者可以自行去官方查阅。关于远程存储需要补充的一点是，当数据通过远程方式写入并发送时，Prometheus 将会为其粘贴外部标签。通过远程读取回读时，Prometheus 会将外部标签添加到选择器中，这样就可以获取特定 Prometheus 编写的序列，然后在 PromQL 使用这些外部标签之前将其剥离，以便它们与原始系列匹配。如果 PromQL 选择器显式指定外部标签中的标签名称的匹配器，那么对于远程读取的该标签名称不会进行上述处理。Prometheus 不会在本地存储所覆盖的时间范围内发送的远程读取请求，从而避免产生不必要的网络流量（可以通过启用 read_recent 选项来禁用此优化）。

对 Prometheus 原理感兴趣且需要深入了解其实现的读者，可以阅读 Prometheus 的源码，了解 LevelDB、RocksDB 的原理，以及 Prometheus 早期基于 LevelDB 底层 LSM 树[①]的原理。LSM 树的原理也被运用在了 HBase 中。

---

① LSM 树（Log-Structured Merge Tree），即日志结构合并树。其核心思想就是放弃部分读能力，换取写能力的最大化。它并不是一旦有数据插入或删除就将数据写入磁盘中，而是将最新的数据放在内存中，待积累到一定大小以后（所有待合并的树都是有序的），再使用归并排序的方式将内存中的数据按顺序合并追加到磁盘尾部。由于通过追加的形式一次性读取或写入固定大小的数据可以减少磁盘寻道的操作次数，故 LSM 树技术可以最大化发挥磁盘的写能力。

第 11 章

Prometheus 其他相关技术分析与实战

Prometheus 作为 Google 内部监控系统 Borgmon 的开源实现版本，在高可用和历史数据存储上存在一些缺陷，但是它优秀的设计思想和理念也影响着很多开源软件。

在集群建设上，本章会在第 9 章的基础上，补充 Thanos 开源的基于 Sidecar 模式的大规模 Prometheus 集群解决方案及 Uber 开源的时序数据库 M3DB 相关知识。

在 Prometheus 原理扩展上，本章会介绍 Grafana 公司基于 Prometheus 的理念推出的 Loki 开源日志解决方案。

本章还会介绍 Prometheus 的其他相关技术和最佳实践，希望能扩展读者的知识面，丰富读者的知识体系。

11.1 Thanos 架构与监控实战

Thanos 和我们后面要介绍的 Loki（雷神的弟弟）一样，都是在美国漫威漫画旗下的电影《复仇者联盟》中出现过的名字。Thanos 音译为萨诺斯，它就是我们所熟悉的那个最大的反派——灭霸。灭霸出生于泰坦星的永恒一族，实力极其强大，有着无法超越的力量、耐力、恢复能力和敏捷度。他的皮肤近乎无法被摧毁，几乎能完全抵抗冷、热、电、辐射、毒、衰老和疾病。灭霸拥有 6 颗无限宝石：空间、时间、现实、力量、心灵、灵魂。Improbable 开源了他们的 Prometheus 高可用解决方案 Thanos，它和《复仇者联盟》中的灭霸一样强大，提供与 Prometheus 的无缝集成功能，并拥有全局视图和不受限制的历史数据存储能力。

11.1.1　Thanos 架构解析

Thanos 的架构如图 11-1 所示。

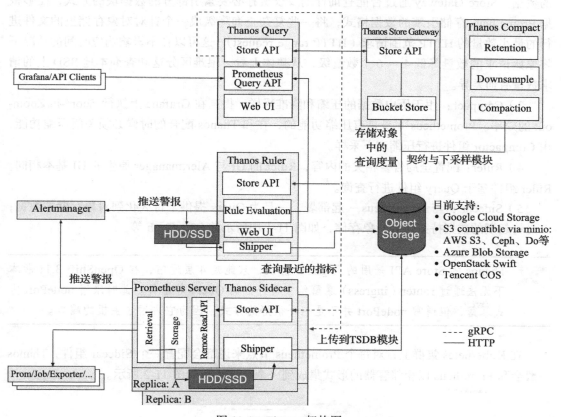

图 11-1　Thanos 架构图

如图 11-1 所示，Thanos 的架构主要由 5 个组件构成。

1）Query：查询的分发和数据的合并组件，它会将查询请求发给所有的 Store 和 Sidecar，然后各个组件会把查询结果返回给 Query。Query 可以近似看作 Prometheus 的实现，基于 gRPC 接口用于实现通过一个接口地址查询其他组件的数据，如 Sidecar 和 Store Gateway。Query 的 UI 与 Prometheus 基本相同。因为发送给所有的 Store 和 Sidecar，Query 会对多个 Prometheus 的数据进行合并，这就解决了多个 Prometheus 抓取后查询不到的问题。Querier、Sidecar 以及其他 Thanos 组件通过 gossip 协议通信。

> 注意　Query 会通过 Store API 获取每个 Sidecar 上的监控数据，Thanos 每个组件之间都通过 gossip 通信机制联通，动态添加组件、动态删除组件、组件之间共享信息等节点发现的功能就是基于 gossip 通信机制实现的。

2）Store Gateway：用于获取来自对象存储的历史数据，它使得 Query 可以获取历史数据，并通过 Grafana 展示，其中 Store 组件可以通过设置时间切面来查询高可用文件系统中的数据。Store Gateway 通过智能查询计划及仅缓存必要索引部分的数据块的方式，能够根据 Prometheus 存储引擎的数据格式，将一些复杂查询降级成一个针对对象存储里的文件进行的最小数量的 HTTP 范围请求（HTTP range request），这可以在不影响响应时间的情况下将原始请求的数量降低 4～6 个数量级，从整体上看，很难区分这和查询本地 SSD 上的请求数量有何差异。

3）Compact：用于历史数据的压缩和降准采样，提高在 Grafana 上执行 Zoom-in/Zoom-out 的效率。Prometheus 本身是有压缩功能的，在和 Thanos 配合的时候必须关闭压缩功能，由 Compactor 组件进行压缩和下采样。

4）Ruler：配置全局告警相关的内容，Ruler 的 UI 与 Alertmanager 原生的 UI 基本相同。Ruler 组件基于 Query 组件进行查询。

5）Sidecar：与 Prometheus 一起部署，一是为 Query 提供未持久化到对象存储的数据；二是将超期的数据持久化到对象存储，如图 11-1 中所示的 S3、Ceph 等。

> **注意** Thanos 的 Store API 采用的是 gRPC 协议，只能走 4 层通信，在 OpenShift 3.11 版本下无法通过 router（ingress）暴露给集群外部的 Query 等组件。此时采用 nodePort 方式暴露，但通常 nodePort 并不是一个很好的方式，因为它占用了主机的端口。

在 Kubernetes 集群上，对每个 Prometheus 节点来说都会配置一个 Sidecar 组件，Thanos 一般会和 Promtheus 以相邻容器的形式集成到一个 Pod 中，如图 11-2 所示。

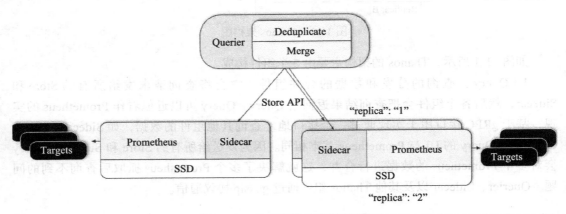

图 11-2　Thanos 的 Sidecar 原理

这样的架构一方面可以让 Prometheus 获取本地数据的全局视图，可以横向扩展，无状态的 Querier 组件会直接通过 Sidecar 代理进行本地数据的读取；另一方面，Sidecar 可以将

Prometheus 本地监控数据通过对象存储接口保存到对象存储（Object Storage）中，如图 11-3 所示。

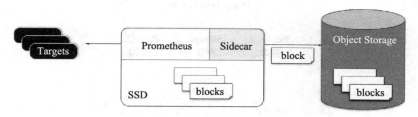

图 11-3　Thanos 获取 Prometheus 原理

之前介绍过，Prometheus 的存储引擎大约每 2 小时会将最近的内存数据写入磁盘，持久化的数据块包含固定时间范围内的所有数据并且是不可变的，Thanos Sidecar 可以简单地监听 Prometheus 的数据目录变化，然后在新的数据块出现时将它们上传到对象存储桶中。Sidecar 模块通过轮询的形式每 30 秒读取一次本地元数据，如果有新的监控数据罗盘，就读取本地数据块并上传到对象存储中，标记最新的读取时间并通过本地 JSON 文件保存已经上传的块，从而避免重复上传。

 Thanos 的 Sidecar 目前只支持 Prometheus 2.0 版本以后的数据格式。

11.1.2　Thanos 在 Prometheus 监控中的作用与实战

以上介绍的所有组件都是基于 Sidecar 模式配置的，但 Thanos 还有一种不太常用的非默认方案 Receive 模式。Sidecar 模式对网络连通性是有要求的，如果是在多租户环境、云厂商或者租户与控制面隔离的场景下，那么对象存储（历史数据）Query 组件在控制面进行权限校验和接口服务封装，而 Sidecar 和 Prometheus 却在集群内的用户侧完成这一操作，如果遇到网络限制，就会导致控制面和用户侧无法使用 Sidecar 模式。最后，在 Sidecar 模式下，2 小时内的数据需要依赖 Prometheus 来获取。Receive 模式采用的 remote write 就规避了 2 小时块存储的问题，可以根据这个特性灵活使用 Thanos 的 Receive 模式。

如果不使用 Thanos，Prometheus 的主要流程是抓取→存储→查询，如图 11-4 所示。

采用 Thanos 后，Prometheus 主要流程中的抓取、存储不变，但会增加一个环节：Thanos 会根据 Prometheus 的数据目录变化，将本地数据通过 Sidecar 代理进行处理，而远程数据在新的数据块出现时会被上传到对象存储中。

Compactor 模块主要负责针对类似 S3 这样的对象进行压缩，将 Prometheus 的本地压缩机制应用到对象存储里的历史数据（将历史小对象 block 合并压缩成大文件对象，然后删除这些小文件）上，并且可以作为一个简单的定时批处理任务来执行。如果采集到的数据达到了亿级，无法渲染全分辨率的数据，Compactor 还会支持降准采样的功能，如图 11-5 所示。

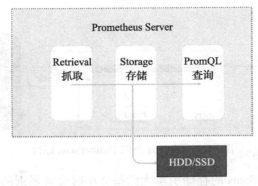

图 11-4　Prometheus 主要流程

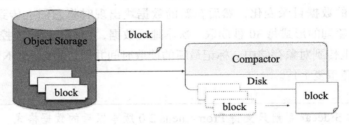

图 11-5　Compactor 降准采样

Compactor 会持续不断地以 5 分钟和 1 小时为分辨率对序列数据进行聚合。针对用 TSDB 的 XOR 压缩编码的每个原始数据块，Compactor 将会存储几个不同类型的聚合数据，例如，单一数据块的最小值、最大值或者总和。这使得 Querier 能够针对给定的 PromQL 自动选择合适的聚合数据。从用户的角度来看，使用降准采样后的数据不需要做什么特殊配置。当用户缩小（zoom in）或拉大（zoom out）时，比如用户要查找 1 天、1 个月、1 年的数据，则需要通过降准的方式进行，Querier 会自动在不同的分辨率和原始数据之间进行切换。用户也可以通过在查询参数中指定一个自定义的"step"来直接控制 Querier。由于 1GB 的存储成本是微乎其微的，在默认情况下，Thanos 将会始终在存储里维持原始的以及 5 分钟和 1 小时分辨率的数据，因而无须删除原始数据。

> **注意**　Thanos 会将原始数据降准汇聚，以 30 秒为周期采集的监控数据，如果进行一次 10 倍的压缩，就变成 5 分钟的数据，然后再进行一次 12 倍的压缩，就变成 1 小时的数据。
>
> Thanos 降准的一些方式如下。
>
> ❑ count：对压缩时间段内的监控指标的个数进行求和。
>
> ❑ sum：对监控指标的数值进行求和。

- avg：平均值，可以通过 sum/count 计算得到。
- min：时间段内监控的最小值。
- max：时间段内监控的最大值。

单独组件 Ruler，会基于 Thanos Querier 执行规则并发出告警。通过公开的 Store API，查询节点得以访问新计算出的指标数据。随后，这些数据会备份到对象存储并通过 Store Gateway 访问。除了支持 Prometheus 原生的记录规则和告警规则，该组件还支持全局的告警规则（例如当 3 个集群中的 2 个以上的集群里的服务宕机时发出告警）、超出单台 Prometheus 本地保留数据的规则，其还具有将所有规则和告警存储在一个地方的功能，如图 11-6 所示。

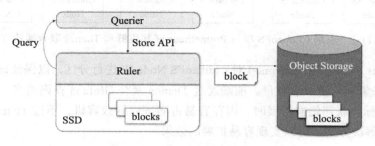

图 11-6　Thanos Ruler 组件

Thanos 的主要设计思路就是把 Prometheus 的功能组件化、集群化，解决 Prometheus 原生架构在集群上的全局视图和历史数据存储等问题。

Thanos 方案对 Prometheus 零侵入，但是依赖对象存储服务，这就会带来很大的开发成本和技术问题。

国内很多企业、开发者的应用是运行在云环境（如阿里云环境）上的，但是目前 Thanos 还不支持阿里 OSS（很快会支持），代码合入进展可以参考相关 PR[○]。确实急需这部分功能的用户可以在 DockerHub 上搜索相关镜像[○]（并非 Thanos 最新版）。

在京东开源项目 ChubaoFS 中，就联合使用了 Prometheus 联邦集群和 Thanos 的架构方案。京东发现，使用 Prometheus 自带的联邦集群功能对监控集群进行扩展时，如果被监控集群节点过多，联邦集群的根节点会因为内存消耗过多而被容器杀掉，导致集群规模无法横向扩展。后来他们结合 Thanos 解决了这个问题。

> **注意**　在大多数场景下，可以在不引入 Thanos 的情况下，在联邦集群模式中可通过功能扩展和水平分片等方式进行优化。

○ https://github.com/thanos-io/thanos/pull/1573。
○ https://cloud.docker.com/repository/registry-1.docker.io/woodliu268/thanos_ali_oss。

京东 ChubaoFS 项目中采用的 Prometheus 和 Thanos 合并部署的解决方案的示意如图 11-7 所示。

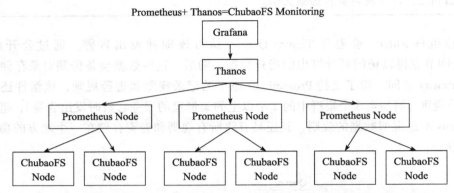

图 11-7 京东 ChubaoFS 项目 Prometheus 联邦集群和 Thanos 联合架构方案

Prometheus Node 使用 Hashmod 对 ChubaoFS Node IP 进行分区，以保证每个 Prometheus Node 能均衡采集被监控节点数量。前端通过 Thanos 聚合 Grafana 查询请求，统一获取整个集群的监控指标。联邦集群扩展时，内存容易占满进而导致宕机，不过 Thanos 提供了一种分布式部署的解决方案，可以实现容易扩展的效果。

11.1.3 Thanos 存在的问题

Thanos 开源项目还在孵化中，它还存在一些问题，还需要不断解决、优化及提升，其存在的两个最主要的问题就是存储和性能问题。

针对存储问题，如果使用 OSS，最好全云托管，比如 S3，但是查询历史数据时可能会因跨度大、耗时长而导致查询中断。阿里云 S3 目前还在评审中，如果要兼容阿里云的 S3，可以自建 Minio，这会引入运维成本。存储上，京东的远程存储用的是 Ceph，如图 11-8 所示。

针对性能问题，首先需要评估 Prometheus 服务器内存、CPU 的情况。具体情况具体分析，每台告警机器的 CPU 型号都不同。一些 Prometheus 使用者的机器出现

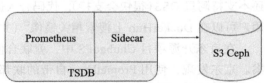

图 11-8 Prometheus 数据存储进 S3 Ceph

过 20GB、10GB、100MB 等各种不同的内存，具体可以参照 Prometheus 的文章⊖进行评估。有些公司自建 IDC 机房，分配上百台 98 核 350GB 的宿主机给 Prometheus 使用；也有些公司使用 16 核 64GB 的主机，节点数 200 以上，其中有 6 个专门用于监控。无论是哪种情况，

⊖ https://www.robustperception.io/how-much-ram-does-prometheus-2-x-need-for-cardinality-and-ingestion。

都不建议使用 16GB 以下的内存，至少得 64GB，集群、中间件、数据库、物理机、K8S、JVM、Spark HBase Hadoop 等可以分开监控。挂卷也是推荐的，因为不使用挂卷很快就会出现性能问题。

在进行 Thanos 和 Prometheus 集群部署的时候，Thanos Store 和 Thanos Compact 的 CPU 和内存是消耗最严重的，Sidecar 不会消耗，Querier 也还好。社区有用户反馈，仅 Thanos Store 就消耗了 40GB 的内存，Prometheus 本身就非常消耗内存，两者结合在一起，处理不当就会雪上加霜。

这里提出一个问题，如果实际情况只有 4 台 4 核 16GB 的机器，该怎么办？答案是建议不要开启远程存储，直接使用 Prometheus 的本地存储。

下面分享几个能力提升的技巧。

- 降低抓取频率，并且不同的 job 根据情况分别设置采集频率。
- 通过 Prometheus 参数设置可以降低查询线程数量。
- 序列抓取超时，就调整采集参数和指标过滤。
- 远程读写会导致 loadavg 问题，此时可以用 Sidecar 进行处理（京东从 remote 到 opentsdb 导致 loadavg 达到 20）。通过自研的 Sidecar 可将相关数据搬运到 Ceph，再通过批处理的方式进行 block 的搬运。
- Thanos 和 Prometheus 是资源耗费型的产品，故不要使用 topn、Topk。Prometheus 表达式多，可以通过 Recording Rule 做预算。

> **注意** Thanos 的原理其实就是 Sidecar 将 Prometheus 数据传给远程存储，提升 Prometheus 自身 remote_write 的性能。比如京东的 r r，其实就是京东自己用了 Sidecar，将 Prometheus 的数据分桶，将某一定长时间内的数据作为一个 block，适当减少传递到远程存储的时间。这些存储都是 Sidecar 支持的，block 搬运比 remote 更好用。Sidecar 搬运以后可以用 Store 进行远程查询。

11.2 M3DB 技术详解

从图 11-1 所示中可以看到，Thanos 官方当前支持的远程存储主要有 Google Cloud Storage、S3（AWS S3、Ceph、DO 等）、Azure Blob Storage、OpenStack Swift、Tencent COS 等。但是这些存储主要面向国外用户。我们在第 9 章介绍过 M3DB，很多读者可能觉得意犹未尽。本节将详细介绍这款开源项目。

> **注意** RemoteWrite，不管是使用 M3DB，还是使用 InfluxDB、OpenTSDB 或 Ceph 等，都建议过滤配置信息，降低远程存储负载。

如图 11-9 所示，Uber M3 是一个已在 Uber 使用多年的指标平台，M3 可以在较长的保留时间内可靠地存储大规模指标数据。同时 M3 也可以作为 Prometheus 后端存储，旨在为 Prometheus 指标提供安全、可扩展且可配置的多租户的存储。

1. M3 特性

M3 具有作为离散组件可以提供多个功能，故其成为大规模时间序列数据的理想平台。其主要包括 4 个组件：M3 Coordinator、M3DB[⊖]、M3 Query、M3 Aggregator。

图 11-9　Prometheus 实战——Uber 背书的存储解决方案 M3

- 分布式时间序列数据库 M3DB，它为时间序列数据和反向索引提供了可伸缩、可扩展的存储。
- 辅助服务 M3Coordinator，用于协调上游系统（如 Prometheus 和 M3DB）之间的读写操作。它是用户访问 M3DB 的桥梁，例如长期存储和与其他监控系统（如 Prometheus）的多 DC 设置。
- 分布式查询引擎 M3Query，其对 PromQL 和 Graphite 原生支持（即将推出 M3QL[⊖]）。它包含一个分布式查询引擎，用于查询实时和历史指标，支持多种不同的查询语言。它旨在支持低延迟实时查询和可能需要更长时间执行的查询，聚合更大的数据集，用于分析用例。
- 聚合层 M3Aggregator，是一种作为专用度量聚合器运行的服务，它基于存储在 etcd 中的动态规则提供基于流的下采样。它使用领导者选举和聚合窗口跟踪，利用 etcd 来管理此状态，从而可靠地为低采样度量标准至少发送一次聚合到长期存储设备。这提供了成本有限且可靠的下采样和汇总指标。这些功能也存在于 M3 Coordinator 中，但专用聚合器是分片复制的，在部署 M3 Coordinator 时需要谨慎。

2. M3DB 特性

M3DB 具有如下特性。

- 分布式时间序列存储，单个节点使用 WAL 提交日志并独立保存每个分片的时间窗口。
- 集群管理建立在 etcd 之上。
- 内置同步复制功能，具有可配置的持久性和读取一致性（一个、多个、全部）。

⊖ https://github.com/m3db/m3。

⊖ 因为 PromQL 缺少了一些特性，所以 Uber 内部使用 M3 自己的查询语言 M3QL。在能够处理的指标基数方面会有一些限制，这主要指的是查询而非存储。M3 通过采用 Bloom 过滤器和内存映射文件的索引，优化了对时间数据的访问。Bloom 过滤器用来确定集合中是否存在某些内容。在 M3 中，它用来确定要查询的序列是否需要从硬盘中检索。团队目前正在致力于添加在 Kubernetes 上运行 M3 的功能。

- 自定义压缩算法 M3TSZ float64（灵感来自 Gorilla TSZ）可配置为无损压缩或有损压缩，且时间精度可自己配置，范围从秒到纳秒，其是一种可配置的无序写入，当前受限于已配置时间窗口的块的大小。

3. M3DB 限制

M3DB 在使用时具有如下限制。
- M3DB 主要是为了减少摄取和存储数 10 亿个时间序列的成本并提供快速可伸缩的读取，因此目前存在一些限制，使 M3DB 不适合用作通用时间序列数据库。
- M3DB 旨在尽可能避免压缩，目前，M3DB 仅在可变压缩时间序列窗口（默认配置为 2 小时）内执行压缩，因此，乱序写入仅限于单个压缩时间序列窗口的大小。当前无法回填大量数据。
- M3DB 还针对 float64 值的存储和检索进行了优化，因此尚无法将其用作包含任意数据结构的通用时间序列数据库。

4. M3DM 分布式架构

M3DB 的分布式架构如图 11-10 所示。

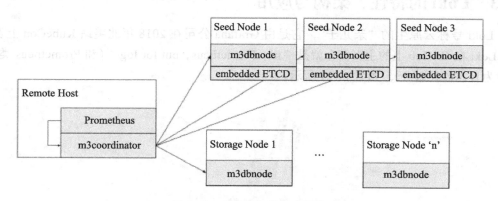

图 11-10　M3DB 分布式架构

M3DB 共有 3 种角色类型。
- Coordinator：m3coordinator 用于协调群集中所有主机之间的读取和写入。这是一个轻量级的过程，不存储任何数据。该角色通常与 Prometheus 实例一起运行，或者被嵌入收集器代理中，Prometheus 的指令都通过 m3coordinator 下发到集群的主机中。
- Storage Node：在这些主机上运行的 m3dbnode 进程用于存储数据，并提供读写功能。
- Seed Node：首先，这些主机本身就是存储节点。除了存储职责外，它们还运行嵌入式 etcd 服务器，这是为了允许跨集群运行的各种 M3DB 进程以一致的方式推断集群的拓扑/配置。

5. 使用问题

M3DB 的使用过程中，也是存在一些问题的。

- 推荐一个 M3DB 技术聊天软件（https://gitter.im/m3db/kubernetes），建议读者多读读里面关于 M3DB 的聊天记录，一些用户从 0.3 版本一路使用过来，问题还是比较多的，也有一些用户直接放弃 M3DB 改用 Thanos。
- M3DB 在实际生产部署中需要挂卷，如挂载 SSD，SSD 有一定的加速作用。
- Prometheus 的 RemoteWrite 模式下，不需要的指标同样需要过滤，没有必要且数量庞大的指标不建议占用 M3DB 的存储空间。
- M3DB 在实际使用中需要提前进行压测，CPU、磁盘、QPS 等都需要根据实际情况进行容量评估。
- 从国内大中型互联网公司的技术分享中可知，他们的 Prometheus 集群架构并没有使用 M3。
- 对于海量（上亿级别）的数据场景，可以考虑使用 ClickHouse 等技术方案，不必拘泥于 M3。

11.3　Loki 的特性、架构与应用

Loki 号称云原生的"亲儿子"，它是由 Grafana 公司在 2018 年北美站 KubeCon 上发布的，Loki 在 GitHub 上的主页简介就是 "like Prometheus, but for logs"（和 Prometheus 类似，但专为日志监控服务），如图 11-11 所示。

图 11-11　Grafana Loki 在 GitHub 上的主页

Loki 开源项目在正式启动之前作为 Grafana Labs 的内部项目进行运作，Grafana Labs 用其监控所有的基础设施，每天处理 10 亿行共 1.5TB 的日志。官方提到，Loki 的开发受开源监控解决方案 Prometheus 启发，Loki 不会索引日志的内容，而是为每个日志串流加上一组标签，以压缩且非结构化的方式储存日志内容，仅索引元资料。

Grafana Labs 提到，Loki 处理日志的方式带来了高成本效益，Loki 通过使用 LogQL（类似 Prometheus 的查询语言）可让开发者进一步将 Loki 整合到云端原生应用中。官方提到，Loki 进入 1.0 版本，将遵循语义版本控制规则，提升 Loki 操作体验及其稳定性。官方不会再对 HTTP API 进行重大更改，同时也宣布，后续会进行次要版本和错误修正版本的更新，但不会继续维护 Go API 的稳定性，因此要导入 Loki，函式库的开发者要做好收到报错通知的准备。

对于 Grafana 来说，Loki 是 CNCF 可观察性生态圈上非常重要的一环，Prometheus+Grafana 已经成为 Metrics 领域的事实标准，Loki 则成为 Log 领域的生态战略。仅剩的 Trace 领域，Grafana 在 Slides[⊖]中已经提到在设计开发中。

由于指标是事件回应的关键，警示则通常会以时间串行为条件来写入，但是指标只能用于披露可预期的行为，需要预先声明而且基数有限，因此指标只能用来描述仪表盘事故的一半原因，为了了解完整的事故原因，工程师通常会使用日志来获得更详细的信息。日志作为可观察的资料，在开发、运维、测试、审计等过程中起着非常重要的作用。著名的应用开发十二要素中提到："日志使得应用程序运行的动作变得透明，应用本身从不考虑存储自己的输出流。不应该试图去写或者管理日志文件。每一个运行的进程都会直接输出到标准输出（stdout）。每个进程的输出流由运行环境截获，并将其他输出流整理到一起，然后一并发送给一个或多个最终的处理程序，用于查看或长期存档。"

总体来说，Loki 是一个受 Prometheus 启发的水平可扩展、高可用的多租户日志聚合系统。它的设计具有很高的成本效益，并且易于操作。它不索引日志的内容，而是为每个日志流设置一组标签。

注意 Loki 的理念：不索引日志，只索引日志流。

11.3.1 Loki 特性

正因为 Loki 是受到 Prometheus 的启发开发出来的，所以它具有许多和 Prometheus 类似的特性，如与 Kubernetes 紧密集成、与 Prometheus 共享 Label、与 Prometheus 有相似查询语法的查询语言 LogQL、与 Prometheus 有类似的查询函数等，甚至同样可以在 Grafana 里直接查看和检索 Loki 的日志数据。除此之外 Loki 还与 Cortex 共享了很多组件。与其他

⊖ https://speakerdeck.com/davkal/on-the-path-to-full-observability-with-oss-and-launch-of-loki。

日志聚合系统相比，Loki 具有如下特点。
- 不对日志进行全文索引。通过存储压缩非结构化日志和仅索引元数据，Loki 操作起来会更简单，更省成本。
- 通过使用与 Prometheus 相同的标签记录流对日志进行的索引和分组，这使得日志的扩展和操作效率更高。
- 特别适合存储 Kubernetes Pod 日志；诸如 Pod 标签之类的元数据会被自动删除和编入索引。
- Grafana 原生支持（Grafana 6.0 版本以上）。

说到 Loki，就不得不提一下它的作者 Tomwilkie（https://github.com/tomwilkie），他也是 Cortex 的作者，因此 Loki 的设计在很多方面都和 Cortex 相似。Cortex 主要支持读写分离，写入端分两层：第一层 Distributor 做一致性散列，将负载分发到第二层 Ingester 上，Ingester 在内存中缓存指标数据，并将其异步写入 Storage Backend。Prometheus、Cortex、Loki 都以 Chunk 作为基本存储对象，都可以使用 S3 等作为远程存储。

11.3.2 Loki 架构简介

Loki 的日志架构设计如图 11-12 所示，其由以下 3 部分组成。
- Loki 是主服务器，负责存储日志和处理查询。
- Promtail 是代理，必须部署到所有需要日志收集的 Node 上，负责收集日志并将其发送给 Loki，支持与 Prometheus 相同的配置。
- Grafana 用于 UI 展示。

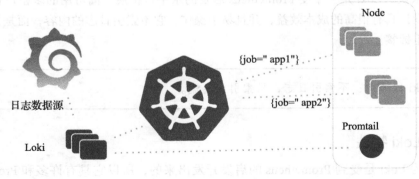

图 11-12　日志架构图

Loki 最初的设计借鉴了构建和运行 Cortex[⊖]的经验，是直接面向 Kubernetes 的。通过在每个节点上运行一个日志收集代理来收集日志，并与 Kubernetes API 进行交互，以

⊖ 可扩展的 Prometheus 即服务工具，https://github.com/cortexproject/cortex。

找出日志的正确元数据，并将它们发送到集中式服务，从而显示从 Grafana 收集到的日志。

Loki 由客户端的 Promtail 代理和服务器端的 Distributor、Ingester 组件组成，如图 11-13 所示，Distributor、Querier、Ingester 组件全都运行在 Loki 主进程中，通过 gRPC 进行组件之间的消息通信。

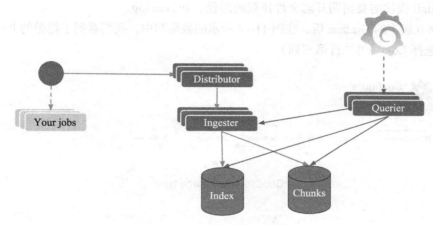

图 11-13　Loki 架构图

Promtail 收集到日志后会将其发送给 Loki，Distributor 就是第一个接收日志的组件。从标签和日志数据中，用户端会产生一致的散列，并且会被发送到多个 Ingester 中。Ingester 组件是一个负责构建压缩数据库的有状态组件，Ingester 接收条目会组成一组具有特别标签与时间跨度的日志，并以 gzip 的形式进行压缩。Ingester 使用元数据而非日志内容建立索引，以便简单地供用户查找，其还能与时间串行指标标签相关联。经安排的日志会定期更新至 Amazon S3 这类对象存储中，并指向 Cassandra、Bigtable 或 DynamoDB 等数据库。

Querier 组件会根据给定时间区间和标签选择器进行索引查找，以便确定要匹配哪些块，进行 grep 操作，并提供查询结果。它还会从 Ingester 那里获取尚未被冲刷的最新数据。

> **注意**　Loki 组件 Querier 中的数据结构与算法：Loki 中的日志存为成百上千的文件，合并输出时采取堆的数据结构，时间正序采用最小堆，时间逆序采用最大堆。

AWS 与 GCP 等公有云供应商提供了自定义的指标萃取方法，AWS 还提供从指标导航到日志的功能，两者都使用不同的查找语言来查找日志数据。Loki 可以简化查找的过程，并解决了短暂来源 Kubernetes pod 崩溃时日志丢失的问题。

11.3.3 Loki 使用方法

推荐结合官方的 GitHub 文档使用 Loki，https://sbcode.net/grafana/ 这个网站也给出了 Grafana 上（含 Loki）各种使用方法。

Loki 主要有二进制、Tanka、Helm、Docker 或者 Docker Compose 这几种安装方式，具体可以参照官方文档 https://github.com/grafana/loki/blob/v1.3.0/docs/installation/README.md。Promtail 模块需要指明日志文件挂载的路径，如 /var/log。

启动 6.0 版本的 Grafana 后，在图 11-14 所示的数据源中，我们看到了熟悉的 Prometheus，这里我们选择 Loki（第二行第三列）。

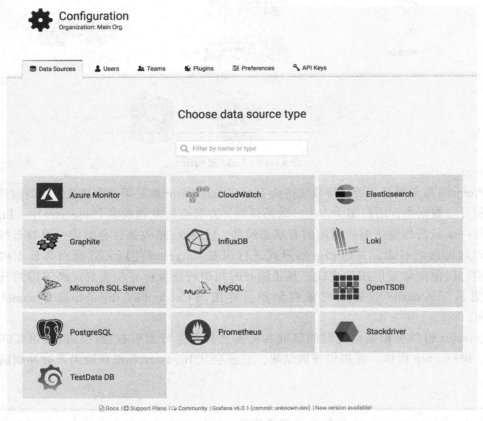

图 11-14　在数据源中选择 Loki

接着在弹出的页面中输入 Loki 数据源的名称、地址、URL 等，如图 11-15 所示。

然后在 Grafana 主页面的导航栏中点击 Explore，进一步选择 Loki，就可以通过 Grafana 对日志类型的数据进行 Label、正则过滤等一系列类似于 Prometheus 的 PromQL 语句的可视化操作了。

图 11-15　在数据源 Loki 页面中填写相关数据

11.4　ELK 的 5 种主流架构及其优劣分析

介绍了 Prometheus 日志领域的技术后，不得不提一下大名鼎鼎的日志解决方案 ELK。ELK 已经成为目前最流行的集中式日志解决方案，它主要由 Beats、Logstash、Elasticsearch、Kibana 等组件组成，用于实时日志的收集、存储、展示等，可谓是运维人员必备的神器。ELK 是旧时的称呼，因为其早期由基础架构 Elasticsearch、Logstash、Kibana 组成，发展到现在，其实 ELK 已经不只有这 3 个组件，越来越多的组件加入这个大家庭，为了照顾大家的习惯，故继续称这套系统为 ELK。

1）Beats：Beats 平台集合了多种单一用途的数据收集器，它们从成百上千或成千上万台机器和系统向 Logstash 或 Elasticsearch 发送数据。这些收集器包括 Filebeat、Metricbeat、Packetbeat、Winlogbeat、Auditbeat、Heartbeat、Functionbeat，本节重点介绍 Filebeat。Filebeat①是一款轻量级的占用服务资源非常少的数据收集引擎，是 ELK 家族的新成员，可以代替 Logstash 成为应用服务器端的日志收集引擎，支持将收集到的数据输出到 Kafka、Redis 等队列。

2）Logstash：Logstash 是开源的服务器端数据处理管道，能够同时从多个来源采集数据、转换数据，然后将数据发送到任意"存储库"中，进行数据的搜集、分析、过滤。作为数据收集引擎，相比于 Filebeat，Logstash 比较重量级，它集成了大量的插件，支持丰富的数据源收集，可以对收集的数据进行过滤、分析、格式化日志等操作，一般采用 C/S 架构，Client 端安装在需要收集日志的主机上，Server 端负责对收到的各个节点上的日志进行过滤、修改等再一并发往 Elasticsearch。

3）Elasticsearch：Elasticsearch 是一个分布式、RESTful 风格的搜索和数据分析引擎，能够解决不断涌现的各种用例，主要提供搜集、分析、存储数据三大功能。作为 Elastic Stack 的核心，它集中存储用户数据，帮助用户发现意料之中以及意料之外的情况。作为一款分布式数据搜索引擎，它基于 Apache Lucene 实现，可进行集群化，可提供数据的集中式存储、分析，以及强大的数据搜索和聚合功能。它的特点有分布式、零配置、自动发现、索引自动分片、索引副本机制、RESTful 风格接口、多数据源、自动搜索负载等。

4）Kibana：通过 Kibana，可以对 Elasticsearch 进行可视化，还可以在 Elastic Stack 中进行导航，从跟踪查询负载到理解请求如何流经整个应用，对汇总、分析和搜索重要数据日志都有着非常重要的作用。作为数据的可视化平台，Kibana 通过该 Web 平台可以实时查看 Elasticsearch 中的相关数据，并提供丰富的图表统计功能。

> **注意** Logstash 和 Beats 的区别：Logstash 偏向于数据收集、过滤和转换；Beats 是一系列比 Logstash 更灵巧的工具，例如 Filebeat、Metricbeat、Packetbeat、Winlogbeat 等。

11.4.1 为什么要用 ELK

ELK 对于可观察性有着非常重要的作用。

随着业务量的增长，每天业务服务器都会产生上亿条的日志，单个日志文件所占内存达数吉字节，用 Linux 自带工具 cat grep awk 分析会越来越力不从心，而且除了服务器日志，还有程序报错日志，这些日志分布在不同的服务器，查阅烦琐。在规模较大的场景中，此方法效率低下，面临的问题包括日志量太大不好归档、文本搜索太慢、多维度查询等。因此，需要集中化的日志管理，将所有服务器上的日志收集汇总。常见解决思路是建立集中式日志收集系统，对所有节点上的日志进行统一收集、管理、访问。痛点举例如下。

❑ 大量不同种类的日志成为运维人员的负担，不方便管理。

---

① Filebeat 是一个轻量级的日志收集处理工具（Agent），Filebeat 占用资源少，适合于在各个服务器上搜集日志后传输给 Logstash，这是官方推荐的工具。

- 单个日志文件巨大，无法使用常用的文本工具分析，检索困难。
- 日志分布在多台不同的服务器上，一旦业务出现故障，需要一台台查看日志。

一般大型系统是一个分布式部署的架构，不同的服务模块部署在不同的服务器上，问题出现时，大部分情况需要根据问题暴露的关键信息，定位到具体的服务器和服务模块。构建一套集中式日志系统，可以提高定位问题的效率。

ELK 提供了一整套解决方案，并且其中所用都是开源软件，软件之间互相配合使用，完美衔接，高效地满足了很多场合的应用，是主流的集中式日志解决方案。ELK 支持如下 5 个主要功能。

- 收集：能够采集多种来源的日志数据。
- 传输：能够稳定地把日志数据传输到中央系统。
- 存储：存储日志数据。
- 分析：支持 UI 分析。
- 警告：能够提供错误报告，拥有监控机制。

11.4.2 基础架构

ELK 的基础架构如图 11-16 所示。

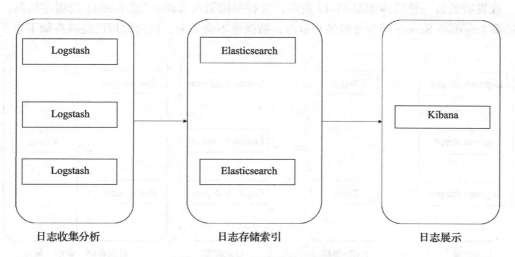

图 11-16　ELK 的最基础架构

如图 11-16 所示，在各应用服务器端分别部署了一个 Logstash 组件，该组件作为日志收集器，Logstash 收集到的数据经过过滤、分析、格式化处理后会发送至 Elasticsearch 进行存储，最后使用 Kibana 进行可视化展示。

这种架构的不足之处主要体现在以下 3 方面。

- Logstash 在应用服务器上读出、过滤、输出 Log，这势必会造成服务器上占用系统资源较高，增加应用服务器端的负载压力。因此可能需要通过拆分来提升性能。
- 在高并发的情况下，日志传输峰值比较大。如果直接写入 Elasticsearch，会因 Elasticsearch 的 HTTP API 处理能力有限，在日志写入频繁的情况下会出现写入超时、数据丢失等问题，所以需要一个缓冲中间件。
- 这种架构也会给运维调优带来巨大的成本。比如还没有接入全公司的业务，就可能发生 Elasticsearch 索引数据量比较大的情况，查询时会报 CPU 负载过高等问题。

这种架构下调优的方向主要可以从以下 3 种思路入手。
- 架构层面：增加 Kafka 代理缓存。
- Elasticsearch 层面：很多卡死的原因是日志导致索引过大，故除了提升 ES 系统性能以外，索引也需要进行调优（比如自定义 templates，非必要的字段不存储），模板中设置 _ttl 过期时间（如 30 天过期，有些人可能设置为永不过期，需要确认一下）。
- Kafka：在第一点思路的基础上，将 partition 分成不同的 topic，不同的业务日志写入不同的 topic 中。

11.4.3 改良架构

改良后的另一种架构如图 11-17 所示，这种架构引入 Kafka（或 Redis）的缓存机制，即使远端 Logstash Server 因为故障停止运行，数据也不会丢失，因为数据已经被存储下来了。

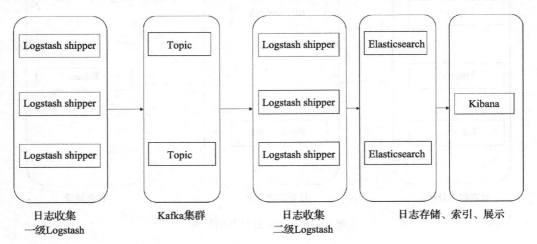

图 11-17　ELK 的改良架构

关于缓冲中间件的选择，早期的博客都是推荐使用 Redis 的，因为 ELK Stack 官网建议使用 Redis 来做消息队列。但是很多大佬已经通过实践证明使用 Kafka 更加优秀，原因如下。
- Redis 无法保证消息的可靠性，但 Kafka 可以做到。
- Kafka 的吞吐量和集群模式都比 Redis 优秀。

- Redis 受限于机器内存，当内存达到阈值，数据就会被抛弃。通过加 Redis 内存的方式并不能解决这个问题，因为在 Redis 中内存越大，触发持久化的操作阻塞主线程的时间越长。相比之下，Kafka 的数据堆积在硬盘中不存在这个问题。

这种架构也存在一些问题的：
- 二级 Logstash 要分析处理大量数据，同时 ES 要存储和索引大量数据，负荷会比较重，往往要配置为集群模式，否则会出现性能瓶颈。
- Logstash Shipper 是 JVM 运行的，占用 Java 内存非常多。有用户做过测试，在 8 线程 8GB 内存下，Logstash 常驻内存 660MB（Java）。因此，这么一个巨无霸部署在应用服务器端就不大合适了，我们需要一个更加轻量级的日志采集组件。
- 上述架构如果部署成集群，所有业务放在一个大集群中会出现相互影响的情况。一个业务系统出问题了，就可能会拖垮整个日志系统。因此，需要降低系统的耦合度。

11.4.4 二次改良架构

基于上一节介绍的改良方案进行二次改良，得到的新架构如图 11-18 所示。

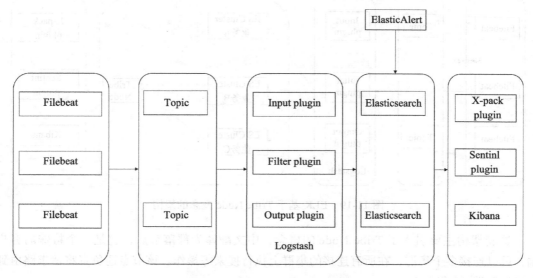

图 11-18　ELK 的二次改良架构

该架构与之前的架构唯一不同的是：应用端日志收集器换成了 Filebeat。Filebeat 是轻量的，占用服务器资源少，收集日志时对业务系统资源的消耗，所以使用 Filebeat 作为应用服务器端的日志收集器。一般 Filebeat 会配合 Logstash 一起使用，一般小公司会采用这套架构。这套架构中 Logstash 和 ES 也都推荐采用集群模式搭建。这样，除了 Beats 节点以外，整个项目任何功能模块都能进行横向扩容收缩。相较于之前的架构，二次改良的架构性能更优，采集速度更快，搜索速度更快，也更加稳定。

> **注意** Logstash 和 Filebeat 都具有日志收集功能，Filebeat 更轻量，占用资源更少。关于它们有一段轶闻：Logstash 是 JVM 运行的，资源消耗比较大，所以后来作者又用 Golang 写了一个功能较少但是资源消耗也小的轻量级的 Logstash-forwarder。不过作者只是一个人，加入 ES 公司以后，因为 ES 公司还收购了另一个开源项目 Packetbeat，这个项目有一个完整的团队在运作，所以 ES 公司干脆把 Logstash-forwarder 的开发工作也合并到同一个团队来搞，于是新的项目就叫 Filebeat 了。

11.4.5 基于 Tribe Node 概念的架构

运维过 ELK 的读者一定遇到过这样的场景，如果公司有 3 个独立的大型业务部门，那么很有可能因为其中一个业务有问题而直接拖垮整个 ELK 集群，导致整个日志系统宕机。针对这个问题可以采用图 11-19 所示的架构方案。

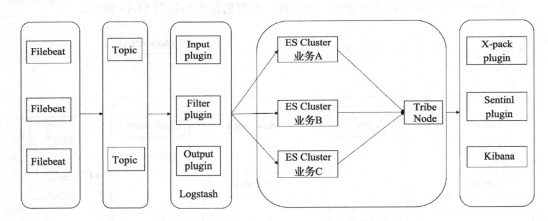

图 11-19　ELK 基于 Tribe Node 概念的架构

这套架构主要引入了 Tribe Node 的概念，中文翻译为部落节点，它是一个特殊的客户端，可以连接多个集群，在所有连接的集群上执行搜索等操作。该节点还负责将请求路由到正确的后端 ES 集群上。

这套架构的缺点在于对日志没有进行冷热分离。因为一般来说，对最近一周内的日志查询得最多。以 7 天作为界限，区分冷热数据，可以大大优化查询速度。

11.4.6 带有冷热分离功能的架构

在基于 Tribe Node 概念的架构的基础上增加冷热分离的功能，所得新架构示意如图 11-20 所示。

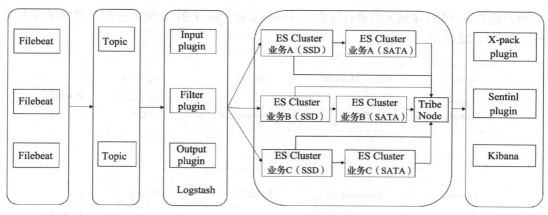

图 11-20　ELK 基于 Tribe Node 概念的架构上增加冷热分离的功能的架构

这套架构中，每个业务准备两个 Elasticsearch 集群，可以把它们分别理解为冷、热集群。7 天以内的数据，存入热集群，以 SSD 存储索引；超过 7 天的数据就放入冷集群，以 SATA 存储索引。

这个架构的隐患是，对敏感数据没有进行处理就直接写入日志了。可以通过 Java 现成的日志组件，比如 log4j 等提供日志过滤功能，对敏感信息进行脱敏后再存为日志。

11.5　Fluentd 和 Fluent Bit 项目简介

现在依然出现了从 ELK 到 EFK 的演进，也就是 L（Logstash）技术被逐渐替换为 F（Fluentd/Fluent Bit）。

2019 年 4 月从 CNCF 毕业、用 C 和 Ruby 编写的 Fluentd，作为通用日志收集器，以其高效、灵活、易用的特性逐渐取代了用 Java 编写的 Logstash 成为新的日志解决方案 EFK 中的重要一员，并在云原生领域得到广泛认可与应用。Google 的云端日志服务 Stackdriver 也用修改后的 Fluentd 作为 Agent。然而 Fluentd 开发团队并没有停滞不前，之后又推出了更为轻量级的完全用 C 编写的产品 Fluent Bit。

如图 11-21 所示，Fluent Bit 是一个开源的、多平台的日志处理器和转发器，它允许从不同的数据源收集数据、日志，并将它们统一发送到多个目的地。它完全兼容 Docker 和 Kubernetes 环境。Fluent Bit 有一个可插拔的架构，支持大约 30 个扩展。它快速、轻量级，并通过 TLS 为网络操作提供所需的安全性。

Fluentd 和 Fluent Bit 项目都是由 Treasure Data 创建和赞助的，它们的目标是解决日志的收集、处理和交付等问题。这两个项目有很多相似之处，Fluent Bit 完全基于 Fluentd 架构和一般的设计方法和经验。选择哪一个取决于最终的需求，从架构的角度来看，Fluentd 是一个日志收集器、处理器和聚合器。Fluent Bit 占用资源更少，是一个日志收集器和处理器

（它没有像 Fluentd 那样强大的聚合特性）。Fluentd 和 Fluent Bit 之间的比较可以参考官方文档，如图 11-22 所示。

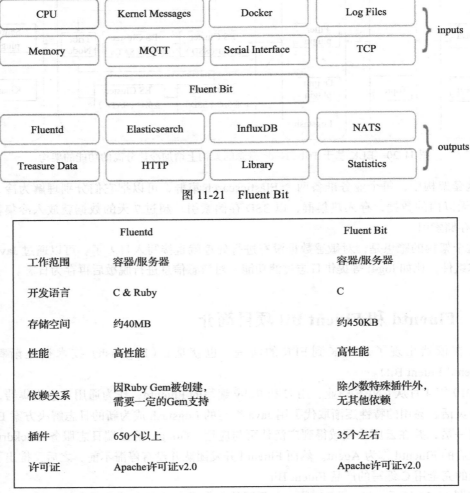

图 11-21　Fluent Bit

图 11-22　Fluentd 和 Fluent Bit 的比较

从图 11-22 中可以看到，Fluent Bit 占用资源更少，更倾向于做数据采集；而 Fluentd 插件更加成熟，更适合做日志的聚合器。也可以将两个技术结合起来使用，新的架构示意如图 11-23 所示。

在这个架构中，Fluent Bit 负责数据采集，Fluentd 负责数据聚合处理，Elasticsearch/InfluxDB 负责数据的存储，Kibana/Grafana 则负责数据的分析及展示。采集日志的 agent 用比较轻量一点的 Fluent Bit，Fluentd 作为 Fluent Bit 的接收者，用 Fluentd 实现集中解析后再发到最终的存储设备上，这样就不用每个节点都去部署 Fluentd 了。

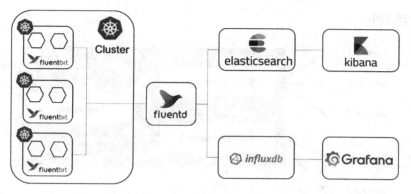

图 11-23 Fluentd 和 Fluent Bit 结合使用的架构图

> **注意** 之前介绍的 Filebeat 有自动加载配置的功能，解析日志也比较强大，如果需要频繁添加解析规则又不想频繁重启，并且想用一个比较轻量的 agent，那么 Filebeat 是一个不错的选择。

11.6 Operator 模式现状与未来展望

云原生领域有一个很常见的名字——Operator。什么是 Operator？ Operator=Controller+CRD（Custom Resource Definition）。Operator 由 CentOS 提出，概念是从 Kubernetes 的 CRD（Custom Resource Definition）自定义资源衍生而来的。CRD 的提出更是为开发者打开了创新的大门，从最开始的分布式应用部署，到更广阔的应用开发 / 发布场景，再到各类云服务场景。各类资源都可以接入 Kubernetes API 中进行有效协同管理。Operator 的概念在这个过程中起到推波助澜的作用，我们可以从 awesome-operators⊖中看到，Operator 实现的种类非常齐全。

它来自于 Kubernetes 的理念，用户可以定义新的管理配置的 API 对象，然后通过编写 Controller 来实现用户对云原生产品的管控需求，从而实现特定应用程序的常见操作以及运维自动化。这就是 Operator 的模式，它是一个概念，并不是一个开发框架、一种资源或者一个项目。

为了应对且无法通过 Kubernetes 原生提供的应用管理概念实现自动化的特有的运维管理和配置管理问题，CoreOS 率先引入了 Operator 的概念，并且首先推出了在 Kubernetes 下运行和管理 etcd 的 etcd Operator，随后又推出了 Prometheus Operator。

Prometheus Operator 的架构示意如图 11-24 所示，Prometheus Operator 负责监听这些自定义资源的变化，并且根据这些资源定义自动化的完成如 Prometheus Server 自身以及配置

⊖ https://github.com/operator-framework/awesome-operators。

的自动化管理工作。

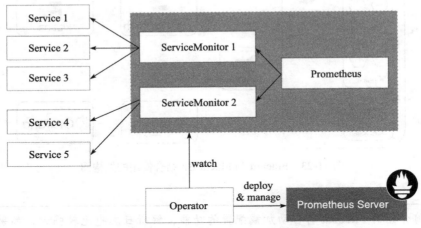

图 11-24　Prometheus Operator 架构图

Prometheus Operator 目前主要提供 4 类资源。
- Prometheus：声明式创建和管理 Prometheus Server 实例。
- ServiceMonitor：负责声明式管理监控配置。
- PrometheusRule：负责声明式管理告警配置。
- Alertmanager：声明式创建和管理 Alertmanager 实例。

在 Kubernetes 集群中，可以简单地安装 Prometheus Operator，并对 Prometheus 进行实例创建、管理监控配置甚至使用自定义配置等高级功能。

> 注意　在 Kubernetes 集群上，Rancher 一般自带 Prometheus Operator。

我们在上一节中介绍的 Fluent Bit 存在一个问题[⊖]，那就是 Fluent Bit 虽然更加轻量和高效，但是配置文件变更后无法优雅地自动重新加载新的配置。为了解决上述问题，KubeSphere 团队开发了 FluentBit Operator（https://github.com/kubesphere/fluentbit-operator）并将其应用到 KubeSphere 中作为日志收集器。通过 FluentBit Operator，KubeSphere 实现了通过控制台灵活地添加、删除、暂停、配置日志接收者。

国内技术型公司 PingCAP 也致力于通过 Operator 模式，将 Kubernetes 打造成 TiDB 的一个最佳底座。通过 TiDB Operatror，一方面可以把 TiDB 在 Kubernetes 上的运维门槛降到最低，让入门级用户也能轻松搞定水平伸缩和故障转移这些高级玩法（如快速构建 TiDB 集群、Local PV、故障转移、优雅升级等）；另一方面，基于 Kubernetes 的 RESTful API 提供

⊖　详见官方 Github issue：https://github.com/fluent/fluent-Bit/pull/842 和 https://github.com/fluent/fluent-Bit/issues/365。

了一套标准的集群管理 API，用户可以依靠 API 把 TiDB 集成到自己的工具链或 PaaS 平台中，真正赋能用户，让用户把 TiDB 玩好、玩精。

在云原生时代，随着 Kubernetes 越来越普及，Operator 模式在技术上也可以将 Kubernetes 打造成中间件的底座，让中间件技术焕发出新的生命力。Operator 在未来的规范化将体现在资源状态的规范化、功能、能力边界的规范化、协同方式的规范化这 3 个方面。

Operator 模式未来的愿景会是技术下沉、体验上浮。让所有的技术为业务服务，让复杂的技术实现下沉，让用户能够以最简单的方式体验到 Operator 模式的能力。广大开发者可以发挥创新能力创造各种 Operator，然后将其共享出来，应用于实际业务之中。

11.7　关于灵活运用 Prometheus 的几点建议

写到这里，已经到了本书的尾声部分。

Prometheus 相关技术栈的功能之多，不可能用一本书道尽，它是监控领域的独孤九剑，本书只能体现这门高深武功的精髓，各位读者在实际工作中应灵活运用。

举几个例子给大家开拓一下思路。JMeter+InfluxDB+Grafana 可以用于打造压测可视化实时监控系统。一些中小型公司的测试人员进行压测的时候，通过看命令行的实时数据进行系统瓶颈的定位，但是如果有了全景可视化监控大盘，可以同时观看 CPU、Load、I/O 等一系列指标在压测过程中的数据变化。

从 JMeter 3.2 开始，Backend Listener 中引入的 InfluxDBBackendListenerClient 允许使用 UDP 或 HTTP 协议将统计指标发送到 InfluxDB。JMeter 引入 Backend Listener，用于在压测过程中实时发送统计指标数据给时序数据库 InfluxDB，通过配置 Grafana（开源的 Web 可视化看板）将数据源连接到 InfluxDB，我们就可以创建炫酷的可视化看板，并可以实时获取测试指标数据。此功能提供实时的数据、漂亮的图表，能够对比两个以上的测试计划，能够向图表添加注释。

Grafana 也提供很多与压测相关的可视化大盘模板，比如 JMeter Load Test[1]，如图 11-25 所示。

通过上述插件可以得到图 11-26 和图 11-27 所示的监控大盘，当然也可以根据自己业务场景的指标绘制压测大盘。

Prometheus 在业务使用中也能协助发现问题。比如一家公司的业务由于广告及导流的影响，对搜索服务的稳定性提出了苛刻的要求，为了应对可能的流量突增，他们进行了大规模、全方位的性能测试，目的是摸清线上服务的能力，定位瓶颈所在。搜索服务采用了 Master-Slave 的 Redis 服务来缓存用户的搜索结果，过期时间为 5～10 分钟，通过缓存来提升响应时间和并发。key 是用户的请求实体 json 字符串，value 自然是搜索结果 json 串，并没有使用 set、hash 等类型。

---

[1] https://grafana.com/grafana/dashboards/1152。

图 11-25　Grafana 可视化插件 JMeter Load Test

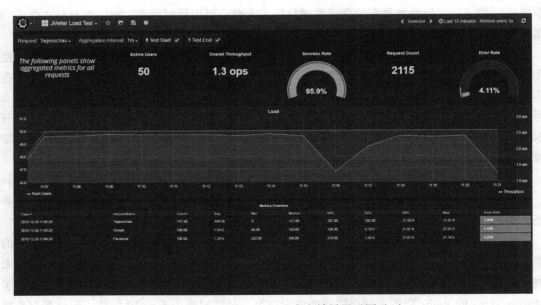

图 11-26　JMeter Load Test 大盘效果展示图（1）

在这家公司的压测中，他们在 Grafana 上发现最终瓶颈点落在了 Redis 上[一]。最终发现是 Redis 的 BigKey 问题，主要是 json 串太大导致的。Key 方面使用了 commons-codec 里的

[一]　参见 https://www.shenyanchao.cn/blog/2019/02/13/redis-serializer/。

md5 加密摘要编码，value 通过 jackson2 序列化后再通过 JDK 自带的 gzip 进行压缩。执行完这个优化操作以后，再次进行压测时，在同等压力下，Grafana 在内存、I/O 方面提升效果显著，顺利地解决了 Redis 的瓶颈问题。

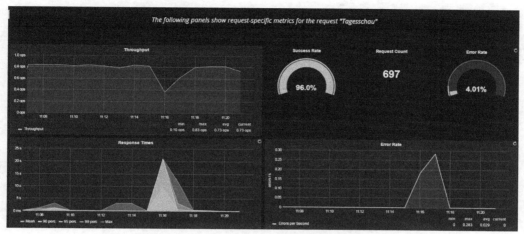

图 11-27　JMeter Load Test 大盘效果展示图（2）

> **注意** 序列化方案和压缩方案可以通过 benchmark 进一步对比，以追求更好的效果

除了压测、业务领域，大数据领域同样可以使用 Prometheus 相关技术，比如 Flink 在 1.9 版的文档中就提供了接入 Prometheus 的方法，Hadoop、Spark、Presto、HBase，乃至目前比较火的 ClickHouse，都可以使用 Prometheus 进行监控。

11.8　本章小结

本章紧密围绕 Prometheus 的扩展技术进行介绍。

首先从集群上，在联邦 + 远程存储的集群方案的基础上扩展性地介绍了 Thanos 和 M3DB 的相关技术，并对实际集群运维过程中存在的一些问题做了指导和建议。

然后通过集成 Prometheus 理念的 Loki，详细介绍了 Loki、ELK、EFK 等日志领域相关技术的原理和架构方案。

最后，介绍了通过 Prometheus Operator 模式来有状态地运维和管理组件的机制，包括 Prometheus 在实战中应该如何灵活运用，让 Prometheus 真正成为监控领域的"独孤九剑"。

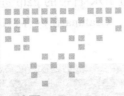

附录 A
Prometheus 相关端口列表

表 A-1 9090 区段开始的核心组件端口

端口	组件	说明
9090	Prometheus server	Prometheus Server 模块
9091	Pushgateway	Prometheus Pushgateway 模块
9092	UNALLOCATED（to avoid collision with Kafka）	未分配，为了避免与 Kafka 冲突
9093	Alertmanager	Prometheus Alertmanager 模块
9094	Alertmanager clustering	Prometheus Alertmanager 集群

表 A-2 9100 区段开始的 Exporter 端口

端口	组件	说明
9100	Node Exporter	用于机器系统数据收集，如 CPU、内存、磁盘、I/O 等信息
9101	HAProxy Exporter	收集 HAProxy 统计数据并通过 HTTP 将其导出以供 Prometheus 使用
9102	StatsD Exporter：Metrics	用于接收 StatsD 格式的指标，并将其导出为 Prometheus 指标
9103	Collectd Exporter	可用于从现有集合设置导出指标，也可用于导出 Prometheus 核心导出器（如节点导出器）未涵盖的指标
9104	MySQLd Exporter	MySQL 服务器指标导出器
9105	Mesos Exporter	Mesos 主代理指标的导出器
9106	CloudWatch Exporter	CloudWatch 信息导出器
9107	Consul Exporter	Consul 信息导出器
9108	Graphite Exporter：Metrics	用于 Graphite 的指标导出器，用于 Metrics
9109	Graphite Exporter：Ingestion	用于 Graphite 的指标导出器，用于 Ingestion
9110	Blackbox Exporter	Blackbox 信息导出器

（续）

端口	组件	说明
9111	Expvar Exporter	Expvar 信息导出器
9112	promacct：pcap-based network traffic accounting	一款实用程序工具，检查网络接口上的通信量，并存储有关数据包数量及其大小的统计信息；支持按源/目标 IPv4 地址聚合；绑定了一个侦听端口 9112 的 HTTP 服务器
9113	Nginx Exporter [alternative]	Nginx 信息导出器
9114	Elasticsearch Exporter	Elasticsearch 指标导出器
9115	Blackbox Exporter	Blackbox 信息导出器，和 9110 区别具体参见官方最新文档和实际调整效果
9116	SNMP Exporter	SNMP 信息导出器
9117	Apache Exporter	Apache 信息导出器
9118	Jenkins Exporter	Jenkins 信息导出器
9119	BIND Exporter	BIND 导出器
9120	PowerDNS Exporter	PowerDNS 导出器
9121	Redis Exporter	Redis 指标导出器
9122	InfluxDB Exporter	InfluxDB 格式指标导出器
9123	RethinkDB Exporter	RethinkDB 导出器
9124	FreeBSD sysctl Exporter	FreeBSD 系统控制信息导出器
9125	StatsD Exporter：Ingestion	StatsD 格式信息导出器
9126	New Relic Exporter	New Relic 信息导出器
9127	PgBouncer Exporter	PgBouncer 信息导出器
9128	Ceph Exporter	Ceph 信息导出器
9129	HAProxy Log Exporter	可配置的 HAProxy Log 信息导出器
9130	UniFi Poller and UniFi Exporter	UniFi 信息导出器
9131	Varnish Exporter	Varnish 信息导出器
9132	EdgeMAX Exporter	EdgeMAX 信息导出器
9133	Fritz!Box Exporter	Fritz!Box 信息导出器
9134	ZFS Exporter / ZFS Exporter（pdf）	ZFS 信息导出器
9135	rTorrent Exporter	rTorrent 信息导出器
9136	Collins Exporter	Collins 信息导出器
9137	SiliconDust HDHomeRun Exporter	SiliconDust HDHomeRun 导出器
9138	Heka Exporter	Heka 信息导出器，监听 Heka 消息，提取指定字段
9139	Azure SQL Exporter	Azure SQL 指标导出器
9140	Mirth Exporter	Mirth 信息导出器
9141	ZooKeeper Exporter	ZooKeeper 信息导出器，将 mntr 命令发送到 ZooKeeper 节点，并将输出转换为 Prometheus 格式
9142	BIG-IP Exporter	BIG-IP 信息导出器，使用 iControl REST API
9143	Cloudmonitor Exporter	Cloudmonitor 信息导出器，负责收集 Akamai Cloudmonitor 统计数据
9144	grok_exporter	将非机构化日志数据转换为 Prometheus 格式数据

（续）

端口	组件	说明
9145	Aerospike Exporter	Aerospike 信息导出器
9146	Icecast Exporter	Icecast 信息导出器，可以从 Icecast 流媒体服务器上获取数据
9147	Nginx Request Exporter	Nginx 请求导出器
9148	NATS Exporter	NATS 指标导出器，从 NATS 服务器的 HTTP 监控接口收集指标
9149	Passenger Exporter	Passenger 导出器
9150	Memcached Exporter	Memcached 指标导出器，从 Memcached 服务器获取相关指标
9151	Varnish Request Exporter	Varnish 请求计时信息导出器
9152	Command runner Exporter	Prometheus 导出器，定时运行命令并将其返回代码导出
9153	Mandrill Exporter	Mandrill 统计数据导出器
9154	Postfix Exporter	Postfix 信息导出器
9155	vSphere Graphite	监视 VMware vSphere 统计信息
9156	WebDriver Exporter	WebDriver 信息导出器，使用 WebDriver 协议监测 Web 页面
9157	IBM MQ Exporter	IBM MQ 信息导出器，从 Go 应用程序调用 IBM MQ
9158	Pingdom Exporter	Pingdom 信息导出器，Pingdom API 公开的正常运行的时间和事务指标，用 GO 语言编写
9159	Syslogstash Metrics	将系统日志消息从 UNIX 套接字反馈给 logstash
9160	Apache Flink Exporter	Apache Flink 信息导出器
9161	Oracle DB Exporter	Oracle 数据库信息导出器
9162	Apcupsd Exporter	Apcupsd 信息导出器，用于 Apcupsd 网络信息服务器
9163	zgres Exporter	zgres 信息导出器
9164	s6_Exporter	s6 信息导出器
9165	lmsensors Exporter	lmsensors 信息导出器
9166	Dovecot Exporter	Dovecot 信息导出器
9167	Unbound Exporter	Unbound 信息导出器
9168	gitlab-monitor	监测 GitLab
9169	Lustre Exporter	Lustre 信息导出器，与 Lustre 并行文件系统一起使用
9170	Docker Hub Exporter	Docker Hub 信息导出器
9171	GitHub Exporter [alternative]	GitHub 信息导出器，从 GitHub API 向与 Prometheus 兼容的端点公开存储库的相关指标
9172	Script Exporter	Shell Script 信息导出器
9173	Rancher Exporter	Rancher 信息导出器
9174	Docker-Cloud Exporter	Docker-Cloud 信息导出器，从 Docker Cloud API 向与 Prometheus 兼容的端点公开栈、服务、节点和节点群集的运行状况
9175	Saltstack Exporter	Saltstack 信息导出器，允许从 Saltstack minion 中删除数据。导出程序必须运行在一个 minion 上，并且具有在本地执行命令的权限
9176	OpenVPN Exporter	OpenVPN 信息导出器，可以解析 OpenVPN 的 --status 生成的文件
9177	libvirt Exporter	libvirt 信息导出器，可连接到任何 libvirt 守护程序，并导出与 CPU、内存、磁盘和网络使用率相关的每个域指标

（续）

端口	组件	说明
9178	Stream Exporter	Stream 信息导出器，用于从流式文本源提取指标
9179	Shield Exporter	Shield 信息导出器
9180	ScyllaDB Exporter	ScyllaDB 信息导出器，使用 seastar 框架的 NoSQL 数据存储，与 Apache Cassandra 兼容
9181	OpenStack Ceilometer Exporter	OpenStack Ceilometer 信息导出器，抓取 OpenStack Ceilometer API 相关指标并将其转换为 Prometheus 格式
9182	WMI Exporter	WMI 信息导出器，用于 WMI 的 Windows
9183	OpenStack Exporter（WIP）	OpenStack 信息导出器（WIP），向 Prometheus 公开高级 OpenStack 指标，可以使用 Grafana 和 OpenStack Clouds 仪表板可视化数据
9184	Twitch Exporter	Twitch 信息导出器
9185	Kafka topic Exporter	Kafka topic 信息导出器
9186	Cloud Foundry Firehose Exporter	Cloud Foundry Firehose 信息导出器
9187	PostgreSQL Exporter	PostgreSQL 信息导出器
9188	Crypto Exporter	Crypto 信息导出器
9189	Hetzner Cloud CSI Driver（Nodes）	Hetzner Cloud Volumes 的 Kubernetes 容器存储接口驱动程序
9190	BOSH Exporter	BOSH 信息导出器
9191	netflow Exporter	netflow 信息导出器，支持 netflow v5 和 v9（截至本书完稿时）
9192	ceph_Exporter	Ceph 信息导出器，将相关指标从 Ceph 集群导出到 Prometheus 监控系统
9193	Cloud Foundry Exporter	Cloud Foundry 信息导出器
9194	BOSH TSDB Exporter	BOSH TSDB 信息导出器，用于 BOSH OpenTSDB Health Monitor 插件
9195	MaxScale Exporter	MaxScale 信息导出器
9196	UPnP Internet Gateway Device Exporter	UPnP Internet Gateway Device 信息导出器
9197	Google's mtail log data extractor	从应用程序日志中提取在时序数据库中收集的白盒监视数据
9198	Logstash Exporter	Logstash 信息导出器
9199	Cloudflare Exporter	Cloudflare 信息导出器，公开 Cloudflare 的 colocations API 的指标，仅适用于 Cloudflare 企业客户
9200	UNALLOCATED	为了防止和 Elasticsearch 冲突，暂未分配
9201	Remote storage bridge example code	—
9202	Pacemaker Exporter	Pacemaker 信息导出器
9203	Domain Exporter	Domain 信息导出器，执行 WHOIS 的 config 文件中提供的域列表，并通过 Prometheus 公开这些域
9204	PCSensor TEMPer Exporter	PCSensor TEMPer 信息导出器，从 Prometheus 的各种 PCsensor 温度装置上输出读数
9205	Nextcloud Exporter	Nextcloud 信息导出器，用于获取 Nextcloud 服务器实例的某些指标

（续）

端口	组件	说明
9206	Elasticsearch Exporter	Elasticsearch 信息导出器，从在 Elasticsearch 集群上运行的查询收集相关指标，以及集群本身的指标
9207	MySQL Exporter	MySQL 信息导出器，定期对 MySQL 数据库运行已配置的查询，并将结果导出为 Prometheus 规范格式
9208	Kafka Consumer Group Exporter	Kafka Consumer Group 信息导出器
9209	FastNetMon Advanced Exporter	FastNetMon Advanced 信息导出器
9210	Netatmo Exporter	Netatmo 信息导出器，用于将 NetAtmo 传感器收集的数据导入 Prometheus
9211	dnsbl-exporter	dnsbl 信息导出器，根据各种 DNSBL（有时称为 RBL）检查配置主机，使用 Prometheus 创建图表、告警等
9212	DigitalOcean Exporter	DigitalOcean 信息导出器，用于导出与 DigitalOcean droplets、卷、网络快照等相关的指标，用 Go 语言编写
9213	Custom Exporter	Custom 信息导出器，用于检索专用导出器中找不到的特定指标
9214	MQTT Blackbox Exporter	MQTT Blackbox 信息导出器，用于监测 MQTT
9215	Prometheus Graphite Bridge	去掉 Prometheus 的相关指标并把它们变成 Graphite
9216	MongoDB Exporter	MongoDB 信息导出器，包括分片、复制和存储引擎
9217	Consul agent Exporter	Consul agent 信息导出器
9218	promql-guard	PromQL Guard 在 Prometheus 之上提供的一个瘦代理，它可以让我们检查和重新编写 PromQL 查询，因此租户只能看到我们允许的日期，即使使用共享的 Prometheus 服务器也是如此
9219	SSL Certificate Exporter	SSL Certificate 信息导出器，允许以黑盒的形式在 HTTP/HTTPS 中测试证书的到期日期，但不会明确哪个证书即将到期，也不会提供除警报外的任何其他信息
9220	NetApp Trident Exporter	NetApp Trident 信息导出器，Trident 是一个由 NetApp 维护的开源项目
9221	Proxmox VE Exporter	Proxmox VE 信息导出器，公开从 Proxmox VE 群集收集信息，以供 Prometheus 使用
9222	AWS ECS Exporter	AWS ECS 信息导出器
9223	BladePSGI Exporter	BladePSGI 信息导出器
9224	Fluentd Exporter	Fluentd 信息导出器，提供流式输出
9225	mail Exporter	Mailserver 指标导出器，可基于 Maildir 进行邮件设置，当前不支持其他存储格式
9226	allas	PostgreSQL 的连接池，只支持 LISTEN/NOTIFY
9227	proc_exporter	proc_ 信息导出器，检查进程是否正在运行
9228	Flussonic Exporter（WIP）	Flussonic 信息导出器，用于 Flussonic media server（一款流媒体服务器）
9229	gitlab-workhorse	Gitlab 的智能反向代理，能处理 HTTP 请求，如文件下载、文件上传、Git、推/拉和 Git 存档下载

（续）

端口	组件	说明
9230	Network UPS Tools Exporter	Network UPS Tools 信息导出器，将一个或多个 NUT（网络 UPS 工具）服务器上的 UPS 导出到 Prometheus
9231	Solr Exporter	Solr 信息导出器，用 Go 语言编写
9232	Osquery Exporter	Osquery 信息导出器
9233	mgmt Exporter	mgmt 信息导出器，一个实时自动化工具，功能更强大，以一种非常安全的方式构建实时、闭环的反馈系统，并且有少量的 mcl 代码
9234	mosquitto Exporter	mosquitto MQTT 消息代理导出器
9235	gitlab-pages Exporter	gitlab-pages 信息导出器，用于为 GitLab 用户提供静态网站的 GitLab 页面守护
9236	gitlab gitaly Exporter	gitlab gitaly 信息导出器，Gitaly 是一个 Git-RPC 服务，用于处理 GitLab 发出的所有 Git 调用
9237	SQL Exporter	SQL 信息导出器，包含一个服务，该服务以灵活的方式间隔运行用户定义的 SQL 查询，并通过 HTTP 导出结果
9238	uWSGI Expoter [alternative]	uWSGI 导出器，可以在系统文件夹中安装改导出器
9239	Surfboard Exporter	Surfboard 信息导出器
9240	Tinyproxy Exporter	Tinyproxy 信息导出器
9241	ArangoDB Exporter	ArangoDB 信息导出器
9242	Ceph RADOSGW Usage Exporter	Ceph RADOSGW Usage 信息导出器。用于删除使用管理操作 API 从 RADOSGW 收集的信息
9243	Chef Compliance Exporter	Chef Compliance 信息导出器
9244	Moby Container Exporter	Moby Container 信息导出器，基本指标直接从 Moby stats API 向 Prometheus 兼容的端点公开
9245	Naemon / Nagios Exporter	Naemon / Nagios 信息导出器，收集关于 Nagios 的信息及其执行检查操作，为 NEB 接口构建
9246	SmartPi	SmartPi 的开源存储库
9247	Sphinx Exporter	Sphinx 信息导出器
9248	FreeBSD gstat Exporter	FreeBSD gstat 信息导出器
9249	Apache Flink Metrics Reporter	Apache Flink 指标记录器
9250	OpenTSDB Exporter	这是一个守护进程，其获取 OpenTSDB 服务器的 URL，并根据从 OpenTSDB 的 API 统计信息中收集的数据向 Prometheus 导出相关指标
9251	Sensu Exporter	Sensu 信息导出器
9252	GitLab Runner Exporter	GitLab Runner 信息导出器，GitLab Runner 是用 Go 语言编写的官方存储库，它运行测试并将结果发送到 GitLab
9253	PHP-FPM Exporter	PHP-FPM 信息导出器
9254	Kafka Burrow Exporter	Kafka Burrow 信息导出器
9255	Google Stackdriver Exporter	Google Stackdriver 监控指标导出器，每次 Prometheus 删去 Google Stackdriver 监控指标时，该导出器作为代理会为指标的时间序列请求 Stackdriver API

（续）

端口	组件	说明
9256	td-agent Exporter	td-agent 信息导出器
9257	S.M.A.R.T. Exporter	S.M.A.R.T. 信息导出器
9258	Hello Sense Exporter	Hello Sense 信息导出器，用于从 Hello Sense 设备获取数据并导出到 Prometheus
9259	Azure Resources Exporter	Azure Resources 信息导出器，此导出器现在（本书完稿时）仍处于待完善状态，将 Azure 资源 API 结果显示为标准形式，其从 Azure Monitor API 导出相关指标
9260	Buildkite Exporter	Buildkite 信息导出器，这是一个基础导出器
9261	Grafana Exporter	Grafana 信息导出器，从 v4.5 开始，Grafana 已经不再需要使用这个导出器了
9262	Bloomsky Exporter	Timeseries DB 的 Bloomsky 信息导出器
9263	VMWare Guest Exporter	VMWare 访客信息导出器
9264	Nest Exporter	Nest 信息导出器
9265	Weather Exporter	Weather 信息导出器，为一个列表中的城市输出当前天气
9266	OpenHAB Exporter	OpenHAB 信息导出器
9267	Nagios Livestatus Exporter	Nagios Livestatus 信息导出器，通过 MK Livestatus Nagios 插件从 Nagios 插件读取 Nagios 服务状态
9268	CrateDB remote remote read/write adapter	这是一个适配器，它接受 Prometheus 远程读/写请求，并将它们发送到 CrateDB。这可以使用 CrateDB 作为 Prometheus 的长期储存器
9269	fluent-agent-lite Exporter	fluent-agent-lite 信息导出器
9270	Jmeter Exporter	Apache Jmeter 信息导出器，通过 HTTP API 发布导出信息
9271	Pagespeed Exporter	Pagespeed 信息导出器
9272	VMWare Exporter	VMWare 信息导出器
9273	Telegraf prometheus_client	用于收集并报告插件驱动的服务器代理的相关指标
9274	Kubernetes PersistentVolume Disk Usage Exporter	导出器，用于导出安装在 Kubernetes 节点上的所有持久卷的磁盘使用情况
9275	NRPE Exporter	NRPE 信息导出器，显式发送给正在运行的 NRPE 守护进程的命令指标
9276	GitHubQL Exporter	GitHubQL 信息导出器，用于导出有关 GitHub 存储库的各种指标
9276	Azure Monitor Exporter	Azure Monitor 信息导出器，允许使用 Azure 监视器 API 从 Azure 应用程序导出指标
9277	Mongo collection Exporter	Mongo collection 信息导出器，将 MongoDB 集合（包括索引）中的所有指标导出到 Prometheus 以进行深入分析和监视
9278	Crypto Miner Exporter	Crypto Miner 信息导出器
9279	InstaClustr Exporter	InstaClustr 信息导出器，Cassandra 通过 InstaClustr 监控 API 收集度量，并将其导出为 Prometheus 格式
9280	Citrix NetScaler Exporter	Citrix NetScaler 信息导出器，从 Citrix NetScaler 收集统计数据，并将其提供给 Prometheus。不建议直接在 NetScaler 上运行导出程序

（续）

端口	组件	说明
9281	Fastd Exporter	Fastd 信息导出器，正在开发中，暂时不建议使用
9282	FreeSWITCH Exporter	FreeSWITCH 信息导出器，此模块有严重的错误，目前无法生成可靠的指标
9283	Ceph ceph-mgr "prometheus" plugin	请参考 Ceph 官方网站
9284	Gobetween（WIP）	—
9285	Database Exporter（oracle/postgres/mssql/mysql sql queries）x	Prometheus 暂不支持的数据库的信息导出器
9286	VDO Compression and deduplication Exporter	基于 Python 2 的 Prometheus 导出器，用于 VDO（一个内核子系统，为 Linux 设备提供压缩和演绎）体积统计。信息导出后，可以在 Prometheus 中查看日期并定义告警，或者在 Grafana 等系统中定义仪表板和告警
9287	Ceph iSCSI Gateway Statistics	Ceph iSCSI 工具包，提供了用于为 Ceph 创建和管理 LIO 网关的通用逻辑和 CLI 工具
9288	Intel NNPI Exporter（WIP）	Intel NNPI 信息导出器
9289	Lovoo's IPMI Exporter	IPMI 信息导出器，运行于 IPMI 主机，用 GO 语言编写
9290	SoundCloud's IPMI Exporter（querying IPMI externally, blackbox-Exporter style）	IPMI 信息导出器，支持常规 Metrics 端点，也支持通过导出器运行的主机发布相关指标，以及支持 RMCP 上的 ipmi 的 ipmi 端点。一个主机上运行的导出器可以通过将目标参数传递给 scrape 来监视大量 ipmi 接口。该导出器依赖于当前 IPMI 实现的 FreeIPMI 套件中的工具
9291	IBM Z HMC Exporter	IBM Z HMC 信息导出器，用于使用 zhmcclient 从 IBM Z HMC（IBM Z 硬件管理控制台）获取相关指标，用 Python 编写，使用 Python3.4～3.7 进行测试
9292	Netapp ONTAP API Exporter	Netapp ONTAP API 信息导出器，从 Netapp 的文件管理器中获取数据并将其导出为 Prometheus 格式
9293	Connection Status Exporter	套接字连接状态的信息导出器
9294	MiFlora / Flower Care Exporter	MiFlora / Flower Care 信息导出器，可以从 Xiaomi MiFlora/HHCC Flower Care 设备使用蓝牙读取数据，只能在 Linux 上工作
9295	Freifunk Exporter	Freifunk 信息导出器，从 VPN 服务器获取 nodes.json，对其进行解析并将其转换为 Prometheus 服务器可读的指标
9296	ODBC Exporter	ODBC 信息导出器，定期对 ODBC 兼容数据库运行配置查询，并将结果导出为 Prometheus 格式指标
9297	Machbase Exporter	Machbase 信息导出器，定期对 Machbase 兼容数据库运行配置查询，并将结果导出为 Prometheus 格式指标
9298	Generic Exporter	Generic 信息导出器
9299	Exporter Aggregator	信息导出器 Aggregator，从其他导出器终节点聚合相关指标
9300	UNALLOCATED	未分配（以避免与 Elasticsearch 冲突）
9301	Squid Exporter	Squid 信息导出器，从 1.0 版开始，指标名称和一些参数已经更改，实际使用时要确保相关文档已完成相应更新部署

(续)

端口	组件	说明
9302	Faucet SDN Faucet Exporter	Faucet SDN Faucet 信息导出器，Faucet 用于多表 OpenFlow 1.3 交换机的 OpenFlow 控制器，它实现了第 2 层交换、VLAN、ACL，以及第 3 层 IPv4 和 IPv6 路由
9303	Faucet SDN Gauge Exporter	Faucet SDN Gauge 信息导出器
9304	Logstash Exporter	Logstash 信息导出器，由 Logstash 的 Node Stats API 提供相关指标
9305	go-ethereum Exporter	go-ethereum 信息导出器
9306	Kyototycoon Exporter	Kyototycoon 信息导出器
9307	Audisto Exporter	Audisto 信息导出器，将 Audisto web crawler 报告日期导出为 Prometheus 格式
9308	Kafka Exporter	Kafka 信息导出器，对于 Kafka 的其他指标，请查看 JMX 导出器
9309	Fluentd Exporter	Fluentd 信息导出器，可以抓取 fluent metrics 端点并将其导出为 Prometheus 格式
9310	Open vSwitch Exporter	Open vSwitch 信息导出器
9311	IOTA Exporter	IOTA 信息导出器
9312	UNALLOCATED	未分配（以避免与 Sphinx 搜索 API 冲突）
9313	Cloudprober Exporter	Cloudprober 信息导出器，主动监测，在客户发现故障之前检测故障
9314	eris Exporter	eris 信息导出器，eris 是一个用 Go 编写的现代 IRC 服务器 / 守护进程，它非常关注安全性和隐私性
9315	Centrifugo Exporter	Centrifugo 信息导出器
9316	Tado Exporter	Tado 信息导出器
9317	Tellstick Local Exporter	Tellstick Local 信息导出器，从具有本地 API 的 TellDus Tell-Stick 设备收集传感器信息，目前只适用于本地 API，不支持 TellDus Live
9318	conntrack Exporter	conntrack 信息导出器，用于跟踪网络连接
9319	FLEXlm Exporter	FLEXlm 信息导出器，用于 FLEXlm 许可证管理器
9320	Consul Telemetry Exporter	Consul Telemetry 信息导出器，用于发布指标终节点上报告的所有指标信息
9321	Spring Boot Actuator Exporter	Spring Boot Actuator 信息导出器，用于导出 spring metrics 执行器收集的日期
9322	haproxy_abuser_exporter	haproxy_abuser 信息导出器，官方暂无介绍
9323	Docker Prometheus Metrics under / metrics endpoint	Docker 下 Prometheus Metrics 指标
9324	Bird Routing Daemon Exporter	Bird Routing Daemon 信息导出器，用于 Bird 路由后台程序
9325	oVirt Exporter	oVirt 信息导出器
9326	JunOS Exporter	JunOS 信息导出器
9327	S3 Exporter	S3 存储信息导出器

（续）

端口	组件	说明
9328	OpenLDAP syncrepl Exporter	OpenLDAP syncrepl 信息导出器，用于同步复制 OpenLDAP 统计信息
9329	CUPS Exporter	CUPS 信息导出器，使用 pycups 为 cups 提供 Prometheus 格式指标
9330	OpenLDAP Metrics Exporter	OpenLDAP Metrics 信息导出器，从 OpenLDAP 中获取度量值，并通过 HTTP 将导出以供 Prometheus 使用
9331	influx-spout Prometheus Metrics	influx-spout Prometheus 格式指标，influx-spout 是一种度量感知的 InfloxDB 路由器
9332	Network Exporter	Network 信息导出器
9333	Vault PKI Exporter	Vault PKI 信息导出器，基于日期导出 PKI 证书和 CRL 指标
9334	Ejabberd Exporter（WIP）	Ejabberd 信息导出器，基于 ejabberd 18.01 debian 进行测试
9335	nexsan Exporter	nexsan 信息导出器，允许 Prometheus 探测 Nexsan 阵列，以黑盒导出器为模型
9336	Mediacom Internet Usage Exporter	Mediacom Internet Usage 信息导出器，为 Mediacom 互联网供应商的用户提供查询互联网使用情况的服务，除了 Mediacom 通信用户外，其他用户必须进行身份验证和提供 Mediacom 使用情况报告生成器的 URL 才可使用此导出器
9337	MQTTgateway	这是一个订阅 MQTT 队列并发布 Prometheus 指标的项目
9338	cAdvisor（Container Advisor）alternate port	分析运行容器的资源使用情况和性能特征
9339	AWS S3 Exporter	AWS S3 信息导出器，通过使用给定的 bucket 和前缀查询 API 并基于返回的对象构造指标来为 AWS S3 bucket 对象提供相关数据。通过比较对象的大小和数量随时间的增长，或将上次修改的日期与预期值进行比较，可以确保备份作业和批上载正常工作
9340	（Financial）Quotes Exporter	（Financial）Quotes 信息导出器，允许 Prometheus 实例监视股票、ETF 和共同基金的价格，可在任何需要的情况下提醒用户（注意：此处不包括 Prometheus 配置）
9341	slurm Exporter	slurm 信息导出器
9342	FRR Exporter	FRR 信息导出器，通过 vtysh 收集指标并通过 HTTP 发布
9343	GridServer Exporter	GridServer 信息导出器，收集 GridServer 报告统计数据，并通过 HTTP 将其导出
9344	MQTT Exporter	MQTT 信息导出器
9345	Ruckus SmartZone Exporter	Ruckus SmartZone 信息导出器，由 Robust Perception 和 Loovoo 通过 Ruckus SmartZone API 查询指标值的例子改编而成，用 Python 编写
9346	Ping Exporter	ICMP Ping 信息导出器
9347	Junos Exporter	Junos 信息导出器，使用 SSH NETCONF 会话从 Junos 设备收集指标，并通过 HTTP 发布
9348	BigQuery Exporter	BigQuery 信息导出器
9349	Configurable Elasticsearch query Exporter	基于 Elasticsearch 公开查询的导出器

（续）

端口	组件	说明
9350	ThousandEyes Exporter	基于 ThousandEyes 的指标与警报信息导出器
9351	Wal-e/wal-g Exporter	Wal-e/wal-g 封装工具相关指标导出器
9352	Nature Remo Exporter	Nature Remo 信息导出器
9353	Ceph Exporter	Ceph 信息导出器，查询 Ceph 管理套接字（asok），并生成 OSDs、MONs、RGWs 以及任何其他（将来和现在）支持 asok 套接字实例的详细指标，指标名称是从套接字架构中生成的，故不依赖于 Ceph 版本，并适用于所有 Ceph 版本
9354	Deluge Exporter	Deluge 客户端信息导出器
9355	Nightwatch.js Exporter	Nightwatch.js 信息导出器，nightwatchjs 定期进行测试并向 prometheus.io 反馈测试结果
9356	Pacemaker Exporter（WIP）	Pacemaker 信息导出器
9357	P1 Exporter（WIP）	P1 信息导出器，一个简单的二进制文件，可以通过串行端口从智能仪表读取数据，并将这些数据反馈给 Prometheus，Prometheus 可对反馈数据进行删除操作
9358	Performance Counters Exporter(WIP)	Windows 性能计数器导出器
9359	Sidekiq Prometheus	主要作用：作为报告作业标准的 Sidekiq 服务器中间件；使用 Sidekiq API 报告 Sidekiq 集群统计信息（需要 Sidekiq：Enterprise）为 Prometheus 提供可擦写的端点
9360	PowerShell Exporter（WIP）	PowerShell 信息导出器
9361	Scaleway SD Exporter	Scaleway SD 信息导出器
9362	Cisco Exporter	Cisco 信息导出器，基本结构基于 Junos 导出器
9363	ClickHouse	ClickHouse 是一个开源的面向列的数据库管理系统，可以实时生成分析数据报告
9364	Continent8 Exporter	Continent8 信息导出器，使用 Continent8 支持门户 API 公开带宽和环境指标
9365	Cumulus Linux Exporter，	Cumulus Linux 信息导出器，通过 HTTP 发布相关信息
9366	HAProxy Stick Table Exporter	HAProxy Stick Table 信息导出器
9367	teamspeak3_exporter（WIP）	Teamspeak3 信息导出器
9368	Ethereum Client Exporter	Ethereum 客户端信息导出器，使用 JSON-RPC 接口来收集相关指标，支持任何启用 JSON-RPC2.0 的客户端，只用奇偶性来测试
9369	Prometheus PushProx（WIP）	Prometheus 可通过 NAT 等删除代理
9370	u-bmc	基板管理控制器（BMC）的开源固件
9371	conntrack-stats-exporter	Prometheus 节点导出器，从 proc 伪文件系统导出 conntrack 指标开发这个导出器的目的是调查由于 Linux ipfilter conntrack 内核代码中的竞争条件而导致插入失败的统计信息（有时 Kubernetes 集群会在高工作负载的情况下升级，这会导致 NATted 连接初始数据包丢失。插入失败的统计信息与此错误导致的连接丢失相关）
9372	AppMetrics/Prometheus	AppMetrics 是一个开源的跨平台 .NET 库，用于在应用程序中记录和发布相关指标

（续）

端口	组件	说明
9373	GCP Service Discovery	GCP 服务发现通过使用 Google Cloud Platform API 将 Prometheus 服务发现扩展到目标发现，GCP 服务发现使用发现期间收集的元数据生成并写入基于文件的服务发现目标配置，Prometheus 可以直接读取该配置
9374	"Smokeping" prober	—
9375	Particle Exporter（WIP）	Particle 信息导出器（WIP）
9376	Falco	Falco 是一个行为活动监视器，用于检测应用程序中的异常活动。Falco 在最基本的层次上审计一个系统，即内核。然后，Falco 使用其他输入流（如运行时度量容器和 Kubernetes 度量）来丰富此信息。Falco 允许使用一组规则从一个数据源在一个位置连续监视和检测容器、应用程序、主机和网络活动
9377	Cisco ACI Exporter	Cisco ACI 信息导出器，使用 REST API 从 APIC 中提取信息，支持 OpenMetrics
9378	etcd gRPC Proxy Exporter	etcd gRPC 代理导出器，etcd 用于分布式系统中最关键数据的分布式可靠键值存储
9379	etcd Exporter	etcd 信息导出器
9380	MythTV Exporter	MythTV 信息导出器，收集 MythTV 统计数据并通过 HTTP 导出
9381	Kafka ZooKeeper Exporter	Kafka ZooKeeper 信息导出器，是公开存储在 ZooKeeper 中的 Kafka 集群状态的守护进程
9382	FRRouting Exporter（WIP）	FRRouting 信息导出器
9383	AWS Health Exporter	AWS Health 信息导出器，获取 AWS 状态并通过 HTTP 导出，允许在某些 AWS 状态更新时发出警报，或者让警报信息显示在仪表板上
9384	AWS SQS Exporter	AWS SQS 信息导出器，用于 Amazon 简单队列服务
9385	apcupsd Exporter	apcupsd 信息导出器，用于监视系统的 apcupd 网络信息服务器（NIS），它查询每个 scrape 上的 NIS，并以 Prometheus metrics 格式提供度量
9386	httpd-Exporter	httpd 信息导出器，HTTP 守护进程，基于访问日志文件抓取数据
9386	Tankerkönig API Exporter	Tankerkönig API 信息导出器
9387	SABnzbd Exporter	SABnzbd 信息导出器，用于将统计信息从 Sabnzbd 发送到 Prometheus
9388	Linode Exporter（WIP）	Linode 信息导出器（WIP）
9389	Scylla-Cluster-Tests Exporter	Scylla-Cluster-Tests 信息导出器，Scylla-Cluster-Tests 旨在测试物理/虚拟服务器上的 Scylla 数据库在高读写负载下的性能
9390	Kannel Exporter	Kannel 信息导出器，显示从 kannel 状态页收集的指标，适用于 Kannel 1.4.4 或更高版本。须使用 --filter smscs 标识或删除 Prometheus 服务器上的指标以禁用 smsc 度量集合。在大型设置中，将生成高基数指标
9391	Concourse Prometheus Metrics	Concourse Prometheus Metrics

（续）

端口	组件	说明
9392	Generic Command Line Output Exporter	Generic Command Line Output 信息导出器，创建的目的是发布下面包含的命令所给出的功耗测量值，但其通用性极好，通过简单调整即可用于发布任何其他所需的命令行变量
9393	Arris Exporter	Arris 信息导出器，专为 Arris 电缆调制解调器设备
9393	Alertmanager Github Webhook Receiver	根据警报创建的 Prometheus GitHub 信息接收器
9394	Ruby Prometheus Exporter	Ruby Prometheus 信息导出器，允许从多个进程聚合自定义度量并导出 Prometheus。它为处理 Prometheus 指标提供了一个非常灵活的框架，可以在单进程和多进程模式下操作
9395	LDAP Exporter	LDAP 信息导出器，可以配置从 LDAP 目录服务器获取并发布相关指标，其未来可能会作为独立的 HTTP 服务器运行
9396	Monerod Exporter	Monerod 信息导出器
9397	COMAP	Prometheus 的容器编排度量聚合器
9398	Open Hardware Monitor Exporter	Open Hardware Monitor 信息导出器，这是一个 Windows 服务导出器，用于开放硬件监视器、CPU 传感器
9399	Prometheus SQL Exporter	Prometheus 不能识别的 SQL 信息导出器
9400	RIPE Atlas Exporter	RIPE Atlas 信息导出器
9401	1-Wire Exporter	1-Wire（单线温度传感器）信息导出器
9402	Google Cloud Platform Exporter (WIP)	Google 云平台信息导出器，用于实现跨平台监控资源消耗情况
9403	Zerto Exporter	Zerto 信息导出器，用于从 Zerto API 获取指标，并用于 Prometheus 监视。Zerto 用于在多种虚拟化技术之间对虚拟机进行灾难恢复以及远程迁移等操作
9404	JMX Exporter	JMX 信息导出器，建议将该导出器作为 Java 代理来运行，公开 HTTP 服务器并提供本地 JVM 的度量。虽也可作为一个独立的 HTTP 服务器运行，并抓取远程 JMX 目标，但会出现难以配置、无法公开进程相关数据（如内存和 CPU 使用率）等问题
9405	Discourse Exporter	Discourse 信息导出器，Prometheus 官方插件
9406	HHVM Exporter	HHVM 信息导出器，将运行状况和运行时数据从 HHVM 管理接口导出并转换为 Prometheus 格式
9407	OBS Studio Exporter	OBS Studio 信息导出器，侦听 9407 端口（当前不可配置），以 Prometheus 兼容格式从 OBS Studio 导出相关指标
9408	RDS Enhanced Monitoring Exporter	RDS 增强型监控信息导出器，暂无其他官方介绍
9409	ovn-kubernetes Master Exporter	ovn-kubernetes Master 信息导出器，OVN 的 Kubernetes 集成
9410	ovn-kubernetes Node Exporter	ovn-kubernetes Node 信息导出器
9411	SoftEther Exporter	SoftEther VPN 信息导出器
9412	Sentry Exporter	Sentry 信息导出器
9413	MogileFS Exporter	MogileFS 信息导出器

（续）

端口	组件	说明
9414	Homey Exporter	Homey 信息导出器，用于导出如下信息：一般系统信息，如平均负载、内存、存储相关信息；设备状态信息，如传感器值、开关状态等；设备状态，仪表命名为 homey_Device_u<state>，设备信息包括 ID、名称和区域标签；用户状态信息，如在场/离开、清醒/睡眠
9415	cloudwatch_read_adapter	CloudWatch 远程读取适配器
9416	HP iLO Metrics Exporter	iLO 指标导出器
9417	Ethtool Exporter	Ethtool 信息导出器，用于从 ethtool-S<interface> 公开的 NIC 驱动程序中获取统计信息
9418	Gearman Exporter	Gearman 信息导出器，以 Prometheus 格式导出 Gearman 指标
9419	RabbitMQ Exporter	RabbitMQ 信息导出器，信息由 Prometheus 收集
9420	Couchbase Exporter	Couchbase 信息导出器
9421	APIcast（WIP）	一个建立在 Nginx 之上的 API 网关，是红帽 3scale API 管理平台的一部分
9422	jolokia_exporter	Jolokia 信息导出器，作为一个 cobra 应用程序被开发，用于从 Jolokia 导出数据
9423	HP RAID Exporter	HP RAID 信息导出器，调用 ssacli 实用程序，以提供 HP RAID 硬件报告的错误指标
9424	InfluxDB Stats Exporter	InfluxDB Stats 信息导出器，通过 SHOW stats 查询报告，与 InfluxDB 1.4 和 1.5 一起测试。注意，不要与 infloxdb_Exporter 混淆，后者接受 InfloxDB 行协议并将其转换为 Prometheus 格式
9425	Pachyderm Exporter	Pachyderm 信息导出器，可以清理 Pachyderm 并通过 HTTP 导出管道、作业和数据统计信息。它通过 gRPC 使用 Go 客户端连接到 Pachyderm
9426	Vespa engine Exporter	Vespa engine 信息导出器
9427	Ping Exporter	Ping 信息导出器，收集 go-ping 统计数据，并通过 HTTP 将其导出以供 Prometheus 使用。go ping 库由 Digineo GmbH 建立和维护
9428	SSH Exporter	SSH 信息导出器，用于在远程主机上运行 SSH 命令并收集这些输出的统计信息
9429	Uptimerobot Exporter	Uptimerobot 信息导出器，将正常运行的时间机器人监视器的结果导出为 Prometheus 格式
9430	CoreRAD	一个可扩展且可观察的 IPv6 邻居发现协议路由器播发守护进程
9431	Hpfeeds broker Exporter	Hpfeeds 代理信息导出器，Hpfeeds 是一个轻量级的经过身份验证的发布-订阅协议
9432	Windows perflib Exporter	基于 perflib 的 Windows 导出器和低级 Go-perflib 库
9433	Knot Exporter	Knot 信息导出器，用于 Knot 服务器和查询统计信息
9434	OpenSIPS Exporter	OpenSIPS 信息导出器，收集 OpenSIPS 的统计数据并通过 HTTP 导出

（续）

端口	组件	说明
9435	eBPF Exporter	eBPF 信息导出器，允许编写 eBPF 代码并导出 Linux 内核无法访问的度量
9436	mikrotik-exporter	mikrotik 信息导出器，仍处于开发中，现在仅为预览版本（截至本书完稿时）
9437	Dell EMC Isilon Exporter	Dell EMC Isilon 信息导出器，从运行 8.x 版和更高版本 OneFS 代码的 Dell/EMC Isilon 群集收集性能和使用情况统计信息，可用 Prometheus 删除这些信息。不建议在 Isilon 群集节点上运行此导出器，建议在单独的计算机上运行。应用程序可以配置为只监视一个集群，也可以配置为查询多个 Isilon 集群
9438	Dell EMC ECS Exporter	Dell EMC ECS 信息导出器，从运行 3.x 版及更高版本的 Dell EMC ECS 群集收集性能和度量统计数据，可用 Prometheus 删除这些信息。不建议在 Dell EMC ECS 群集节点上运行此工具，建议在单独的计算机上运行。应用程序可以配置为仅监视一个群集，也可以配置为查询多个 Dell EMC ECS 群集
9439	Bitcoind Exporter（WIP）	Bitcoind 信息导出器，与大多数 Bitcoind 分支兼容
9440	RavenDB Exporter	RavenDB 信息导出器，由于 API 和身份验证机制不同，不支持 4.0 之前的版本
9441	Nomad Exporter	Nomad 信息导出器，最初是 Nomon/nomad 出口商的一个分支，现在是其扩展版本
9442	Mcrouter Exporter	Mcrouter 信息导出器，一种流行的 memcache 路由器，由 Facebook 开发
9443	Napalm Logs Exporter	Napalm Logs 信息导出器，Napalm Logs 是一个 Python 库，监听来自网络设备的 syslog 消息，并按照 OpenConfig 或 IETF-YANG 模型返回结构化数据
9444	FoundationDB Exporter	FoundationDB 信息导出器，已正式发布，可收集基本指标数据，比如读/写操作、事务数据等
9445	NVIDIA GPU Exporter	NVIDIA GPU 信息导出器，使用 NVIDIA 管理库（NVML）的 Go 绑定，NVML 是一个基于 C 的 API，可用于监视 NVIDIA GPU 设备
9446	Orange Livebox DSL modem Exporter	Orange Livebox DSL 调制解调器信息导出器，发布包括 livebox_device_info、livebox_dsl_info 在内的 13 种指标数据
9447	Resque Exporter	Resque 信息导出器
9448	EventStore Exporter	EventStore 信息导出器
9449	OMERO.server Exporter（WIP）	OMERO.server 信息导出器，尚处于开发状态，其可以在没有警告的情况下进行破坏性更改
9450	Habitat Exporter	Habitat 信息导出器
9451	Reindexer Exporter	Reindexer 信息导出器
9452	FreeBSD Jail Exporter	FreeBSD Jail 信息导出器
9453	midonet-kubernetes	midonet-kubernetes
9454	NVIDIA SMI Exporter	完全可配置的 NVIDIA SMI 信息导出器

（续）

端口	组件	说明
9455	iptables Exporter	iptables 包和字节计数器信息导出器，用 Go 语言编写
9456	AWS Lambda Exporter	AWS Lambda 信息导出器
9457	Files Content Exporter（WIP）	文件内容导出器
9458	Rocket.Chat Exporter	Rocket.Chat 信息导出器，团队通信的终极免费开源解决方案
9459	Yarn Exporter	Yarn 信息导出器
9460	HANA Exporter	监视 HANA 数据库的初始 HANA 信息导出器，从系统表或视图中收集所有 HANA 信息
9461	AWS Lambda read adapter	Prometheus 读取适配器，与 simple-json-datasource 兼容
9462	PHP OPcache Exporter（WIP）	PHP OPcache 信息导出器
9463	Virgin Media/Liberty Global Hub3 Exporter [WIP]	Virgin Media/ Hub3 有线调制解调器统计数据导出器
9464	Opencensus-nodejs Prometheus Exporter（WIP）	Opencensus-nodejs 信息导出器，stats 收集和分布式跟踪框架
9465	Hetzner Cloud K8S Cloud Controller Manager	Hetzner 云控制器管理器，可将 Kubernets 集群与 Hetzner 云 API 集成
9466	MQTT pushgateway	为 MQTT 提供推送网关，可以监听指定 MQTT 主题，其可收集数据并等待 Prometheus 处理。仅支持浮点值
9467	nginx-prometheus-shiny-exporter	nginx-prometheus-shiny 信息导出器，通过 Syslog 从 Nginx 收集自定义格式的日志，统计所有数据并将相关数据导出到 Prometheus 服务器
9468	nasa-swpc-exporter	nasa-swpc 信息导出器，从美国宇航局空间天气预报中心收集当前空间天气数据
9469	script_exporter	脚本导出器，用于执行脚本并从输出或退出状态收集度量。要执行的脚本是通过配置文件定义的。在配置文件中可以指定多个脚本。脚本的输出被捕获并提供给 Prometheus。即使脚本不产生任何输出，也会提供退出状态和执行的持续时间
9470	cachet_exporter	缓存导出器，用于从缓存状态页导出指标数据
9471	lxc-exporter	LXC 信息导出器，一个用 Go 编写的小型应用程序，它以 Prometheus.io 格式提供了有关主机上运行的 LXC 容器的一些指标。它是 beta 版本的，已经在 Ubuntu Willy（15.10）和 4.x.x 版本的 linux 内核上测试通过。这个应用程序应该只安装在物理机器上，而不是 LXC 容器上。所有数据都是从 Linux Cgroup 读取的
9472	Hetzner Cloud CSI Driver(Controller)	Hetzner 云的容器存储接口驱动程序，允许使用 Kubernetes 中的卷。此驱动程序需要使用 Kubernetes 1.13 或更新版本
9473	stellar-core-exporter	stellar-core 信息导出器
9474	libvirtd_exporter	libvirtd 信息导出器，具有可插入指标的收集器功能
9475	wgipamd	wgipamd 命令使用 wg 动态协议实现的一个 IP 地址管理（IPAM）守护进程，用于将动态 IP 地址分配给 WireGuard 对等方
9476	Open Virtual Network Exporter	开放虚拟网络信息导出器

（续）

端口	组件	说明
9477	Rubrik Backup Exporter	Rubrik Backup 信息导出器
9478	Sentinel Exporter	Sentinel 信息导出器，只提供 sentine 的基础指标
9479	Elasticbeat Exporter (filebeat, metricbeat, packetbeat, etc...)	Elasticbeat 信息导出器，将 Elasticbeat 的文件、指标等统计信息从 Elasticbeat 统计信息终节点导出，自动为适当的 Elasticbeat 类型配置收集器
9480	Brigade Exporter	Brigade 信息导出器，与 Brigade 安装一起运行，如果有多个 Brigade，将有多个 Brigade 导出器，每个 Brigade 安装一个
9481	DRBD9 Exporter	DRBD9 信息导出器，在节点上运行时，用于检查该节点的 DRBD 卷的状态
9482	Vector Packet Process (VPP) Exporter	Vector Packet Process (VPP) 信息导出器
9483	IBM App Connect Enterprise Exporter	IBM App 企业级连接信息导出器
9484	kubedex-exporter	Kubedex 信息导出器，添加 Kubedex helm repo 并在 Kubernetes 集群上安装该导出器
9485	Emarsys Exporter	Emarsys 指标导出器
9486	Domoticz Exporter	Domoticz 信息导出器，用 Node.js 8 编写，为在 Domoticz 中定义的设备提供指标数据，不能为 Domoticz 提供指标数据
9487	Docker Stats Exporter	Docker Stats 信息导出器
9488	BMW Connected Drive Exporter	BMW 连接驱动信息导出器，用 Python 3 编写，使用 M1n3rva 的 bimmer_connected 库
9489	Tezos node metrics Exporter	Tezos 节点指标信息导出器，通过查询 Tezos 节点的 RPC 方法生成相关指标数据
9490	Exporter for Docker Libnetwork Plugin for OVN	Docker Libnetwork 的 OVN 插件信息导出器
9491	Docker Container Stats Exporter (docker ps)	Docker 容器统计信息导出器
9492	Azure Exporter (Monitor and Usage) (WIP)	Azure 信息导出器
9493	ProSAFE Exporter	ProSAFE 信息导出器，用于 NETGEAR 交换机，ProSAFE Plus 实用程序提供支持
9494	Kamailio Exporter	Kamailio 信息导出器，通过 CTL 模块使用本地 BINRPC 与 Kamailio 通信
9495	Ingestor Exporter	Ingestor 信息导出器，用于获取从 firehose 到 syslog 的相关指标数据
9496	389ds/IPA Exporter	最初只是一个复制状态导出器，后来发展到可以导出更多与 FreeIPA 相关的对象
9497	ImmuDB Exporter (WIP)	ImmuDB 信息导出器
9498	tp-link HS110 Exporter (WIP)	tp-link HS110 信息导出器（WIP）
9499	Smartthings Exporter	Smartthings 传感器数据导出器
9500	Cassandra Exporter	Cassandra 信息导出器，一个 Java 代理（带有可选的独立模式），它将 Cassandra 指标数据导到 Prometheus

（续）

端口	组件	说明
9501	HetznerCloud Exporter	Hetzner 云信息导出器
9502	Hetzner Exporter	Hetzner 信息导出器
9503	Scaleway Exporter	Scaleway 信息导出器
9504	GitHub Exporter	GitHub 信息导出器，为定义的名称空间和存储库收集 GitHub 统计信息
9505	DockerHub Exporter	DockerHub 信息导出器，为定义的名称空间和存储库收集 Docker 集线器统计信息
9506	Jenkins Exporter	Jenkins 信息导出器
9507	ownCloud Exporter	ownCloud 信息导出器，从自有云收集信息
9508	ccache Exporter	ccache 信息导出器，兼有 ccache 解析功能
9509	Hetzner Storagebox Exporter	Hetzner Storagebox 信息导出器，与 Hetzner API 对话，可获取账户中所有事件数据库列表，并将它们的统计数据导出
9510	Dummy Exporter	Dummy 信息导出器，虚拟导出器，专用于导出无意义的指标数据
9511	IIS Log Exporter	IIS 日志文件导出器，从给定目录中连续读取最新 IIS 日志文件，使用 Grok 对其进行解析并将其导到 Prometheus
9512	Cloudera Exporter	Cloudera 信息导出器，能够在后台调用 Cloudera API 和 Flume 代理，须配合 --cloudera.api.scrape.interval 和 --cloudera.flume.scrape.interval 参数。当代理被删除时，指标数据不会被收集
9513	OpenConfig Streaming Telemetry Exporter	OpenConfig Streaming Telemetry 信息导出器，使用流遥测从网络设备收集指标数据。通过了 JunOS 17.3 测试
9514	App Stores Exporter（Google Play & Itunes）	App Stores 信息导出器，用于从苹果应用商店和谷歌游戏导出指标数据，比如评分、评级、评论、应用版本等
9515	swarm-exporter	swarm- 信息导出器，导出关于 docker swarm 群集的一些指标数据，例如节点可用性、服务的运行副本数量等
9516	Prometheus Speedtest Exporter	Prometheus 速度测试信息导出器，用于导出下载速度、上传速度和延迟等指标数据
9517	Matroschka Prober	一个基于 GRE 的黑盒网络监控工具
9518	Crypto Stock Exchange's Funds Exporter	加密证券交易所资金信息导出器
9519	Acurite Exporter	Acurite 信息导出器，这是一个命令行工具，以 Prometheus 格式导出有关 Acurite 传感器的信息
9520	Swift Health Exporter（WIP）	Swift Health 信息导出器，使用 Swift 分散报告和 Swift 侦察工具来导出关于 Openstack Swift 集群运行状况的指标数据，该导出器已通过 OpenStack Swift Train（2.23.0 及以上版本）的测试
9521	Ruuvi Exporter	Ruuvi 信息导出器，以 Ruuvi v3 数据格式导出蓝牙 LE 广告的指标数据
9522	TFTP Exporter	TFTP 信息导出器，使用 hte TFTP 协议从远程服务器获取文件，可以直接在 Prometheus 服务器上运行，可以远程测量网络性能，也可以通过网络实际传输文件。调用 client_Exporter 只需使用 HTTP 通过网络发送几字节的命令

（续）

端口	组件	说明
9523	3CX Exporter（https://github.com/digineo/3cx_exporter/）	3CX 信息导出器
9524	.loki_exporter	Loki 信息导出器，Loki 是 Grafana 创建者开发的一个水平可伸缩、高可用、多租户日志聚合系统。该导出器针对 Loki API 运行查询，并返回每个流的条目数。该导出器用于检测关键日志事件，其中的结果可用于在 Prometheus 中创建警报
9525	Alibaba Cloud Exporter	阿里云信息导出器，该项目目前（本书截稿时）处于暂停状态
9526	kafka_lag_exporter	尚处于早期试验阶段，可以参阅 kafka_Exporter
9527	Netgear Cable Modem Exporter	Netgear 电缆调制解调器导出器，针对 CM600 开发的
9528	Total Connect Comfort Exporter	一个基于 Python 的 Total Connect Comfort 信息导出器
9529	Octoprint Exporter	Octoprint 信息导出器
9530	Custom Prometheus Exporter	使用 YAML 定义的信息导出器
9531	JFrog Artifactory Exporter	JFrog 人工统计信息导出器，用 Go 语言编写
9532	Snyk Exporter	Snyk 信息导出器，允许通过抓取 Snyk HTTP API 将扫描数据导到 Prometheus，用 Go 语言编写
9533	Network Exporter for Cisco API	将通过网络 API（如 Cisco Nexus API）访问的网络设备数据导到 Prometheus
9534	Humio Exporter	Humio 信息导出器，用 Go 语言编写
9535	Cron Exporter	Cronetheus 信息导出器，Cronetheus 是一个编排 cron 作业的工具。它发布了失败的 cron 作业的 Prometheus 指标数据，以便用户可以跟踪它们并针对它们创建警报
9536	IPsec Exporter	IPsec 信息导出器，用 Go 语言编写
9537	CRI-O	基于 CRI-O-OCI 的 Kubernetes 容器运行时接口实现
9538	Bull Queue（WIP）	Bull Queue 信息导出器
9539	LoraServer Gateways Exporter（WIP）	LoraServer Gateways 信息导出器
9540	EMQ Exporter	EMQ 信息导出器，收集 EMQ 度量并通过 HTTP 导出
9541	smartmon_exporter	S.M.A.R.T. 指标信息导出器
9542	SakuraCloud Exporter	SakuraCloud 信息导出器
9543	Kube2IAM Exporter	Kube2IAM 信息导出器，Kube2IAM 基于注释为运行在 Kubernetes 集群内的容器提供 IAM 凭据
9544	pgio Exporter	pgio 信息导出器，pgio 使用 GraalVM 提交的 Java CLI 可执行文件捕获磁盘 I/O 每个进程组的使用情况统计信息和系统总计。pgio 生成可存储和解释的数据流以分析并找出哪个部分 PostgreSQL 在一段时间内使用磁盘最多
9545	HP iLo4 Exporter	HP iLo4 信息导出器
9546	pwrstat-exporter	pwrstat 网际权力信息导出器
9547	Patroni Exporter	用户 API 指标信息导出器
9548	trafficserver Exporter	trafficserver 信息导出器，与 Apache Trafficserver 7.1.1 配合使用
9549	Raspberry Exporter	Raspberry 信息导出器，Raspberry Pi 上对 vcgencmd 可执行文件的简单包装

（续）

端口	组件	说明
9550	rtl_433 Exporter	用于 rtl_433 的 433MHz 无线分组解码器的 Prometheus 时间序列 DB 导出器
9551	hostapd Exporter	hostapd 信息导出器，使用 hostapd_cli 从访问点、虚拟访问点（VAP）和连接的客户端获取统计信息。用 hostapd v2.7 测试
9552	Alpine apk Exporter	Alpine apk 信息导出器，返回已安装和可升级包的指标数据
9552	AWS Elastic Beanstalk Exporter	Elastic Beanstalk 信息导出器，用 Python 编写
9553	Apt Exporter WIP	Apt 信息导出器
9554	ACC Server Manager Exporter WIP	ACC Server Manager 信息导出器，基于 Docker、Spring Boot 2 和 Angular 7 的 AC Competizione 服务器
9555	SONA Exporter	SONA 信息导出器，SONA 是一种针对基于云的数据中心的优化租户网络虚拟化服务
9556	Routinator Exporter	Routinator 信息导出器，Routinator 是 RPKI 依赖方软件，用 Rust 编写
9557	MySQL count Exporter	MySQL count 信息导出器，导出 MySQL 数据库中每个表中计数的行数
9558	systemd Exporter	systemd 信息导出器，用 Go 语言编写
9559	ntp Exporter	ntp 信息导出器，当在一个节点上运行时，它会根据给定的 NTP 服务器检查该节点的时钟漂移
9560	SQL queries Exporter	SQL 查询信息导出器
9561	qBittorrent Exporter	qBittorrent 信息导出器，一个基于 Kotlin 的 Prometheus 导出器，依赖于 qBittorrent 的 Web UI REST API。此导出器以 Prometheus 可处理的方式公开 QBT API 中可用的所有指标数据，提供对启用度量的细粒度控制
9562	PTV xServer Exporter WIP	PTV xServer 信息导出器
9563	Kibana Exporter	Kibana 信息导出器，用 Python 编写
9564	PurpleAir Exporter	PurpleAir 信息导出器，为 Raspberry Pi 创建的一个 Docker 容器，该容器查询 PurpleAir 以获取悉尼的空气质量测量值
9565	Bminer Exporter	Bminer 信息导出器
9566	RabbitMQ CLI Consumer	在 CLI 程序中使用 RabbitMQ 消息
9567	Alertsnitch	用于接收 Prometheus 警报并将其放入 MySQL 数据库进行脱机分析
9568	Dell PowerEdge IPMI Exporter（WIP）	用于 Dell PowerEdge 服务器的 Prometheus OEM 特定 IPMI 数据导出器。此导出器是为与 R710 一起使用而开发的，但也可以与其他 PowerEdge 服务器一起使用
9569	HVPA Controller	基于权重的水平和垂直缩放控制器
9570	VPA Exporter	VPA 推荐导出器
9571	Helm Exporter	Helm 信息导出器，将 helm 版本、图表和版本等统计信息导出为 Prometheus 格式
9572	ctld Exporter	ctld 信息导出器，使用 CGO 获取数据（C 代码的一部分来自 ctlstat 和 ctladm，未来版本可能会取消这一限制）

（续）

端口	组件	说明
9573	JKStatus Exporter	JKStatus 信息导出器，以 XML 格式解析 JKStatus 页面，并转换为 Prometheus 格式
9574	opentracker Exporter	opentracker 信息导出器，通过 /stats 路径将统计信息从 opentracker 实例导出到 Prometheus
9575	PowerAdmin Server Monitor Exporter (WIP)	PowerAdmin Server Monitor 信息导出器，使用 Power Admin API 从 PA-PowerAdmin 监视解决方案中导出相应指标数据。该导出器获取监视器的状态并发布，状态会被映射到动态表
9576	ExaBGP Exporter	ExaBGP 信息导出器，目前与 ExaBGP v4.0.4～v4.0.10 版本（作为 CI 的一部分进行测试）一起工作，通过 pypi 安装在 Python 3 下
9577	Syslog-NG Exporter	Syslog-NG 统计信息导出器，通过 HTTP 导出
9578	aria2 Exporter	aria2 信息导出器，通过 RPC 接口导出有关 aria2 中的 torrent 下载和种子设定的统计数据
9579	iPerf3 Exporter	iPerf3 信息导出器，探测 iPerf3 端点并通过 HTTP 导出结果
9580	Azure Service Bus Exporter	Azure 服务总线信息导出器，不使用 Azure 监视器，直接连接到服务总线并清除所有队列、主题和订阅等相关信息
9581	CodeNotary vcn Exporter	CodeNotary vcn 信息导出器，提供了一个通过代码公证进行持续验证（CV）的工具
9582	Logentries/Rapid7 Exporter	Logentries/Rapid7 信息导出器
9583	Signatory a remote operation signer for Tezos	一个 Tezos 远程签名程序，通过 YubiHSM 和 Azure 密钥库使用私钥对区块链操作进行签名
9584	BunnyCDN Exporter	BunnyCDN 信息导出器，收集 BunnyCDN 统计数据，并通过 HTTP 导出
9585	Opvizor Performance Analyzer process Exporter	导出器，用于 mines/proc 报告所选流程
9586	WireGuard Exporter：Rust（wg（8）），Go（native）	WireGuard 信息导出器
9587	nfs-ganesha Exporter	nfs-ganesha 信息导出器，使用 Dbus 接口来获取指标数据
9588	ltsv-tailer Exporter	ltsv-tailer 信息导出器，读取像特定 ltsv 文件，并根据给定的指标格式配置导出指标数据
9589	goflow Exporter	goflow 信息导出器，goflow 是 Cloudflare 内部使用的高可扩展性 sFlow/NetFlow/IPFIX 收集器
9590	Flow Exporter	Flow 信息导出器，从 Kafka 获取流数据（Netflow、sFlow、IPFIX）并导到 Prometheus。这些数据有助于可视化自主交通系统数据
9591	SRCDS Exporter	SRCDS 信息导出器，通过 rcon 从 SRCDS 游戏服务器（例如 CSGO、t2、L4D2 等）导出日期数据
9592	GCP Quota Exporter	GCP Quota 信息导出器，导出 Google 计算平台服务的配额限制和使用情况
9593	Lighthouse Exporter	Lighthouse 信息导出器，可以连续监控网页上的 Lighthouse 得分
9594	Plex Exporter（WIP）	Plex 信息导出器

（续）

端口	组件	说明
9595	Netio Exporter WIP	NETIO PDU 信息导出器
9596	Azure Elastic SQL Exporter	Azure Elastic SQL 信息导出器，由 azure_sql_Exporter 派生
9597	GitHub Vulnerability Alerts Exporter	GitHub 漏洞警报信息导出器，从 GitHub 将组织的所有存储库的安全漏洞警报导出
9598	Vector Logs & Metrics Router Exporter	Vector Logs & Metrics Router 信息导出器，一种建立可观测管道的轻量级超高速工具
9599	Pirograph Exporter（WIP）	Pirograph 信息导出器
9600	CircleCI Exporter	CircleCI 信息导出器
9601	MessageBird Exporter	消息导出器
9602	Modbus Exporter	Modbus 信息导出器，从 modbus 系统中检索统计数据并通过 HTTP 导出
9603	Xen Exporter（using xenlight）	使用 libxl go 绑定的 Xen 信息导出器
9604	XMPP Blackbox Exporter	XMPP Blackbox 信息导出器，可以探测 XMPP 服务并将相关指标数据从探测导出，对服务执行 blackbox 探测
9605	fping-exporter	fping 信息导出器，允许使用 fping 和 Prometheus 测量网络延迟。与 blackbox Exporter 相比，该导出器提供了额外的延迟分布和数据包丢失统计信息。该导出器尚在开发中，代码还未发布
9606	ecr-exporter	AWS ECR 指标信息导出器
9607	Raspberry Pi Sense HAT Exporter	Raspberry Pi Sense HAT 信息导出器
9608	Ironic Prometheus Exporter	Ironic Prometheus 信息导出器
9609	netapp Exporter	netapp 信息导出器，发布有关 netapp ontap NAS 存储系统的度量，该存储系统可由 Prometheus 擦除，使用 go netapp 作为底层库
9610	kubernetes_exporter	Kubernetes 信息导出器
9611	speedport_exporter	speedport 信息导出器，从 DTAG 的 Speedport Hybrid 中获取数据
9612	Opflex Exporter（WIP）	Opflex 信息导出器
9613	Azure Health Exporter（WIP）	Azure Health 信息导出器，将 Azure 资源运行状况公开为 UP 指标形式
9614	NUT upsc Exporter	NUT upsc 信息导出器，轻量级的 Docker
9615	Mellanox mlx5 Exporter	Mellanox mlx5 信息导出器
9616	Mailgun Exporter	Mailgun 信息导出器
9617	PI-Hole Exporter	PI-Hole 信息导出器
9618	stellar-account-exporter（WIP）	Stellar 账户导出器，监测 Stellar 网络账户
9619	stellar-horizon-exporter（WIP）	stellar-horizon 信息导出器
9620	rundeck_exporter	Rundeck 信息导出器
9621	OpenNebula Exporter	OpenNebula 信息导出器，通过 OpenNebula 前端的 GOCA API 发布集群中主机的度量。每个主机都提供了度量标准，每个集群也提供了度量标准的总和，以便快速概括整个 OpenNebula 集群

（续）

端口	组件	说明
9622	BMC Exporter（WIP）	BMC 信息导出器，构建在 BMC 库之上，纯 Go 实现，不依赖 ipmitool 或其他工具
9623	TC4400 Exporter	TC4400 信息导出器，通过抓取调制解调器的网络接口来收集数据，使用固件 SR70.12.33-180327 的 TC4400 开发，未在其他版本上测试
9624	Pact Broker Exporter（WIP）	Pact Broker 信息导出器（WIP）
9625	Bareos Exporter（WIP）	Bareos 信息导出器（WIP）
9626	hockeypuck（WIP）@jetpackdanger	Hockeypuck 是一个 OpenPGP 公共密钥服务器
9627	Artifactory Exporter（WIP）	Artifactory 信息导出器，用 Go 编写
9628	Solace PubSub+ Exporter	Solace 信息导出器
9629	Prometheus GitLab notifier	实现 Alertmanager Webhook 通知程序并基于警报创建 GitLab 问题的工具，允许使用 Go 模板定义自己的问题模板
9630	nftables Exporter	nftables 信息导出器
9631	A OP5 Monitor Exporter	导出器，使用 OP5 Monitors API 获取基于服务的性能数据，并以 Prometheus 可识别格式发布
9632	PerfSONAR Esmond Exporter（WIP）	PerfSONAR Esmond 信息导出器
9633	smartctl Exporter	smartctl 信息导出器
9634	Aerospike ttl Exporter	Aerospike ttl 信息导出器，扫描 ttl 寻找 Aerospike 并将其导出
9635	Fail2Ban Exporter	Fail2Ban 信息导出器，使用 fail2ban 客户机来收集信息，并通过 9635 端口上的 HTTP 为其提供服务
9636	FreeSWITCH Exporter（WIP）	FreeSWITCH 信息导出器
9637	KubeVersion Exporter	KubeVersion 信息导出器，用于获取 Kubernetes 集群中运行的版本以及是否有可用的更新等信息
9638	A Icinga2 Exporter	导出器，使用 Icinga2 API 获取基于服务的性能数据并发布
9639	Arcsys Requests Exporter（WIP）	Arcsys Requests 信息导出器
9640	Logstash Output Exporter	Logstash Output 信息导出器，向 Prometheus 导出器公开的 Logstash 输出插件
9641	NetApp Cloud Volumes Exporter（WIP）	NetApp Cloud Volumes 信息导出器
9642	Bugsnag Exporter	错误事件导出器
9643	cuotos（WIP）	—
9644	Exporter for grouped process	分组过程导出器
9645	Burp Exporter	Burp 信息导出器，收集 Burp 客户端状态信息并导出。Burp 是 Graham Keeling 编写的备份软件
9646	Locust Exporter	Locust 信息导出器
9647	Docker Exporter	Docker 信息导出器，在 docker compose 运行 conainers 的情况下才可使用该导出器
9648	NTPmon Exporter	NTPmon 信息导出器，NTP 是重要的监控指标
9649	Logstash Exporter	Logstash 信息导出器，从 Logstash 7.0 版开始用于收集相关指标

（续）

端口	组件	说明
9649	Logstash Pipeline Exporter	导出器，只发布 Logstash 管道指标，不发布 Logstash 提供的 JVM 或 OS 指标，这个导出器支持 Logstash 6.x 和 Logstash 7.x。如果 Logstash 不可用，该导出器只会在抓取数据时产生一个错误记录
9650	Keepalived Exporter	Keepalived 信息导出器
9651	Storj Exporter	Storj 信息导出器，用于监视存储节点
9652	Praefect Exporter	Praefect 信息导出器，从 storj 存储节点 API 获取仪表板和 satellite 度量的信息。可与 Storj Exporter dashboard for Grafana 一起使用，以可视化多个 Storj 存储节点的度量。用 Python 编写
9653	Jira Issues Exporter	Jira Issues 信息导出器
9654	Gdnsd Exporter	Gdnsd 信息导出器
9655	sas2ircu Exporter（WIP by czhujer）	sas2ircu 信息导出器
9656	Matrix	—
9657	Krill Exporter	Krill 信息导出器，RPKI 证书颁发机构和发布服务器，用 Rust 编写
9658	SAP Hana SQL Exporter	SAP Hana SQL 信息导出器
9659	tcptraceroute Exporter（WIP by @jeanfabrice）	tcptraceroute 信息导出器
9660	Kaiterra Laser Egg Exporter	Kaiterra Laser Egg 信息导出器，用于导出 Kaiterra Laser Egg 智能检测仪得到的空气质量/颗粒物数据
9661	Hashpipe Exporter	Hashpipe 信息导出器
9662	PMS5003 Particulate Matter Sensor Exporter	PMS5003 颗粒物/空气质量数据导出器
9663	SAP NWRFC Exporter	SAP NWRFC 信息导出器，支持使用 Prometheus 和 Grafana 监视 SAP 实例
9664	Linux HA ClusterLabs Exporter	基于 Linux-HA 集群的 Prometheus 起搏器数据导出器
9665	Senderscore Exporter	Senderscore 信息导出器
9666	Alertmanager Silences Exporter	Alertmanager Silences 信息导出器
9667	SMTPD Exporter	公开的 SMTPD 信息导出器
9668	hanadb_exporter	hanadb 信息导出器，用 Python 编写，用于导出 SAP HANA 数据库指标数据。如果配置文件中启用了多租户选项（默认情况下已启用），导出器可以从多个数据库/租户导出指标数据
9669	panopticon native metrics	—
9670	flare native metrics	—
9671	AWS EC2 Spot Exporter	导出器，提供 AWS EC2 现场实例使用的指标数据，该导出器旨在提供对 Spot 实例请求的可见性，这些请求可用于改进正常运行时间
9672	AirControl CO2 Exporter	AirControl CO2 信息导出器，用于导出二氧化碳传感器数据
9673	CO2 Monitor Exporter	CO2 Monitor 信息导出器，类似于 USB 二氧化碳监测仪
9674	Google Analytics Exporter	Google Analytics 信息导出器，获取 Google Analytics 实时分析数据

（续）

端口	组件	说明
9675	Docker Swarm Exporter	Docker 集群信息导出器
9676	Hetzner Traffic Exporter	Hetzner Traffic 信息导出器，与 Hetzner API 进行对话，并输出找到的所有服务器和 IP 地址的流量统计信息
9677	AWS ECS Exporter	AWS ECS 信息导出器
9678	IRCd user Exporter	IRC 服务器状态信息导出器，将用户计数和相关元数据从 IRC 网络导出
9679	AWS Health Exporter（WIP）	AWS Health 事件导出器
9680	SAP Host Exporter	SAP 系统监控导出器，这是一个定制导出器，专门用于监控 SAP 系统
9681	MyFitnessPal Exporter	导出器，收集 MyFitnessPal 营养指标并通过 HTTP 导出
9682	Powder Monkey（WIP）	管理 dynomite 的实例
9683	Infiniband Exporter	导出器，其只需要安装在连接到 Fabric 的一台服务器上，它将收集所有交换机上的所有端口的统计信息
9684	Kibana Standalone Exporter	Kibana 导出器
9685	Eideticom NoLoad Metric Exporter	无负载指标导出器
9686	AWS EC2 Exporter（WIP）	为 AWS EC2 计算资源规范和容量分析提供指标数据
9687	Gitaly Blackbox Exporter	Gitaly 是一个 Git-RPC 服务，用于处理 GitLab 发出的所有 Git 调用

表 A-3　标准端口之外的 Exporter 端口

端口	组件	说明
3903	Mtail	用于从应用程序日志中提取度量值，并将其导出到时序数据库或时序计算器中以进行警报和仪表板显示
7300	MidoNet agent	MidoNet 是一个开源的 OpenStack 云网络虚拟化系统
8080	cAdvisor（Container Advisor）	分析运行容器的资源使用和性能特征
8082	Trickster	Trickster 是 HTTP 应用程序的 HTTP 反向代理/缓存和时间序列数据库的仪表板查询加速器
8088	Fawkes	Fawkes 是一个基于组件的软件框架，用于各种平台和领域的机器人实时应用
8089	prom2teams	prom2teams 是一个使用 Python 构建的 HTTP 服务器，它从先前配置的 Prometheus Alertmanager 实例接收警报通知，并使用定义的连接器将其转发给 Microsoft 团队
8292	Phabricator webhook for Alertmanager	—
8404	HA Proxy（v2+）	详见 https://www.haproxy.com/
9087	Telegram bot for Alertmanager	Prometheus 警报机器人
9097	JIRAlert	JIRAlert 实现了 Alertmanager 的 Webhook HTTP API，并连接到一个或多个 JIRA 实例以创建高度可配置的 JIRA 问题。每个不同组密钥创建一个问题，由 Alertmanager 路由配置部分的 group by 参数定义，但在解决警报时不会关闭
9098	Alert2Log	—

（续）

端口	组件	说明
9099	SNMP Trapper	Prometheus Webhook 到 SNMP 陷阱转发器，这是一种让 Prometheus 通过将 Alertmanager "注释"和"标签"映射到通用 SNMP OID 来发送 SNMP 陷阱的快捷方式
9876	Sachet	—
9913	Nginx VTS Exporter	导出器，收集 Nginx vts 统计数据并通过 HTTP 导出
9547	Kea Exporter	Kea 导出器，用于 ISC Kea DHCP 服务器，配置将从控制套接字读取
9665	Juniper Junos Exporter	导出器，使用 Juniper Junos eznc python 库通过 Netconf RPC(不是 SNMP) 收集指标数据
9901	Envoy proxy, since v1.7.0	云本机高性能边缘、中间、服务代理
9980	Login Exporter	导出器，用于登录给定的站点并检查给定的文本
9943	FileStat Exporter	导出器，收集有关文件大小、修改时间和其他统计信息的指标数据
9983	Sia Exporter	一个轻量级和灵活的导出器，向 Prometheus 发送 Sia 指标
9984	CouchDB Exporter	CouchDB 信息导出器，从 _stats 和 _active_tasks 任务端点请求 CouchDB 统计信息并将其发布以供 Prometheus 使用。可以选择监视详细的数据库统计信息，如磁盘和数据大小，以监视存储开销。该导出器可以通过程序参数、环境变量和配置文件进行配置
9987	NetApp Solidfire Exporter	导出器，查询 Solidfire API 并将结果导出
9999	Exporter Exporter	这是为 Prometheus 导出器提供的一个简单的反向代理。它是 Nginx、Apache 的单一二进制替代品，用于可能很难向所有服务器打开多个 TCP 端口的环境中
16995	Storidge Exporter	Storidge 提供的容器化导出器，用于与 Prometheus 实现 Storidge 集成。Storidge 集群的统计信息很容易集成到 Prometheus 或类似的应用程序中。该导出器从 Storidge 集群中的节点聚合统计信息
19091	Transmission Exporter	传输信息导出器，用 Go 编写
19999	Netdata	用于分布式的、实时的系统和应用程序性能和健康监控。它是安装在所有系统和容器上的高度优化的监视代理
24231	Fluent Plugin for Prometheus	为 Prometheus 收集指标数据和公开的高性能插件
42004	ProxySQL Exporter	ProxySQL 性能日期导出器
44323	PCP Exporter	PCP 信息导出器
61091	DCOS Exporter	DCOS 信息导出器

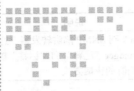

附录 B

PromQL 速查手册

表 B-1　4 种数据类型

名称	概念
瞬时向量（Instant vector）	一组时间序列，每个时间序列包含单个样本，它们共享相同的时间戳。也就是说，表达式的返回值中只会包含该时间序列中的最新的一个样本值
区间向量（Range vector）	一组时间序列，每个时间序列包含一段时间范围内的样本数据
标量（Scalar）	一个浮点型的数据值，没有时序。可以在字面上写成 [-]（digits）[.（digits）] 的形式，比如 –3.14。需要注意的是，使用表达式 count（http_requests_total）返回的数据类型，依然是瞬时向量（Instant vector），用户可以通过内置函数 scalar（）将单个瞬时向量转换为标量
字符串（String）	一个简单的字符串值。字符串可以用单引号（''）、双引号（" "）或反引号（` `）指定为文字常量。由于 Prometheus 是基于 Go 语言编写的，它与 Go 语言有着类似的转义规则，比如在单引号（''）或双引号（" "）中，可以使用反斜杠来表示转义序列，后面可以跟 a，b，f，n，r，t，v 或 \（分别代表响铃、退格、换页、换行、回车、水平制表、反斜杠），特殊字符可以使用八进制（\nnn）或者十六进制（\xnn，\unnnn 和 \Unnnnnnnn）。但是与 Go 语言不同的是，在反引号（` `）中并不会对换行符进行转义

表 B-2　选择器 Selector

名称	概念	分类
=	相等匹配器（equality matcher），用于选择与提供的字符串完全相同的标签	匹配器（Matcher）
!=	不相等匹配器（negative equality matcher），用于选择与提供的字符串不相同的标签	匹配器（Matcher）
=~	正则表达式匹配器（regular expression matcher），用于选择与提供的字符串与正则表达式相匹配的标签	匹配器（Matcher）

（续）

名称	概念	分类
!~	正则表达式相反匹配器（negative regular expression matcher），用于选择与提供的字符串与正则表达式不匹配的标签	匹配器（Matcher）
{} 或者仅指定指标的 metrics	返回在指定的时间戳之前查询到的最新的样本的瞬时向量，也就是包含 0 个或者多个时间序列的列表	瞬时向量选择器（Instant vector selector）
{}[]	返回一组时间序列，每个时间序列包含一段时间范围内的样本数据。它主要在选择器末尾的方括号 {} 中，通过时间范围选择器 [] 进行定义，以指定在每个返回的区间向量样本值中提取多大的时间范围	区间向量选择器（Range vector selector）
offset	可以让瞬时向量选择器（Instant vector selector）和区间向量选择器（Range vector selector）发生偏移，它允许获取查询的计算时间并在每个选择器的基础上将其向前推移。offset 关键字必须紧跟在选择器 {} 后面	偏移量修改器 Offset

表 B-3 指标类型 Metircs Type

名称	概念
Counter	计数器 Counter 类型，代表一种样本数据单调递增的指标，在没有发生重置（如服务器重启，应用重启）的情况下只增不减，其样本值应该是不断增大的
Gauge	仪表盘 Gauge 类型，代表一种样本数据可以任意变化的指标，即可增可减
Histogram	直方图 Histogram 在一段时间范围内对数据进行采样（通常是请求持续时间或响应大小等），并将其计入可配置的存储桶（bucket）中，后续可通过指定区间筛选样本，也可以统计样本总数，最后一般将数据展示为直方图。Histogram 可以用于应用性能等领域的分析观察
Summary	摘要与 Histogram 类型类似，用于表示一段时间内的数据采样结果（通常是请求持续时间或响应等），但它直接存储了分位数（通过客户端计算，然后展示出来），不是通过区间来计算

表 B-4 聚合操作 Aggregation Operator

名称	概念
sum	求和
min	最小值
max	最大值
avg	平均值
stddev	标准差
stdvar	标准差异
count	计数
count_values	对 value 进行计数
bottomk	样本值最小的 k 个元素
topk	样本值最大的 k 个元素
quantile	分布统计
without	用于从计算结果中移除列举的标签，并保留其他标签
by	和 without 相反，结果向量中只保留列出的标签，其余标签移除

(续)

名称	概念
<aggr-op> [without|by (<label list>)] ([parameter,] <vector expression>) 或者 <aggr-op> ([parameter,] <vector expression>) [without|by (<label list>)]	聚合操作经典表达式

表 B-5 二元操作符 Binary Operators

名称	概念	类型
+	求和	算术运算符
-	减法	算术运算符
*	乘法	算术运算符
/	除法	算术运算符
%	模	算术运算符
^	幂	算术运算符
and	且	集合/逻辑运算符
or	或	集合/逻辑运算符
unless	除非	集合/逻辑运算符
==	相等	比较运算符
!=	不相等	比较运算符
>	大于	比较运算符
<	小于	比较运算符
>=	大于等于	比较运算符
<=	小于等于	比较运算符

优先级从高到低依次为 ^ → *、/、% → +、- → ==、!=、<=、<、>=、> → and、unless → or。

表 B-6 向量匹配

名称	概念
一对一	一对一匹配模式会对操作符两边表达式获取的瞬时向量依次比较，并找到唯一匹配（标签完全一致）的样本值。默认情况下，使用表达式 vector1 <operator> vector2
一对多/多对一	多对一和一对多两种匹配模式指的是"一"侧的每一个向量元素可以与"多"侧的多个元素匹配的情况。在这种情况下，必须使用 group 修饰符（group_left 或者 group_right）来确定哪一个向量具有更高的基数（充当"多"的角色）。 <vector expr> <bin-op> ignoring (<label list>) group_left (<label list>) <vector expr> <vector expr> <bin-op> ignoring (<label list>) group_right (<label list>) <vector expr> <vector expr> <bin-op> on (<label list>) group_left (<label list>) <vector expr> <vector expr> <bin-op> on (<label list>) group_right (<label list>) <vector expr>
多对多	3 种逻辑运算符 and（并且）、or（或者）和 unless（排除）都以多对多的方式工作，它们是唯一可以进行多对多工作的运算符。和算术运算符、比较运算符不同的是，以 3 种逻辑运算符为代表的多对多匹配，并没有数学计算过程，只有多对多的分组和样本

表 B-7 PromQL 内置 39 个函数分类

类型名称	数目	具体函数
动态标签	2	label_replace、label_join
数学运算	11	abs、exp、ln、log2、log10、sqrt、ceil、floor、round、clamp_max、clamp_min
类型转换	2	vector、scalar
时间和日期	9	time、minute、hour、month、year、day_of_month、day_of_week、days_in_month、timestamp、
多对多逻辑运算符	1	absent
排序	2	sort、sort_desc
Counter	4	rate、increase、irate、resets
Gauge	6	changes、deriv、predict_linear、delta、idelta、holt_winters
Histogram	1	histogram_quantile
时间聚合	8	avg_over_time、min_over_time、max_over_time、sum_over_time、count_over_time、quantile_over_time、stddev_over_time、stdvar_over_time

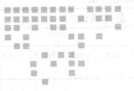

附录 C

Prometheus 2.x（从 2.0.0 到 2.20.0）的重大版本变迁

注意，一些版本中是不可以降级的，比如 Docker File、WAL 实现、存储 BUG 等。建议尽量使用新版本，版本的升级和降级一定要谨慎。引入新功能的同时也会引入新风险。

1. Prometheus 2.x 访问 1.x 的数据

第一步：将 Prometheus 1.x 至少升级到 1.8.2 版本，以便具有必要的支持。

第二步：删除 Prometheus 1.x 中的所有配置文件，除了 external_labels。至此，旧的 Prometheus 仅作为数据存储存在。配置如下所示。

```
global:
  external_labels:
    region: eu-west-1
    env: prod

# End of file.
```

第三步：使用全部的配置文件打开一个全新的 Prometheus 2.0，也包括 external_labels。通常，每台 Prometheus 服务器都应具有唯一 external_labels。但是，由于 Prometheus 1.x 不再执行除远程读取以外的任何其他操作，并且可以有效地充当远程存储，因此可以进行复制。不要忘记将存储路径通过 --storage.tsdb.path 指向不同的路径和通过 --web.listen-address 指向不同的端口。

另外，Prometheus 2.0 应该有一个 remote_read 部分指向 Prometheus 1.x。

```
global:
```

```
    external_labels:
      region: eu-west-1
      env: prod

remote_read:
  - url: http://localhost:9090/api/v1/read

# Rest of config goes here.
```

你可以保持 Prometheus 1.x 的运行状态，直到它不再保留其数据为止。对 Prometheus 2.0 的任何查询都会根据需要透明地从 Prometheus 1.x 中提取数据。

2. Prometheus 将规则 Rules 从 1.x 转化为 2.0 的格式

随着 Prometheus 2.0 的到来，一种新的格式可以用来编写 recording 记录和 alerting 告警规则。请注意，旧格式仅适用于 Prometheus 1.x，而新格式仅适用于 2.x。

这里推荐使用 Promtool 将规则自动更新为新格式，并避免从头开始重写它们。

首先获取并解压缩 Prometheus 的最新版本二进制文件。

```
wget https://github.com/prometheus/prometheus/releases/download/v2.0.0-rc.1/
  prometheus-2.0.0-rc.1.linux-amd64.tar.gz
    tar -xzf prometheus-2*
```

更新当前的规则文件。假设我们有以下内容 alert.rules。

```
ALERT HighErrorRate
  IF job:request_latency_seconds:mean5m{job="myjob"} > 0.5
  FOR 10m
  ANNOTATIONS {
    summary = "High request latency",
  }

ALERT DailyTest
  IF vector(1)
  FOR 1m
  ANNOTATIONS {
    summary = "Daily alert test",
  }
```

使用 Promtool 来更新我们在 alert.rules 里的当前规则。

```
./promtool update rules alert.rules
```

这将生成一个新文件名字 alert.rules.yml，这个文件会包含所有新版本 2.x 格式的规则。在这个例子里，两条规则最终如下。

```
groups:
  - name: alert.rules
rules:
  - alert: HighErrorRate
```

```
expr: job:request_latency_seconds:mean5m{job="myjob"} > 0.5
for: 10m
annotations:
  summary: High request latency
    - alert: DailyTest
      expr: vector(1)
      for: 1m
      annotations:
        summary: Daily alert test
```

现在，用户就可以用上述新规则文件 alert.rules.yml 更新 Prometheus 2.0 的配置并验证它们是否会按预期工作了。

3. Prometheus 2.0.0

这是一个里程碑式的改进。

Prometheus 2.0.0 的前一个版本是 1.8.0，两个版本发布的时间相差仅一个月。这次大版本的更新带来了重大的改进。

最大的变化在存储引擎方面，存储引擎被重构并且与检索系统的改变相结合，带来了可观的性能提升，从而使 Prometheus 服务器每秒采集样本数提升到百万级。这个新的存储引擎不向前兼容，但是可以通过前面的方法访问仍存储在 1.x 中的数据。

新的存储引擎不需要通过标记进行调整。它通过 mmaped 文件工作，因此依赖于现代内核的页面缓存。这种设计还允许为希望进行备份的用户提供拍摄快照的功能。

第二个改变发生在 PromQL 上。通常情况下，当时间序列从服务发现中移除后，需要等待 5 分钟才能失效，现在只需要一个刮擦间隔 scrape interval 即可。

规则文件格式已更改为 YAML，规则（rule）按组（groups）组织，并按顺序执行。

PromQL 进行了一些很小的修改，一个是 timestamp 功能加入，同时 count_scalar、drop_common_labels 和 keep_common 已被删除。

出于安全考虑，在默认情况下，已禁用 admin 和生命周期 API。可以使用 --web.enable-admin-api 和 --web.enable-lifecycle 重新启用它们。另外，Kingpin 已被采用，且以双连字符而不是单连字符开头。用于指定 Alertmanager 的命令行标记已被删除，1.4 版本中重新添加的配置文件选项（config file options added back in 1.4）现在是指定使用 Alertmanagers 的唯一方法。

如果将远程读取与非远程存储一起使用，需要启用新的 read_recent 选项。默认情况下，远程读取不再请求本地应具有相关数据。

4. Prometheus 2.1.0

该版本的一些改进让管理更容易了。新的服务发现状态页面使用户更容易了解哪些元数据可用于重新标记。规则状态页面现在包含每条规则的最后一次评估需要多长时间。每个规则组最后计算的持续时间现在也可以作为 rule_group_last_duration_seconds 度量指标使用。File SD 有一个新的 prometheus_sd_file_timestamp 度量指标，可帮助检测文件是否过时。

新改进的存储引擎修复了许多错误，现在可以处理大于 4GB 的索引。联邦端点运行更快了，表达式浏览器有查询历史记录的功能。v1 HTTP API 可用于快照、删除和强制压缩的管理端点。

2.0.0 中添加的 read_recent 选项的默认值写错了，从 2.1.0 版本开始才修改为 false。

5. Prometheus 2.2.0

从 2018 年 1 月份开始，2.2.0 版本在 2.1.0 版本的基础上进行了一些修复和改进。此版本中的存储格式进行了更改，因此一旦升级到 2.2.0，将无法降级。因为存储中有一个 BUG，故不建议使用 2.2.0 版本。

各种改进使管理变得更容易了。告警状态页面可以显示注释，规则被更好地格式化，运行时页面包含更多的信息，并且标记、删除的目标和已删除的告警现在可在 API 中获得。

联邦和服务发现的性能得到改进。承载令牌中的更改不再需要重新加载配置文件。在 2.1.0 中新增的 prometheus_sd_file_timestamp metric，现在改名为 prometheus_sd_file_mtime_seconds。Azure SD 添加了额外的元数据。

6. Prometheus 2.3.0

这个版本中最大的改变与性能有关。对 PromQL 的评估方式进行了重大改变，这会导致常见仪表板查询的 CPU 使用量减少 31% ～ 64%，内存分配减少 55% ～ 99%。编码响应的 JSON 库也做了修改，节省了 40% 的 CPU 使用量。

如果使用带有不记名令牌的商业 Marathon 产品，应注意字段名称已更改。从好的方面来说，Marathon SD 目前已经支持所有常用的 HTTP 选项。EC2 和 Consul SD 允许使用这些技术的内置过滤功能，这对于重新标记来说是无法做到的，但是对性能很有用。Kubernetes 和 GCE SD 获得了更多的元数据。从该版本开始，可以在任何可以指定基本验证密码的地方从文件中读取该密码。

7. Prometheus 2.4.0

自 2018 年 6 月，Prometheus 2.4.0 进行了许多修复和改进。

最大的变化是告警中的 for 状态现在在重新启动时持续存在，所以短暂的重启将不再需要 pending alerts 从头再来。现在向 Alertmanager 发送告警时也有限制，所以不是在每个评估重发时都发送现有告警，而是每分钟最多发送 1 次，这减少了 Alertmanager 的负载。

该版本有一个新的 WAL 实现，这意味着不可能从 2.4.0 降级。该版本还有了新的 API 可以从目标访问规则、警报和指标元数据。

服务发现方面也有了一些改进。如果存在相同的 SD 配置，它们将仅实例化一次，而不是针对它们的每个实例进行实例化。该版本还提供了新的 Consul，以及 EC2 和 GCE 的元数据字段，并且 Azure 获得了 VMSS 支持。

8. Prometheus 2.5.0

2018 年 9 月份的 2.4.0 版本以后，2.5.0 版本进行了许多修复和改进。

该版本的第一个要关注的特性是，基于内部用于单元测试的 PromQL 语法，对 Promtool 中的规则和告警进行单元测试。现在，Prometheus 还将在加载配置文件时（而不是在评估模板时）捕获一些告警模板错误。

第二个要关注的特性是，现在对一个查询在内存中可以同时拥有的样本数量有了限制，这让停止大规模的查询（占用过多 RAM、威胁到 Prometheus OOM）成为可能。可以使用 --query.max-samples 标记 flag 来调整可拥有的样本数量。每个样本使用 16 字节的内存，但是请记住，对于一个查询来说，内存中不是仅有活动的样本。

第三个值得注意的特性是，这是第一个支持抓取 OpenMetrics 格式的版本。该格式仍在草案阶段，因此在 Prometheus 中仍处于试验阶段。目前只有 Prometheus Python 客户端可以生成这种格式，但是如果您使用的是这种格式的最新版本，那么使用的是 OpenMetrics 格式而不是 Prometheus 格式。

该版本远程读取有一些改进，比如减少了内存使用量，增加了新指标，对并发有了限制。在服务发现方面，OpenStack 现在可以从所有项目中发现所有网络接口并使用 TLS。Triton SD 可以按组过滤，并关联新的元数据。Kubernetes SD 和 SD 都增加了一些新指标。

还有一个 BUG 被修复了，它主要防止用户在度量名称上误用匹配器。以前执行 rate ({__name__ =~ "som.*thing"}[5m]) 是没问题的，但现在将失败，因为一旦删除度量名称，将产生两个具有相同标签的时间序列，这是没有意义的，并会导致出现问题。

9. Prometheus 2.6.0

Prometheus 2.6.0 进行了许多性能改进。WAL 读现在快了大约 4 倍，且启动更快了。该版本压缩、索引、内存中的序列和低摄取速率服务器使用的 RAM 数量均已显著减少。远程写入性能已得到改善，现在可以指定最少分片数量，且远程读取可以防御后端故障。

在服务发现方面，Azure、EC2 和 Kubernetes 获得了新的元数据。从该版本开始，Promtool 更新被删除，所以如果你想转换 1.x 记录规则到 2.x，将需要使用早期版本的 Promtool。Prometheus 现在在向外的（outbound）HTTP 请求的用户代理（user agent）中标记自己，并且 UI 中的 console 控制台选项卡支持选择即时查询的评估时间。

10. Prometheus 2.7.0

首先，在 2.6.0 中对 Docker 文件进行的更改将恢复为 2.5.0 中的样式。如果你已经将自己的设置更新到 2.6.0 版本，就需要在 2.7.0 版本中还原。

TSDB 为块添加了基于大小的试验性保留，基于时间的保留仍然适用。tsdbutil 现在有一个 analyze 子命令来帮助弄清是什么在占用空间。

PromQL 增加了子查询支持，因此对于即席查询，不再需要遵循 PromQL 中的组合范围向量函数。从该版本开始，除了每个规则组的其他指标外，还有一个 rule_group_rules_ loaded 指标。

对于服务发现，Azure 现在可以进行托管身份验证，并且获得了租户和订阅 ID 元数据。OpenStack 支持应用程序凭据。Consul 将服务标记的地址添加为元数据。

在 API/UI 方面，现在可以控制允许的 CORS 来源。

11. Prometheus 2.8.0

该版本中最大的变化是，**远程写入现在可以通过 WAL 进行**，从而使其更可靠并且资源使用更加可预测。另一个改进是，TSDB 开始支持压缩重叠块，以后的特性将使用它来实现批量导入。

对于该版本，要注意的一件事是，如果指定 --storage.tsdb.retention.size，那么默认时间保留将不适用。用户也可以指定时间保留，在这种情况下两者都适用。

其他小的改进包括：PromQL 多对多匹配错误现在显示出 offending labels；重新加载配置对警报的影响已经减少；表达式浏览器度量指标自动完成现在有一个 10k 个的限制，以避免包含大量标记的度量名称从而导致浏览器失效。

12. Prometheus 2.9.0

该版本解决了在 2.8.0 中引入的从 WAL 进行远程写入或读取时缺少时间序列的问题。这也将修复启动时的 unknown series references 告警。一个干净的 WAL（或者等待所有时间序列的大量生产）是彻底解决问题的必要条件。远程写操作还具有更高的内存使用效率，减少了不稳定目标对 CPU 的影响，并且第三个发行版对 TSDB 中的索引进行了改进。

该版本开始提供 honor_timestamps 选项来处理会产生不必要或有问题的时间戳的异常目标。TLS 证书从该版本开始会自动从磁盘重新加载。现在 scrapes 可以在 Prometheus 服务器之间交错分布（在此之前，它们仅在 Prometheus 服务器内交错分布）。在服务发现中，OpenStack 和 Kubernetes 具有更多的元数据。如果您使用 tag（现在是 tags）配置字段来提高性能，Consul 将支持多个标签。

其他一些小的改进包括：日志输出的可读性更高，状态页具有更多信息，其他端点通过 POST 可以工作。

13. Prometheus 2.10.0

该版本对 TSDB postings 进行了改进，这意味着对很多系列的查询更快。该版本新增了一个特殊的 metric 'scrape_series_added'，这将有助于查找引起流失的目标。

服务发现 Kubernetes 添加了端节点和主机名，Azure 添加了公共 IP。该版本增加了新变量，告警的 UI 也得到了改善。

14. Prometheus 2.11.0

该版本从 TSDB 开始，对发布逻辑进行了诸多性能方面的改进。要特别注意的是，如

果你有一个正则表达式 a|b（例如 Grafana 为多选择变量生成的正则表达式），那么现在将其评估为查找而不是正则表达式扫描，因此 x= ~ "a" 的效率与 x="a" 一样。

对于 WAL "unknown series references" 问题在该版本中已被完全修复（准确地说是在 2.9.0 版本中开始处理的）。每次磁头压缩都会开始一个新的段，这对于减少小容量实例上的磁盘空间很有用。该版本还提供一个选项 -storage.tsdb.wal-compression 来压缩 WAL。

PromQL 和远程写入性能得到了改善。你现在可以使用 globs 作为单元测试的规则文件，就像使用 prometheus.yml 一样。

该版本还新增了一个配置选项，可通过该选项的 v2 API 与 Alertmanager 通信。

15. Prometheus 2.12.0

该版本中最显著的功能是，如果 Prometheus 在下次启动时崩溃，将打印正在运行的 PromQL Queries 查询语句，这有助于查找消耗过高的查询语句。

该版本还有许多 TSDB 方面的性能改进，主要与内存有关。

prometheus_tsdb_retention_limit_bytes 是该版本中新增的指标。虽然其与用户无关，但 TSDB repository 已经在 GitHub 上合并到主要的 prometheus repository，对于开发人员来说会有较大帮助。

16. Prometheus 2.13.0

该版本中，已包含 TSDB utilitj 使用程序。

prometheus_sd_configs_failed_total 的 counter 指标被替换为 prometheus_sd_failed_configs 的 Gauge 指标。

远程读和远程写在性能方面都有所改进。对远程读的改进主要影响 Thanos 用户，其已经允许拉取整个块，而不是按样本采样；远程写为队列管理器提供了一些新的度量指标。

表达式浏览器现在可以显示从 Query API 接收的告警。Promtool 度量标准增加了一些新的告警，并针对坏规则改进了 error 级消息。

17. Prometheus 2.14.0

该版本最大的改变是提供了基于 React 的新 UI，但该功能仍处在开发状态，其与现有 UI 大体相同。现有的 UI 还可获得 head cardinality 统计信息和按状态进行的警报过滤。

该版本还修复了压缩后的远程写延迟，在无法发送样本时避免重新分片。另外还优化了启动时的 WAL 加载。

18. Prometheus 2.15.0

这个版本最大的改进是优化了块和压缩内存的使用。块不再在堆上存储所有 symbols/postings，压缩也不再将它们保存在内存中。对于 cardinality/churn 较高的系统，内存使用量减少效果明显，内存峰值压缩的现象基本上消失了。因为这是典型的权衡 RAM 与 CPU 的问题，所以压缩时间会长一些。对于 WAL replay（即启动时间）也进行了性能上的改进，并且 WAL 占用的空间基于大小进行保存。

该版本还提供了新的度量元数据端点，prometheus_sd_kubernetes_cache_* 度量已经被删除，PromQL 解析器的性能也得到了一些改进。

19. Prometheus 2.16.0

该版本中在性能方面进行了较多改进。如果你的查询只涉及 head（最近一个小时的数据），那么在该版本中实现会更快，因为该版本删除了一些不必要的排序。在实践中，如果记录规则的基数为 100 万个序列 series，那么使用记录规则（通常只处理最近数据）会快 1 秒左右。

从该版本开始，Prometheus 记录它执行的所有 PromQL 查询并生成日志。

PromQL 解析器已经被一个带有改正错误消息的生成解析器所取代，这个解析器的运行速度也相对较快。

该版本还提供了一个新的函数 absent_over_time，通过这个函数重新加载规则组和刮擦目标的效率会更高。

元数据新增了内存方面的 prometheus_target_metadata_cache_* 指标，还有针对 WAL 写失败的 prometheus_tsdb_wal_writes_failed_total。

20. Prometheus 2.17.0

该版本的重大变化是针对 TSDB 添加了隔离功能。这意味着查询将不再只能看到部分刮擦（scrape），从而避免了使用直方图（histrgrams）等一些竞争条件。虽然隔离功能会耗费一定的内存和 CPU 资源，但是可以保证不产生不正确的结果，所以这样的改变是值得的。

该版本针对服务发现 Consul、EC2、OpenStack 和 Kubernetes 增加了一些新的元数据，同时 Kubernetes SDyer 增加了预过滤目标的功能。

21. Prometheus 2.18.0

该版本是一个轻量级的版本。值得注意的变化是，WAL 保存在磁盘上的时间从 6 小时减少到 3 小时。

联邦集群现在只查询本地 TSDB，因为 read_recent 选项默认设置为 false。

服务发现 ECS2 提供了可作为元数据使用的体系结构。

22. Prometheus 2.19.0

该版本最大的改变是，TSDB 的 head block 的 chunk 现在存储在 mmaped 中，而不是存储在堆中，这种改变对于更高频率的刮擦来说，可以大大减少内存需求，并支持更快的重启。

在该版本中，服务发现 Triton 现在支持的范围为全局，告警重新发送限制对于故障的容忍度增加了。

该版本支持一个新的指标度量——prometheus_remote_storage_remote_read_queries_total。

23. Prometheus 2.20.0

在该版本中，WAL 压缩默认开启，一些压缩通过较小的 CPU 开销节省了磁盘空间和 IOPS。在这个版本中，对正则表达式匹配器的性能也进行了相应的完善。

PromQL 增加了 Group() 聚合器，该聚合器可以使某些查询可读性更高。

该版本新增了两个服务发现——Docker Swarm 和 DigitalOcean。OpenStack SD 从这个版本开始可以查询替代端点（alternative endpoints），ECS2 也具有了额外的 AMI 元数据。

该版本中，远程读取 Metrics 得到了改进，用户界面 UI 也得到了加强。

附录 D Prometheus 自监控指标

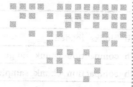

指标	含义
prometheus_target_interval_length_seconds	抓取间隔
prometheus_target_interval_length_seconds_sum	自启动以来抓取的时间间隔总数
prometheus_target_scrape_pool_sync_total	抓取资源池内执行的同步总数
prometheus_target_scrape_exceeded_sample_limit_total	采集目标时因达到样本采集限制被拒绝的总数
prometheus_target_scrape_exceeded_sample_duplicate_timestamp_total	因时间戳相同而值不同采集时被拒绝的样本总数
prometheus_target_scrape_exceeded_sample_out_of_bounds_total	由于时间戳超出规定时间限制而被拒绝的样本总数
prometheus_target_scrape_exceeded_sample_out_of_order_total	超出预期的样本总数
prometheus_target_syn_length_seconds	实际同步抓取资源池的时间间隔
prometheus_treecache_watcher_goroutines	目前监视的 goroutines 数目
prometheus_treecache_zookeeper_failures_totals	目前监视的 ZooKeeper 失败总数
prometheus_notifications_alertmanagers_discovered	发现警报和活跃告警的数量
prometheus_notifications_dropped_total	由于错误未发送 Alertmanager 告警的数量，重启 Prometheus 可以重置此值
prometheus_notifications_queue_length	队列中告警通知的数量
prometheus_notifications_queue_capacity	告警通知队列的容量
prometheus_rule_evaluation_failures_total	规则评估失败总数，即规则里的告警记录
prometheus_tsdb_reloads_total	数据库重新加载磁盘块数据的次数
process_resident_memory_byte	驻存在内存的数据大小，单位字节
process_virtual_memory_bytes	虚拟内存的大小，单位字节

（续）

指标	含义
prometheus_tsdb_blocks_loaded	当前加载的数据块数量
prometheus_tsdb_compaction_chunk_range	首次压缩块的最后时间范围
prometheus_tsdb_compaction_chunk_samples	首次压缩样本的最终数量
prometheus_tsdb_compaction_duration	压缩运行持续时间
prometheus_tsdb_compaction_failed_total	分区失败的压缩总数
prometheus_tsdb_compaction_total	分区执行的压缩总数
prometheus_tsdb_compaction_triggered_total	分区触发的压缩总数
prometheus_tsdb_head_active_appenders	当前活跃的 appender 数
prometheus_tsdb_head_chunks	头部的总块数
prometheus_tsdb_head_chunks_created_total	头部创建的块总数
prometheus_tsdb_head_chunks_removed_total	头部移除的块总数
prometheus_tsdb_head_gc_duration_seconds	头块中垃圾收集的运行时间
prometheus_tsdb_head_max_time	头块的最大时间戳
prometheus_tsdb_head_min_time	头块的最小时间戳
prometheus_tsdb_head_samples_appended_total	附加样本数量
prometheus_tsdb_head_series	头块中的序列总数
prometheus_tsdb_head_series_created_total	在头中创建的序列总数
prometheus_tsdb_head_series_removed_total	在头中删除的序列总数
prometheus_tsdb_head_series_not_found	未找到序列的请求总数
prometheus_tsdb_reloads_failures_total	数据库无法从磁盘重新加载块数据的次数
prometheus_config_last_reload_success_timestamp_seconds	从 Prometheus 启动时间开始最后一次成功配置重新加载的时间戳
prometheus_config_last_reload_successful	最后一次配置重新加载是否成功，1 表示成功
prometheus_engine_queries	正在执行或等待的当前查询数
prometheus_engine_queries_concurrent_max	并发查询的最大数量
prometheus_engine_query_duration_seconds	查询时间
prometheus_evaluator_query_duration_seconds	规则组评估时间，针对设置的规则进行规则评估
prometheus_evaluator_iterations_missed_total	因评估遗漏导致丢失的总数
prometheus_evaluator_iterations_skipped_total	因跳过导致评估丢失的总数
prometheus_evaluator_iterations_total	执行规则组评估总数，无论是否执行、遗漏或跳过
http_request_duration_microseconds	HTTP 请求延迟时间，单位微秒
http_request_total	HTTP 请求时间
http_response_size_bytes	HTTP 响应大小（字节为单位）
http_request_size_bytes	HTTP 请求字节大小（字节为单位）
process_start_time_seconds	进程运行时间
tsdb_wal_fsync_duration_seconds	时间序列库同步的间隔，WAL fsync 持续时间
go_goroutines	go_goroutines 的数目
go_memstats_alloc_bytes	已分配并仍在使用的字节数

（续）

指标	含义
go_memstats_alloc_bytes_total	分配的字节总数，包括释放的
go_memstats_buck_hash_sys_bytes	散列表所使用的字节数
go_memstats_free_total	释放总字节数
go_memstats_gc_cpu_fraction	程序启动以来 GC 占用 CPU 的时间
go_memstats_heap_alloc_bytes	已分配并仍在使用的堆字节数
go_gc_duration_seconds	GC 调用总时间
go_gc_duration_seconds_count	当前存在的 GC 调用时间总数
process_max_fds	打开文件描述符的最大数目

附录 E SLA 服务可用性基础参考指标

服务等级协议（Service Level Agreement，SLA）用于在一定开销下保障服务的性能和可用性，这是服务提供商与用户间定义的一种双方都认可的协定。通常这个开销是驱动提供服务质量的主要因素。很多互联网公司的口号都类似这样："我们今年一定要做到 4 个 9，即 99.99%，甚至 5 个 9，即 99.999%。"这说的就是 SLA。SLA 的概念，对互联网公司来说就是网站服务可用性的一个保证。9 越多代表全年服务可用时间越长，服务越可靠，停机时间越短，反之亦然。按照如下公式进行计算，3 个 9 全年故障时间不能超过 8.76 小时，4 个 9 全年故障时间不能超过 52.6 分钟，5 个 9 全年故障时间不能超过 5.26 分钟。

$$1 \text{ 年} = 365 \text{ 天} = 8760 \text{ 小时}$$

$$8760 \times 0.1\% = 8760 \times 0.001 = 8.76 \text{ 小时}（3 \text{ 个 } 9 \text{ 的情况，99.9}）$$

$$8760 \times 0.0001 = 0.876 \text{ 小时} = 0.876 \times 60 \text{ 分钟} = 52.6 \text{ 分钟}（4 \text{ 个 } 9 \text{ 的情况，99.99}）$$

$$8760 \times 0.00001 = 0.0876 \text{ 小时} = 0.0876 \times 60 \text{ 分钟} = 5.26 \text{ 分钟}（5 \text{ 个 } 9 \text{ 的情况，99.999}）$$

如何能使 SLA 达到更多的 9？这离不开好的监控、灾备及多活等系统。Prometheus 可以监控多个层级的指标，从而简化监控的复杂度。

表 E-1 Prometheus 监控的层级指标

监控模块	监控内容	监控工具
编排系统	集群资源、调度等	Kubernetes 组件
应用	时延、错误、查询量、内部状态等	应用指标埋点
容器	资源使用、性能特性等	cAdvisor
主机	操作系统、硬件、虚拟置备、主机资源等	Node Exporter
网络	路由器、交换机等	SNMP Exporter

本附录提供更为具体且常见的 SLA 服务可用性基础参考指标。

表 E-2　接口和服务的基础监控指标

指标	概念	单位
avgDelay	平均时延	ms
totalDelat	总时延	ms
successRate	成功率	%
throughput	吞吐量	1/s
totalCalls	总调用次数	—
successCalls	调用成功次数	—

表 E-3　进程实例的基础监控指标

指标	概念	单位
cpuUsage	CPU 使用率	%
handleCount	句柄数	—
memCapative	物理内存大小	MB
processStatus	进程状态；0 正常，1 异常	—
threadsCount	线程数	—
virMemCapative	虚拟内存大小	MB

表 E-4　应用容器的基础监控指标

指标	概念	单位
memUsage	物理内存使用率	%
diskWriteRate	磁盘写入速率	ms
recvBytesRate	数据接收速率	B/s
sendBytesRate	数据发送速率	B/s
diskWriteCount	磁盘写入次数	1/s
diskReadCount	磁盘读取次数	1/s
memUsed	内存使用量	MB
totalBytesRate	数据总传输速率	B/s
diskReadRate	磁盘读取速率	KB/s
cpuUsage	CPU 使用率	%
memCapacity	内存总量	MB
totalDiskWrite	总磁盘写入大小	MB
totalDiskRate	总磁盘读写速率	KB/s
totalDiskRead	总磁盘读取大小	MB

表 E-5 网卡基础监控指标

指标	概念	单位
sendBytesRate	上行速率	B/s
recvBytesRate	下行速率	B/s
totalBytesRate	总速率	B/s
successPackRate	上行速率	包/s
recvPackRate	下行速率	包/s
totalPackRate	总速率	包/s
sendBandWideUsage	上行带宽利用率	%
recvBandWideUsage	下行带宽利用率	%
sendBandWideUsage	下行带宽利用率	%
totalBandWideUsage	总带宽利用率	%

表 E-6 节点基础监控指标

指标	概念	单位
diskAvailableCapacity	可用磁盘空间	MB
diskUsedRate	磁盘使用率	%
diskCapacity	磁盘空间容量	MB
diskWriteRspTime	磁盘写响应时间	ms
diskReadRspTime	磁盘读响应时间	ms
diskIOWait	磁盘 I/O 等待时间	ms
diskReadRate	磁盘读取速率	KB/s
diskReadRspTime	磁盘读响应时间	ms
diskWriteRate	磁盘写入速率	KB/s
cpuUsage	CPU 使用率	%
totalMem	物理内存总量	MB
memUsedRate	物理内存使用率	%
freeVirMem	可用虚拟内存	MB
virMemUsedRate	虚拟内存使用率	%
ProcessNum	进程数量	—
freeNum	可用物理内存	MB
totalVirNum	虚拟内存总量	MB
recvBytesRate	数据接收速率	B/s
sendBytesRate	数据发送速率	B/s
totalBytesRate	数据总传输速率	B/s
nodeStatus	节点状态，0 表示正常，1 表示异常	—
cpuCoreLimit	节点核数限制	—
cpuCoreUsed	节点使用核数	—
diskUsedRate	磁盘使用率	%

推荐阅读

推荐阅读

《中台战略》

超级畅销书,全面讲解企业如何建设各类中台,并利用中台以数字营销为突破口,最终实现数字化转型和商业创新。

云徙科技是国内双中台技术和数字商业云领域领先的服务提供商,在中台领域有雄厚的技术实力,也积累了丰富的行业经验,已经成功通过中台系统和数字商业云服务帮助良品铺子、珠江啤酒、富力地产、美的置业、长安福特、长安汽车等近40家国内外行业龙头企业实现了数字化转型。

《数据中台》

超级畅销书,数据中台领域的唯一著作和标准性著作。

系统讲解数据中台建设、管理与运营,旨在帮助企业将数据转化为生产力,顺利实现数字化转型。

本书由国内数据中台领域的领先企业数澜科技官方出品,几位联合创始人亲自执笔,7位作者都是资深的数据人,大部分作者来自原阿里巴巴数据中台团队。他们结合过去帮助百余家各行业头部企业建设数据中台的经验,系统总结了一套可落地的数据中台建设方法论。本书得到了包括阿里巴巴集团联合创始人在内的多位行业专家的高度评价和推荐。